U0315405

冶金专业教材和工具书经典传承国际传播工程
Project of the Inheritance and International Dissemination
of Classical Metallurgical Textbooks & Reference Books

冶金工业出版社

普通高等教育"十四五"规划教材

选矿厂设计

（第2版）

高淑玲　　王泽红　　杨海龙　　魏德洲　　主编

扫码获取数字资源

北　京
冶 金 工 业 出 版 社
2024

内 容 提 要

本书系统地介绍了选矿厂设计的步骤、内容和方法等，主要内容包括工艺流程的设计和计算、主要工艺设备的选择和计算、辅助设备及设施的选择和计算、选矿厂总体布置和厂房设备配置等。此外，书中还介绍了选矿生产过程检测与控制、尾矿设施与环境保护、选矿工程概算与技术经济，以及计算机辅助设计在选矿工艺设计中的应用等。

本书可作为高等院校矿物加工工程专业本科生教材，也可供相关企业和设计单位的工程技术人员和管理人员参考。

图书在版编目（CIP）数据

选矿厂设计/高淑玲等主编. —2 版. —北京：冶金工业出版社，2024.4
冶金专业教材和工具书经典传承国际传播工程　普通高等教育
"十四五"规划教材

ISBN 978-7-5024-9850-4

Ⅰ. ①选…　Ⅱ. ①高…　Ⅲ. ①选矿厂—设计—高等学校—教材
Ⅳ. ①TD928. 1

中国国家版本馆 CIP 数据核字（2024）第 084669 号

选矿厂设计（第 2 版）

出版发行	冶金工业出版社	**电　话**	（010）64027926
地　　址	北京市东城区嵩祝院北巷 39 号	**邮　编**	100009
网　　址	www.mip1953.com	**电子信箱**	service@ mip1953.com

责任编辑　高　娜　美术编辑　吕欣童　版式设计　郑小利
责任校对　范天娇　责任印制　禹　蕊

三河市双峰印刷装订有限公司印刷

2017 年 3 月第 1 版，2024 年 4 月第 2 版，2024 年 4 月第 1 次印刷

787mm×1092mm　1/16；21.5 印张；516 千字；323 页

定价 59.00 元

投稿电话　（010）64027932　投稿信箱　tougao@cnmip.com.cn
营销中心电话　（010）64044283
冶金工业出版社天猫旗舰店　yjgycbs.tmall.com

（本书如有印装质量问题，本社营销中心负责退换）

冶金专业教材和工具书
经典传承国际传播工程
总　序

　　钢铁工业是国民经济的重要基础产业，为我国经济的持续快速增长和国防现代化建设提供了重要支撑，做出了卓越贡献。当前，新一轮科技革命和产业变革深入发展，中国经济已进入高质量发展新时代，中国钢铁工业也进入了高质量发展的新时代。

　　高质量发展关键在科技创新，科技创新离不开高素质人才。党的二十大报告指出："教育、科技、人才是全面建设社会主义现代化国家的基础性、战略性支撑。必须坚持科技是第一生产力、人才是第一资源、创新是第一动力，深入实施科教兴国战略、人才强国战略、创新驱动发展战略，开辟发展新领域新赛道，不断塑造发展新动能新优势。"加强人才队伍建设，培养和造就一大批高素质、高水平人才是钢铁行业未来发展的一项重要任务。

　　随着社会的发展和时代的进步，钢铁技术创新和产业变革的步伐也一直在加速，不断推出的新产品、新技术、新流程、新业态已经彻底改变了钢铁业的面貌。钢铁行业必须加强对科技进步、教育发展及人才成长的趋势研判、规律认识和需求把握，深化人才培养体制机制改革，进一步完善相应的条件支撑，持续增强"第一资源"的保障能力。中国钢铁工业协会《"十四五"钢铁行业人力资源规划指导意见》提出，要重视创新型、复合型人才培养，重视企业家培养，重视钢铁上下游复合型人才培养。同时要科学管理，丰富绩效体系，进一步优化人才成长环境，造就一支能够支撑未来钢铁行业高质量发展的人才队伍。

高素质人才来源于高水平的教育和培训，并在丰富多彩的创新实践中历练成长。以科技创新为第一动力的发展模式，需要科技人才保持知识的更新频率，站在钢铁发展新前沿去思考未来，系统性地将基础理论学习和应用实践学习体系相结合。要深入推进职普融通、产教融合、科教融汇，建立高等教育+职业教育+继续教育和培训一体化行业人才培养体制机制，及时把钢铁科技创新成果转化为钢铁从业人员的知识和技能。

一流的专业教材是高水平教育培训的基础，做好专业知识的传承传播是当代中国钢铁人的使命。20 世纪 80 年代，冶金工业出版社在原冶金工业部的领导支持下，组织出版了一批优秀的专业教材和工具书，代表了当时冶金科技的水平，形成了比较完备的知识体系，成为一个时代的经典。但是由于多方面的原因，这些专业教材和工具书没能及时修订，导致内容陈旧，跟不上新时代的要求。反映钢铁科技最新进展和教育教学最新要求的新经典教材的缺失，已经成为当前钢铁专业人才培养最明显的短板和痛点。

为总结、提炼、传播最新冶金科技成果，完成行业知识传承传播的历史任务，推动钢铁强国、教育强国、人才强国建设，中国钢铁工业协会、中国金属学会、冶金工业出版社于 2022 年 7 月发起了"冶金专业教材和工具书经典传承国际传播工程"（简称"经典工程"），组织相关高校、钢铁企业、科研单位参加，计划用 5 年左右时间，分批次完成约 300 种教材和工具书的修订再版和新编，以及部分教材和工具书的对外翻译出版工作。2022 年 11 月 15 日在东北大学召开了工程启动会，率先启动了高等教育和职业教育教材部分工作。

"经典工程"得到了东北大学、北京科技大学、河北工业职业技术大学、山东工业职业学院等高校，中国宝武钢铁集团有限公司、鞍钢集团有限公司、首钢集团有限公司、河钢集团有限公司、江苏沙钢集团有限公司、中信泰富特钢集团股份有限公司、湖南钢铁集团有限公司、包头钢铁（集团）有限责任公司、安阳钢铁集团有限责任公司、中国五矿集团公司、北京建龙重工集团有限公司、福建省三钢（集团）有限责任公司、陕西钢铁集团有限公司、酒泉钢铁（集团）有限责任公司、中冶赛迪集团有限公司、连平县昕隆实业有限公司等单位的大力支持和资助。在各冶金院校和相关钢铁企业积极参与支持下，工程相关工作正在稳步推进。

征程万里，重任千钧。做好专业科技图书的传承传播，正是钢铁行业落实习近平总书记给北京科技大学老教授回信的重要指示精神，培养更多钢筋铁骨高素质人才，铸就科技强国、制造强国钢铁脊梁的一项重要举措，既是我国钢铁产业国际化发展的内在要求，也有助于我国国际传播能力建设、打造文化软实力。

让我们以党的二十大精神为指引，以党的二十大精神为强大动力，善始善终，慎终如始，做好工程相关工作，完成行业知识传承传播的使命任务，支撑中国钢铁工业高质量发展，为世界钢铁工业发展做出应有的贡献。

中国钢铁工业协会党委书记、执行会长

2023 年 11 月

第 2 版前言

《选矿厂设计》一书自 2017 年 3 月出版以来,在东北大学及相关院校一直作为矿物加工工程专业本科生课程"选矿厂设计"的配套教材使用。近年来,随着矿物加工学科及设计理论和方法的不断发展,许多新工艺、新技术及新设备相继涌现并在工程设计中被选用,获得了较好的应用效果。基于这一客观事实,同时结合第 1 版教材读者的建议,我们对教材内容进行了全面修订和补充,以体现科学技术的新发展,并满足矿物加工及相关技术领域教学、科研、设计及生产的需要。

在此次修订过程中,我们充分吸收借鉴国内外同类教材的优点,紧跟技术前沿和生产实践,增加了近年来投入应用的高压辊磨机、立磨机、高效浓缩机等新型设备及大型设备方面的内容,并系统梳理了设计方法、步骤和配套案例,便于读者理解和掌握。与此同时,拓展了教材的展示手段,配备了数字化形式的图纸和教案,培养学生的时空抽象能力,并有机融入了课程思政理念,注重培育工程伦理意识,引导学生热爱专业、乐于奉献。

本书共 12 章,其中第 1、6 章由高淑玲编写,第 2、8 章由杨海龙、肖青波、王星亮、孟光栋编写,第 3、7 章由段伟伟、马锦黔、常校亮、王虎等编写,第 4、9 章由魏德洲编写,第 5、10 章由王泽红编写,第 11 章由沈岩柏编写,第 12 章及附录由刘文刚编写。数字资源内容由高淑玲、杨海龙、张劲羽、邹春林、李丽匣、唐志东合作完成,韩聪、崔宝玉、刘文宝、赵思凯、赵强、王乾、刘春雨、周孝洪、王永伦等参加了资料收集工作。东北大学的高淑玲、王泽红、魏德洲和中冶北方工程技术有限公司的杨海龙担任主编,高淑玲对全书进行了统一整理和修改。

本书入选中国钢铁工业协会、中国金属学会和冶金工业出版社组织的"冶金专业教材和工具书经典传承国际传播工程"第一批立项教材,同时纳入了东北大学"十四五"教材建设规划，东北大学、东北大学资源与土木工程学院及矿物工程系在教材编写工作和出版经费方面给予了大力支持和资助。本书的编写还得到了中冶北方工程技术有限公司相关领导和工程技术人员的鼎力支持和协助，在此一并致以诚挚的谢意！

由于编者水平所限，书中难免存在不足之处，敬请广大读者批评指正。

编　者

2023 年 11 月

第1版前言

本书是根据冶金行业高等学校教材出版规划的安排，按照高等院校矿物加工工程专业本科生培养目标、培养计划及选矿厂设计课程教学大纲的要求，从矿物加工工程学科发展及设计理论和方法不断扩大这一客观事实出发，为适应社会发展和科学技术进步，在参考原有多种教材的基础上编写而成的，可作为矿物加工工程专业本科生的教学用书，也可供相关企业和设计单位的工程技术人员参考。

在教材编写过程中，充分吸收了国内外同类教材的优点，注重理论联系实际，在重视矿物加工工程专业基础知识的同时，吸收了国内外近年来选矿厂设计的最新成果和设计观念，使教材内容与实际工程设计融为一体，既突出了系统性、实用性、重点和难点，又紧密结合实际工程设计，具有很强的可操作性和实践性，便于读者理解和掌握。

全书共分12章，其中第1、4、9章由魏德洲编写，第5、10章由王泽红编写，第7、11章由高淑玲编写，第2、3、6、8章由肖青波、马锦黔、张廷东、杨海龙、段伟伟、刘海洪、孟光栋、宫香涛等编写，第12章及附录由刘文刚编写，沈岩柏、韩聪、崔宝玉、朴正杰、张瑞洋、卢涛、李明阳、梁广泉等参加了资料收集工作。东北大学的魏德洲和王泽红担任主编、中冶北方工程技术有限公司的马锦黔和东北大学的高淑玲任副主编，魏德洲和王泽红对全书进行了统一整理、修改。

本书的编写和出版工作纳入了东北大学教材建设规划，学校在编写工作和出版经费方面给予了大力支持和资助。本书的编写工作还得到了东北大学资源与土木工程学院和中冶北方工程技术有限公司相关领导、教师和工程技术人员的支持和协助，在此一并致以诚挚的感谢！

由于编者水平所限，书中的缺点和错误，诚请读者批评指正。

编　者

2016 年 10 月

目　　录

1 绪 论

1.1 选矿厂设计的目的和要求

选矿厂设计是矿山建设中不可或缺的组成部分，也是极其重要的关键环节。简而言之，选矿厂设计是指在选矿厂建设前所做出的具体建厂方案，通常包括文字方案和图纸方案，前者以设计说明书为主要提交方式，后者以设备配置图及施工图为主要提交形式。一方面，在矿山建设项目确定之前，通过选矿厂设计可以为项目决策提供科学依据；建设项目确定之后，为项目建设提供设计文件。另一方面，选矿厂设计也是将矿物加工领域的科研成果转化为生产力的纽带和桥梁。只有通过工程设计，科研上的新成果、新技术及生产中的先进经验等才能在生产实践中得到推广和应用。因此，做好选矿厂设计工作，对矿山项目在建设中节约投资，在选矿厂建成投产后迅速达产、取得经济效益将起到决定性作用，对于提升矿物加工学科的整体技术水平也具有重要的实际意义。

总之，选矿厂设计的目的就是要通过一系列设计工作，使选矿厂的生产流程和设备最为合理，使选矿厂的技术经济指标最佳，以尽可能少的投资实现建设目标。

选矿厂设计的基本要求包括以下几个方面。

（1）设计必须按国家相关政策规定的基本程序进行，所需条件必须完全具备，所需资料必须齐全，设计文件必须符合相应设计阶段的内容和深度要求。

（2）设计原则和方案的确定必须符合国家工业建设有关方针、政策和规定，符合行业规程和规范等的要求，同时还应符合企业的发展规划。

（3）设计的工艺流程、设备和指标应具有先进性和可靠性，并应注意矿产资源的综合回收利用。

（4）尽可能采用高效率、低能耗、大型化的系列工艺设备，满足节能降耗的要求。

（5）具有必要的生产安全、劳动保护以及环境保护措施，尽可能符合绿色生产的要求。

1.2 选矿厂设计的任务和内容

根据国家对矿产资源开发利用的相关方针和政策，结合矿山企业的发展规划，为了实现选矿厂设计的总体目标，选矿厂设计主要包括以下工作内容：

（1）合理选择厂址。

（2）确定破碎车间、主厂房等工段的工作制度。

（3）确定适宜的碎磨、分选、脱水工艺流程以及计算各类技术指标。

（4）选择合适的碎磨、分选、脱水工艺设备及辅助设备与设施。

（5）进行合理的设备配置与工艺厂房设计。

（6）进行选厂总平面布置。

（7）进行必要的全厂劳动定员核编。

（8）确定原矿及产品输送方案。

（9）合理选择尾矿坝址。

应该指出的是，选矿厂设计是一项非常庞杂的系统工程，除了包括矿物加工专业的内容外，还涉及大量的土建、水暖、配电、环保和经济等其他专业的工作内容。在选矿厂设计过程中，各专业需要密切配合，综合运用各专业的理论与技术，将之转化为可指导建厂的文字及图纸设计方案，为拟建设或改扩建的选矿厂获得最佳技术经济指标奠定基础。

1.3　选矿厂设计工作的阶段和步骤

选矿厂设计工作是以选矿工艺专业为主体，其他相关专业为辅助，共同完成整体设计。根据国家对于项目建设程序的要求，选矿厂设计分为三个阶段，即设计前期工作阶段（主要包括建设规划、项目建议书、可行性研究及厂址选择等）、设计工作阶段（主要包括初步设计和施工图设计）、设计后期工作阶段（配合施工和试生产）。

选矿厂设计的前期工作是指从建设项目的酝酿提出到设计开始之前需要进行的一系列准备工作。按照工作程序和相关要求，此阶段需要完成建设规划书、项目建议书、项目可行性研究、设计任务书、采样和选矿试验研究、厂址选择等方面的内容。其中，对于厂址特别复杂的大型选矿厂，应在可行性研究之前单独进行厂址选择。为了做好设计前期阶段的工作，设计人员必须了解地质勘探情况，配合采样设计，提出选矿试验要求，配合厂区地形测量和工程地质勘探情况，参与签订有关协议，收集设计所需资料，了解和掌握采矿供矿情况等。具体的前期工作内容及要求详见第 2 章。

设计工作又可划分为初步设计和施工图设计两个阶段。初步设计在可行性研究报告经审批或下达设计任务书后进行，初步设计一般不能变动被批准的可行性研究报告确定的原则和方案。但因设计基础资料或某些重要条件发生较大变化，导致原定的原则和方案不能成立或出入甚大，或概算超出批准的可行性研究报告投资估算的允许限额时，应在技术经济论证的基础上将拟变动的内容呈报审批部门，只有经过审批后方可在初步设计中予以变更。

施工图设计是在初步设计经上级主管部门审批后，对初步设计遗留问题和审查初步设计时提出的重大问题已经解决，所需的地形、水文、工程地质详勘资料已经具备，主要设备订货也基本落实，供水、供电、外部运输、机修协作、征地等协议已经签订，施工方及其装备情况掌握之后进行的。一般来讲，施工图设计不得违反初步设计的原则方案，如果确因设备订货或其他条件变化而需要对初步设计原则方案进行更改，必须呈报给原初步设计的审批单位，批准后方可变更，同时要相应地编制修改设计说明书。

设计后期工作主要围绕配合施工和生产调试两方面进行。包括向建设单位和施工单位说明设计意图、解释设计文件、及时解决施工中出现的有关设计问题、监督施工质量，参加工程验收、试运转、处理遗留问题等工作。

在配合施工方面，需要进行以下具体工作：

（1）施工图设计交底。在项目施工前由项目经理组织各专业人员向业主、施工单位、非标准设备制造单位等进行施工图设计介绍，介绍设计内容和设计意图，重点讲清在施工、安装、非标准设备制造中的特殊技术要求和必须充分重视的问题，并负责解释和解决施工图中存在的不清楚或不合理的问题。

（2）配合施工，及时解决施工过程中出现的有关设计问题、监督工程质量及施工安装等方面的问题。

（3）处理施工图设计中遗漏的、错误的部分，对于重大问题变更应履行有关规定程序。

在生产调试阶段，设计单位需要参加试车，即单机运转调试和连续生产调试，在生产技术指标稳定时长达规定时间后方可进行投产、交工，以及后续的竣工验收等程序。

设计单位在竣工验收工作中的主要任务包括了解施工、安装、非标准设备制造中对设计文件的执行情况，施工、安装和非标准设备加工的质量，并在交工验收文件上签署意见，履行必要的手续。因此，项目经理或驻现场工作组代表，应充分掌握设计原则，清楚设计意图，熟悉技术要求及某些特殊要求，通晓全部设计文件和资料，参加施工过程中的有关技术协调会议，协助做好竣工验收工作。

1.4 选矿厂设计的发展趋势

随着我国经济的不断发展，工业生产对基础原料的需求日益增长，作为基础行业，选矿厂设计正面临着矿产资源日趋复杂、产能不断扩大、选矿生产技术需适时更新的任务和要求。为了适应矿产资源的变化，贯彻节能减排的宗旨，以及最大限度地降低投资和生产成本，选矿厂设计技术不断发展与进步。其中，设备大型化、工艺与设备高效节能化、生产过程检测与控制自动化、设计过程计算机辅助化，是选矿厂设计发展的总体趋势与重点。

设备大型化是适应矿产资源日益贫、细、杂，以及选矿厂规模不断大型化的必然趋势。自20世纪60年代以来，选矿厂设备的选择与设计始终朝着大型化发展，其中在20世纪70年代末，由于世界能源价格上涨，对于磨矿设备的设计不仅追求大型化，还须综合考虑设备的节能特点，改善磨机结构和性能，提高设备的工作可靠性和耐久性。

目前，世界上正在安装的球磨机的最大规格为美卓制造的 $\phi8.53$ m×14.6 m，用于紫金矿业西藏巨龙铜业铜多金属矿二期采选工程，单机装机功率为24000 kW。其他大型化碎磨设备还包括中信重工设计制造、澳大利亚 SINO 铁矿生产用 $\phi7.93$ m×13.6 m 溢流型球磨机；美卓制造的 C200 型颚式破碎机，其处理能力在排矿口宽度为 175 mm 时可达 630~890 t/h；ϕ1.83 m 旋回破碎机，其处理能力在排矿口宽度为 200 mm 时可达 5000 t/h；ϕ3.4 m 圆锥破碎机，其处理能力可达 5000 t/h。此外，单槽容积大于 160 m^3 的大型浮选设备也不断投入工业应用，当前工业应用的浮选机的最大单槽容积已达 680 m^3，由矿冶科技集团公司制造。

工艺与设备高效节能化是国民经济实现可持续发展的必然要求。选矿厂是矿山企业中能耗较大的生产部门之一，尤其是破碎和磨矿设备的能耗最大。根据对国内外多个选矿厂的生产能耗进行统计，发现采用常规碎磨流程时，破碎能耗占选矿厂总能耗的 5% ~ 12%，而磨矿能耗则高达 45% ~ 70%，因此降低磨矿能耗成为研究和设计的重点，也因此出现了"多碎少磨"的主张及其设计原则。为了有效地降低碎磨能耗，可通过改进破碎机结构、调整给矿方式、强化功率控制及缩小检查筛分的孔径等措施，使得破碎回路最终产物的粒度显著降低，有效地提高磨机效率。这种策略的典型实例为我国德兴铜矿大山选矿厂。此外，随着高压辊磨机应用技术的成熟及其独特优势，它被越来越多地用于金属矿山。采用高压辊磨机替代常规破碎流程中的第三段圆锥破碎机，或将第三段破碎产物给入高压辊磨机作为第四段破碎，可使破碎最终产物粒度降至 -6 ~ -5 mm。

从 20 世纪 70 年代开始，出现了不同于常规碎磨流程的另一种流程，即自磨（半自磨）流程，其流程特点是将自磨机（半自磨机）直接用于粗碎之后，取代了中碎、细碎，甚至球磨作业，因此流程更短，配置方便，易于管理。在 20 世纪 80 年代以前，国外建成的有色金属选矿厂以自磨流程为主，而 80 年代以后建成的则基本上均为半自磨流程，比如美国的 Copperton 矿山、澳大利亚的 Cadia Hill 矿山、我国的冬瓜山铜矿、袁家村铁矿等。

生产过程检测与控制自动化是提高生产技术经济指标和管理水平的必由途径。在选矿厂生产过程中，采用自动化仪表、装置以及计算机代替人工，对生产设备及工艺参数进行自动控制，对于改善作业条件、保证生产稳定、提高选矿技术指标、减轻劳动强度具有重要作用。从某种意义上说，选矿厂的自动化水平是体现选矿厂先进性的重要标志。随着自动检测与控制、信息处理，以及计算机等技术的发展，选矿过程和设备的自动控制系统不断更新换代，其发展历程经历了从对破碎、磨矿、浮选等单车间的控制到整个工艺流程的控制；从单一控制某个参数到多个参数协调控制，再到优化控制；从单参数单回路控制到多参数多回路控制，并发展到集中管理和分散控制。

进入 21 世纪以后，美国、南非、澳大利亚等矿业大国的大中型选矿厂普遍采用过程控制技术，其应用范围已覆盖从破碎到脱水的各作业环节，测控参数包括各段产物的品位、粒度、浓度，以及从破碎机到浓密机各类设备的工作参数。在控制方案上已从单参数、单机、单作业段控制向全流程、全车间、全厂范围的多级控制和管控一体化方向发展。一些基于专家系统、模糊控制和神经网络理论的智能控制技术已进入实用阶段，芬兰奥托昆普、南非明太克、美国 Ksedscape 等公司推出了适于选矿过程控制的软硬件技术，如 PROSCON 系统、Ksedscape 系统、OCR 系统等。我国选矿厂的自动化起步较晚，目前大多选矿厂都采用分散控制和局部集中控制的策略，如对破碎车间进行集中监控以减少空转和节能降耗，对磨矿与分级系统进行分布式控制，对浮选设备液位及充气量进行检测与自动控制等。自动化水平较高的选矿厂有太钢袁家村选矿厂、凤凰山铜矿选矿厂、德兴铜矿大山选矿厂等。

设计过程计算机辅助化是提高设计工作效率、降低设计工作者劳动强度的关键措施。在选矿厂设计过程中以计算机为辅助工具，通过高级语言编程、CAD 制图等手段来进行工艺流程的选择与计算、主要设备的选型计算、车间配置图与施工图等图纸绘制等工作。借助于计算机应用程序及其接口，可以大幅度提高工作效率和质量。

将计算机用于选矿工艺流程的计算和绘图始于 20 世纪 70 年代末和 80 年代初。由于计算机辅助设计具有速度快、精度高、可使设计内容深化等特点，全国各家设计院、高等院校等相继开发出了用于选矿厂设计方面的软件，包括破碎、磨矿、选别等数质量流程和矿浆流程的计算程序，以及各生产车间设备配置的绘图软件等。目前，国内各大设计院的设计过程已实现了计算机辅助化，近年来，曾在石化行业率先使用的三维设计甚至模块化设计手段也正逐步应用于选矿厂设计过程。随着计算机与信息技术的快速发展，计算机辅助手段在选矿厂设计过程中必将发挥越来越重要的作用，进行相关的技术开发工作势在必行。

2 选矿厂设计前期工作

选矿厂设计的前期工作指从建设项目的酝酿提出到设计开始之前需要进行的工作，其内容包括选矿厂建设规划、项目建议书、项目（资金）申请报告、可行性研究、厂址选择、采样及选矿试验、矿产资源开发利用方案等。

2.1 选矿厂建设规划

选矿厂建设规划的主要目的是为国家、地区、部门的发展规划以及可行性研究提供依据，其实质就是在基本探明资源及初步摸清建设条件的情况下，根据矿石储量、矿石类型和性质、可能的开采方案、可选性试验成果、外部条件，初步提出建设规模、生产年限、选别方法、原则流程、产品方案和用户、集中或分散建厂、一次或分期建设，以及相应厂址等的可能方案；初步估算建设投资，并对建厂经济效益做出初步评价。

2.2 项目建议书

项目建议书是项目建设筹建单位或项目法人，对拟建项目提出的框架性的总体设想。一般是在项目早期，由于项目条件还不够成熟，仅有规划意见书，对项目的具体建设方案还不明晰，市政、环保、交通等专业咨询意见尚未办理。项目建议书要从宏观上论述项目设立的必要性和可能性，把项目投资的设想变为概略的投资建议。建设方案和投资估算也比较粗，投资误差控制在30%左右。

企业投资建设实行核准制的项目，不再经过批准项目建议书程序；政府投资项目，采用直接投资和资本金注入方式的，从投资决策角度只审批项目建议书。对于大中型项目，有的工艺技术复杂、涉及面广、协调量大的项目，还要编制预可行性研究报告，作为项目建议书的主要附件之一。

项目建议书是通过调查研究对拟建项目的资源情况、市场需求、建设规模、产品方案、外部条件、基建投资、建设效果、存在问题等做出初步论证和评价，借以说明项目建设的必要性，同时对项目建设的可行性进行初步分析，为项目的初步决策提供依据，以减少项目选择的盲目性；批准的项目建议书亦为可行性研究工作的依据。

对引进技术和进口设备的项目，还需要对国内外技术概况和差距、进口理由、利用外资的可能性及偿还能力，以及引进国别和设备生产商做出初步分析。

2.3　项目（资金）申请报告

项目申请报告是企业投资建设报政府核准项目时，为获得项目核准机关对拟建项目的行政许可，按核准要求报送的项目论证报告。项目申请报告应对拟建项目从规划布局、资源利用、节能、征地、动迁、生态环境、经济和社会影响等方面进行综合论证，为有关部门对企业投资项目进行核准提供依据。被核准的项目申请报告是下一阶段开展工作的依据。

对于企业不使用政府投资建设的项目，一律不再实行审批制，区别不同情况实行核准制和备案制。其中，政府仅对重大项目和限制类项目从维护社会公共利益角度进行核准，其他项目无论规模大小，均改为备案制，项目的市场前景、经济效益、资金来源和产品技术方案等均由企业自主决策、自担风险，并依法办理环境保护、土地使用、资源利用、安全生产、城市规划等许可手续和减免税确认手续。对于企业使用政府补助、转贷、贴息投资建设的项目，政府只审批资金申请报告。

企业投资建设实行核准制的项目，需向政府提交项目申请报告。政府对企业提交的项目申请报告，主要从维护经济安全、合理开发利用资源、保护生态环境、优化重大布局、保障公共利益、防止出现垄断等方面进行核准。对于外商投资项目，政府还要从市场准入、资本项目管理等方面进行核准。

2.4　可行性研究

可行性研究按内容范围和深度一般可分为初步可行性研究、可行性研究和融资可行性研究。西方国家拟建项目决策普遍沿用融资可行性研究；在我国依融资可行性研究报告的方式进行决策的工程项目主要是技术引进和外资建设的项目、我国涉外投资的建设项目以及特大型建设项目。企业投资项目不再批准可行性研究报告，政府投资项目从投资决策角度审批可行性研究报告。

2.4.1　初步可行性研究

初步可行性研究也称预可行性研究。其目的是从总体上、宏观上对项目建设的必要性、可行性以及经济效益的合理性进行初步研究论证，从而为推荐项目和编制项目可行性研究提供依据。

初步可行性研究受工作阶段的限制，对基础资料详细程度和准确程度的要求比较低，通常可依据有关宏观信息和在可能条件下所搜集到的资料开展工作。要求工艺技术和经济的基础资料应能满足勾画总体设想和初步估算的要求；对地质资源情况，一般可依据详查地质报告。

初步可行性研究的工作深度，应符合从宏观上对项目进行鉴别的要求。在工作中，一般可借鉴同类项目的实践经验，采用类比法对项目进行分析、判断，初步提出项目总体建设的轮廓设想和工艺技术的原则方案；同时依据扩大指标估算法进行技术经济的粗略评估，初步提出采用的主要设备、主要工程量以及投资、成本和经济分析。其投资和成本的估算误差控制在 20% 左右。

2.4.2　项目可行性研究

项目可行性研究是评价建设项目在技术上、经济上是否可行的一种科学分析方法，其目的在于通过深入的技术经济论证，确认项目投资的综合效果，为建设项目的正确决策提供可靠的依据。可行性研究报告经主管部门批准或建设单位认可后，可作为向主管部门备案、向银行申请贷款、申请项目用地、环境评价及编制设计文件的依据。

选矿厂建设可行性研究的基本任务是对拟建选矿厂的市场需求、资源条件、建设规模、产品方案、原则流程、主要设备、厂址选择、外部条件、基建投资、建设进度、经济效益、市场竞争能力等进行分析论证，从而对该选矿厂是否建设、如何建设做出结论并编写出可行性研究报告。

编制可行性研究所需的基础资料包括：

（1）地质勘探资料，也就是经国家有关部门审批的矿床地质详细勘探总结报告。

（2）送至选矿厂的逐年矿量、矿石类型和品位以及供矿方式等采矿资料。

（3）经鉴定或审批（或者企业认可）的选矿试验报告。

（4）选矿厂厂区资料 1/1000 地形图、尾矿库 1/5000 地形图等地形测量资料。

（5）建厂地区的气象、地震等资料。

（6）必要的外部条件资料，即水、电、运输及燃料供应等外部条件的规划资料、协议草案或意向书。

（7）国内外价格资料及各种定额等经济评价基础资料。

（8）某些厂址条件较复杂的大型选矿厂，还要具有经过上级主管部门批准的厂址选择报告。

对于改建和扩建项目，还应具备如下资料：

（1）反映原有企业现状的总平面图、厂房设备配置图、建（构）筑物图、生产流程图。

（2）原有企业生产的主要情况，如历年的原矿处理量、精矿产量、回收率、原矿及产品品位等，以及流程考查和设备生产能力等测定资料。

（3）供水、供电、运输、尾矿及其他生产条件的现状。

（4）原有企业职工人数、劳动生产率、已用投资、固定资产净值、生产成本资料。

（5）原设计的有关资料。

根据国家有关规定，选矿厂可行性研究的内容包括总论、建设规模及产品方案、厂址方案、选矿及尾矿设施、总图运输、公用辅助设施、自动化水平及土建工程、环境保护、安全与工业卫生、消防、节能、投资估算、技术经济评价等。选矿专业可行性研究包括原矿概述、选矿试验、设计流程及指标、生产能力和工作制度、主要设备选择、厂房布置和设备配置、辅助设施、尾矿设施等。

2.4.3 融资可行性研究

融资可行性研究的基本任务是依据建设单位签发的委托书或招投标文件的要求，充分收集翔实可靠并经顾客认定的工艺技术设计和经济测算所需的基础资料，落实建设条件，通过深入细致的调查研究、论证和多方案技术经济综合比较，正确推荐选矿厂总体建设方案、主体工艺建设方案及相关技术中难以确定的重大方案，并解决制约选矿厂建设过程中的关键技术问题。

融资可行性研究必须在具备充足而又可靠的原始资料的基础上进行，其基础资料收集的内容与编制初步设计必备的基础资料相同。因此，为了保证融资可行性研究报告的质量，在开展设计工作之前，设计人员必须深入现场，进行深入的调查研究，收集充足、可靠的设计基础资料，然后进行审慎的鉴定和选取。

编制融资可行性研究报告与国家对工业建设项目可行性研究报告相同，但其内容和深度与我国有色或黑色金属矿山企业初步设计内容和深度的原则规定基本相同。选矿工艺专业在融资可行性研究中的工作内容和深度与选矿厂初步设计的工作内容和深度大致相同。

2.5 厂址选择

选矿厂（包括尾矿库、水源、电热源及生活区等）厂址选择直接影响基建投资、建设进度、投产后生产和经济效益以及地区环境和农业生产，因此它是设计前期一项政策性很强的工作。

厂址选择必须贯彻国家工业建设的各项方针政策，满足工艺要求，体现生产与生活的长期合理性。

厂址选择工作一般是在建设单位的组织下，会同当地政府、有关专业职能机构及设计单位有关人员对可能的厂址共同进行现场踏勘，收集有关资料并听取多方意见。在此基础上，提出几个厂址方案，经综合性技术经济比较推荐最佳厂址方案。一般对中小型选矿厂或厂址条件简单的大型选矿厂可在可行性研究阶段同时进行厂址选择工作；对某些条件复杂的大型选矿厂应在可行性研究之前单独进行厂址选择工作，并编制厂址选择报告，呈报有关政府部门审批。

厂址选择的基本原则如下：

（1）选矿厂厂址一般应尽量靠近矿山。避免建在矿体上、磁力异常区、塌落界限和爆破危险区内。对于处理矿石较富的或精矿产率高的选矿厂，当用户与矿山距离较近，或限于水、电、燃料供应等原因，亦可靠近用户或建在用户的厂区内；对某些贵金属选矿厂，为避免精矿在运输中损耗，或精矿必须干燥而用户又有废热可利用时，可考虑靠近用户建厂（也可在矿山建厂，脱水车间设在用户，精矿用矿浆泵送至脱水车间）；当矿山资源分散，需要集中建厂时，宜在矿山与用户之间合理选择厂址，以求原矿和精矿两者综合运费最低。

（2）有足够的场地面积（含扩建余地、生活用地），矿浆自流或半自流地形条件。破碎厂房最合适的自然地形坡度为 25°左右，主厂房为 15°左右。

（3）要贯彻节约用地原则。尽量少占地，尤其要少占或不占农田。考虑尾矿库复垦还田。

（4）有较好的供水、供电、交通条件。

（5）有理想的工程地质条件。避开断层、滑坡、溶洞、淤泥等不良地段，以及不占或少占耕地、果园、茶山，不拆或少拆建筑物等。

（6）要重视环境保护，选矿厂厂址要尽可能选在城镇或居民区的下风方向，并考虑"三废"治理，最大限度减少粉尘、烟气和其他排放物对环境的影响。

（7）生活居住区、文教区、水源保护区、名胜古迹保护区、风景游览区、温泉疗养区和自然保护区等不得建厂。

（8）对选矿厂规模有可能扩大的矿山，厂址要留有发展余地。

厂址选择要在详细调查研究的基础上，进行多方案综合技术经济比较，每个方案都要计算出基建投资和经营费用。比较时通常只按可比项目进行，投资和经营费用相同的项目可不列入比较，这样既节省工作量，又不影响比较的准确性。

2.6　采样及选矿试验

选矿试验结果的可靠程度除了取决于选矿试验本身的质量外，还与矿样的代表性和试验规模有着密切的关系。

2.6.1　矿样的代表性

选矿试验最基本的要求是试验矿样要具有代表性，也就是试验用矿样与选矿厂所处理的矿石性质的一致性。因此，为设计选矿厂提供依据的选矿试验用矿样，必须依据采样设计和有关采样规范、规定的要求采取，矿样在化学组成、矿物组成、主要组分的平均品位及波动范围、矿石结构和构造、矿石的物理性质、原矿含泥等方面都应有代表性。要求矿样首先考虑与投产后前几年（有色金属矿山大约 5 年，黑色金属矿山 5~10 年）选矿厂处理的矿石性质的一致性。当矿石类型不同，且将来生产有可能分别处理时，则每类矿石应分别采样，分别做选矿试验；如果不同类型的矿石在将来生产时有可能混合处理，则选矿试验用的应是混合矿样，其比例必须与将来生产的矿石基本一致。

采样工作一般由建设单位负责组织，有地质勘探、试验研究和设计单位参加，共同拟定有关技术要求，通常由地质勘探单位负责编制采样设计；选矿试验单位应结合选矿试验要求、内容，对矿样的代表性、采样个数、矿样粒度和采集量等提出意见和要求。

2.6.2 选矿试验规模和内容

选矿试验规模主要取决于矿石性质的复杂程度、采用的工艺方法、拟建选矿厂的生产规模和对试验的要求。

2.6.2.1 实验室试验

实验室试验是在实验室装置上进行，所需的试样量较少、设备规格小。根据实验室试验任务和要求又可细分为可选性试验、实验室小型流程试验和实验室扩大连选试验。

可选性试验着重探索和研究各种类型和品级矿石的性质与可选性，基本工艺方法和可能达到的选别指标，有害杂质剔除的难易程度，伴生有价成分综合回收的可能性等。可选性试验的目的之一是为制定工业指标提供依据。

实验室小型流程试验着重对选矿工艺流程、操作条件（药剂制度）和选矿技术指标进行试验。采用的是实验室小型非连续设备，操作基本上是分批进行。

实验室扩大连选试验是根据小型流程试验确定的流程，用实验室设备模拟工业生产过程的连续试验。着重考察在动态平衡条件下的选矿指标和工艺条件，比小型流程试验模拟性好，可靠性高。试验用设备的生产能力一般为 40~200 kg/h。

2.6.2.2 半工业试验

进行半工业试验的目的是验证实验室试验的工艺流程和选矿技术指标，为设计提供可靠依据，或为进一步进行工业试验打基础。同实验室试验相比，半工业试验的设备规格较大，能比较准确地模拟工业设备的生产过程，操作基本是连续的（全流程连续或局部连续），试验过程能在已达到稳定的情况下延续一段时间，试验条件和取得的技术指标比较接近生产实际。为了进行半工业试验，除了可利用实验室或实验车间中的连续性试验装置外，还有些是在专门建立的半工业试验厂或车间进行，所用设备是小型工业设备。

2.6.2.3 工业试验

工业试验是在工业生产规模下进行的试验，是在专门建立的工业试验厂或利用生产选矿厂的一个系列，甚至全厂进行的局部或全流程的试验。由于工业试验所用的设备、流程、技术条件与设计的基本相同，故所得的技术指标和技术参数比半工业试验的更可靠。

2.6.2.4 单项试验

选矿单项试验包括单项新技术和单项设备试验。单项技术指的是新型设备、新工艺、新药剂等试验，为选矿厂设计方案的选择提供参考和依据；单项设备试验指的是浓缩、压滤等单元操作试验，以便为设备选型提供基础的设计参数。

3 选矿厂初步设计和施工图设计

我国选矿厂设计工作阶段常常采用初步设计和施工图设计两步设计模式。

3.1 初步设计

初步设计是在可行性研究报告经审批或下达设计任务书后，将主要设计原则、方案加以具体实施的一项具体工作。用来指导施工图设计、设备订货和开展施工组织设计、施工和生产准备。

3.1.1 初步设计应遵循的原则

初步设计必须遵循以下3项原则：

（1）遵循国家规定的基本建设程序，并根据批准的可行性研究报告及审查意见、批准的设计任务书所确定的内容和要求进行编制。

（2）遵照国家和地方政府制定的有关政策、法规，执行有关的标准、规范、规程、规定。

（3）履行设计合同所规定的内容条款。

3.1.2 初步设计所需的原始资料

编制初步设计文件应具备的必需的基础资料包括以下几个方面。

（1）前期设计工作成果，如可行性研究报告、审批文件、企业建设规划、项目建议书、厂址选择报告等。

（2）经相应级矿产储量委员会审查批准的详细勘察地质报告。

（3）经过鉴定或审查批准的选矿试验研究报告。

（4）厂区工程地质、水文地质、气象、地震等资料，以及地形测绘图。

（5）水、电、交通运输、机修、汽修、燃料供应、征地、拆迁等外部协作协议或意见书。

（6）主要设备资料。

（7）环境影响评价报告及批准文件。

（8）安全评价报告。

（9）顾客的设计委托书和签订的设计合同。

（10）改、扩建项目除应具备上述基础资料外，还必须具备以下资料：

1）原有选矿厂供矿条件、原矿的物理化学性质等有关资料；

2）原有选矿厂工艺流程和近期各项经济技术指标（包括生产指标、原材料消耗、生产定员等）；

3）原有选矿厂的工作制度及主要设备作业率；

4）原有选矿厂的主要设备的名称、规格、台数、处理量、负荷率、操作条件等；

5）原有选矿厂辅助设施，如机修、化验、试验、仓库、药剂制备、尾矿设施的装备情况及使用情况；

6）原有选矿厂厂区总平面布置图，与改、扩建有关的车间和建（构）筑物实测图，设备配置图，厂区和车间内部管线图，隐蔽工程竣工图等资料；

7）原有选矿厂供水、供电、运输条件；

8）原有选矿厂"三废"处理措施及有关环境保护方法；

9）原有选矿厂技术革新、经验总结以及对改、扩建的意见和要求。

3.1.3 初步设计的内容

初步设计是在工程项目负责人（也称项目总设计师、项目经理）的组织下，各专业分别编制专业说明书、设计图纸、设备清单、概算书，然后由工程总负责人汇总编制成初步设计文件。

初步设计文件包括设计说明书、设计图纸、设备表、概算书、安全专篇、环保专篇、消防专篇、节能专篇等。

国内的初步设计说明书一般包括：

（1）总论。总论的主要内容包括简述选矿厂地理交通位置及隶属关系、设计依据及主要设计基础资料、企业外部建设条件、设计的基本原则、设计规模、工艺流程、主要设备、建（构）筑物组成、重大设计方案、技术经济分析及评价、问题及建议等。

（2）工艺部分。工艺部分的主要内容包括矿床与矿石类型、矿山供矿条件、矿石选矿工艺矿物学研究、选矿试验研究、产品方案及设计流程、工作制度与生产能力、设备选型计算、矿仓形式和储存时间的确定、车间组成、检修设施，以及取样、检测、计量、辅助设施等。

（3）总图运输部分。总图运输部分的主要内容包括区域概况、总体布置、厂区、场地、生活区总平面及竖向布置、生产运输、辅助运输、外部运输、消防、救护和警卫、排土场、职工休息室的规划、厂区、生活区的场地绿化、建筑面积、绿化面积、占地面积的计算等。

（4）土建部分。土建部分的主要内容包括主要生产车间、厂房建筑设计的确定，特殊构筑物结构形式和建筑材料的选择，行政及生活福利设施的总图布置原则及定额计算，建筑面积和占地面积的计算。

（5）给排水和尾矿库部分。给排水和尾矿库部分的主要内容包括水量、水质、水压、水温和水源的确定、输送水及其净化、污水处理、尾矿浓缩等设施的选择计算、尾矿输送方案以及尾矿库的库址选择、尾矿坝坝型、筑坝材料选择、尾矿坝稳定计算、土地复垦规划设计和尾矿坝监测设计。

（6）采暖通风部分。采暖通风部分的主要内容包括各建筑物内采暖、通风、空调、除尘、防火排烟的标准、方式、设计及设备选型。

（7）热力部分。热力部分的主要内容包括锅炉房、热力管网的设计、设备选型。

（8）电力、仪表和通信部分。电力、仪表包括供配电、传动设备电气照明、过电压保护与接地等。通信包括通信系统、报警系统、工业电视系统的设计及设备选型。

（9）机修、汽修及电修部分。机修、汽修及电修部分的主要内容包括确定机修、汽修和电修的任务、规模、组成、工作制度、装备水平、车间场地面积。

（10）环境保护部分。环境保护部分的主要内容包括主要污染源、污染物及其控制措施、生态分析、生态变化的防范措施、环境监测。

（11）安全卫生部分。安全卫生部分的主要内容包括建设地区和生产过程中存在的主要危险、有害因素及主要防范措施。

（12）消防部分。消防部分的主要内容包括建筑、给排水、通风空调、电气等几个方面，要求说明建筑物基本情况、耐火等级、防火间距、消防和保护设施数量及位置、消防通道、存在的隐患和预防措施。

（13）节能部分。节能部分的主要内容包括项目能源供应、节能方案、能源消耗、能效水平、节能措施等评估。

（14）技术经济部分。技术经济部分的主要内容包括编制工程概算、投资分析和项目的可行性。

（15）设计图纸。设计图纸的主要内容包括工艺流程图、工艺数质量流程图、设备形象联系图、建（构）筑物布置图、主要车间配置图等。

选矿专业在初步设计中负责选矿工艺设计。设计时，选矿专业首先接受地质、采矿、矿机等专业提供的设计条件，然后根据设计要求、选矿试验结论等制定工艺方案，委托给其他相关专业，各专业根据选矿委托资料互相提供设计资料，待各专业无异议后，依据委托资料开展设计，详见《选矿设计手册》。

3.2　施工图设计

3.2.1　施工图设计应具备的基本条件

进行施工图设计时，必须具备如下条件：

（1）初步设计（或可行性研究）已经过上级主管部门或建设单位组织的设计审查批准。

（2）初步设计遗留问题和设计审查提出的重大问题已经解决。

（3）已经具备施工图设计所需的地形测量、水文地质、工程地质详勘资料。

（4）主要设备订货基本落实，并已具备设计所需的设备资料。

（5）已签订供水、供电、外部运输、机修协作、征地等协议。

（6）已经了解施工单位的技术力量和装备情况。

（7）施工图设计所需的其他资料已经具备。

（8）国外设计项目，已了解当地国家和地区的各有关法律法规，对建设项目的要求等。

3.2.2 施工图设计应达到的基本要求

施工图设计必须达到的要求包括：

（1）满足设备、材料的订货要求。

（2）满足设备、金属结构件、管线安装的要求。

（3）满足非标准设备和金属结构件的制作要求。

（4）能够作为施工单位编制施工预算和施工计划的依据。

（5）满足项目施工要求。

（6）能够作为竣工投产与工程验收的依据。

3.2.3 施工图设计基础资料

开展施工图设计需要的基础资料包括：

（1）初步设计文件和上级主管部门或建设单位组织的设计审查的审批文件。

（2）设计中需要顾客确定的问题的书面文件。

（3）设计图纸及有关资料。

（4）厂区 1/500 地形图。

（5）对改建或扩建工程还需要如下一些资料。

1）原有选矿厂厂区总平面布置图、隐蔽工程竣工图、工艺建（构）筑物联系布置图。

2）与改、扩建有关的车间和建（构）筑物实测图，设备配置图，厂区和车间内部管线图，土建及其他专业图纸。

3）厂区现状地形图。

4）顾客对改建或扩建的要求。

3.2.4 施工图设计的内容

选矿厂施工图设计的主要设计文件是施工图纸、设计说明和补充设备订货表。

选矿专业图纸一般包括：

（1）工艺数质量流程图（含矿浆流程图）。

（2）工艺建（构）筑物联系图（含全厂带式运输机平面布置示意图）。

（3）设备形象联系图。

（4）车间设备配置图。

（5）设备或机组安装图。

（6）金属结构件制造和安装图。

（7）配管图（包括矿浆、药剂、抽风、压气等配置、安装图）。

若图纸不能充分表达设计意图，或者某些设计内容没有必要采用图纸来表达时，宜编制施工图设计说明。施工图设计说明用文字表达并以独立的图纸形式编制。

施工图设计阶段还应编制补充设备订货表。补充设备订货的编制形式与初步设计设备表相同。

4 选矿厂规模划分与工作制度

4.1 选矿厂规模划分及其确定原则

选矿厂的设计规模根据国家、地方和企业的建设需要，经可行性研究论证，最后由上级主管部门（指政府投资建设项目）或企业（企业投资建设项目）根据项目批文下达的设计任务书确定。确定选矿厂设计规模时，还应充分考虑以下几个基本原则：

（1）在地质资源和开采条件允许的情况下，选矿厂的设计规模应与采矿场的供矿能力及冶炼厂的处理能力相适应。

（2）中小型选矿厂一般可一次性建成，而大型选矿厂，特别是由地下开采的矿山供矿，一般要充分考虑分期建设，分系列建成投产，以便在短期内形成生产力，尽快发挥投资效能。

（3）对于资源多而矿点相距较远的矿区，一般考虑分散建厂，而矿点相距较近，且矿石性质基本相同时，可考虑集中建厂。选矿厂的分散或集中建厂需根据具体条件进行技术经济比较后确定。

（4）当矿山资源储量一定时，选矿厂规模越大，则选矿厂服务年限就越短。因此，对选矿厂的规模和服务年限之间的平衡应充分考虑，以投资的效益最大化为最终目标。

4.2 选矿厂规模的划分

选矿厂的生产规模通常以所处理原矿的数量表示。其原因在于，尽管矿石中有用成分的种类和含量不同，经分选所得的精矿量也不同，但只要处理的原矿量相同，选矿厂就具有大致相同的主要工艺设备（如破碎机、球磨机、分选设备等）、工艺设施（如工艺厂房等）、辅助设施（如矿仓等）和管理机构等。

在设计不同规模的选矿厂时，为了在确定生产和生活设施标准、技术装备水平和基本建设投资方面有规可循，根据中华人民共和国自然资源部 2004 年颁布的建设规模划分标准，可将选矿厂规模分为表 4-1 所示的大、中、小 3 种类型。

表 4-1　主要矿种的矿山建设规模的划分情况

矿 石 种 类	矿山生产建设规模/$t \cdot a^{-1}$		
	大型	中型	小型
金（岩金）矿石	$\geq 15 \times 10^4$	$(6 \sim 15) \times 10^4$	$< 6 \times 10^4$

续表 4-1

矿 石 种 类	矿山生产建设规模/t·a⁻¹		
	大型	中型	小型
银、铬、钛、钒矿石	≥30×10⁴	(20~30)×10⁴	<20×10⁴
铁矿石（地下开采）	≥100×10⁴	(30~100)×10⁴	<30×10⁴
铁矿石（露天开采）	≥200×10⁴	(60~200)×10⁴	<60×10⁴
锰矿石	≥10×10⁴	(5~10)×10⁴	<5×10⁴
铜、铅、锌、钨、锡、锑、铝土矿、钼、镍矿石	≥100×10⁴	(30~100)×10⁴	<30×10⁴
钴、镁、铋、汞矿石	≥100×10⁴	(30~100)×10⁴	<30×10⁴
稀土、稀有金属矿石	≥100×10⁴	(30~100)×10⁴	<30×10⁴
萤石矿	≥10×10⁴	(5~10)×10⁴	<5×10⁴
硫铁矿	≥50×10⁴	(20~50)×10⁴	<20×10⁴
磷矿	≥100×10⁴	(30~100)×10⁴	<30×10⁴
硼矿	≥10×10⁴	(5~10)×10⁴	<5×10⁴
钾盐矿	≥30×10⁴	(5~30)×10⁴	<5×10⁴

4.3　选矿厂服务年限

选矿厂的服务年限需要根据矿山可靠的矿床工业储量（或资源量）进行计算。它与选矿厂的建设规模有着密切的关系，一般可参照表4-2来确定。

表 4-2　不同规模选矿厂的服务年限

选矿厂规模	服务年限/a
大　　型	≥20
中　　型	≥15
小　　型	≥10

下列情况并经上级主管部门批准，或企业投资者自行决定，可以适当缩短选矿厂的服务年限：

（1）国家迫切需要的金属或矿物。

（2）需要快速回采的矿床。

（3）简易的小型选矿厂。

（4）小型富矿、开采条件较好的富矿和矿床远景储量较多的矿山。

4.4　选矿厂工作制度和设备作业率

选矿厂工作制度是指选矿厂各车间的工作制度。设备作业率是指选矿厂各车间设备的年作业率，即某设备全年实际运转时间（h）与全年日历时间（h，365×24）之比，它是衡量设备运转状况的一项技术指标，是影响生产能力的一个重要因素。各车间的工作制度就是根据其设备的年作业率确定的。而设备全年的实际运转时间，主要取决于设备材质与制造水平、装备水平、生产管理水平、维修能力以及原矿供应情况等诸多因素。

破碎车间的工作制度，一般应与矿山供矿的制度一致，大型选矿厂多采用连续工作制，设备全年运转330 d，每天运转3班，每班5~6 h；小型选矿厂可采用间断工作制。主厂房（磨矿车间和选别车间）均采用连续工作制，设备全年运转330 d，每天运转3班，每班8 h。精矿脱水车间一般采用与主厂房相同的工作制度，但当精矿量少和过滤设备能力相对大时，可采用间断工作制，即每日只工作1~2班。

我国选矿厂各车间常用的设备年作业率和工作制度见表4-3。

表4-3　选矿厂各车间设备年作业率与工作制度

车间类别	设备年作业率/%	年工作时间/d	日工作班数/班	每班工作时间/h
破碎与洗矿	52.7~67.8	330	2~3	5~6
自磨与选别	84.9~90.4	310 或 330	3	8
球磨与选别	90.4	330	3	8
精矿脱水车间	60.3~90.4	330	2~3	6~8

5 工艺流程设计与计算

工艺流程设计是选矿厂设计的首要工作。在制定工艺流程时，必须注意多方面的条件和因素，进行多方案的技术经济比较，以确定最优方案。

5.1 工艺流程确定原则

一般情况下，在进行选矿厂设计之前试验研究部门已经根据矿石性质的复杂程度做了不同规模的选矿试验。通常试验报告中会推荐两种或多种比较方案。选矿流程设计就是在选矿试验的基础上确定的。在确定选矿工艺流程时，综合考虑的因素主要包括以下几个方面。

（1）产品方案和产品质量指标。这是设计工作中的一项重要内容。研究产品方案时，首先需要做好国内外市场的预测和产品销售情况的调查研究工作，然后根据国家和市场的需求、技术上可能和经济上合理的原则，确定建设项目的综合回收方案。综合回收及综合利用是实现矿产资源高效利用的重要途径，能大大提高矿床的经济价值和企业的经济效益。因此，设计时应尽可能地实现综合回收。

（2）预先富集。根据矿石的结构构造特点，利用有用矿物与脉石矿物物理性质上的差异，如粒度组成、形状、脆性、密度、磁性率、放射性元素的反应和色泽等，在试验基础上，设计时可在破碎和磨矿流程的适当位置上增设预选作业，进行预先富集，抛弃大量脉石，提高入选矿石品位，节约设备和能耗，降低生产成本，减少基建投资。选矿生产实践中广泛应用的预选作业有拣选（手选、放射性分选、光电分选和荧光分选）、重介质分选、磁滑轮（磁滚筒）预选及洗矿等。对于品位比较低的矿石、原生矿泥和水分含量较高的矿石或者含有可溶性盐类的矿石，都应该充分考虑设置预选作业。

（3）节约能耗。制定工艺流程时必须考虑节约能耗问题。在常规碎磨流程中应考虑多碎少磨，尽可能降低磨矿机的给矿粒度。在磨矿过程中应避免发生过粉碎现象，根据矿石的嵌布特性尽量采用阶段磨矿阶段选别流程。

（4）选矿厂的规模。一般来说，小型选矿厂不宜采用复杂的工艺流程。相反，在处理同样矿石的情况下，规模大的选矿厂可采用较复杂的流程。这主要是关系到选矿厂的经济效益。

（5）建厂地区的气候和技术经济条件。例如，对于干旱寒冷地区，应选择用水量较少的流程或干式选别流程；选矿厂如距精矿用户很远，为节省运费，选出高品位精矿具有重大的经济意义，相应地可采用比较复杂的工艺流程。

（6）环境保护。设计工艺流程还要重视环境保护，特别是防止粉尘、毒物、废水、废渣、噪声、放射性物质及其他有害物质对环境的污染，进行综合治理和利用，使设计符合国家规定的标准。

（7）国家的方针、政策和法律。设计的工艺流程必须符合国家的有关方针、政策和法律规定。

总之，工艺流程的选择应在充分试验的基础上，结合上述各种因素进行多方案的技术经济综合比较，使流程中的主要问题得到合理解决，选出最优方案。

5.2　破碎筛分流程的选择与计算

5.2.1　破碎筛分流程的选择

在选矿厂中，破碎筛分作业的主要任务是为磨矿作业准备经济、合理的给矿或者直接为选别作业提供最适宜粒度的入选矿石，为了降低能耗，力求"多碎少磨"，尽量减小碎矿作业的最终产物粒度。

制定破碎筛分流程的依据是原矿的最大粒度、破碎最终产品的粒度、原矿和各段破碎产物的粒度特性、原矿的物理性质、含泥量和含水量等。

5.2.1.1　破碎流程的单元流程

组成破碎流程的基本作业是破碎和筛分（包括预先筛分和检查筛分），必要时可配备洗矿作业或预选作业。一个破碎作业与一个筛分作业组成一个破碎段，各破碎段组合（有时包括洗矿或预选作业）构成破碎筛分流程。

破碎流程可能的单元流程基本形式如图5-1所示。

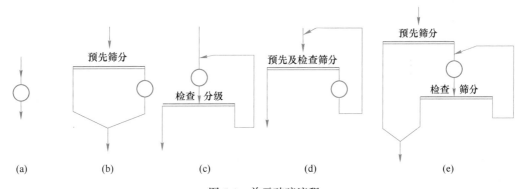

图5-1　单元破碎流程

（a）一段开路破碎流程；（b）带预先筛分的一段开路破碎流程；（c）～（e）一段闭路破碎流程

图5-1（a）仅有破碎作业；图5-1（b）由预先筛分和破碎作业组成；图5-1（c）由检查筛分与破碎作业组成；图5-1（d）和图5-1（e）由预先筛分和检查筛分及破碎作业组成。上述单元流程可任意组合成为生产实践中常用的两段开路或闭路破碎流程和三段开路或闭路破碎流程。

　　破碎筛分流程选择和制定需要解决的问题主要包括破碎段数、是否应用预先筛分或检查筛分以及洗矿或预选作业等。

5.2.1.2　破碎段数的确定

　　破碎段数取决于选矿厂原矿的最大粒度与破碎最终产物的粒度，即取决于所要求的总破碎比。选矿厂原矿的最大粒度与矿床赋存条件、矿山规模、采矿方法以及铲运设备等有关，一般情况下的矿石最大粒度见表 5-1。设计时应由采矿专业和矿物加工工程专业共同确定合理的粒度。破碎最终产物的粒度则根据磨矿和选矿的工艺要求或者根据产品的最终用途而定，可参考表 5-2 和表 5-3 确定。

表 5-1　原矿最大粒度与采矿方法的关系

矿山规模	露天开采		地下开采	
	铲斗容积 V/m^3	原矿最大粒度 d_{max}/mm	采矿方法	原矿最大粒度 d_{max}/mm
大型	3~6	1200~1400	深孔采矿	500~600
中型	0.5~2	600~1000	深孔采矿	400~500
小型	0.2~1	450~800	浅孔采矿	200~350

表 5-2　选矿厂有关设备给料粒度范围

作业名称	设备名称	给矿粒度/mm
磨矿	球磨机	10~15
	棒磨机	20~25
	砾磨机	砾石 38~100
	自磨机	200~350
选分	跳汰机	大粒 10~50
		中粒<12
	重介质选矿机	6~100
	重介质旋流器	2~20
	光电分选机	20~50

　　由表 5-1 可知，一般矿山供给选矿厂的矿石最大粒度范围为 200~1400 mm。根据表 5-2可知，球磨机适宜的最大给料粒度范围为 10~15 mm。因此，采用常规破碎流程时其总破碎比的范围通常是 13~140，即：

$$S_{max} = \frac{D_{max}}{d_{min}} = \frac{1400}{10} = 140 \tag{5-1}$$

$$S_{min} = \frac{D_{min}}{d_{max}} = \frac{200}{15} = 13 \tag{5-2}$$

式中，S 为破碎作业的总破碎比；D_{max}、D_{min} 为原矿的上限粒度和下限粒度，mm；d_{max}、d_{min} 为最终破碎产物中最大粒度和最小粒度（指95%通过的筛孔尺寸），mm。

表 5-3　黑色金属矿山及冶炼辅助原料破碎筛分厂产品的粒度范围

供应对象	规模	原料名称	粒度/mm	备　注
高炉	大	易还原铁矿石	8~30	（1）中国高炉粒度要求一般分为两级：<(25~30 mm)；>(25~30 mm)。 （2）各种矿石中过小粒度含量不超过5%~15%
	中		8~25	
	小		5~20	
	大	难还原铁矿石	8~25	
	中		6~20	
	小		5~15	
	大、中	石灰石或白云石	20~50	
	小		10~30	
平炉		天然铁矿	30~250	
		锰矿	30~150	
		石灰石	25~150	
		萤石	20~50	
		铁矾土	30~100	
电炉		天然富铁矿	30~100	
		萤石	5~50	
转炉		天然富铁矿	10~50	
		石灰石	10~50	
		萤石	5~50	
烧结厂		低硫富铁粉矿	0~12	烧结厂块矿粒度为0~80 mm
		高硫富铁粉矿	0~8	
		白云石、石灰石	0~3	
耐火材料		黏土及硅石	<200	
		镁矿、白云石、石灰石	25~150	

　　总破碎比等于各段破碎比之乘积。各段破碎比与各段破碎机的形式、工作条件和矿石性质有关。各段破碎机在不同工作条件下的破碎比范围见表5-4。

表 5-4　各种破碎机在不同工作条件下的破碎比范围

破碎段	破碎机类型	工作条件	破碎比
第Ⅰ段	颚式破碎机和旋回破碎机	开路	3~5
第Ⅱ段	标准圆锥破碎机	开路	3~5
第Ⅲ段	中型圆锥破碎机	闭路	4~8
第Ⅲ段	短头圆锥破碎机	开路	3~6
第Ⅲ段	短头圆锥破碎机	闭路	4~8

破碎段	破碎机类型	工作条件	破碎比
第Ⅲ段	对辊机	闭路	3~15
第Ⅱ、Ⅲ段	反击式破碎机	闭路	8~20

由表 5-4 可知，各种破碎机在不同工作条件下的破碎比范围最大的仅为 8~20，大多数破碎机的破碎比为 4~8。由此可见，采用常规破碎设备，通常情况下需要两段或三段破碎作业。

5.2.1.3 预先筛分和检查筛分的应用

预先筛分是矿石进入破碎机之前的筛分作业。应用预先筛分可预先筛除细粒，减轻过粉碎现象，提高破碎机的生产能力。当处理中等可碎性和易碎性矿石时，因矿石中细粒级含量较高，采用预先筛分是合适的；当矿石中含泥、水较多时（含水分 3%~5%），采用预先筛分对防止破碎机堵塞可起到一定作用。但是，安设预先筛分要增加厂房高度、增加基建投资，所以当粗、中碎破碎机生产能力有富余时，可不设预先筛分；当大型旋回破碎机采用挤满给矿时，一般也不设预先筛分。

设置检查筛分的目的是将破碎产物中大于某特定粒级物料筛出并返回破碎机进行再破碎，以控制破碎产品的粒度，充分发挥破碎机的生产能力。另外，各种破碎机排矿产物中均存在大于排矿口的过大颗粒，且含量较高，为达到破碎最终产物的粒度要求，势必要设置检查筛分，并与破碎机组成闭路。各种破碎机排矿中过大颗粒含量（β）与相对过大粒度系数 Z（排矿最大粒度与排矿口尺寸之比）见表 5-5。

表 5-5　破碎机排矿的过大颗粒含量 β 与相对过大粒度系数 Z 的关系一览表

矿石可碎性等级	破 碎 机 类 型							
	旋回破碎机		颚式破碎机		标准圆锥破碎机		短头圆锥破碎机	
	$\beta/\%$	Z	$\beta/\%$	Z	$\beta/\%$	Z	$\beta/\%$	Z[①]
难碎性矿石	35	1.65	38	1.75	53	2.4	75	2.9~3.0
中等可碎性矿石	20	1.45	25	1.6	35	1.9	60	2.2~2.7
易碎性矿石	12	1.25	13	1.4	22	1.6	38	1.8~2.2

① 闭路破碎时取小值，开路时取大值。

有检查筛分的闭路破碎比只有预先筛分的开路破碎复杂，需要安设较多的筛子、给矿设备和运输设备，甚至要设置单独的厂房，致使投资增大、操作复杂。但为使磨矿机有效地工作，一般在最后一段破碎作业均设置检查筛分作业。

对于特大型选矿厂，有时不设置检查筛分，而是将细碎产物粒度放宽到 25~30 mm 并直接给入棒磨机，相当于另加一段棒磨机作为细碎，构成四段开路破碎流程。

5.2.1.4 洗矿作业的应用

当矿石中含泥量多（大于 6%）、水分大（大于 5%）时，易堵塞料仓、漏斗和破碎筛分设备，为使设备正常运行，应考虑洗矿作业；为提高预选作业的分选效果，一般在手选、光电选、重介质分选等作业之前需进行洗矿；另外，有些矿石（如砂金矿）在选别前需要筛洗，而且是一个很重要的准备作业；再如沉积型铁锰矿石及风化沉积型钙质磷块岩等，洗矿是其主要的选矿方法，经过洗矿、脱泥后，有用矿物被富集而获得合格产品。

洗矿方法的选择与矿石中所含黏土矿物的种类、比例及其可塑性、膨胀性、渗透性等有关。矿石可洗性分类见表5-6。

表 5-6 矿石可洗性分类一览表

| 矿石 | 黏土存在状态 | 黏土的塑性指数 | 黏土的黏聚系数 | | 一般可采用的洗矿方法 |
			黏聚系数/t·m^{-2}	黏土等级	
易洗矿石	带有砂质黏土	<5	<0.2	I	冲水筛洗
			0.2~0.5	II	
中等可洗矿石	黏土在手中能擦碎的矿石	5~10	0.5~2	III	洗矿机洗1~2次
难洗矿石	黏土、泥团在手中难擦碎的矿石	>10	2~6	IV	洗矿机洗2次以上
			6~10	V	

由表5-6可知，按矿石中含黏土的性质可将其分为易洗、中等可洗和难洗3类，设计时应结合矿床赋存条件、矿石的矿物组成和物理性质及可洗性，参考国内外有关实践合理选择洗矿方法和设备。

矿石经过洗矿后，除了洗净的矿块外，尚有矿泥需要处理。由于矿泥的性质与砂矿的不同，洗矿后的矿泥一般要单独处理，这样可以提高选分效果。但对于规模较小、处理的矿石含泥量不太大的选矿厂可将矿泥与砂矿合并一起处理。

因采用洗矿作业导致工序复杂，难于管理且增加基建投资，故设计前应进行必要的试验，并进行方案比较后最后确定是否采用洗矿。除采用洗矿方案外还可采用中碎前重型振动筛筛出粉矿直接进入粉矿仓的方案，或采用自磨机或半自磨机的方案，应进行方案对比后择优决策。

5.2.1.5 预选作业的应用

预选是指矿石入磨前的选别作业，一般是用以剔除开采过程混入矿石中的围岩及夹石。目前，地下开采生产的矿石中，废石混入率一般为25%左右，黑钨矿石的废石混入率最高可达80%；露天开采时，废石混入率一般为5%~8%。采用预选可以减少入磨的矿石量和提高入选矿石品位，因此是选矿厂设计中减少基建投资、降低生产成本和节能降耗的一个有效方法。

常用的预选方法主要有手选、光拣选、X射线拣选、重选以及干式磁选（磁滑轮或磁滚筒）等。

5.2.2 破碎筛分流程的计算

破碎筛分流程计算的目的在于确定各破碎、筛分产物的绝对矿量（即产量 q_i）和相对矿量（即产率 γ_i），有时还需要确定破碎筛分过程中的物料粒度及其粒度组成，为设备选择提供依据。

流程计算时忽略少量机械损失及其他流失，遵循进入各作业的矿量和各作业排出的矿量相等的原则，按建立的平衡方程式求 q_i 和 γ_i。

5.2.2.1 流程计算所需原始资料

计算破碎筛分流程需要的原始资料包括按原矿计的选矿厂（或破碎筛分厂）生产能力、矿石的物理性质（主要是矿石的可碎性（或硬度）、松散密度、含泥和含水量等）、原矿粒度特性、各段破碎产物的粒度特性、原矿最大粒度及要求最终产物的最大粒度、各段筛分作业的筛分效率等。

原矿及各段破碎产物的粒度特性可通过工业性试验直接测定，也可借用与所处理矿石的可碎性相近的选矿厂的实际粒度特性曲线或者典型的粒度特性曲线（图 5-2~图 5-5）。

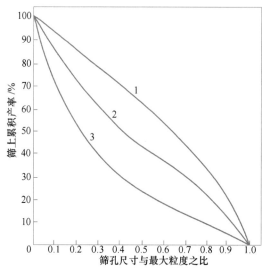

图 5-2 原矿粒度特性曲线

1—难碎性矿石；2—中等可碎性矿石；3—易碎性矿石

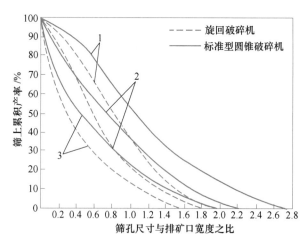

图 5-3 旋回和标准圆锥破碎机的产物粒度特性曲线

1—难碎性矿石；2—中等可碎性矿石；3—易碎性矿石

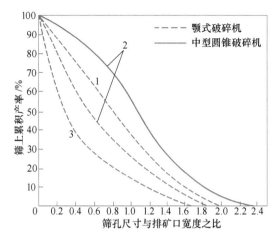

图 5-4 颚式和中型圆锥破碎机的产物粒度特性曲线

1—难碎性矿石；2—中等可碎性矿石；3—易碎性矿石

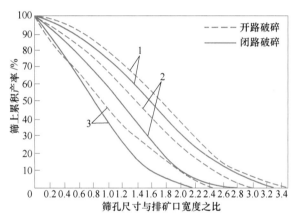

图 5-5 短头圆锥破碎机产物粒度特性曲线

1—难碎性矿石；2—中等可碎性矿石；3—易碎性矿石

各段筛分作业的筛分效率应根据实际资料合理确定。粗碎和中碎前作预先筛分用的固定条筛的筛分效率一般为 50%~60%；中碎和细碎的预先筛分与检查筛分用的振动筛的筛分效率为 80%~85%。筛分效率和筛孔尺寸的正确选择，对筛子的生产能力影响很大。筛孔尺寸和筛孔形状与物料的颗粒形状有关。预先筛分筛孔尺寸一般在破碎机排矿口与该段破碎产物最大粒度之间选取，但固定棒条筛筛孔不能小于 50 mm。检查筛分筛孔若是方孔，一般为破碎产物最大粒度 (d_{max}) 的 1.2 倍，此时破碎机排矿口一般不大于 $0.8d_{max}$，否则，将增大闭路循环量。

5.2.2.2 流程计算步骤

进行流程计算时，通常遵循以下步骤：

(1) 确定工作制度，计算破碎车间小时生产能力。

（2）根据总破碎比，分配各段破碎比。

（3）计算各段破碎产物的最大粒度。

（4）计算各段破碎机的排矿口宽度（b），开路破碎机的排矿口按 $b = d_{max}/Z$ 计算，闭路破碎机如前所述。

（5）确定各段筛子的筛孔尺寸和筛分效率。

（6）计算各产物的矿量和产率。

（7）绘制数量流程图。

5.2.2.3　各单元流程计算方法

各单元流程的计算方法见表 5-7。

表 5-7　各单元破碎流程计算公式

流程类型	流程图	计算公式	符号说明
没有筛分的开路破碎单元流程		$q_1 = q_2$ $\gamma_1 = \gamma_2$	
有预先筛分的开路破碎单元流程		$q_1 = q_5$ $q_2 = q_1\beta_1 E$ $q_3 = q_1(1 - \beta_1 E) = q_4$ $\gamma_i = q_i/q_1$	
有检查筛分的闭路破碎单元流程		$q_1 = q_5$ $q_3 = q_1/(\beta_3 E) = q_1 + q_4$ $q_4 = q_1(1 - \beta_3 E)/(\beta_3 E)$ $\gamma_i = q_i/q_1$ $C_C = (1 - \beta_3 E)/(\beta_3 E)$	q_1，q_i——原矿、各产物的矿量，t/h； γ_i——各产物的产率； β_1，β_i——原矿及各产物中小于筛孔级别的含量； C_C——破碎机的循环负荷； C_S——筛子的循环负荷； E——筛分效率
预先筛分和检查筛分合一的破碎单元流程		$q_1 = q_5$ $q_5 = (q_1\beta_1 + q_4\beta_4)E$ $q_4 = q_1(1 - \beta_1 E)/(\beta_4 E)$ $q_2 = q_1 + q_4$ $q_3 = q_4$ $\gamma_i = q_i/q_1$ $C_S = (1 - \beta_1 E)/(\beta_4 E)$	
预先筛分和检查筛分分开的破碎单元流程		$q_1 = q_8$ $q_2 = q_1\beta_1 E$ $q_3 = q_1(1 - \beta_1 E_1)$ $q_5 = q_1(1 - \beta_1 E_1)/(\beta_5 E_2)$ $q_4 = q_5$ $q_6 = q_5\beta_5 E_2$ $q_7 = q_1(1 - \beta_1 E_1)(1 - \beta_5 E_2)/(\beta_5 E_2)$ $\gamma_i = q_i/q_1$ $C_C = (1 - \beta_5 E_2)/(\beta_5 E_2)$	

5.2.2.4　破碎筛分流程计算实例

根据以下条件制定并计算破碎筛分流程。原始条件为处理含铜黄铁矿石的选矿厂，按原矿计算其处理能力为 1.32×10^6 t/a，原矿给矿最大粒度为 1000 mm，矿石松散密度 1800 kg/m³。矿石普氏硬度 8~10，属中硬矿石；原矿及破碎机产物粒度特性采用典型粒度特性曲线。要求采用常规碎磨流程。根据上述情况，进行的计算工作如下。

（1）确定工作制度并计算破碎车间生产能力。确定破碎车间工作制度与采矿工作制度一致，采用连续工作制，全年工作 365 d，设备作业率 68%。因此，全年设备运转 330 d，每天 3 班，每班运转 6 h，故破碎车间的生产能力 q 为：

$$q = 1320000/(330 \times 3 \times 6) = 222 \text{ t/h}$$

（2）计算总破碎比并分配各段破碎比。因破碎产物给入球磨机，故确定最终破碎产品粒度为 12 mm，则总破碎比为：

$$S_\text{总} = D_{max} / d_{max} = 1000/12 = 83.3$$

根据总破碎比，采用如图 5-6 所示的三段一闭路破碎流程（bbd），并初步拟定，第一段选用颚式破碎机，第二段选用标准圆锥破碎机，第三段选用短头圆锥破碎机。各段破碎比分配如下：

$$S_\text{总} = S_1 S_2 S_3 = 3.50 \times 4.40 \times 5.41 = 83.3$$

（3）计算各段破碎产物的最大粒度：

$$d_5 = D_{max} / S_1 = 1000/3.50 = 285.7 \text{mm（取 286 mm）}$$
$$d_9 = D_{max} / (S_1 S_2) = 1000/(3.50 \times 4.40) = 65 \text{ mm}$$
$$d_{11} = D_{max} / (S_1 S_2 S_3) = 1000/(3.50 \times 4.40 \times 5.41) = 12 \text{ mm}$$

（4）计算各段破碎机的排矿口宽度（b）。开路破碎机排矿口应保证排矿中的最大粒度不超过本段所要求的产物粒度，按 $b = d_{max}/Z$ 计算；闭路破碎的破碎机排矿口宽度按 $b = 0.8 d_{11}$ 计算。Z 值按表 5-5 取：

$$b_1 = d_5 / Z_1 = 286/1.6 = 178.8 \text{ mm（取 179 mm）}$$
$$b_2 = d_8 / Z_2 = 65/1.9 = 34.2 \text{ mm（取 34 mm）}$$
$$b_3 = 0.8 d_{11} = 0.8 \times 12 = 9.6 \text{ mm（取 9 mm）}$$

（5）确定各段筛子的筛孔尺寸和筛分效率。第一段和第二段预先筛分采用棒条筛，其筛孔尺寸分别为 $a_1 = 180$ mm、$a_2 = 50$ mm，其筛分效率为 $E_1 = E_2 = 60\%$；第三段预先筛分和检查筛分采用振动筛，其筛孔 $a_3 = 1.2 d_{11} = 14.4$ mm（取 15 mm），筛分效率为 $E_3 = 80\%$。

（6）计算各产物的矿量和产率：

$$q_1 = q_5 = q_9 = q_{11} = 222 \text{ t/h}$$
$$q_2 = q_1 \beta_1^{-180} E_1 = 222 \times 0.28 \times 0.6 = 37.3 \text{ t/h}$$
$$q_3 = q_4 = q_1 - q_2 = 222 - 37.3 = 184.7 \text{ t/h}$$
$$q_6 = q_5 \beta_5^{-50} E_2 = 222 \times 0.27 \times 0.6 = 36.0 \text{ t/h}$$
$$q_7 = q_8 = q_5 - q_6 = 222 - 36 = 186 \text{ t/h}$$

$$C = (1 - \beta_9^{-15} E_3)/(\beta_{13}^{-15} E_3) = (1 - 0.35 \times 0.8)/(0.81 \times 0.8) = 111.11\%$$

$$\gamma_1 = \gamma_5 = \gamma_9 = \gamma_{11} = 100\%$$

$$\gamma_2 = q_2/q_1 = 37.3/222 = 16.80\%$$

$$\gamma_3 = \gamma_4 = \gamma_1 - \gamma_2 = 100\% - 16.8\% = 83.20\%$$

$$\gamma_6 = q_6/q_1 = 36.0/222 = 16.22\%$$

$$\gamma_7 = \gamma_8 = \gamma_5 - \gamma_6 = 100\% - 16.22\% = 83.78\%$$

$$\gamma_{13} = C = 111.11\%$$

$$\gamma_{12} = \gamma_{13} = 111.11\%$$

$$\gamma_{10} = \gamma_9 + \gamma_{13} = 100\% + 111.11\% = 211.11\%$$

$$q_{13} = \gamma_{13} q_1 = 111.11\% \times 222 = 246.42 \text{ t/h}$$

$$q_{12} = q_{13} = 246.42 \text{ t/h}$$

$$q_{10} = q_9 + q_{13} = q_9(1 + C) = 468.42 \text{ t/h}$$

式中，β_1^{-180}、β_5^{-50}、β_9^{-15}、β_{13}^{-15} 分别为原矿，产物 5、9、13 中小于本段筛孔尺寸的含量。其中 β_5^{-50} 的数值应等于原矿中 -50 mm 粒级的含量与粗破碎机排矿中新生成 -50 mm 粒级的含量之和；β_9^{-15} 的数值应等于产物 5 中 -5 mm 粒级的含量与中碎破碎机排矿中新生成 -15 mm 粒级的含量之和。实际计算中，通常只用粗碎破碎机和中碎破碎机产物粒度特性曲线做近似计算，所以上述各值可分别由图 5-2、图 5-3、图 5-4、图 5-5 查出。

依据上述流程计算，最终确定的破碎筛分数量流程图如图 5-7 所示。

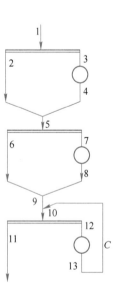

图 5-6　bbd 流程图

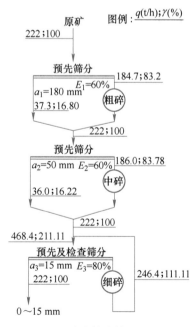

图 5-7　破碎筛分数量流程图

5.3 磨矿分级流程的选择与计算

5.3.1 磨矿分级流程选择

磨矿分级流程中的磨矿设备通常包括球磨机、棒磨机、自磨机或半自磨机和砾磨机；分级作业分为预先分级、检查分级和控制分级。磨矿作业常与分级作业组合构成闭路磨矿流程；不与分级作业构成闭路的称开路磨矿流程。因此，可能的磨矿单元流程如图5-8所示，它们也是生产中应用的一段磨矿基本流程。以此流程可组合出生产中常用的两段磨矿流程和多段磨矿流程（图5-9~图5-12）。

由此可见，制定磨矿分级流程需要解决磨矿段数和开路磨矿或闭路磨矿等问题。

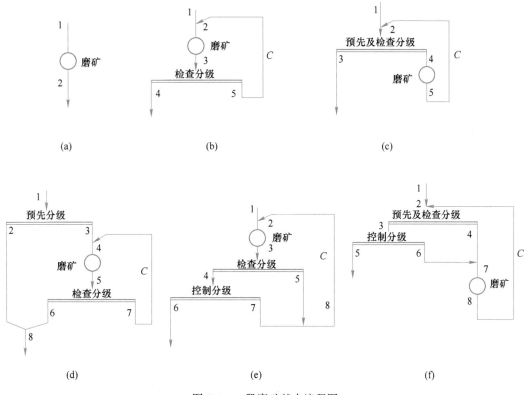

图 5-8　一段磨矿基本流程图

（a）一段开路磨矿流程；（b）一段闭路磨矿流程；（c），（d）带预先分级的一段闭路磨矿流程；
（e），（f）带控制分级的一段闭路磨矿流程

5.3.1.1 磨矿流程中分级作业的应用

磨矿流程中的分级作业可分为预先分级、检查分级和控制分级。

预先分级的目的在于分出给矿中已经合格的粒级，从而相对提高磨矿机的处理能力；或预先分出矿泥和有害可溶性盐类，以利于分别处理，提高选分指标。一般第一段磨矿前

很少设置预先分级，只是在给矿粒度小于 6~8 mm，其中合格粒级含量大于 15% 时才考虑采用。

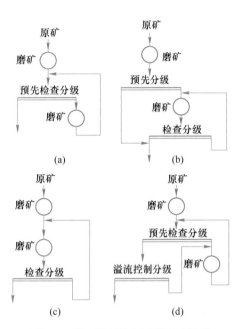

图 5-9　第一段开路的两段磨矿流程

（a），（b）第二段闭路带预先分级的两段磨矿流程；

（c）第二段闭路不带预先分级的两段磨矿流程；

（d）第二段闭路带控制分级的两段磨矿流程

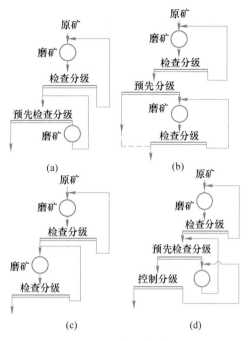

图 5-10　两段全闭路磨矿流程

（a）第二段预先分级和检查分级合一的全闭路磨矿流程；

（b）第二段预先分级和检查分级分开的全闭路磨矿流程；

（c）第二段不带预先分级的全闭路磨矿流程；

（d）第二段带控制分级的全闭路磨矿流程

检查分级分为全闭路磨矿检查分级（图 5-8（b））和局部闭路磨矿检查分级（图 5-11）。全闭路磨矿检查分级的作用是控制磨矿产物粒度，分级机的返砂返回磨矿机，增加磨矿机单位时间内的矿石通过量，提高磨矿机的生产能力。一般来说，磨矿机的生产能力是随着分级机返砂量（循环负荷）的增加而上升的，只是随着循环负荷的增加，磨矿机生产能力的增长速度逐渐下降，因此，循环负荷通常保持在 150%~300% 的范围。

一段磨矿和二段磨矿中的检查分级可使磨矿机有效工作，避免产生过磨并满足下一段选别作业对磨矿细度的要求。因此，检查分级作业总是必要的。

局部闭路磨矿设置的检查分级既是第一段磨矿的检查分级，又是第二段磨矿的预先分级。其工艺特点是，第二段磨矿机负荷的改变不是通过溢流，而是通过沉砂，因此两段磨矿机之间的负荷容易分配和调节。该流程可以防止自然金属在磨矿机中聚集和泥化；缺点是第一段分级脱除了大量矿泥，使第二段分级中的矿泥量大为减少，降低了矿浆黏度，使分级机工作不稳定。此外，由于第一段分级的沉砂要分为两部分，一部分返回第一段磨矿，另一部分给入第二段磨矿，给设计工作带来了一定的困难。

控制分级又可细分为溢流控制分级（图 5-8（e））和返砂控制分级。在第一段磨矿中

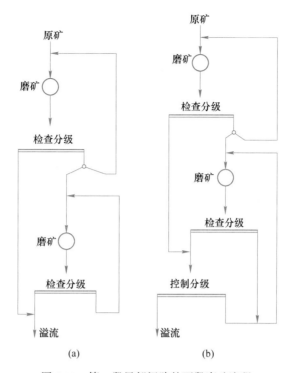

图 5-11 第一段局部闭路的两段磨矿流程
（a）第二段不带控制分级的两段磨矿流程；（b）第二段带控制分级的两段磨矿流程

必须得到非常细的最终产物；或是在第一段磨矿中要进行阶段选别时，或是要用水力旋流器分级，必须先在机械分级机中除去过粗颗粒时，需采用溢流控制分级作业。返砂控制分级的目的是降低返砂中合格产物的含量，效果虽不甚显著，且需增设分级机，增加配置的复杂性，但在实践中仍有采用。

5.3.1.2 磨矿段数的确定

磨矿段数的确定主要是依据矿石可磨性、矿物粒度嵌布特性及分选工艺流程等确定。这些条件在选矿试验报告中均有论述，设计时应根据试验报告中提供的数据，结合新建选矿厂的生产规模确定。

根据选别要求和磨矿机的组合情况，通常情况下，有一段磨矿流程（图 5-8）、两段磨矿流程（图 5-9~图 5-11）和多段磨矿流程（图 5-12）。

A 一段磨矿流程

与两段磨矿比较，一段磨矿流程具有所需分级设备少、投资低、配置简单、调节方便、磨矿产物不需转运等优点，但是，当给矿粒度范围很宽时，因合理装球困难，磨矿机难以有效工作，产物粒度相对较粗。

图 5-8（b）是最常用的一段闭路磨矿流程，也常用于两段磨矿和多段磨矿中的第一段，其最适宜的给矿粒度为 12 mm 左右，分级机溢流中 -0.074 mm 粒级的含量一般不大于 70%（相当于 $d_{max} \leqslant 0.15$ mm）。另外，对于小型选矿厂，为简化流程、节省投资，常常采

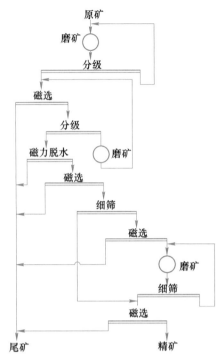

图 5-12   多段磨矿流程

用一段闭路磨矿流程，实现产物粒度达到-0.074 mm 占 80%。

B   两段磨矿流程

当磨矿最终产物的粒度要求在-0.074 mm 占 70%以上或采用阶段磨选流程时，一般采用两段磨矿流程。

a   第一段开路的两段磨矿流程

第一段开路的两段磨矿流程（图 5-9）由于第一段是开路磨矿，因此所需分级设备少。这种情况下，第一段常用棒磨机，给矿最大粒度通常为 20~25 mm。流程调节简单，便于合理装球。但第二段磨矿机的容积必须要比第一段的大 50%~100%，才能保证第一段磨矿机的有效工作，因而使用上受到限制。这种流程与一段闭路磨矿流程和两段全闭路磨矿流程相比，在设备配置和管理上均不甚方便。

图 5-9（a）和图 5-9（b）所示的流程常用于磨矿最终产物粒度为（55%~80%）-0.074 mm 和一段选别的大型选矿厂。如矿石中含有大量原生矿泥而又需单独处理时，可采用图 5-8（b）所示的流程。

图 5-9（c）所示的流程比较简单，分级前是两段连续磨矿，分级机给矿中不会有过大的粗颗粒，可用水力旋流器作分级设备，以节省厂房面积和投资，适用于处理细粒嵌布矿石的选矿厂，其缺点是第二段磨矿机给矿中的合格粒级含量较高，经第二段磨矿必然造成过磨和泥化，影响磨矿效率和选别技术指标。

图 5-9（d）所示的流程常用于需要磨细到-0.074 mm 粒级占 80%~95%和第一段磨矿

产物给入选别作业的选矿厂。

b 两段全闭路磨矿流程

图 5-10 所示的两段全闭路磨矿流程用于磨矿最终产物的细度要求 -0.074 mm 粒级占 70%~80% 或者更细的大、中型选矿厂。合理分配两段磨机的容积是提高这类流程磨矿效率的关键，因此操作和调节的要求都比较严格。这类流程的优点是最终产物粒度细，易实现阶段选别，便于合理装球。

在图 5-10 (a) 所示的流程中，第二段磨矿的预先分级和检查分级作业是合并的，分级作业少，可以得到粒度相对较粗的产物；在图 5-10 (b) 所示的流程中，第二段磨矿的预先分级和检查分级是单独设置的，可预先分出合格粒级和可溶性盐类物料；在图 5-10 (c) 所示的流程中，第一段分级机的作用是分出产物中的粗粒级，返回第一段磨矿机，保证第二段磨矿机的给矿粒度符合要求；图 5-10 (d) 所示的流程由于调节管理复杂，仅在矿石需要磨得很细和采用阶段选别时才采用。

c 第一段局部闭路的两段磨矿流程

图 5-11 所示的第一段局部闭路的两段磨矿流程具有调节简单、在第一段或第二段磨矿可以很好地控制循环负荷、可以避免贵金属在回路中聚集等优点。但是，第一段分级机的返砂给入第二段磨矿时，需要坡度较大的溜槽式运输设备，而且第二段的检查分级设备不适宜处理已脱泥的矿石和含少量次生矿泥的结晶矿石。

在图 5-11 (a) 所示的流程中，矿石仅通过分级机溢流堰一次，所需分级设备少，但难以得到较细的磨矿最终产物；图 5-11 (b) 所示的流程增加了溢流控制分级，需要较多的分级设备，但可得到较细的磨矿最终产物。

C 多段磨矿流程

多段磨矿一般用于阶段磨选流程中。在处理嵌布粒度不均匀、需要磨得很细（90% 以上小于 0.074 mm）才能得到合格精矿的磁铁矿石时，采用三段磨矿、多段细筛和磁选的流程（图 5-12）。这种流程的第三段磨矿作业是处理细筛的筛上产物，与采用两段闭路磨矿流程处理细筛的筛上产物相比，采用这种流程在生产操作中更易于控制。

在处理矿物嵌布复杂的有色金属矿石时，为避免有用矿物的大量泥化，常常采用多段磨矿、多段选别流程，先收取局部富集的粗精矿或中矿，然后进行再磨再选，以提高精矿品位和金属回收率。

5.3.1.3 自磨流程

与常规的破碎、磨矿流程相比，自磨流程在生产操作、基建投资、经营费用和选别指标等方面，有时因能充分显现其独特优点，而获得了越来越多的工业应用。

影响自磨过程的因素很多，特别是矿石的矿物组成、结构、构造等影响更大。因而要采用自磨流程，尤其是大型选矿厂，必须要事先进行试验研究（包括半工业试验和工业试验），在对自磨工艺本身进行系统研究的基础上，通过与常规磨矿方法的对比分析，为设计提供可靠数据。此外，由于自磨机对工艺条件的变化相当敏感，设计时必须细致考虑其配套设备及有关设施，并解决自磨机组的自动控制等问题，以保证自磨机高效工作。

矿石的自磨工艺有干式和湿式两种，后者在生产中应用较多。生产中采用的自磨流程，根据设备的配置情况，分为一段全自磨流程、一段半自磨流程、两段全自磨流程和两段半自磨流程 4 种。一段自磨流程适用于磨碎产物中−0.074 mm 粒级的质量分数小于 60% 的情况；当要求磨碎产物中−0.074 mm 粒级的质量分数大于 70% 时，则适宜采用两段自磨流程。

5.3.1.4 磨矿流程选择原则

磨矿流程的选择依据主要是选矿试验研究报告中提供的矿石性质及矿物粒度嵌布特性。因此，设计时可根据试验所提供的数据，结合设计原始条件、选矿厂生产规模等，进行磨矿流程的选择，其工作原则如下。

（1）矿石含泥（含水）较多且含有大量黏土矿物时，采用常规的破碎、磨矿工艺，破碎流程很难畅通；增加洗矿作业将使流程复杂，对大型选矿厂更是不利，这时首先应考虑采用湿式自磨工艺的可能性和必要性。如果矿石用常规破碎-磨矿流程和自磨流程均可处理，除了考虑矿石性质外，还必须通过技术经济比较确定适宜的破碎-磨矿流程。

（2）当要求矿石的入选粒度为−0.074 mm 粒级占 55%~65% 时，可在以下 3 种方案中选择：

1）将矿石破碎到 10~15 mm 后，采用图 5-8（b）所示的一段磨矿流程；

2）当选矿厂规模较大时，可将矿石破碎到 20~25 mm 后，采用第一段开路的两段磨矿流程，其中第一段磨矿采用棒磨机；

3）将矿石破碎到 300~350 mm 后，采用自磨+球磨、半自磨+球磨、自磨+球磨+"顽石"破碎的两段磨矿流程。

（3）当矿石入选粒度要求−0.074 mm 粒级的质量分数在 80% 以上时，或要求进行阶段磨矿、阶段选别时，可采用第一段全闭路的两段磨矿流程。

（4）当原矿中含有一定量可能在磨矿回路中聚集的贵金属时，可采用第一段局部闭路的两段磨矿流程。

总之，设计磨矿流程应根据矿石性质和有用矿物的嵌布特性认真选择，并通过技术经济比较后确定，以保证得到最有效的磨矿条件和最小的单位功耗的方案。

5.3.2 磨矿分级流程计算

磨矿分级流程计算仍然是根据各作业进入矿量与排出产物矿量的平衡关系，计算出各产物的矿量 $q_i(t/h)$ 和产率 $\gamma_i(\%)$，为磨矿和分级设备的选择以及矿浆流程计算提供基础数据。

5.3.2.1 磨矿分级流程计算所需原始资料

进行磨矿分级流程计算需要的原始资料包括以下几个方面。

（1）磨矿车间的生产能力。一般为选矿厂主厂房的原矿处理量 $q(t/h)$。若处理的是中间产物，则为流程中实际进入磨矿作业的矿量。

（2）要求的磨矿细度。一般由选矿试验报告提供。

（3）磨机适宜的循环负荷。适当增加磨机的循环负荷可以加速合格产品的排出，缩短物料在磨机内的停留时间，提高磨机的处理能力。磨机在适宜的循环负荷下工作，能获得最佳的磨矿效果。因此，其值应采用工业试验测定值或类似选矿厂的实际值。在无这些资料时，也可采用表 5-8 所示的统计数据。但磨机循环量太大，将导致磨机过分充塞而不能正常工作，因而设计中确定的循环负荷值还需要用磨矿机允许的最大通过量进行校核，通常要求磨矿机单位容积的小时通过量不大于 12 t。

（4）磨矿分级流程计算中需根据磨矿细度的要求，确定一合适粒级作为计算级别。通常以 −0.074 mm（−200 目）粒级作为计算级别。细磨时常以 −0.043 mm（−325 目）粒级作为计算级别。原矿和各产物中计算级别的含量可取自试验数据，或类似选矿厂的生产数据。若无此资料，也可依据表 5-9 和表 5-10 中的统计数据确定。需要说明的是，表 5-10 中所列溢流产物的粒度与分级返砂中 −0.074 mm 级别含量的关系是对密度为 2700 ~ 3000 kg/m³ 的中硬矿石而言的，对于密度大的矿石（如致密状硫化物矿石），返砂中 −0.074 mm 级别的含量将增大 1.5 ~ 2.0 倍；对预先分级或控制分级来说，如分级机给矿中 −0.074 mm 级别的含量超过 30% ~ 40%，则返砂中 −0.074 mm 级别含量应采用表中数值的上限；采用旋流器作分级设备时，溢流中最大粒度与 −0.074 mm 级别含量的关系可查阅有关水力旋流器的专著，沉砂中 −0.074 mm 粒级的含量一般比表 5-10 中所列数据高 15% 左右。

表 5-8 不同磨矿条件下最适宜的磨机循环负荷

磨矿作业条件	$C_{适宜}$/%
磨矿机和分级机配置（第一段）：粗磨至 −0.5 ~ 0.3 mm	150 ~ 350
细磨至 −0.3 ~ 0.1 mm	250 ~ 600
（第二段）：由 −0.3 mm 磨至 −0.1 mm	200 ~ 400
磨矿机和水力旋流器配置（第一段）：磨至 −0.4 ~ 0.2 mm	200 ~ 350
磨至 −0.2 ~ 0.1 mm	300 ~ 500
（第二段）：由 −0.2 mm 磨至 −0.1 mm	150 ~ 350

表 5-9 给矿中 −0.074 mm 粒级的含量统计数据一览表

给矿粒度/mm		40	20	10	5	3
−0.074 mm 粒级的含量/%	难碎性矿石	2	5	8	10	15
	中等可碎性矿石	3	6	10	15	23
	易碎性矿石	5	8	15	20	25

表 5-10 分级溢流产物粒度与产物中 −0.074 mm 粒级含量的关系一览表

分级溢流产物粒度/mm	−0.4	−0.3	−0.2	−0.15	−0.1	−0.074
分级溢流中 −0.074 mm 级别的含量/%	35 ~ 40	45 ~ 55	55 ~ 65	70 ~ 80	80 ~ 90	95
分级返砂中 −0.074 mm 级别的含量/%	3 ~ 5	5 ~ 7	6 ~ 9	8 ~ 12	9 ~ 15	10 ~ 16

（5）两段磨矿时，需要合理地确定第二段磨矿机容积与第一段磨矿机容积的比值 m，以及按新生成计算级别的单位生产能力的比值 K。这是因为，采用两段磨矿时，为使磨矿

系统生产能力达到最大值,要求两段磨机容积合理分配,保持两段磨矿机负荷平衡。在常规磨矿流程中,对两段全闭路连续磨矿流程,第二段磨矿机容积 V_2 通常与第一段磨矿机容积 V_1 相等,即 $m=1$,若第一段为开路磨矿,则 $m=2\sim3$;对阶段磨矿流程,第二段磨矿机容积视实际磨机给矿量而定。对于自磨-球磨和半自磨-球磨流程,由于两段磨机工作状况不同,其容积不能简单相比,但在设计时,也应注意保持两段负荷均衡。另外,两段磨矿时,第二段磨机的给料比第一段磨机给料(原矿)难磨,导致第二段磨机按新生成计算级别的单位生产能力 q_{02} 通常比第一段磨机计算级别的单位生产能力 q_{01} 的低,即有 $K=q_{02}/q_{01}<1$。事实上,K 值不仅与矿石性质和磨矿最终产物粒度有关,而且和流程结构有关;在常规磨矿流程中,两段连续磨矿流程的 K 值一般为 $0.8\sim0.85$。

(6)当使用水力旋流器作预先分级设备时,需要知道旋流器给料的粒度组成、分离粒度及各窄级别在沉砂和溢流中的分配率,这些资料一般依据性质类似的工业实践数据确定,必要时应通过半工业试验获得。

(7)在计算自磨流程(包括半自磨+球磨、自磨+球磨、自磨+球磨+"顽石"破碎)时,关键是合理确定自磨机的循环负荷或需要进行破碎的"顽石"量,通常需要依据半工业试验或工业试验结果确定。如果与自磨机组成闭路的分级设备是振动筛,则可按破碎流程中的计算方法进行。

5.3.2.2　磨矿分级流程计算方法

一段磨矿流程的计算方法见表 5-11。

表 5-11　一段磨矿分级流程计算公式一览表

流程类型	流程图	已知条件	计算公式	符号说明
有检查分级的单段磨矿流程 b		q_1;C	$q_2=q_3=q_1(1+C)$ $q_4=q_1$ $q_5=Cq_4$ $\gamma_i=q_i/q_1$	q_1——原矿处理量,t/h;
预先分级和检查分级合一的单段磨矿流程 c		q_1;C'	$q_2=q_1(1+C')$ $q_3=q_1$ $q_4=q_5=C'q_3$ $\gamma_i=q_i/q_1$	q_i——各产物矿量,t/h; C——磨矿机的循环负荷;
预先分级和检查分级分开的单段磨矿流程 d		q_1;C;β_1、β_2、β_3、β_8	$q_2=q_1(\beta_1-\beta_3)/(\beta_2-\beta_3)$ $q_3=q_1-q_2$ $q_4=q_5=q_3(1+C)$ $q_6=q_3$ $q_7=Cq_6$ $q_8=q_1$ $\gamma_i=q_i/q_1$	C'——分级设备循环负荷;

续表 5-11

流程类型	流程图	已知条件	计算公式	符号说明
有控制分级的单段磨矿流程 e		q_1；β_1、β_4、β_6、β_7；C	$q_2 = q_3 = q_1(HC)$ $q_4 = q_1(\beta_6 - \beta_7)/(\beta_4 - \beta_7)$ $q_5 = q_3 - q_4$ $q_6 = q_1$ $q_7 = q_4 - q_6$ $q_8 = Cq_1$ $\gamma_i = q_i/q_1$	β_i ——各产物中计算级别的含量； γ_i ——各产物的产率

对于图 5-13（a）所示的两段全闭路磨矿流程（原始流程），一般先将第二段展开形成图 5-13（b）所示的等效流程，据此计算出各产物的矿量（q）和产率（γ）。

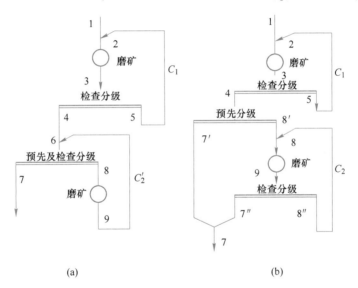

图 5-13　两段全闭路磨矿流程图

（a）原始流程图；（b）等效流程图

在这种情况下，已知指标为 q_1 和 β_7，需要确定的指标为 β_1、β_8、C_1、C_2、K 和 m。为此，令 $\beta_{7'} = \beta_{7''} = \beta_7$；$\beta_{8'} = \beta_{8''} = \beta_8$。

第一段磨矿分级流程的计算与单一的一段磨矿流程的相同。由图 5-13 可知：

$$q_4 = q_7 = q_1$$

$$q_2 = q_3$$

$$q_8 = q_9$$

显然，在第二段磨矿流程中只需求出 q_8 则各产物矿量均可求出。但在此之前必须先求出第一段分级溢流中计算级别的含量 β_4。

设 A_1 和 A_2 分别为第一段和第二段新生成计算级别的量，q_{01} 和 q_{02} 分别为第一段和第二段磨机按新生成计算级别的单位容积生产能力，V_1 和 V_2 分别为第一段和第二段磨机的有效容积。产物 4 中计算级别的含量 β_4 等于原矿中带来的计算级别含量 β_1 与第一段磨矿中新生计算级别的含量之和，即：

$$\beta_4 = \beta_1 + A_1/q_1$$

由关系式 $A_1 + A_2 = q_1(\beta_7 - \beta_1)$、$A_1 = q_{01}V_1$ 和 $A_2 = q_{02}V_2 = Kq_{01}mV_1 = A_1Km$，得：

$$A_1(1 + Km) = q_1(\beta_7 - \beta_1)$$

或

$$A_1 = q_1(\beta_7 - \beta_1)/(1 + Km)$$

由此得：

$$\beta_4 = \beta_1 + (\beta_7 - \beta_1)/(1 + Km) \tag{5-3}$$

由图 5-13（b）可知：

$$q_8 = q_{8'} + q_{8''} = q_{8'}(1 + C_2)$$

式中的 $q_{8'}$ 与其他指标存在如下关系：

$$\begin{cases} q_4 = q_{7'} + q_{8'} \\ q_4\beta_4 = q_{7'}\beta_{7'} + q_{8'}\beta_{8'} \end{cases}$$

由此得：$q_{8'} = q_4(\beta_{7'} - \beta_4)/(\beta_{7'} - \beta_{8'}) = q_1(\beta_7 - \beta_4)/(\beta_7 - \beta_8)$

或

$$q_8 = q_1(\beta_7 - \beta_4)(1 + C_2)/(\beta_7 - \beta_8) \tag{5-4}$$

求出 q_8 以后，其余各产物的矿量和产率可参照表 5-11 中方法逐一求得。

5.3.2.3　磨矿分级流程计算举例

对于图 5-14 所示的两段磨矿流程，计算用的原始指标为：$q_1 = 200$ t/h、$\beta_1 = 7\%$（以 -0.074 mm 粒级含量计）、$\beta_4 = 70\%$、$K = 0.82$、$m = 2$；按表 5-8 选取 $C = 350\%$；按表 5-10 得出 $\beta_5 = 10\%$。

设：$\beta_4 = \beta_{4'} = \beta_{4''}$；$\beta_5 = \beta_{5'} = \beta_{5''}$

由式（5-3）得：

$$\beta_2 = \beta_1 + (\beta_4 - \beta_1)/(1 + Km) = 7 + (70 - 7)/(1 + 0.82 \times 2) = 30.86$$

由图 5-14 可知 $q_2 = q_4 = q_1$、$q_5 = q_6$，由式（5-4）得：

$$q_5 = q_1(\beta_4 - \beta_2)(1 + C)/(\beta_4 - \beta_5) = 200 \times (70 - 30.86)(1 + 3.5)/(70 - 10) = 587.1 \text{ t/h}$$

据此得：$q_3 = q_2 + q_6 = 200 + 587.1 = 787.1$ t/h

$$C' = q_6/q_4 = 587.1/200 = 294\%$$

$$q_{5'} = q_1(\beta_4 - \beta_2)/(\beta_4 - \beta_5) = 200 \times (70 - 30.86)/(70 - 10) = 130.5 \text{ t/h}$$

$$q_{4''} = q_{5'} = 130.5 \text{ t/h}$$

$$q_{5''} = Cq_{4''} = 3.5 \times 130.5 = 456.7 \text{ t/h}$$

$$q_{4'} = q_1 - q_{4''} = 200 - 130.5 = 69.5 \text{ t/h}$$

对于图 5-15 所示的半自磨-球磨流程，计算用的原始指标为：给矿 1 的矿量 q_1，产物 3 中小于筛孔级别含量 β_3，产物 4 的粒度特性及计算级别含量 β_4，产物 7 的计算级别含量 β_7，振动筛筛分效率 E。

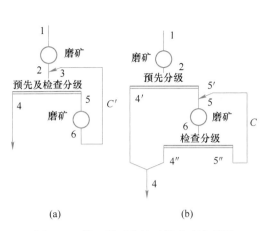

图 5-14 第一段开路的两段磨矿流程图

(a) 原始流程图；(b) 等效流程图

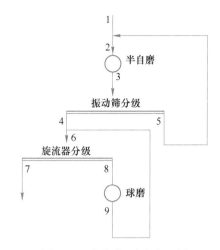

图 5-15 半自磨-球磨流程图

对于半自磨作业段，因采用振动筛分级，故可按破碎流程进行计算，即：

$$q_4 = q_1 = q_3 \beta_3 E$$

$$q_3 = q_1/(\beta_3 E) = q_2$$

$$q_5 = q_3 - q_4 = q_1/(\beta_3 E) - q_1 = q_1(1 - \beta_3 E)/(\beta_3 E)$$

自磨机循环负荷为：

$$C_1 = q_5/q_1 = (1 - \beta_3 E)/(\beta_3 E)$$

对于球磨作业段，按表 5-11 中预先分级和检查分级合并的一段磨矿流程计算方法进行计算。

5.4 选别流程的选择与计算

5.4.1 选别流程的选择

选别流程与采用的选别方法密切相关，比如浮选流程、重选流程、重选-浮选联合流程、磁选-浮选联合流程，等等。由于矿石类型、矿石中有用矿物的嵌布特性、矿石中有价成分的含量及其他物理、化学性质的差别，每个选别流程均由不同的选别方法、选别段数和选别循环数构成。在流程结构上存在着精选、扫选次数和中矿处理等问题的差异。

设计选别流程是根据选矿试验报告中推荐的选别流程，经过必要的、综合的技术经济比较后确定的。但由于矿山开采前采集矿样困难，很难实现采样的完全代表性，有时即使只要求代表矿山生产前期的矿样，也很难保证，因此，在设计工作中不能机械地、静止地去看待试验推荐的流程，必须综合考虑矿产资源的赋存特点以及矿山开采、供矿等有关情况，尽可能地使选别流程具有灵活性。必要时还需要根据与处理矿石性质相类似的选矿厂的生产实践资料进行适当的修改。

5.4.1.1　选别流程选择的基本原则

在选择选别流程时，需要考虑的主要因素除矿石中有用矿物的嵌布特性、有价成分的种类和含量，以及矿石的其他物理、化学性质外，还有当时的技术水平、经济效果、政策法规、环保规定等，例如，随着分选粒度下限的不断扩展，使得选别流程更趋向复杂化，而高效选矿设备的出现，却又将引起流程简化。再如石墨选矿，为保护经济价值最高的高纯大鳞片石墨，有的选矿厂竟采用五段磨矿、六段精选的复杂流程。有时某些效果好的浮选流程，因其废水无法处理或处理代价太高而为其他选别流程代替。总之，选择制定选别流程时应遵循以下原则：

（1）可靠、高效和低耗是确定工艺流程的根本原则。在保证同等效益的前提下，选别流程应力求简化。

（2）当原矿中含泥和含废石较高时，应根据试验及技术经济比较结果，确定是否采用洗矿和预选工艺。

（3）确定流程结构时，应根据矿石嵌布粒度特性和试验结果，一般优先考虑采用阶段磨矿-阶段选别流程，及时选出合格精矿或抛弃尾矿。

（4）对伴生有其他有价元素的矿石，必须进行充分试验，采取有效工艺，使矿产资源得到最大限度的综合利用。

（5）设计的选别流程应符合环境保护的要求，避免破坏生态环境。

5.4.1.2　浮选流程的选择

浮选是目前应用最广泛的选矿方法，是有色金属矿石及石墨、蓝晶石、高岭土、硅灰石等非金属矿石和煤泥的主要选别方法。浮选原则流程的主要区别是选别段数、选别循环及中矿返回地点。

A　单一金属矿石浮选原则流程

单一金属矿石浮选流程的选择，主要取决于有用矿物的嵌布特性，依据具体情况，可选择图 5-16 所示的一段、两段或三段浮选流程。

一段浮选流程适宜处理粗粒嵌布或不易泥化的细粒均匀嵌布的矿石，其磨矿细度范围较宽，通常为 $-0.3 \sim -0.1$ mm。为了减轻矿石一次通过磨机产生的过粉碎现象，可在浮选循环中产出部分未单体分离的连生体作为中矿，返回磨机再磨（图 5-16（a））。当处理的矿石含大量氧化变质矿物时，矿石中的风化崩碎产物及可溶性盐类对浮选过程有不良影响，可将含大量氧化物矿物的矿泥分离出来，进行泥、砂分选（图 5-16（b））。

两段浮选流程适宜处理不均匀嵌布或有用矿物呈集合体浸染的矿石，其中图 5-16（c）是粗精矿再磨、再选的两段浮选流程，可用来分选有用矿物包含在较大的集合体内的矿石，这类矿石经过粗磨即可分选出最终尾矿，采用粗精矿再磨、再选流程可提高选矿生产技术经济指标；图 5-16（d）是对一段浮选尾矿进行再磨、再选的两段浮选流程，一段浮选将粗磨后矿石中已经单体解离的有用矿物分选出去作为最终精矿，避免有用矿物过磨，提高选矿技术经济指标；图 5-16（e）是对一段浮选中矿进行再磨、再选的两段浮选流程，

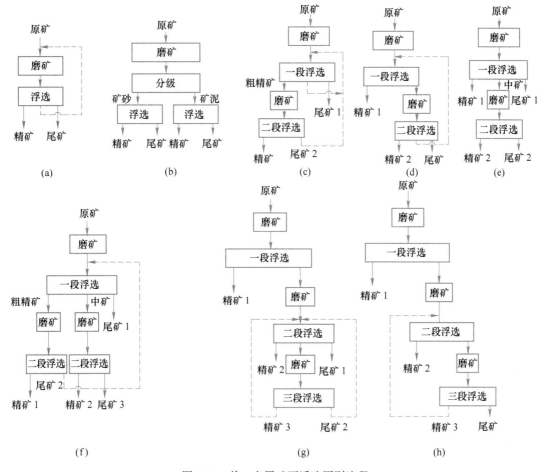

图 5-16 单一金属矿石浮选原则流程

（a）一段一循环流程；（b）一段两循环流程；（c）第一段选出最终尾矿，粗精矿再磨再选流程；
（d）第一段选出合格精矿，尾矿再磨再选流程；（e）第一段选出合格精矿和尾矿，中矿再磨再选流程；
（f）第一段选出最终尾矿，粗精矿和中矿分别再磨再选流程；（g）第一段选出合格精矿 1，尾矿再磨再选得合格
精矿 2 及尾矿 1，中矿再磨再选得合格精矿 3 和尾矿 2 的流程；（h）第一段选出合格精矿 1，富尾矿再磨
再选得合格精矿 2，尾矿再磨再选得合格精矿 3 和最终尾矿的流程

适用于处理经过粗磨即可得到部分最终精矿和部分废弃尾矿的矿石；图 5-16（f）是粗精矿和中矿分别再磨、再选的两段浮选流程，其优点是能得到较高的分选指标。

由于三段浮选流程结构复杂、不易操作管理，故只用于处理嵌布特性十分复杂的矿石，在这种情况下，经过第二段磨矿后常常有一部分致密共生的有用矿物尚未单体解离，为提高选矿回收率，将它们选为第二段浮选中矿（见图 5-16（g））或归到第二段浮选尾矿中（见图 5-16（h）），然后进行再磨、再选。

B 多金属矿石浮选原则流程

选别含两种或两种以上有用矿物的矿石时，矿物嵌布粒度对流程选择的影响与单一金

属矿石的情况相同，只是在浮选循环上由于各有用矿物可浮性、含量的差异而有所区别，可以根据待处理矿石的具体情况，在图 5-17 所示的优先浮选、混合浮选和部分混合优先浮选流程中选择。

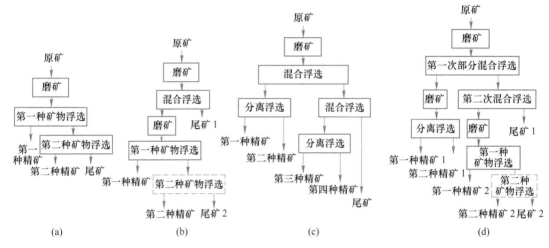

图 5-17　多金属矿石浮选原则流程

（a）优先浮选流程；（b）混合浮选流程；（c）部分混合优先浮选流程；（d）分别混合浮选流程

对于铅锌硫化物矿石一般采用铅、锌依次优先浮选流程（图 5-17（a））或铅锌混合浮选得混合精矿后经再磨（或不再磨）、分离浮选得铅精矿和锌精矿（图 5-17（b））的混合浮选流程。

对于含铜、铅、锌的多金属硫化物矿石，常常采用图 5-17（c）所示的部分混合优先浮选流程，先优先浮选铜和铅得到铜铅混合精矿，尾矿进行锌、硫混合浮选得到锌硫混合精矿，然后再对两种混合精矿进行分离浮选，得到铜精矿、铅精矿、锌精矿和硫精矿。

对一些难选的铅锌硫化物矿石，其中闪锌矿和方铅矿均有易浮和难浮两种，这种矿石用优先浮选流程或混合浮选流程处理均难得到满意的结果。为了实现资源的高效利用，可以采用图 5-17（d）所示的分别混合浮选流程，第一次混合浮选先将易浮的两种金属矿物浮起，再将其分离，第二次混合浮选将其余的两种金属矿物尽可能多地浮选上来，然后依次选铅、锌，再得铅精矿和锌精矿。

混合浮选流程的突出优点是可以在粗磨的情况下选出大部分要抛弃的脉石矿物，节省磨矿、浮选设备，比优先浮选流程节省浮选药剂，降低生产成本。优先浮选流程的突出优点是生产操作容易，精矿品位容易保证，选矿废水容易返回利用。

多金属矿石浮选流程的设计方案通常需要经过方案比较后确定，遵循的一般原则为：

（1）对于含铜、铅、锌、铁的金属硫化物矿石，当有色金属的含量达到 6%～15%、硫化物矿物的总含量达到 75%～90%、脉石矿物含量小于 20% 时，常常采用优先浮选流程。

（2）对黄铁矿含量较高、有色金属总含量不大于 3%～4% 的有色金属硫化物矿石或浸染状矿石有色金属硫化物矿石，通常采用混合浮选流程。

（3）对于含大量有色金属硫化物矿物的浸染状多金属矿石，若矿石中的有用矿物呈粗粒嵌布，通常采用优先浮选流程，若有用矿物呈细粒嵌布，则往往采用混合浮选流程。

C 原则流程中各浮选循环的内部结构

浮选的原则流程只表明了在选别过程中矿石粒度的变化及得出最终产品的部位，并未涉及决定浮选最终精矿质量的浮选循环内部结构。实际上每个浮选循环均是由粗选、精选、扫选等作业组成。精选和扫选次数主要取决于矿石中有用矿物含量的高低、对精矿质量的要求及有用矿物和脉石矿物的可浮性。

当矿石中有用矿物含量高，而对精矿质量要求不高时，为提高精矿回收率可采用粗选得最终精矿，尾矿进行一次或多次扫选的流程；对于矿石中有用矿物可浮性差，对精矿质量要求不高时，同样可采用无精选而增加扫选作业次数的流程；对于有用矿物可浮性好、原矿品位低、对精矿质量要求高的矿石，必须增加精选次数，例如辉钼矿矿石的浮选，一般均进行六次左右的精选作业。

精选作业尾矿和扫选作业精矿等中间产物的返回地点，可根据矿物可浮性的难易程度、对精矿质量的要求、连生体的性质和数量、中间产物的产率和浓度，确定将其返回到前面合适的作业或单独处理。由于中间产物的性质常常比较复杂，一般需要根据中矿的性质和浮选试验结果确定其合适的返回地点。

5.4.1.3 磁选流程的选择

目前，磁选被广泛用来分选黑色金属、有色金属和稀有金属矿石及其他工业原料，尤其是在高梯度磁分离方法出现后，使磁选工艺的应用逐渐扩大到分离至今仍被认为是非磁性的物料，但多数情况是与其他分选方法联合使用。单独的磁选流程主要处理磁铁矿矿石和通过磁化焙烧获得的强磁性铁矿石。

除了磨矿产物粒度较粗（最大颗粒粒度大于 0.2 mm）、可采用一段磨矿磁选流程外，处理磁铁矿矿石常用的磁选流程如图 5-18 所示。磁选原则流程的选择主要依据矿石中磁铁矿的嵌布粒度进行。当磨矿产物粒度为 -0.2 mm 时，常采用两段磨矿两段磁选流程（图 5-18（a））；若需要磨得更细才能选出合格精矿，则必须采用三段磨矿三段磁选流程（图 5-18（b））。

由图 5-18 可知，磁选流程各选别段内部的结构比较简单，磁选各作业直接抛弃尾矿；为提高精矿品位，除精选作业外还采用细筛作业，控制其精矿品位，其中间产物返回到本段磨矿作业或本段磨矿作业之前的磁选作业中，或进行单独处理。

5.4.1.4 重选流程的选择

重选广泛用于处理有色金属、贵金属、黑色金属、稀有金属矿石和煤炭，尤其是对钨、锡和砂金矿石，重选是其主要的选别方法。由于在生产这些矿石的矿床中，常常伴生有多种密度相近的有用矿物，它们在重选过程中被同步富集到精矿中，必须采用其他分选方法对重选精矿进行进一步的处理才能获得最终精矿。例如，分选金、钨、锡等金属矿石的生产流程常分为两个阶段，第一阶段采用重选进行粗选，以最大限度地回收有价成分，

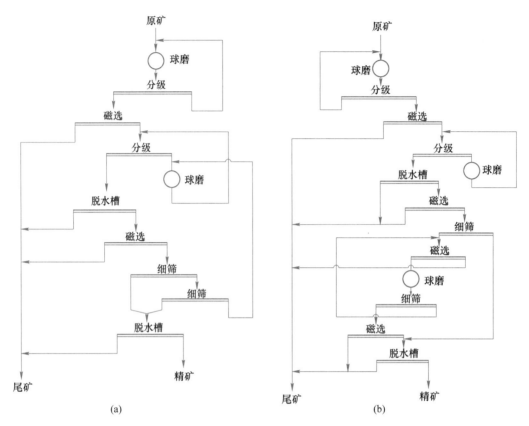

图 5-18   强磁性铁矿石的磁选流程图

（a）两段磨矿两段磁选流程；（b）三段磨矿三段磁选流程

抛弃绝大部分的尾矿，得到重选粗精矿（生产中俗称毛砂）；第二阶段是精选，采用由多种选别方法组成的联合流程，将粗精矿分离成各种单一成分的精矿。图 5-19 中示出了 3 个以重选作为粗选的典型流程。

由图 5-19 中各流程可以看出，重选流程的一般特点是由多种设备组合，按粒级分选，泥、砂分别处理。重选流程结构的组成根据矿石的产出状态（脉矿或砂矿）、矿石粒度、连生体情况而定。流程内部的粗、精、扫选作业次数与入选矿石品位及对产物的质量要求有关。

处理原生钨、锡矿石时，为避免发生过粉碎现象，通常采用图 5-19（a）所示的多种工艺设备结合的阶段磨矿、多段选别流程；处理陆地的冲积砂矿和海滨砂矿时，一般采用图 5-19（b）和图 5-19（c）所示的工艺流程，由于矿石中的有用矿物颗粒呈松散状态，故在选别之前不需要进行破碎和磨矿，借筛分除去粗粒砾石后即可进行分选；处理残积和坡积砂矿时，因部分有用矿物尚未单体解离且含有大量矿泥，故在分选作业前需要设置洗矿及破碎、磨矿作业。

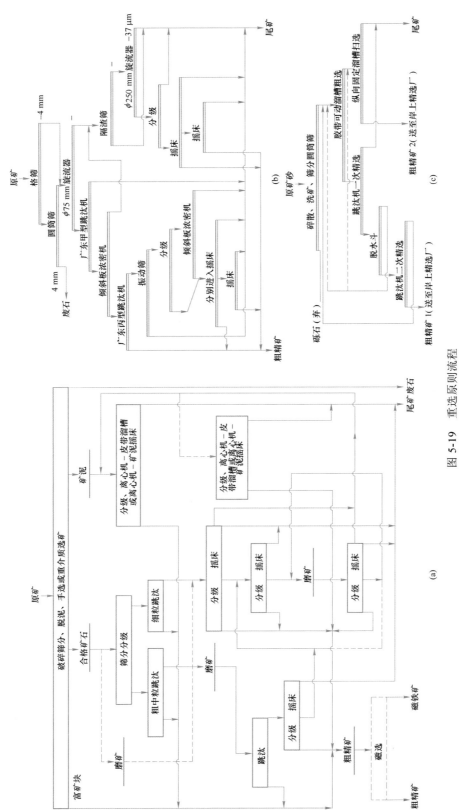

图 5-19　重选原则流程

(a) 石英脉型钨、锡矿石的粗选原则流程；(b) 冲积砂锡矿的流矿"粗选流程；(c) 砂矿采金船采用的重选流程

5.4.1.5 联合流程的选择

采用单一选矿方法不能使矿石中的有用矿物得到充分利用时，需要根据矿石中待回收组分的物理、化学性质，通过试验研究确定由多种分选方法组成的联合流程。几乎各类矿石都有采用联合流程进行处理的选矿厂。比如，攀枝花铁矿密地选矿厂，所处理的钒钛磁铁矿矿石中的金属矿物主要有钛磁铁矿、钛铁矿及少量赤铁矿、褐铁矿和次生磁铁矿，另外还有少量的钴镍黄铁矿、硫钴矿、硫镍钴矿及黄铜矿等，脉石矿物以钛普通辉石、斜长石为主。根据矿石的矿物组成情况，选矿厂采用弱磁—强磁—重选—浮选联合流程回收矿石中的铁、钛、钴等。又如，处理鞍山式贫赤铁矿矿石的东鞍山烧结厂选矿车间，矿石中的金属矿物主要为赤（褐）铁矿、菱铁矿、磁铁矿等，脉石矿物主要为石英。选矿厂目前采用重选—磁选（弱磁、中磁、强磁）—阴离子反浮选联合流程回收铁矿物。

另外一些采用联合流程的例子包括凤凰山铜矿选矿厂采用浮选—磁选联合流程回收矿石中的铜、硫、铁；大冶铁矿选矿厂采用浮选—磁选联合流程回收矿石中的铜和铁；鲁中矿业公司选矿厂采用磁选—重选—浮选联合流程回收矿石中的铁和铜；西华山钨矿选矿厂采用重选—浮选联合流程回收矿石中的钨、锡、钼、铋和稀土元素；栗木老虎头选矿厂采用重选—磁选—浮选—水冶联合流程回收矿石中的铌、钽、钨。

5.4.2 选别流程的计算

选别流程计算的目的是确定流程中各选别产物的数量、质量指标。数量指标（分配指标）包括各产物的矿量 q_n、产率 γ_n、按原矿计的有价成分的回收率 ε_n、有价成分的金属量 P_n、作业回收率 E_n 等；质量指标（比较指标）包括各产物的品位 β_n、富集比 i、选矿比 K。数量指标和质量指标间的关系为：

$$\beta_n = P_n/q_n = \beta_1 \varepsilon_n/\gamma_n$$

式中，β_1 为原矿品位。

为了简化工作，计算时通常不考虑选矿过程中的机械损失和其他损失，认为进入各作业的物料量和物料中所含某种有用成分的金属量与该作业排出的物料量和金属量相等。这样，进入各作业的产物和从该作业排出产物的工艺指标均可用平衡方程列出，故只要将足够的已知原始指标代入平衡方程式，即可求出未知的技术指标。

5.4.2.1 选别流程计算原始指标的确定和选择

A 选别流程计算所必需的原始指标总数

任何一个工艺流程，都必须知道一定数量的已知指标才能进行流程计算。这些已知指标的数目一般称为必需的原始指标总数，所谓"必需"包含必要而充分的两个意思，即原始指标总数不能多也不能少。由于流程计算是通过求解平衡方程式进行的，所以已知数多了会产生矛盾方程式，少了则会使其成为不定方程。因此，流程计算前首先确定必要而充分的原始指标数目就显得十分重要。

流程计算的原始指标必须包括数量和质量两类指标，通常称为计算成分，用 C 表示。

例如，进行破碎磨矿流程计算时，只需确定各产物的数量指标，则计算成分 $C=1$；进行单一金属矿石选别流程计算时，不仅需要确定各产物的矿量，而且还需要确定各产物中有用成分的含量，因而计算成分 $C=2$；依此类推，对于处理含有两种需要回收成分的矿石的选别流程，计算成分 $C=3$；对于处理含有 3 种需要回收成分的矿石的选别流程，计算成分 $C=4$……对于处理含有 e 种需要回收成分的矿石的选别流程，其计算成分 $C=1+e$。根据此概念，便确定出流程计算时所必需的原始指标数。

由于每个产物只需要已知 C 个指标便可推算出其他全部特性指标，所以计算流程中 n 个产物所需要知道的指标数 A 应当为：

$$A = Cn$$

对于流程中的每一个作业，均可按每种计算成分列出一个平衡方程式。因此流程中能够列出的全部平衡方程式的数目 B 为：

$$B = Ca$$

式中，a 为流程中的作业个数。

由于每个平衡方程式均可求出一个未知数，故计算流程用的必要而充分的原始数据 N 为：

$$N = A - B = Cn - Ca = C(n - a) \tag{5-5}$$

在 n 个产物中，包括一个原矿、选别产物数 n_p 及混合产物数 n_c，即：

$$n = 1 + n_p + n_c$$

在 a 个作业中，包括选别作业数 a_p 和混合作业数 a_c，即：

$$a = a_p + a_c$$

所以有：

$$n - a = (1 + n_p + n_c) - (a_p + a_c)$$

由于每一个混合作业只能得出一个混合产物，故 $n_c = a_c$，所以有：

$$n - a = 1 + n_p - a_p$$

将其代入式（5-5）得：

$$N = C(1 + n_p - a_p) \tag{5-6}$$

在实际工作中，原矿指标是已知的，设 N_p 为不包括原矿的流程计算所必需的原始指标总数，则：

$$N_p = C(1 + n_p - a_p - 1) = C(n_p - a_p) \tag{5-7}$$

式（5-7）表明，已知原矿指标的必要而充分的原始指标数，等于计算成分乘以流程中的选别产物数和选别作业数之差。

B 原始指标数的组成

根据流程计算的原则，尽管从理论上可以任意采用 q、γ、P、β、E 等指标，但实际上最常应用的仅是其中按相对值表示的指标，即 γ、β、ε 和 E。只有原矿才采用绝对数值表示原矿量 q。因此，当流程仅用相对指标作为原始指标进行计算时，原始指标 N_p 应是产物的产率指标数 N_γ、品位指标数 N_β 及回收率指标数 N_ε 之和，即

$$N_\mathrm{p} = N_\gamma + N_\beta + N_\varepsilon \tag{5-8}$$

另外，各种指标数不能任意选取。因为由 a_p 个作业组成的流程，均可按产率和回收率分别列出 a_p 个平衡方程，每个方程可解得一未知数，而因产物的品位是产率和回收率的函数（即 $\beta_n = \beta_1 \varepsilon_n / \gamma_n$），如果只用 β 指标计算流程时，N_β 应为 N_ε 与 N_γ 指标数之和。因此，对于处理单一金属矿石的流程，各种原始指标应满足的条件为：

$$N_\gamma \leqslant n_\mathrm{p} - a_\mathrm{p} \tag{5-9}$$

$$N_\varepsilon \leqslant n_\mathrm{p} - a_\mathrm{p} \tag{5-10}$$

$$N_\beta \leqslant 2(n_\mathrm{p} - a_\mathrm{p}) \tag{5-11}$$

所以

$$N_\mathrm{p} = N_\gamma + N_\beta + N_\varepsilon = 2(n_\mathrm{p} - a_\mathrm{p}) \tag{5-12}$$

式（5-9）~式（5-11）是供流程计算用的各类原始指标的极限值，不论如何取舍，必须确保 N_β、N_ε、N_γ 指标数之和等于原始指标总数 N_p。计算多金属流程时，每一种金属的原始指标数也应符合上述条件。

C 原始指标确定的原则

在原始指标数确定后，再依据如下原则确定合适作为原始指标的具体指标：

（1）所选取的原始指标应是生产过程中最稳定、影响最大而且必须控制的指标。如仅有 2 种产物的浮选、磁选或重选作业，应该选取精矿品位和回收率作为原始指标，产物的产率和尾矿品位一般不作为原始指标；对于有 3 种产物的重选作业，除选定精矿品位和回收率外，还需选择中矿产率和品位作为原始指标，因为中矿是返回前一作业的循环负荷，对稳定生产指标有重要作用；对于有 4 种产物的重选作业，则应选择精矿、次精矿的品位和回收率、中矿的产率和尾矿的回收率作为原始指标；对于按粒度进行分离的洗矿、脱泥、分级等作业，可按某指定粒级含量的平衡关系来计算其产率，也可用品位和回收率计算，视矿石性质与作业操作条件而定。

（2）同一产物，不能同时选取 γ、β、ε 作为原始指标。因为对任何一个产物，只要知道其中两个指标，则另一个指标根据其函数关系即可求出。因此，给出第三个指标是不起作用的多余指标，反而占去了一个指标数，使必需的原始指标数不足。

（3）同一产物所选择的指标，也不能同时是产率 γ 和回收率 ε，而必须是 β 和 ε 或 γ 和 β。

在确定原始指标数值时，应以选矿试验报告为主要依据，同时参考矿石性质类似的选矿厂的生产资料。若发现选矿试验样品的性质与设计原矿的性质有某些差别，例如，选矿试验矿样的原矿品位与设计原矿品位有误差，当二者相对误差不超过 10%~15% 时，该试验报告可以作为选定原始指标的依据；如果相差很大，首先应复查矿样的代表性，代表性不足时，必须重新进行采样和相应的试验研究工作；如果矿样的粒度特性、围岩性质、矿物种类等代表性均好，仅原矿品位有较大误差，在确定原始指标时，则可参考类似选矿厂的生产指标对试验报告中推荐的精矿品位和回收率进行适当调整。

当设计流程与试验推荐流程不完全一致时，新增加中间作业的产物指标数值可参考类似选矿厂相同作业的富集比和作业回收率来确定。应当指出，一般对选矿试验推荐的流程不能作太大的更改，更不能对其原则流程中的主要结构（如选别段数、选别循环、中矿返回地点）予以改变。如果确有必要改变时，须同试验单位共同协商，或进行必要的补充试验，甚至重新进行试验。

正常条件下，生产指标低于试验指标。因此，在设计中要考虑生产条件与试验条件的差别，需对试验指标进行调整。设计人员应根据选矿试验工作的深入程度和类似选矿厂的生产数据进行适当调整。

5.4.2.2　单一金属矿石选别流程的计算

单一金属矿石选别流程可根据产物的多少分为图 5-20 所示的几种典型结构，相应的指标确定与计算方法如下。

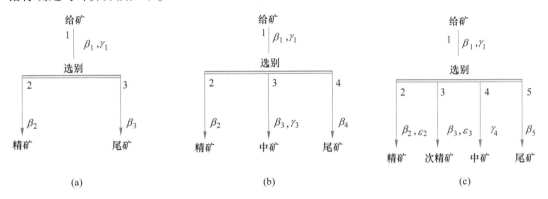

图 5-20　单一金属矿石选别流程结构

(a) 2 种产物的选别流程；(b) 3 种产物的选别流程；(c) 4 种产物选别流程

A　2 种产物的选别流程计算

对于图 5-20 (a) 所示的工艺流程，流程计算所需要的原始指标数为：

$$N_p = C(n_p - a_p) = 2 \times (2 - 1) = 2$$

所以，除原矿指标外，只需确定两个原始指标即可求出全部产物的技术指标。这时可选择 β_2、β_3 或 β_2、ε_2 作为原始指标。

当选择 β_2、β_3 作为原始指标时，有关系式：

$$\begin{cases} \gamma_1 = \gamma_2 + \gamma_3 \\ \gamma_1\beta_1 = \gamma_2\beta_2 + \gamma_3\beta_3 \end{cases}$$

解之得：

$$\gamma_2 = \gamma_1(\beta_1 - \beta_3)/(\beta_2 - \beta_3)$$

$$\gamma_3 = \gamma_1 - \gamma_2$$

$$\varepsilon_2 = \gamma_2\beta_2/(\gamma_1\beta_1) = \beta_2(\beta_1 - \beta_3)/[\beta_1(\beta_2 - \beta_3)]$$

$$\varepsilon_3 = \varepsilon_1 - \varepsilon_2$$

当选择 β_2、ε_2 作为原始指标时，有关系式：

$$\gamma_2 = \beta_1\varepsilon_2/\beta_2$$

$$\gamma_3 = \gamma_1 - \gamma_2$$
$$\varepsilon_3 = \varepsilon_1 - \varepsilon_2$$
$$\beta_3 = \beta_1 \varepsilon_3 / \gamma_3$$

不论采用哪种方法完成上述指标计算后，都可以根据 $q_n = q_1 \gamma_n$ 和 $P_n = P_1 \varepsilon_n$（或 $P_n = q_n \beta_n$）计算出各产物的矿量及金属量。

B　3 种产物的选别流程计算

对于图 5-20（b）所示的工艺流程，流程计算所需要的原始指标数为：

$$N_p = C(n_p - a_p) = 2 \times (3 - 1) = 4$$

一般除选择各产物的品位 β_2、β_3、β_4 外，还选择中矿的产率 γ_3 作为原始指标，各个技术指标之间的相互约束关系为：

$$\begin{cases} \gamma_1 = \gamma_2 + \gamma_3 + \gamma_4 \\ \gamma_1 \beta_1 = \gamma_2 \beta_2 + \gamma_3 \beta_3 + \gamma_4 \beta_4 \end{cases}$$

解之得：

$$\gamma_2 = [\gamma_1(\beta_1 - \beta_4) - \gamma_3(\beta_3 - \beta_4)] / (\beta_2 - \beta_4)$$
$$\gamma_4 = \gamma_1 - \gamma_2 - \gamma_3$$

然后，依据关系式 $\varepsilon_n = \gamma_n \beta_n / \beta_1$，计算出 ε_2、ε_3 和 ε_4。

C　4 种产物的选别流程计算

对于图 5-20（c）所示的工艺流程，流程计算所需要的原始指标数为：

$$N_p = C(n_p - a_p) = 2 \times (4 - 1) = 6$$

一般选择精矿和次精矿品位 β_2、β_3 和回收率 ε_2、ε_3 以及中矿产率 γ_4 和尾矿品位 β_5 作为原始指标，各个技术指标之间的关系为：

$$\gamma_2 = \beta_1 \varepsilon_2 / \beta_2$$
$$\gamma_3 = \beta_1 \varepsilon_3 / \beta_3$$
$$\gamma_5 = \gamma_1 - \gamma_2 - \gamma_3 - \gamma_4$$
$$\varepsilon_5 = \gamma_5 \beta_5 / \beta_1$$
$$\varepsilon_4 = \varepsilon_1 - \varepsilon_2 - \varepsilon_3 - \varepsilon_5$$
$$\beta_4 = \beta_1 \varepsilon_4 / \gamma_4$$

一个单一金属矿石的选别流程，往往是由许多作业组成。故在计算过程中不仅可就每个作业列出平衡方程式，而且可将多个作业联合在一起视作一个大作业，列出相应的平衡方程式。在图 5-21 中，将浮选流程划分成虚线方框内的精选循环区域、点划线方框内的扫选循环区域和实线方框内的全部浮选作业区域，对于任何一个区域来说，进入的产物量和金属量与排出的产物量和金属

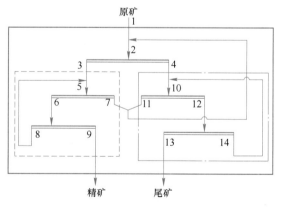

图 5-21　浮选流程图

量均应相等，因此可列出如下的平衡方程：

$$\gamma_1 = \gamma_9 + \gamma_{13}; \qquad \gamma_3 = \gamma_9 + \gamma_7; \qquad \gamma_4 = \gamma_{13} + \gamma_{11}$$
$$\varepsilon_1 = \varepsilon_9 + \varepsilon_{13}; \qquad \varepsilon_3 = \varepsilon_9 + \varepsilon_7; \qquad \varepsilon_4 = \varepsilon_{13} + \varepsilon_{11}$$

计算的顺序应根据原始指标组成（N_ε、N_β 两者组成或者是 N_β 单一组成）而定。首先计算出最终产物指标，然后根据流程结构按工序自上而下，或自下而上，依次列出平衡方程，求出各产物的技术指标。

D 计算举例

图 5-22 所示的金矿石浮选流程包含了 6 个选别作业和 5 个混合作业，有 17 个产物，其中 12 个为选别产物。

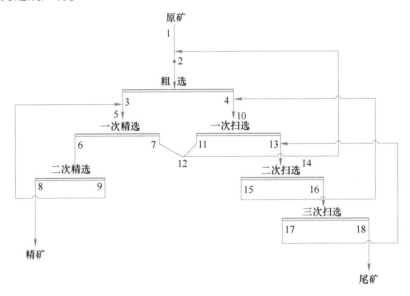

图 5-22 金矿石浮选流程

首先按照式（5-7）计算出必要而充分的原始指标数目为：

$$N_p = C(n_p - a_p) = 2 \times (12 - 6) = 12$$

根据工业试验结果确定其单元组成的指标数为：$N_\gamma = 0$、$N_\varepsilon = 1$、$N_\beta = 11$。

然后根据工业试验结果和现场生产指标分析，除了原矿的技术指标 $q_1 = 200$ t/d 和 $\beta_1 = 4.5$ g/t 以外，确定其他 12 个原始指标如下：

$\beta_3 = 31.00$ g/t；$\beta_4 = 1.18$ g/t；$\beta_6 = 49.00$ g/t；$\beta_7 = 3.50$ g/t；$\beta_8 = 52.00$ g/t；$\beta_9 = 27.00$ g/t；$\beta_{11} = 3.00$ g/t；$\beta_{13} = 0.60$ g/t；$\beta_{15} = 1.40$ g/t；$\beta_{16} = 0.45$ g/t；$\beta_{17} = 1.10$ g/t；$\varepsilon_8 = 93.00\%$。

再依据平衡方程计算出各个产物的产率，其具体情况为：

$$\gamma_8 = \beta_1 \varepsilon_8 / \beta_8 = 4.5 \times 93.00\% / 52.00 = 8.05\%$$
$$\gamma_{18} = \gamma_1 - \gamma_8 = 100.00\% - 8.05\% = 91.95\%$$
$$\varepsilon_{18} = \varepsilon_1 - \varepsilon_8 = 100.00\% - 93.00\% = 7.00\%$$

$$\beta_{18} = \beta_1 \varepsilon_{18}/\gamma_{18} = 4.5 \times 7.00\%/91.95\% = 0.343\text{g/t}$$

依据关系式：$\begin{cases} \gamma_6 = \gamma_8 + \gamma_9 \\ \gamma_6\beta_6 = \gamma_8\beta_8 + \gamma_9\beta_9 \end{cases}$

得：$\gamma_6 = \gamma_8(\beta_8 - \beta_9)/(\beta_6 - \beta_9) = 8.05\% \times (52.00 - 27.00)/(49.00 - 27.00) = 9.15\%$

$$\gamma_9 = \gamma_6 - \gamma_8 = 9.15\% - 8.05\% = 1.10\%$$

依据关系式：$\begin{cases} \gamma_3 = \gamma_7 + \gamma_8 \\ \gamma_3\beta_3 = \gamma_7\beta_7 + \gamma_8\beta_8 \end{cases}$

得：$\gamma_3 = \gamma_8(\beta_8 - \beta_7)/(\beta_3 - \beta_7) = 8.05\% \times (52.00 - 3.50)/(31.00 - 3.50) = 14.20\%$

$$\gamma_7 = \gamma_3 - \gamma_8 = 14.20\% - 8.05\% = 6.15\%$$

$$\gamma_5 = \gamma_3 + \gamma_9 = \gamma_6 + \gamma_7 = 15.30\%$$

依据关系式：$\begin{cases} \gamma_4 = \gamma_{11} + \gamma_{18} \\ \gamma_4\beta_4 = \gamma_{11}\beta_{11} + \gamma_{18}\beta_{18} \end{cases}$

得：$\gamma_4 = \gamma_{18}(\beta_{11} - \beta_{18})/(\beta_{11} - \beta_4) = 91.95\% \times (3.00 - 0.343)/(3.00 - 1.18) = 134.24\%$

$$\gamma_{11} = \gamma_4 - \gamma_{18} = 134.24\% - 91.95\% = 42.29\%$$

依据关系式：$\begin{cases} \gamma_{13} = \gamma_{15} + \gamma_{18} \\ \gamma_{13}\beta_{13} = \gamma_{15}\beta_{15} + \gamma_{18}\beta_{18} \end{cases}$

得：$\gamma_{13} = \gamma_{18}(\beta_{15} - \beta_{18})/(\beta_{15} - \beta_{13}) = 91.95\% \times (1.40 - 0.343)/(1.40 - 0.60) = 121.49\%$

$$\gamma_{15} = \gamma_{13} - \gamma_{18} = 121.49\% - 91.95\% = 29.54\%$$

依据关系式：$\begin{cases} \gamma_{16} = \gamma_{17} + \gamma_{18} \\ \gamma_{16}\beta_{16} = \gamma_{17}\beta_{17} + \gamma_{18}\beta_{18} \end{cases}$

得：$\gamma_{16} = \gamma_{18}(\beta_{17} - \beta_{18})/(\beta_{17} - \beta_{16}) = 91.95\% \times (1.10 - 0.343)/(1.10 - 0.45) = 107.09\%$

$$\gamma_{17} = \gamma_{16} - \gamma_{18} = 107.09\% - 91.95\% = 15.14\%$$

$$\gamma_{14} = \gamma_{15} + \gamma_{16} = 29.54\% + 107.09\% = 136.63\%$$

$$\gamma_{12} = \gamma_7 + \gamma_{11} = 6.15\% + 42.29\% = 48.44\%$$

$$\gamma_2 = \gamma_{12} + \gamma_1 = 48.44\% + 100\% = 148.44\%$$

$$\gamma_{10} = \gamma_4 + \gamma_{15} = 134.24\% + 29.54\% = 163.78\%$$

最后根据关系式 $\varepsilon_n = \gamma_n\beta_n/\beta_1$ 计算出各个产物的回收率：

$\varepsilon_3 = \gamma_3\beta_3/\beta_1 = 97.82\%$　　$\varepsilon_4 = \gamma_4\beta_4/\beta_1 = 35.20\%$　　$\varepsilon_2 = \varepsilon_3 + \varepsilon_4 = 133.02\%$

$\varepsilon_6 = \gamma_6\beta_6/\beta_1 = 99.60\%$　　$\varepsilon_7 = \gamma_7\beta_7/\beta_1 = 4.82\%$　　$\varepsilon_5 = \varepsilon_6 + \varepsilon_7 = 104.42\%$

$\varepsilon_9 = \gamma_9\beta_9/\beta_1 = 6.60\%$　　$\varepsilon_{11} = \gamma_{11}\beta_{11}/\beta_1 = 28.20\%$　　$\varepsilon_{13} = \gamma_{13}\beta_{13}/\beta_1 = 16.20\%$

$\varepsilon_{10} = \varepsilon_{11} + \varepsilon_{13} = 44.40\%$　　$\varepsilon_{12} = \varepsilon_7 + \varepsilon_{11} = 33.02\%$　　$\varepsilon_{15} = \gamma_{15}\beta_{15}/\beta_1 = 9.20\%$

$\varepsilon_{16} = \gamma_{16}\beta_{16}/\beta_1 = 10.70\%$　　$\varepsilon_{17} = \gamma_{17}\beta_{17}/\beta_1 = 3.70\%$　　$\varepsilon_{14} = \varepsilon_{15} + \varepsilon_{16} = 19.90\%$

$\varepsilon_{18} = \varepsilon_1 - \varepsilon_8 = 7.00\%$

在此基础上计算出其他产物的品位分别为：

$\beta_2 = \beta_1\varepsilon_2/\gamma_2 = 4.03\text{ g/t}$；　$\beta_5 = \beta_1\varepsilon_5/\gamma_5 = 30.71\text{ g/t}$；　$\beta_{10} = \beta_1\varepsilon_{10}/\gamma_{10} = 1.22\text{ g/t}$

$$\beta_{12} = \beta_1 \varepsilon_{12}/\gamma_{12} = 3.07 \text{ g/t}; \quad \beta_{14} = \beta_1 \varepsilon_{14}/\gamma_{14} = 0.66 \text{ g/t}$$

按关系式 $q_n = q_1 \gamma_n$ 计算出各产物的矿量，结果列于图 5-23 所示的数质量流程图中。

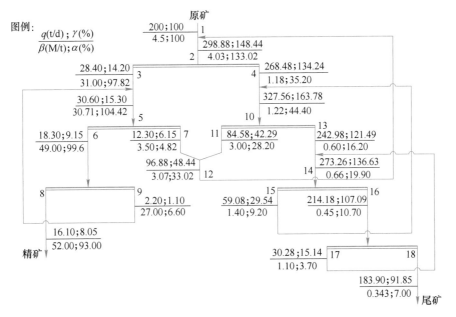

图 5-23　金矿石浮选数质量流程图

5.4.2.3　多金属矿石选别流程的计算

多金属矿石选别流程的计算比较复杂，且矿石中待回收的金属种类越多越复杂。

A　多金属矿石选别流程金属平衡的计算

一般情况下，多金属矿石选别流程的产物数等于待回收的金属种类数目加 1。因此，按流程计算的原则可列出金属种类加 1 个平衡方程。对于图 5-24 所示的含有 3 种金属的矿石的选别流程，在已知各产物的品位时，可以列出的金属平衡方程如下：

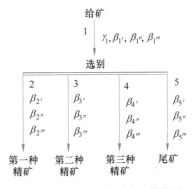

图 5-24　多金属矿石选别流程简化图

$$\begin{cases} \gamma_1 = \gamma_2 + \gamma_3 + \gamma_4 + \gamma_5 \\ \gamma_1 \beta_{1'} = \gamma_2 \beta_{2'} + \gamma_3 \beta_{3'} + \gamma_4 \beta_{4'} + \gamma_5 \beta_{5'} \\ \gamma_1 \beta_{1''} = \gamma_2 \beta_{2''} + \gamma_3 \beta_{3''} + \gamma_4 \beta_{4''} + \gamma_5 \beta_{5''} \\ \gamma_1 \beta_{1'''} = \gamma_2 \beta_{2'''} + \gamma_3 \beta_{3'''} + \gamma_4 \beta_{4'''} + \gamma_5 \beta_{5'''} \end{cases}$$

式中，$\beta_{1'}$、$\beta_{2'}$、$\beta_{3'}$、$\beta_{4'}$、$\beta_{5'}$ 为给矿，第 1 种、第 2 种、第 3 种精矿和尾矿中第 1 种金属的品位，%；$\beta_{1''}$、$\beta_{2''}$、$\beta_{3''}$、$\beta_{4''}$、$\beta_{5''}$ 为给矿和产物中第 2 种金属的品位，%；$\beta_{1'''}$、$\beta_{2'''}$、$\beta_{3'''}$、$\beta_{4'''}$、$\beta_{5'''}$ 为给矿和产物中第 3 种金属的品位，%。

采用高斯–约旦法解上述方程组时，首先将其改为矩阵形式：

$$AX = B \tag{5-13}$$

方程中的 A 为系数矩阵，X 为未知数矩阵，B 为自由项矩阵，具体表达式分别为：

$$A = \begin{bmatrix} 1 & 1 & 1 & 1 \\ \beta_{2'} & \beta_{3'} & \beta_{4'} & \beta_{5'} \\ \beta_{2''} & \beta_{3''} & \beta_{4''} & \beta_{5''} \\ \beta_{2'''} & \beta_{3'''} & \beta_{4'''} & \beta_{5'''} \end{bmatrix}; \quad X = \begin{bmatrix} \gamma_2 \\ \gamma_3 \\ \gamma_4 \\ \gamma_5 \end{bmatrix}; \quad B = \begin{bmatrix} \gamma_1 \\ \gamma_1 \beta_{1'} \\ \gamma_1 \beta_{1''} \\ \gamma_1 \beta_{1'''} \end{bmatrix} = \begin{bmatrix} 1 \\ \beta_{1'} \\ \beta_{1''} \\ \beta_{1'''} \end{bmatrix}$$

然后把 A、B 合并为增广矩阵 $[A \vdots B]$，对增广矩阵进行若干次初等变换，使 A 化为单位矩阵，同时 B 也变为 C，即得 $IX = C$，C 即为 X 的解。

对增广矩阵进行初等变换可分消元、归一两步进行，最终化为：

$$[A^{(n)} \vdots B^{(n)}] = \begin{bmatrix} 1 & 0 & 0 & 0 & \cdots & b_1^{(n)} \\ 0 & 1 & 0 & 0 & \cdots & b_2^{(n)} \\ 0 & 0 & 1 & 0 & \cdots & b_3^{(n)} \\ 0 & 0 & 0 & 1 & \cdots & b_4^{(n)} \end{bmatrix}$$

这时方程组的解已经求出，即：

$$X = B^{(n)} \tag{5-14}$$

为使计算顺利进行，且不致引起较大误差，可采用选主元的办法。上述方法可引用计算机程序用计算机计算（参见第 12 章）。

上述线性方程组解出后，即求出各产物的产率，然后根据各产物的产率和品位求出其回收率。

B　多金属矿石选别流程计算的步骤

对于优先浮选流程，首先按多金属平衡方程根据最终产物的品位求出最终产物的产率和回收率，然后分别按所选的主要成分对每一选别循环进行计算。此时，原始指标的选择与单一金属矿石选别流程相同。在各主要成分的指标计算出来后，再计算该循环中非主要成分的回收率及相应产物的品位。

在实际工作中，为了简化计算过程，常常仅对每一循环的最初和最终产物按全部有价成分计算。各中间产物只计算主要选别成分的指标。

对于混合浮选流程，当试验用矿石样品的性质与设计矿石的一致时，计算方法与单一金属矿石的相同，只是有价成分的计算项较多而已。如果试验用矿石样品的性质与设计矿石的不一致，则确定的混合精矿中各成分的含量数值可能有较大的误差。为减少误差，应采用混合精矿中各有价成分的总含量和回收率以及原矿中各有价成分的含量来计算混合精矿产率，而不是按单一有价成分的品位计算。因为混合浮选时，混入精矿中的脉石量通常是一定的，因而有用矿物的总含量也是比较稳定的，即按下式计算各作业精矿的产率：

$$\gamma = (\alpha' \varepsilon' + \alpha'' \varepsilon'' + \alpha''' \varepsilon''' + \cdots + \alpha^m \varepsilon^m) / \beta$$

式中，α'，α''，α'''，…，α^m 为原矿中第 1、2、…、m 种有价成分的含量；ε'，ε''，ε'''，…，ε^m 为混合浮选精矿中第 1、2、…、m 种有价成分的回收率；β 为混合精矿中各有价成分的总含量。

以上提供的方法，应根据设计时的条件进行选择。另外，多金属矿石选别流程的计算可自编程序，或引用已编程序，由计算机完成计算。

C　流程计算举例

对于图 5-25 所示的最终产物为铜精矿和含硫尾矿的铜硫分离浮选流程，已知 $q_4 =$ 45.5 t/h、$\beta_4 = 0.900\%$、$\beta_{4'} = 8.980\%$、$\gamma_4 = 100.00\%$、$\varepsilon_4 = 100.00\%$、$\varepsilon_4' = 100.00\%$、$\beta_n$ 为 Cu 品位、$\beta_{n'}$ 为 S 品位、ε_n 为 Cu 回收率、$\varepsilon_{n'}$ 为 S 回收率。

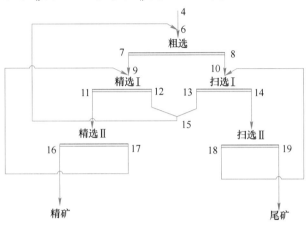

图 5-25　铜硫分离浮选流程

由图 5-25 可知 $C = 3$、$n_p = 10$、$a_p = 5$，所以有：

$$N_p = C(n_p - a_p) = 3 \times (10 - 5) = 15$$

原始指标数的分配情况为：

$$N_p = N_\gamma + N_\varepsilon + N_{\varepsilon'} + N_\beta + N_{\beta'} = 15$$
$$N_\gamma \leqslant n_p - a_p = 10 - 5 = 5$$
$$N_\varepsilon \leqslant n_p - a_p = 10 - 5 = 5$$
$$N_{\varepsilon'} \leqslant n_p - a_p = 10 - 5 = 5$$
$$N_\beta \leqslant 2(n_p - a_p) = 2 \times (10 - 5) = 10$$
$$N_{\beta'} \leqslant 2(n_p - a_p) = 2 \times (10 - 5) = 10$$

常用的分配方案有：

（1）β_7，β_8，β_{11}，β_{12}，β_{13}，β_{14}，β_{16}，β_{17}，β_{18}，β_{19}，$\beta_{7'}$，$\beta_{11'}$，$\beta_{16'}$，$\beta_{13'}$，$\beta_{18'}$。
（2）β_7，β_{11}，β_{16}，β_{13}，β_{18}，ε_7，ε_{11}，ε_{16}，ε_{13}，ε_{18}，$\beta_{7'}$，$\beta_{11'}$，$\beta_{16'}$，$\beta_{13'}$，$\beta_{18'}$。

按照第 1 种分配方案进行计算时，根据选矿试验结果选取：

$\beta_7 = 6.854\%$，　$\beta_8 = 0.162\%$，　$\beta_{11} = 12.653\%$，　$\beta_{12} = 0.668\%$，　$\beta_{13} = 0.831\%$，

$\beta_{14} = 0.120\%$，　$\beta_{16} = 17.190\%$，　$\beta_{17} = 2.866\%$，　$\beta_{18} = 0.915\%$，　$\beta_{19} = 0.100\%$，

$\beta_{7'} = 21.999\%$，$\beta_{11'} = 34.507\%$，　$\beta_{16'} = 38.380\%$，　$\beta_{13'} = 13.563\%$，$\beta_{18'} = 20.641\%$。

依据关系式：$\begin{cases} \gamma_4 = \gamma_{16} + \gamma_{19} \\ \gamma_4\beta_4 = \gamma_{16}\beta_{16} + \gamma_{19}\beta_{19} \end{cases}$

得：$\gamma_{16} = \dfrac{\gamma_4(\beta_4 - \beta_{19})}{\beta_{16} - \beta_{19}} = \dfrac{100.00 \times (0.900 - 0.100)}{17.190 - 0.100}\% = 4.68\%$

$$\gamma_{19} = \gamma_4 - \gamma_{16} = 100.00\% - 4.68\% = 95.32\%$$

依据关系式：$\begin{cases} \gamma_{11} = \gamma_{16} + \gamma_{17} \\ \gamma_{11}\beta_{11} = \gamma_{16}\beta_{16} + \gamma_{17}\beta_{17} \end{cases}$

得：$\gamma_{11} = \dfrac{\gamma_{16}(\beta_{16} - \beta_{17})}{\beta_{11} - \beta_{17}} = \dfrac{4.68 \times (17.190 - 2.866)}{12.653 - 2.866}\% = 6.85\%$

$$\gamma_{17} = \gamma_{11} - \gamma_{16} = 6.85\% - 4.68\% = 2.17\%$$

依据关系式：$\begin{cases} \gamma_7 + \gamma_{17} = \gamma_{11} + \gamma_{12} \\ \gamma_7\beta_7 + \gamma_{17}\beta_{17} = \gamma_{11}\beta_{11} + \gamma_{12}\beta_{12} \end{cases}$

得：$\gamma_7 = \dfrac{\gamma_{11}(\beta_{11} - \beta_{12}) - \gamma_{17}(\beta_{17} - \beta_{12})}{\beta_7 - \beta_{12}}$

$$= \dfrac{6.85 \times (12.653 - 0.668) - 2.17 \times (2.866 - 0.668)}{6.854 - 0.668}\% = 12.43\%$$

$$\gamma_{12} = \gamma_7 + \gamma_{17} - \gamma_{11} = 12.43\% + 2.17\% - 6.85\% = 7.75\%$$

$$\gamma_9 = \gamma_7 + \gamma_{17} = 12.43\% + 2.17\% = 14.60\%$$

或

$$\gamma_9 = \gamma_{11} + \gamma_{12} = 6.85\% + 7.75\% = 14.60\%$$

依据关系式：$\begin{cases} \gamma_{14} = \gamma_{18} + \gamma_{19} \\ \gamma_{14}\beta_{14} = \gamma_{18}\beta_{18} + \gamma_{19}\beta_{19} \end{cases}$

得：$\gamma_{18} = \dfrac{\gamma_{19}(\beta_{14} - \beta_{19})}{\beta_{18} - \beta_{14}} = \dfrac{95.32 \times (0.120 - 0.100)}{0.915 - 0.120}\% = 2.40\%$

$$\gamma_{14} = \gamma_{18} + \gamma_{19} = 2.40\% + 95.32\% = 97.72\%$$

依据关系式：$\begin{cases} \gamma_8 + \gamma_{18} = \gamma_{13} + \gamma_{14} \\ \gamma_8\beta_8 + \gamma_{18}\beta_{18} = \gamma_{13}\beta_{13} + \gamma_{14}\beta_{14} \end{cases}$

得：$\gamma_{13} = \dfrac{\gamma_{14}(\beta_8 - \beta_{14}) + \gamma_{18}(\beta_{18} - \beta_8)}{\beta_{13} - \beta_{14}}$

$$= \dfrac{97.72 \times (0.162 - 0.120) + 2.40 \times (0.915 - 0.162)}{0.831 - 0.120}\% = 8.31\%$$

$$\gamma_8 = \gamma_{13} + \gamma_{14} - \gamma_{18} = 8.31\% + 97.72\% - 2.40\% = 103.63\%$$

$$\gamma_{10} = \gamma_8 + \gamma_{18} = 103.63\% + 2.40\% = 106.03\%$$

$$\gamma_{15} = \gamma_{12} + \gamma_{13} = 7.75\% + 8.31\% = 16.06\%$$

$$\gamma_6 = \gamma_4 + \gamma_{15} = 100.00\% + 16.06\% = 116.06\%$$

或

$$\gamma_{10} = \gamma_{13} + \gamma_{14} = 8.31\% + 97.72\% = 106.03\%$$

$$\gamma_6 = \gamma_7 + \gamma_8 = 12.43\% + 103.63\% = 116.06\%$$

依据上述计算结果求出各个产物的矿量为：

$$q_{16} = q_4\gamma_{16} = 45.5 \times 0.0468 = 2.13 \text{ t/h}$$

$$q_{19} = q_4 - q_{16} = 45.5 - 2.13 = 43.37 \text{ t/h}$$

$$q_{11} = q_4\gamma_{11} = 45.5 \times 0.0685 = 3.12 \text{ t/h}$$

$$q_{17} = q_{11} - q_{16} = 3.12 - 2.13 = 0.99 \text{ t/h}$$

$$q_7 = q_4\gamma_7 = 45.5 \times 0.1243 = 5.66 \text{ t/h}$$

$$q_{12} = q_7 + q_{17} - q_{11} = 5.66 + 0.99 - 3.12 = 3.53 \text{ t/h}$$

$$q_9 = q_7 + q_{17} = 5.66 + 0.99 = 6.65 \text{ t/h}$$

$$q_{18} = q_4\gamma_{18} = 45.5 \times 0.0240 = 1.09 \text{ t/h}$$

$$q_{14} = q_{18} + q_{19} = 1.09 + 43.37 = 44.46 \text{ t/h}$$

$$q_{13} = q_4\gamma_{13} = 45.5 \times 0.0831 = 3.78 \text{ t/h}$$

$$q_8 = q_{13} + q_{14} - q_{18} = 3.78 + 44.46 - 1.09 = 47.15 \text{ t/h}$$

$$q_{10} = q_8 + q_{18} = 47.15 + 1.09 = 48.24 \text{ t/h}$$

$$q_{15} = q_{12} + q_{13} = 3.53 + 3.78 = 7.31 \text{ t/h}$$

$$q_6 = q_4 + q_{15} = 45.5 + 7.31 = 52.81 \text{ t/h}$$

校核:
$$q_6 = q_7 + q_8 = 5.66 + 47.15 = 52.81 \text{ t/h}$$

$$q_9 = q_{11} + q_{12} = 3.12 + 3.53 = 6.65 \text{ t/h}$$

$$q_{10} = q_{13} + q_{14} = 3.78 + 44.46 = 48.24 \text{ t/h}$$

依据上述计算结果求出各个产物回收率为:

$$\varepsilon_{16} = \frac{\gamma_{16}\beta_{16}}{\beta_1} = \frac{4.68 \times 17.190}{0.900}\% = 89.39\%$$

$$\varepsilon_{16'} = \frac{\gamma_{16}\beta_{16'}}{\beta_{1'}} = \frac{4.68 \times 38.380}{8.980}\% = 20.00\%$$

$$\varepsilon_{19} = \varepsilon_4 - \varepsilon_{16} = 100.00\% - 89.39\% = 10.61\%$$

$$\varepsilon_{19'} = \varepsilon_{4'} - \varepsilon_{16'} = 100.00\% - 20.00\% = 80.00\%$$

$$\varepsilon_{11} = \frac{\gamma_{11}\beta_{11}}{\beta_1} = \frac{6.85 \times 12.653}{0.900}\% = 96.30\%$$

$$\varepsilon_{11'} = \frac{\gamma_{11}\beta_{11'}}{\beta_{1'}} = \frac{6.85 \times 34.507}{8.980}\% = 26.32\%$$

$$\varepsilon_{17} = \varepsilon_{11} - \varepsilon_{16} = 96.30\% - 89.39\% = 6.91\%$$

$$\varepsilon_{17'} = \varepsilon_{11'} - \varepsilon_{16'} = 26.32\% - 20.00\% = 6.32\%$$

$$\varepsilon_7 = \frac{\gamma_7\beta_7}{\beta_1} = \frac{12.43 \times 6.854}{0.900}\% = 94.66\%$$

$$\varepsilon_{7'} = \frac{\gamma_7\beta_{7'}}{\beta_{1'}} = \frac{12.43 \times 21.999}{8.980}\% = 30.45\%$$

$$\varepsilon_{12} = \varepsilon_7 + \varepsilon_{17} - \varepsilon_{11} = 94.66\% + 6.91\% - 96.30\% = 5.27\%$$

$$\varepsilon_{12'} = \varepsilon_{7'} + \varepsilon_{17'} - \varepsilon_{11'} = 30.45\% + 6.32\% - 26.32\% = 10.45\%$$

$$\varepsilon_9 = \varepsilon_7 + \varepsilon_{17} = 94.66\% + 6.91\% = 101.57\%$$

$$\varepsilon_{9'} = \varepsilon_{7'} + \varepsilon_{17'} = 30.45\% + 6.32\% = 36.77\%$$

$$\varepsilon_{18} = \frac{\gamma_{18}\beta_{18}}{\beta_1} = \frac{2.40 \times 0.915}{0.900}\% = 2.44\%$$

$$\varepsilon_{18'} = \frac{\gamma_{18}\beta_{18'}}{\beta_{1'}} = \frac{2.40 \times 20.641}{8.980}\% = 5.52\%$$

$$\varepsilon_{14} = \varepsilon_{18} + \varepsilon_{19} = 2.44\% + 10.61\% = 13.05\%$$

$$\varepsilon_{14'} = \varepsilon_{18'} + \varepsilon_{19'} = 5.52\% + 80.00\% = 85.52\%$$

$$\varepsilon_{13} = \frac{\gamma_{13}\beta_{13}}{\beta_1} = \frac{8.31 \times 0.831}{0.900}\% = 7.67\%$$

$$\varepsilon_{13'} = \frac{\gamma_{13}\beta_{13'}}{\beta_{1'}} = \frac{8.31 \times 13.563}{8.980}\% = 12.55\%$$

$$\varepsilon_8 = \varepsilon_{13} + \varepsilon_{14} - \varepsilon_{18} = 7.67\% + 13.05\% - 2.44\% = 18.28\%$$

$$\varepsilon_{8'} = \varepsilon_{13'} + \varepsilon_{14'} - \varepsilon_{18'} = 12.55\% + 85.52\% - 5.52\% = 92.55\%$$

$$\varepsilon_{10} = \varepsilon_8 + \varepsilon_{18} = 18.28\% + 2.44\% = 20.72\%$$

$$\varepsilon_{10'} = \varepsilon_{8'} + \varepsilon_{18'} = 92.55\% + 5.52\% = 98.07\%$$

$$\varepsilon_{15} = \varepsilon_{12} + \varepsilon_{13} = 5.27\% + 7.67\% = 12.94\%$$

$$\varepsilon_{15'} = \varepsilon_{12'} + \varepsilon_{13'} = 10.45\% + 12.55\% = 23.00\%$$

$$\varepsilon_6 = \varepsilon_4 + \varepsilon_{15} = 100.00\% + 12.94\% = 112.94\%$$

$$\varepsilon_{6'} = \varepsilon_{4'} + \varepsilon_{15'} = 100.00\% + 23.00\% = 123.00\%$$

校核：
$$\varepsilon_6 = \varepsilon_7 + \varepsilon_8 = 94.66\% + 18.28\% = 112.94\%$$

$$\varepsilon_{6'} = \varepsilon_{7'} + \varepsilon_{8'} = 30.45\% + 92.55\% = 123.00\%$$

$$\varepsilon_9 = \varepsilon_{11} + \varepsilon_{12} = 96.30\% + 5.27\% = 101.57\%$$

$$\varepsilon_{9'} = \varepsilon_{11'} + \varepsilon_{12'} = 26.32\% + 10.45\% = 36.77\%$$

$$\varepsilon_{10} = \varepsilon_{13} + \varepsilon_{14} = 7.67\% + 13.05\% = 20.72\%$$

$$\varepsilon_{10'} = \varepsilon_{13'} + \varepsilon_{14'} = 12.55\% + 85.52\% = 98.07\%$$

依据上述计算结果求出其他产物的品位为：

$$\beta_{17'} = \frac{\beta_{1'}\varepsilon_{17'}}{\gamma_{17}} = \frac{8.980 \times 6.32}{2.17}\% = 26.154\%$$

$$\beta_{12'} = \frac{\beta_{1'}\varepsilon_{12'}}{\gamma_{12}} = \frac{8.980 \times 10.45}{7.75} = 12.109\%$$

$$\beta_{19'} = \frac{\beta_{1'}\varepsilon_{19'}}{\gamma_{19}} = \frac{8.980 \times 80.00}{95.32}\% = 7.537\%$$

$$\beta_{14'} = \frac{\beta_{1'}\varepsilon_{14'}}{\gamma_{14}} = \frac{8.980 \times 85.52}{97.72}\% = 7.859\%$$

$$\beta_{10'} = \frac{\beta_{1'}\varepsilon_{10'}}{\gamma_{10}} = \frac{8.980 \times 98.07}{106.03}\% = 8.306\%$$

$$\beta_{15'} = \frac{\beta_{1'}\varepsilon_{15'}}{\gamma_{15}} = \frac{8.980 \times 23.00}{16.06}\% = 12.861\%$$

$$\beta_{8'} = \frac{\beta_{1'}\varepsilon_{8'}}{\gamma_8} = \frac{8.980 \times 92.55}{103.63}\% = 8.020\%$$

$$\beta_{6'} = \frac{\beta_{1'}\varepsilon_{6'}}{\gamma_6} = \frac{8.980 \times 123.00}{116.06}\% = 9.517\%$$

$$\beta_{9'} = \frac{\beta_{1'}\varepsilon_{9'}}{\gamma_9} = \frac{8.980 \times 36.77}{14.60}\% = 22.616\%$$

$$\beta_{10} = \frac{\beta_1\varepsilon_{10}}{\gamma_{10}} = \frac{0.900 \times 20.72}{106.03}\% = 0.176\%$$

$$\beta_{15} = \frac{\beta_1\varepsilon_{15}}{\gamma_{15}} = \frac{0.900 \times 12.94}{16.06}\% = 0.725\%$$

$$\beta_9 = \frac{\beta_1\varepsilon_9}{\gamma_9} = \frac{0.900 \times 101.57}{14.60}\% = 6.261\%$$

$$\beta_6 = \frac{\beta_1\varepsilon_6}{\gamma_6} = \frac{0.900 \times 112.94}{116.06}\% = 0.876\%$$

依据上述流程计算结果，绘制出选别过程的数质量流程图如图 5-26 所示。

通过上述分选流程计算示例可以看出：

（1）原始指标数的计算，主要是如何确定计算成分 C 值、选别产物数 n_p 和选别作业数 a_p。

（2）原始指标数的分配原则和分配方案非常重要，特别是多选别作业、多金属矿石选别流程的分配方案，比单个选别作业、单一金属矿石选别流程的要复杂得多。

（3）分选流程的计算步骤，尤其是产率的计算步骤，主要包括以下几步。

1）首先从原矿、精矿和尾矿开始，通过物料平衡关系，计算出流程或某一循环的最终精矿和最终尾矿的产率，然后分别计算其精选作业和扫选作业，即精选作业从下至上计算到粗选作业的精矿为止，扫选作业从下至上计算到粗选作业的尾矿为止。

2）多金属矿石选别流程的计算，在不用计算机的情况下，一般按选别流程（或某一选别循环）中的一种主要金属计算各选别产物的产率，不参加产率计算的其他金属的原始指标（$\beta_{n'}$、$\varepsilon_{n'}$）均分配在选别作业的精矿中。

3）计算任何一个选别作业的产率，一般按联立方程式计算精矿产率，而尾矿产率是通过减法求出，产物的矿量和回收率的算法也是如此，否则，难以保证作业各个技术指标之间的平衡。

4）混合产物的产率要进行校核，确保计算无误。

对于图 5-27 所示的铅、锌、硫多金属矿石浮选流程，已知原矿的品位分别为 $\beta_1^{Pb} = \beta_{1'} = 1.60\%$、$\beta_1^{Zn} = \beta_{1''} = 8.85\%$、$\beta_1^{S} = \beta_{1'''} = 4.95\%$。流程中共有 10 个选别作业、7 个混合作业、20 个选别产物，所以有：

$$N_p = C(n_p - a_p) = 4 \times (20 - 10) = 40$$

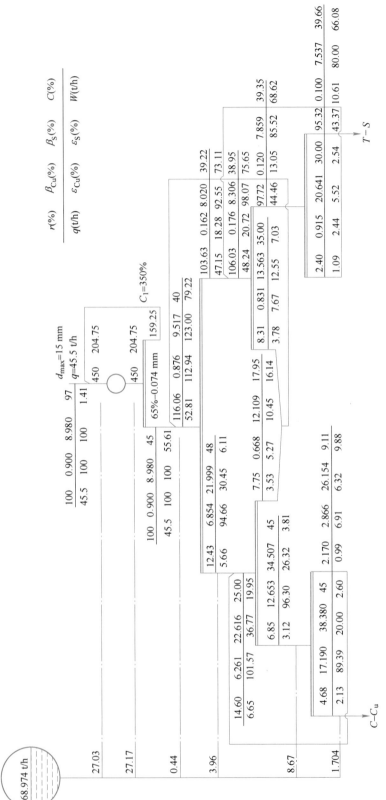

图 5-26   铜硫分离浮选的数质量及矿浆流程图

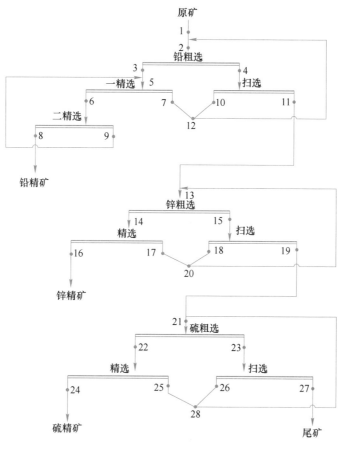

图 5-27 多金属矿石浮选流程图

根据工业试验数据确定出原始指标，见表 5-12。由已知指标列出增广矩阵，并对增广矩阵进行若干次变化后得出计算结果，见表 5-13。根据各产物产率和品位计算出的回收率见表 5-14。然后，分别以铅、锌、硫为主元素计算各循环回路中各个中间产物的产率和回收率。最后计算次要元素的回收率及其余产物的品位，绘制分选过程的数质量流程图（图 5-28）。

表 5-12 流程计算选取的原始数据一览表

循环	产物名称	编号	品位 $\beta/\%$			数 目
			β'	β''	β'''	
铅循环	PbS 粗选泡沫	3	30.00	11.60	12.10	3
	一精选泡沫	6	53.40	9.00	8.21	3
	二精选泡沫	8	67.70	6.05	4.20	3
	扫选泡沫	10	9.60	27.73	21.01	3
	粗选尾矿	4	0.99	—	—	1
	一精选尾矿	7	11.20	—	—	1
	二精选尾矿	9	33.99	—	—	1
	扫选尾矿	11	—	—	—	0

续表 5-12

循环	产物名称	编号	品位 β/%			数目
			β′	β″	β‴	
锌循环	ZnS 粗选泡沫	14	0.59	51.60	4.70	3
	精选泡沫	16	0.54	56.15	3.60	3
	扫选泡沫	18	1.42	24.30	14.30	3
	粗选尾矿	15	—	7.80	—	1
	精选尾矿	17	—	36.10	—	1
	扫选尾矿	19	—	—	—	0
硫循环	FeS 粗选泡沫	22	0.53	2.00	31.00	3
	精选泡沫	24	0.51	1.75	36.50	3
	扫选泡沫	26	0.44	2.20	14.60	3
	粗选尾矿	23	—	—	3.50	1
	精选尾矿	25	—	—	12.75	1
	扫选尾矿	27	0.12	0.53	2.35	3
合计						40

表 5-13　增广矩阵变换运算步骤及运算结果一览表

步骤	列 / 行	A				B	运算步骤说明
		1	2	3	4		
0	①	1	1	1	1	1	
	②	67.60	0.54	0.51	0.12	1.60	
	③	6.05	56.15	1.75	0.53	8.85	
	④	4.20	3.60	36.50	2.35	4.95	
1	①	1	1	1	1	1	
	②	0	1	1	1.006	0.984	$(② - 67.7 × ①)/(0.54 - 67.7)$
	③	0	50.10	-4.30	-5.52	2.80	$③ - 6.05 × ①$
	④	0	-0.6	32.30	-1.85	0.75	$④ - 4.20 × ①$
2	①	1	1	1	1	1	
	②	0	1	1	1.006	0.984	
	③	0	0	1	1.028	0.855	$(③ - 50.1 × ②)/(-4.30 - 50.1)$
	④	0	0	32.9	-1.246	1.340	$④ + 0.6 × ②$
3	①	1	1	1	1	1	
	②	0	1	1	1.006	0.984	
	③	0	0	1	1.028	0.855	
	④	0	0	0	1	0.7639	$(④ - 32.9 × ③)/(-1.246 - 32.9 × 1.028)$
4	①	1	0	0	-0.006	0.016	$① - ②$
	②	0	1	0	-0.022	0.129	$② - ③$
	③	0	0	1	0	0.0697	$③ - ④ × 1.028$
	④	0	0	0	1	0.7639	

步骤	行＼列	A				B	运算步骤说明
		1	2	3	4		
5	①	1	0	0	0	0.0206	① + ④ × 0.006
	②	0	1	0	0	0.1458	② + ④ × 0.022
	③	0	0	1	0	0.0697	
	④	0	0	0	1	0.7639	

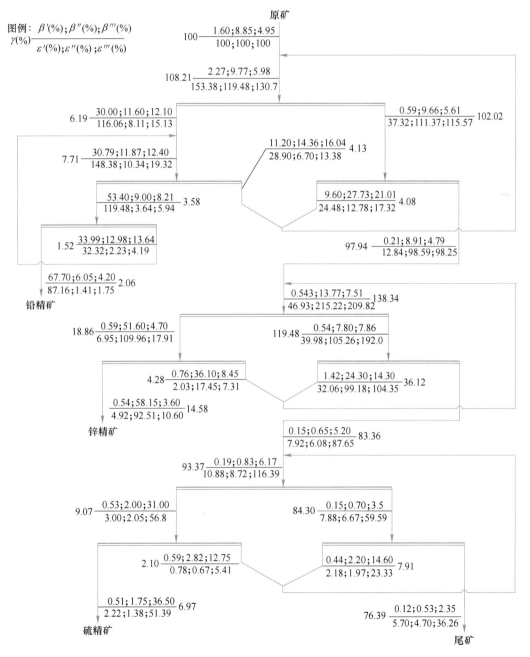

图 5-28 多金属矿石的浮选数质量流程图

表 5-14   金属平衡计算结果一览表

产品名称	产率 γ/%	回收率 ε/%		
		铅	锌	硫
铅精矿	2.06	87.16	1.41	1.75
锌精矿	14.58	4.92	92.51	10.60
硫精矿	6.97	2.22	1.38	51.39
尾矿	76.39	5.70	4.70	36.26
原矿	100.00	100.00	100.00	100.00

5.5   矿浆流程计算

进行矿浆流程计算就是要在保证流程中各作业具有适宜矿浆浓度的前提下，确定各作业、产物的补加水量、返回水量、脱除水量及矿浆体积，为设计和选择供水、脱水、排水设备或设施提供依据，其计算原则是以体积计进入作业的水量或矿浆量等于该作业排出的水量或矿浆量。在计算中不考虑机械损失或其他流失。

5.5.1   矿浆流程计算原始指标的确定和选择

矿浆流程计算用的原始指标，同样是选择在操作过程中最稳定和必须加以控制的指标，概括起来主要有以下 3 类。

（1）适宜的作业浓度和产物浓度。对于许多作业来说，为保证生产操作正常进行，必须保持一个适宜的作业浓度，如磨矿、浮选、湿式磁选、某些重选作业以及过滤、干燥等。同样，有些产物也应具有适宜的浓度，例如机械分级机和水力旋流器的溢流等。所有这些浓度均是在生产操作过程中必须加以控制和保证的，因此，在计算时作为原始指标应预先给以考虑。

（2）含水量稳定的产物浓度。如机械分级机的返砂浓度，浮选、重选、磁选的精矿浓度等。尽管这些作业的给水量可能有某些变化，但对其产物的浓度影响较小，所以矿浆流程计算常常作为原始指标。

（3）在生产过程中某些作业的补加水量。如跳汰机补加的上升水、摇床的冲洗水、洗矿的冲洗水、浮选精矿（泡沫）的补加水等，都是在生产过程中所必需的用水。这些水量按单位矿量计算的数值也是比较稳定的，也可作为原始指标。

上述 3 种指标都必须根据对流程的分析及选矿试验资料和类似选矿厂的资料来选择，在不同条件下，同类产物的含水量可能有较大的差异，很难规定一个统一的数值。表 5-15和表 5-16 中的数值可供设计时参考。

表 5-15 某些作业和产物浓度（固体质量分数）一览表

作业及产物名称	作业浓度/%	产物浓度/%
棒磨机和球磨机的磨矿作业	65~80	—
分级机溢流：-0.3 mm	—	28~50
-0.2 mm	—	25~45
-0.15 mm	—	20~35
-0.10 mm	—	15~30
螺旋分级机返砂	—	80~85
耙式分级机返砂	—	75~85
水力旋流器	—	—
ϕ500 mm：给矿（分级粒度-0.074 mm）	—	15~20
沉砂	—	50~75
ϕ250 mm：给矿（分级粒度-0.037 mm）	—	10~15
沉砂	—	40~60
ϕ125 mm：给矿（分级粒度-0.019 mm）	—	5~10
沉砂	—	35~50
ϕ75 mm：给矿（分级粒度-0.010 mm）	—	3~8
沉砂	—	30~50
浮选	—	—
粗选作业	25~45	—
精选作业	10~25	—
扫选作业	20~35	—
粗选精矿	—	20~50
扫选精矿	—	20~35
精选精矿	—	30~50
跳汰作业：给矿	15~30	—
精矿	—	30~50
摇床：给矿	25~35	—
精矿	—	40~60
中矿	—	30~45
水力分级作业：给矿	30~50	—
沉砂	—	20~50
离心选矿机给矿	15~25	—
磁选机：给矿	20~25	—
精矿	—	—
磁力脱水槽给矿	20~30	—
浓缩机：给矿	15~35	—
排矿	—	50~70
过滤机：给矿	40~60	—
排矿	—	85~90
浸出作业	30~50	—

表 5-16　部分作业必要的补加水定额一览表

作业名称	补加水定额	作业名称	补加水定额
浮选泡沫精矿溜槽冲洗水	$\pm 0.8\ m^3/t$ 矿	摇床冲洗水	$50\sim 60\ m^3/(d\cdot台)$
圆筒筛洗矿	$3\sim 10\ m^3/t$ 矿	（1）处理钨矿时	—
圆筒擦洗机洗矿	$\pm 3.0\ m^3/t$ 矿	粒度为 $-0.2\ mm$	$0.8\ m^3/t$ 矿
槽式洗矿机洗矿	$4\sim 6\ m^3/t$ 矿	（2）处理锡矿时	—
在固定筛上冲洗脉矿	$1.0\ m^3/t$ 矿	第一段	$40\sim 50\ m^3/(d\cdot台)$
在固定筛上冲洗砂矿	$1\sim 2\ m^3/t$ 矿	第二段	$25\sim 30\ m^3/(d\cdot台)$
在振动筛上冲洗脉矿	$1\sim 2\ m^3/t$ 矿	第三段	$25\sim 30\ m^3/(d\cdot台)$
在振动筛上冲洗砂矿	$\pm 2.5\ m^3/t$ 矿	一次复洗	$60\sim 70\ m^3/(d\cdot台)$
水力洗矿床洗砾石	$0.7\sim 0.8\ m^3/t$ 矿	二次复洗	$50\sim 55\ m^3/(d\cdot台)$
双层筛湿式筛分	$1\sim 2.5\ m^3/t$ 矿	中矿复洗	$35\sim 40\ m^3/(d\cdot台)$
四室水力分级机上升水	$0.5\sim 1.5 m^3/t$ 矿	泥矿	$20\sim 25\ m^3/(d\cdot台)$
云锡式多室水力分级箱上升水	—	跳汰机上升水	—
第一段每箱	$50\sim 60\ m^3/(d\cdot台)$	粗级别（76~12 mm）	$4.0\ m^3/t$ 矿
第二段每箱	$45\sim 50\ m^3/(d\cdot台)$	中级别（6~12 mm）	$3.0\ m^3/t$ 矿
第三段每箱	$30\sim 35\ m^3/(d\cdot台)$	细级别（<1.5 mm 或<3.0 mm）	$2.5\sim 3.0\ m^3/t$ 矿
复洗	—	$\phi 850\ mm$ 螺旋选矿机处理	—
		0.02~0.04 级别冲洗水	$0.5\sim 1.8\ m^3/(h\cdot台)$
		$\phi 1000\ mm$ 螺旋选矿机冲洗水	$1.0\sim 1.5\ m^3/(h\cdot台)$

在确定矿浆流程计算的原始指标时，需要考虑的因素包括：

（1）密度大的矿石，其浓度应大些。

（2）块状和粒状（即粒度粗的）的矿石，其浓度应大些。

（3）品位高而易浮的矿石，其浓度应大些。

（4）洗矿用水，应根据矿石的可洗性决定。

另外，需要指出的是，扫选作业和所有选别作业的尾矿浓度，不能作为原始指标；一般而言，精选作业浓度应依精选次数增加而适当降低，精选精矿浓度应依精选次数增加而适当提高。

5.5.2　矿浆流程计算步骤

矿浆流程计算是在选别流程计算之后进行的，计算时应根据流程中各产物的矿量 q_n 和已定出的作业浓度、产物浓度（固体质量分数）C_n（或液固（质量）比 R_n）等原始指标进行，具体计算步骤如下：

（1）根据选矿试验资料和类似选矿厂的生产资料或参考表 5-15 和表 5-16 的数据，确定各作业和各产物必须保证的浓度 C_n 或液固比 R_n 的数值、含水稳定的各产物浓度 C_n 或 R_n 数值以及有关作业的补加水定额等原始指标。

（2）按下列公式计算已知 C_n（或 R_n）的各作业和产物的水量 W_n（t/h）：

$$W_n = q_n(1 - C_n)/C_n \qquad (5-15)$$

或

$$W_n = q_n R_n \tag{5-16}$$

（3）按平衡方程式计算未知 C_n 或 R_n 的作业和产物的水量 W_n 以及相应的补加水量 L_n（t/h）。

（4）按下列公式计算各个作业产物的矿浆体积 V_n（m³/h）：

$$V_n = q_n \left(\frac{1 - C_n}{C_n} + \frac{1000}{\rho} \right) \tag{5-17}$$

或

$$V_n = q_n \left(R_n + \frac{1000}{\rho} \right) \tag{5-18}$$

式中，ρ 为矿石的密度，kg/m³。

5.5.3　矿浆流程计算结果的表示方法

矿浆流程的计算结果可用表格表示，也可以用矿浆流程图表示。采用表格表示时，表格的形式见表 5-17 和表 5-18。

表 5-17　矿浆平衡表

作业名称	作业和产物编号及名称	产率 $\gamma/\%$	矿量 $q/t \cdot h^{-1}$	浓度 $C/\%$	液固比 R	水量 $W/t \cdot h^{-1}$	矿浆量 $V/m^3 \cdot h^{-1}$

表 5-18　工艺流程总水量平衡表

进入流程的水量/t·h⁻¹	自流程排出的水量/t·h⁻¹
原矿水量：W_0	精矿产物水量：$\sum W_c$
各作业补加水量：$\sum L$	尾矿产物水量：$\sum W_x$
其他	其他产物排出水量：$\sum W_t$
总计：	总计：

在工程设计中，矿浆流程的计算结果常用图 5-29 所示的矿浆流程图表示，即在流程图上分别注明各作业和各产物的 q_n、R_n、W_n、V_n、L_n 等数值。矿浆流程图也可与数质量流程图合并为一张图（图 5-26）。

5.5.4　选矿厂总耗水量和单位耗水量计算

根据矿浆流程图可以计算出选矿厂的总耗水量和需要补充的新水量，其水量平衡方程式如下：

$$W_0 + \sum L = \sum W_k \tag{5-19}$$

式中，W_0 为原矿带入选别流程的水量，t/h；$\sum L$ 为补加的总水量，t/h；$\sum W_k$ 为最终产物（包括精矿、尾矿、溢流等）排出的总水量，t/h。

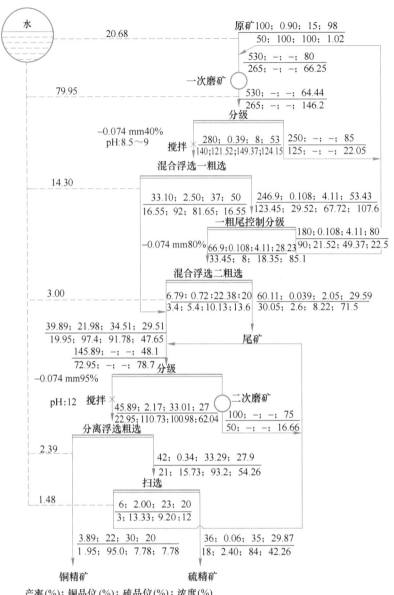

图5-29 含有两种金属矿石的浮选厂的数质量及矿浆流程图

由式 (5-19) 得知，选矿厂的总耗水量为：

$$\sum L = \sum W_k - W_0 \tag{5-20}$$

如果选矿厂利用回水，则需要补加的新水量 $L'(\text{t/h})$ 为：

$$L' = \sum L - \sum W' = \sum W_k - W_0 - \sum W' \tag{5-21}$$

式中，$\sum W'$ 为利用的总回水量，t/h。

上述计算只考虑工艺过程的用水量，其他用水量没有计算在内，如洗刷地板、冲洗设备、冷却设备等用水。这些用水量一般估计为工艺过程用水量的 10%~15%。所以，选矿

厂的总耗水量 $\sum L_0$（t/h）为：

$$\sum L_0 = \sum L + (0.1 \sim 0.15) \sum L = (1.1 \sim 1.15) \sum L \tag{5-22}$$

处理 1 t 矿石的耗水量，即单位耗水量 W_q（t/t 矿石）为：

$$W_q = \sum L_0 / q \tag{5-23}$$

式中，$\sum L_0$ 为总耗水量，t/h；q 为处理的矿石量，t/h。

5.5.5　矿浆流程计算举例

对于图 5-30 所示的磨矿流程，已知处理量 $q_1 = 45.5$ t/h，原矿水分 3.00%（即原矿浓度 $C_1 = 97.00\%$）。依据实际生产情况，参考表 5-15 确定磨矿浓度 $C_m = 75.00\%$，分级溢流浓度 $C_4 = 45.00\%$，分级返砂浓度 $C_5 = 80.00\%$，磨矿回路循环负荷 $C = 350\%$。

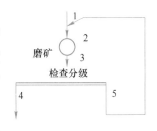

图 5-30　磨矿流程

按照 $R_n = \dfrac{1 - C_n}{C_n}$ 计算各个产物的液固比 R_1、R_4、R_5 和 R_m 得：

$$R_1 = \frac{1 - C_1}{C_1} = \frac{1 - 0.9700}{0.9700} = 0.031$$

$$R_4 = \frac{1 - C_4}{C_4} = \frac{1 - 0.4500}{0.4500} = 1.222$$

$$R_5 = \frac{1 - C_5}{C_5} = \frac{1 - 0.8000}{0.8000} = 0.250$$

$$R_m = \frac{1 - C_m}{C_m} = \frac{1 - 0.7500}{0.7500} = 0.333$$

按 $W_n = q_n R_n$ 计算各个产物的水量 W_1、W_4、W_5 和 W_m 得：

$$W_1 = q_1 R_1 = 45.5 \times 0.031 = 1.41 \text{ t/h}$$

$$W_4 = q_4 R_4 = 45.5 \times 1.222 = 55.61 \text{ t/h}$$

$$W_5 = q_5 R_5 = q_1 C R_5 = 45.5 \times 3.5 \times 0.250 = 39.81 \text{ t/h}$$

$$W_m = q_m R_m = (q_1 + q_5) R_m = (1 + C) q_1 R_m = (1 + 3.5) \times 45.5 \times 0.333 = 68.25 \text{ t/h}$$

按 $L_n = W_{作业} - \sum W_n$ 计算磨矿作业补加水 L_m 和分级补加水 L_c 得：

$$L_m = W_m - W_1 - W_5 = 68.25 - 1.41 - 39.81 = 27.03 \text{ t/h}$$

$$L_c = W_4 + W_5 - W_m = 55.61 + 39.81 - 68.25 = 27.17 \text{ t/h}$$

对于图 5-25 所示的铜硫分离浮选流程，进行矿浆流程计算时，首先依据生产实际情况确定适宜的作业或产物浓度指标为：粗选作业浓度 $C_r = 40.00\%$，精选 I 作业浓度 $C_{k1} = 25.00\%$，精选 II 作业浓度 $C_{k2} = 20.00\%$，粗选精矿浓度 $C_7 = 48.00\%$，精选 I 精矿浓度 $C_{11} = 45.00\%$，精选 II 精矿浓度 $C_{16} = 45.00\%$，扫选 I 精矿浓度 $C_{13} = 35.00\%$，扫选 II 精矿浓度 $C_{18} = 30.00\%$。

按照 $R_n = \dfrac{1 - C_n}{C_n}$ 计算出各作业或产物的液固比分别为：

$$R_r = \frac{1 - C_r}{C_r} = \frac{1 - 0.4000}{0.4000} = 1.500$$

$$R_7 = \frac{1 - C_7}{C_7} = \frac{1 - 0.4800}{0.4800} = 1.080$$

$$R_{k1} = \frac{1 - C_{k1}}{C_{k1}} = \frac{1 - 0.2500}{0.2500} = 3.000$$

$$R_{k2} = \frac{1 - C_{k2}}{C_{k2}} = \frac{1 - 0.2000}{0.2000} = 4.000$$

$$R_{11} = \frac{1 - C_{11}}{C_{11}} = \frac{1 - 0.4500}{0.4500} = 1.222$$

$$R_{16} = \frac{1 - C_{16}}{C_{16}} = \frac{1 - 0.4500}{0.4500} = 1.222$$

$$R_{13} = \frac{1 - C_{13}}{C_{13}} = \frac{1 - 0.3500}{0.3500} = 1.860$$

$$R_{18} = \frac{1 - C_{18}}{C_{18}} = \frac{1 - 0.3000}{0.3000} = 2.330$$

由图 5-26 所示的数质量流程可知 $q_r = q_6 = 52.81$ t/h，$q_{k1} = q_9 = 6.65$ t/h，$q_{k2} = q_{11} = 3.12$ t/h，按 $W_n = q_n R_n$ 计算出各作业和产物的水量分别为：

$$W_r = q_6 R_r = 52.81 \times 1.500 = 79.22 \text{ t/h}$$

$$W_7 = q_7 R_7 = 5.66 \times 1.080 = 6.11 \text{ t/h}$$

$$W_8 = W_r - W_7 = 79.22 - 6.11 = 73.11 \text{ t/h}$$

$$W_{k1} = q_9 R_{k1} = 6.65 \times 3.000 = 19.95 \text{ t/h}$$

$$W_{11} = q_{11} R_{11} = 3.12 \times 1.222 = 3.81 \text{ t/h}$$

$$W_{12} = W_{k1} - W_{11} = 19.95 - 3.81 = 16.14 \text{ t/h}$$

$$W_{k2} = q_{11} R_{k2} = 3.12 \times 4.000 = 12.48 \text{ t/h}$$

$$W_{16} = q_{16} R_{16} = 2.13 \times 1.222 = 2.60 \text{ t/h}$$

$$W_{17} = W_{k2} - W_{16} = 12.48 - 2.60 = 9.88 \text{ t/h}$$

$$W_{18} = q_{18} R_{18} = 1.09 \times 2.330 = 2.54 \text{ t/h}$$

$$W_{10} = W_8 + W_{18} = 73.11 + 2.54 = 75.65 \text{ t/h}$$

$$W_{13} = q_{13} R_{13} = 3.78 \times 1.860 = 7.03 \text{ t/h}$$

$$W_{14} = W_{10} - W_{13} = 75.65 - 7.03 = 68.62 \text{ t/h}$$

$$W_{19} = W_{14} - W_{18} = 68.62 - 2.54 = 66.08 \text{ t/h}$$

按 $L_n = W_{作业} - \sum W_n$ 计算出作业的补加水量分别为：

$$L_r = W_r - W_4 - W_{12} - W_{13} = 79.22 - 55.61 - 16.14 - 7.03 = 0.44 \text{ t/h}$$

$$L_{k1} = W_{k1} - W_7 - W_{17} = 19.95 - 6.11 - 9.88 = 3.96 \text{ t/h}$$
$$L_{k2} = W_{k2} - W_{11} = 12.48 - 3.81 = 8.67 \text{ t/h}$$

按 $V_n = q_n\left(R_n + \dfrac{1000}{\rho}\right)$ 计算出各个作业或产物的矿浆体积分别为：

$$V_r = q_6\left(R_r + \frac{1000}{\rho}\right) = 52.81 \times \left(1.500 + \frac{1000}{3000}\right) = 52.81 \times 1.83 = 96.64 \text{ m}^3/\text{h}$$

$$V_{k1} = q_9\left(R_{k1} + \frac{1000}{\rho}\right) = 6.65 \times \left(3.000 + \frac{1000}{3000}\right) = 6.65 \times 3.33 = 22.14 \text{ m}^3/\text{h}$$

$$V_{k2} = q_{11}\left(R_{k2} + \frac{1000}{\rho}\right) = 3.12 \times \left(4.000 + \frac{1000}{3000}\right) = 3.12 \times 4.33 = 13.51 \text{ m}^3/\text{h}$$

$$V_7 = q_7\left(R_7 + \frac{1000}{\rho}\right) = 5.66 \times \left(1.080 + \frac{1000}{3000}\right) = 5.66 \times 1.41 = 7.98 \text{ m}^3/\text{h}$$

$$V_8 = V_r - V_7 = 96.64 - 7.98 = 88.66 \text{ m}^3/\text{h}$$

$$V_{18} = q_{18}\left(R_{18} + \frac{1000}{\rho}\right) = 1.09 \times \left(2.330 + \frac{1000}{3000}\right) = 1.09 \times 2.66 = 2.90 \text{ m}^3/\text{h}$$

$$V_{10} = V_8 + V_{18} = 88.66 + 2.90 = 91.56 \text{ m}^3/\text{h}$$

$$V_{13} = q_{13}\left(R_{13} + \frac{1000}{\rho}\right) = 3.78 \times \left(1.860 + \frac{1000}{3000}\right) = 3.78 \times 2.19 = 8.28 \text{ m}^3/\text{h}$$

$$V_{14} = V_{10} - V_{13} = 91.56 - 8.28 = 83.28 \text{ m}^3/\text{h}$$

$$V_{19} = V_{14} - V_{18} = 83.28 - 2.90 = 80.38 \text{ m}^3/\text{h}$$

依据上述计算结果，计算出其余作业或产物的矿浆浓度及补加水量和耗水量分别为：

$$C_{12} = \cfrac{1}{1 + \cfrac{W_{12}}{q_{12}}} = \cfrac{1}{1 + \cfrac{16.14}{3.53}} = \frac{1}{5.57} = 17.95\%$$

$$C_{17} = \cfrac{1}{1 + \cfrac{W_{17}}{q_{17}}} = \cfrac{1}{1 + \cfrac{9.88}{0.99}} = \frac{1}{10.98} = 9.11\%$$

$$C_{10} = \cfrac{1}{1 + \cfrac{W_{10}}{q_{10}}} = \cfrac{1}{1 + \cfrac{75.65}{48.24}} = \frac{1}{2.57} = 38.95\%$$

$$C_{14} = \cfrac{1}{1 + \cfrac{W_{14}}{q_{14}}} = \cfrac{1}{1 + \cfrac{68.62}{44.46}} = \frac{1}{2.54} = 39.35\%$$

$$C_{19} = \cfrac{1}{1 + \cfrac{W_{19}}{q_{19}}} = \cfrac{1}{1 + \cfrac{66.08}{43.37}} = \frac{1}{2.52} = 39.66\%$$

$$C_8 = \cfrac{1}{1 + \cfrac{W_8}{q_8}} = \cfrac{1}{1 + \cfrac{73.11}{47.38}} = \frac{1}{2.55} = 39.22\%$$

$$\sum L = \sum W_k - W_4 = W_{16} + W_{19} - W_4 = 2.60 + 66.08 - 55.61 = 13.07 \text{ t/h}$$

$$\sum L_0 = (1.1 \sim 1.15) \sum L = 1.13 \times 13.07 = 14.77 \text{ t/h}$$

$$W_q = \sum L_0 / q = \frac{14.77}{45.5} = 0.32 \text{ t/t 矿石}$$

校核：　　　　　　$\sum L = L_r + L_{k1} + L_{k2} = 0.44 + 3.96 + 8.67 = 13.07 \text{ t/h}$

依据上述矿浆流程计算结果绘制出矿浆流程图，如图 5-26 所示。

5.6　工艺流程图的种类和作用

选矿厂设计中涉及的流程图包括原则流程图、工艺流程图（包括数质量流程图和矿浆流程图）、取样和检查流程图、方框流程图、设备形象联系图等，前三种流程图均以线条表示，所以又叫线流程图。

5.6.1　原则流程图

原则流程图只表示出破碎、磨矿、选别等主要作业阶段或循环，简明地表示选矿厂工艺加工过程。破碎、磨矿、筛分、分级等作业，表示被处理矿石的粒度变化；浮选、重选、磁选等选别作业或循环，表示矿石经过选别处理后质和量的变化。原则流程图中不表示脱水、干燥、加热等辅助作业，亦不表示水量指标。原则流程图中各作业阶段或循环用细实线方框表示，并在方框内注明阶段，或注明循环和名称。各作业连接指示线（或产品指标线）采用粗实线，并在其末端绘出箭头。连接指示线尽量采用垂直或水平布置。对改建、扩建或可能变动的作业阶段或循环，用同粗度的虚线表示。图 5-31 所示是含有铜、铅、锌的多金属矿石的浮选原则流程图。

原则流程图一般适用于可行性研究设计和初步设计，施工图设计一般不采用。

5.6.2　工艺流程图

工艺流程图是表示选矿厂工艺过程各作业的相互联系及各作业产品数量、质量、水量和平衡关系的图纸。工艺流程图中一般需要标明以下内容：

（1）图中各作业均需标注作业名称，如粗碎、中碎、细碎、筛分、磨矿、分级、粗选、扫选、精选、浓缩、过滤、干燥等。图中每一作业即代表每一种工艺设备的加工过程，但对某些辅助作业，如运输、储存、砂泵、取样等习惯上不表示。

（2）各作业产品原则上应注明产率、矿量、水量、浓度及作业药剂制度等指标。

（3）对破碎、筛分、磨矿、分级等作业，需注明矿石的粒度变化指标。

（4）对原矿、最终产品及计算选别回路（或选别循环）金属平衡所需的产品，应标明产品的品位、回收率、产率、矿量、矿浆浓度、用水量等指标。

（5）工艺流程图上需要标注设备名称、规格、数量，图中可列出综合指标表和药剂用量表。

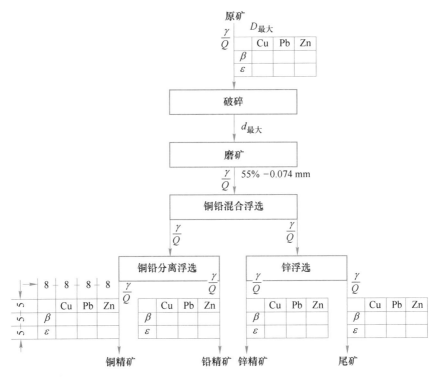

图 5-31　铜铅锌多金属矿石的浮选原则流程图

（6）作业和产物的顺序分别以罗马数字和阿拉伯数字标注。

仅表明分选过程的作业顺序、产物走向、流程结构的分选流程图称为工艺流程图；具有各项选别指标而不注有矿浆浓度、水量的工艺流程图称为数质量流程图；只有产物的矿量、浓度、水量的工艺流程图称为矿浆流程图。在实际设计工作中，通常将数质量流程图和矿浆流程图合并一起绘制。

绘制工艺流程图时，破碎、磨矿作业用粗实线的单圆圈表示；筛分、分级、选别、脱水等各作业用平行双线表示，上线为粗实线，下线为细实线；作业产品指示线用细实线，其末端用箭头表示，指示线采用水平或垂直布置；总用水量用细实线单圆圈表示，新水和回水要单独表示；对选别过程中产品各指标的表示方法是，从指示线引出一横细实线，将各项指标标注在线的上下；对作业和产物的补加水用点划线表示，其末端指向加水点，在点划线上方标注补加水量。依据上述约定绘制出的分选数质量和矿浆流程图如图 5-26 所示。

5.6.3　取样和检查流程图

取样和检查流程图是表示选矿工艺过程取样和检查点位置的图样，为选矿生产过程中取样和质量检查位置提供依据。这种流程图可以与工艺流程图合并绘制，也可单独绘制，如图 5-32 所示。

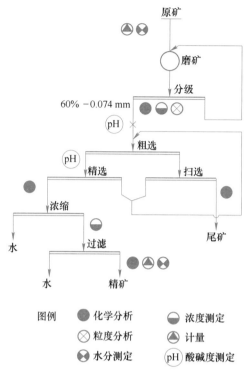

图 5-32　取样和检查流程图

5.6.4　方框流程图和设备形象联系图

　　方框流程图以方框表示作业,方框中注明作业名称或设备名称,工艺指标以表格形式列出,所有产物用阿拉伯数字顺序编号,如图 5-33 所示(图中省略了工艺指标表)。

　　设备形象联系图是以各种设备的外部形象图样表示选矿工艺过程中各作业之间相互连接关系的图,在图中需要给出选矿厂的主要设备、辅助设备和与工艺密切相关的建筑、构筑物(如矿仓、精矿池等),同时列出设备明细表。凡需绘出的设备要求用统一的图形表示。用于安装及检修的起重设备、过滤设备所附属的压风机和真空泵及滤液缸等,药剂制备与添加设施,机修设施,工艺过程所属的自动调节和控制及测量的仪表,漏斗、溜槽、支架等构件,通常不在设备形象联系图中表示。

　　此外,对两个以上的多系统的工艺流程,各作业阶段(或循环)及所用设备的规格、型号、数量完全相同时,可只绘制出一个系统,在设备形象联系图中给出附注说明。

　　绘制设备形象联系图时,主要设备、辅助设备以及有关建筑、构筑物设施的轮廓线用细实线表示;设备之间的连接指示线用粗实线,其末端有箭头;对同一作业中当采用规格、型号完全相同的设备时,允许只绘出一台设备的形象图,其数量用阿拉伯数字在图形中注明;对将来可能改变的部分流程的设备和预留、扩建以及可能改变的设备或设施的轮廓线用细虚线表示,但连接指示线用粗的虚线。依据上述约定绘制出的设备形象联系图如图 5-34 所示。

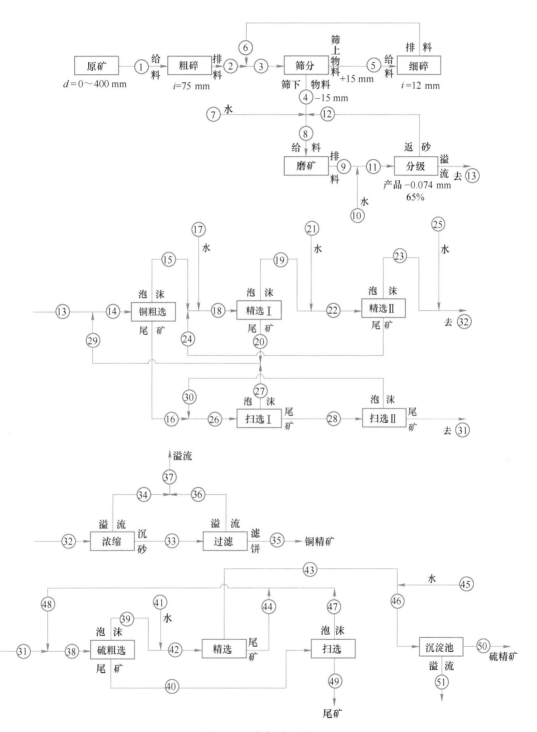

图 5-33　方框流程图

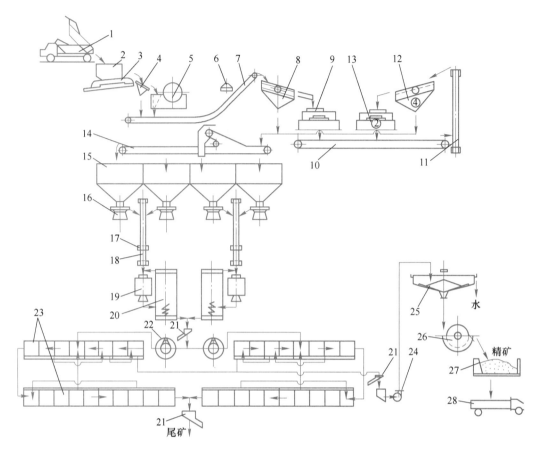

图 5-34　设备形象联系图

1—自卸汽车；2—原矿仓；3—B = 1200 板式给料机；4—条筛；5—600 mm×900 mm 颚式破碎机；6—悬挂磁铁；

7—B = 800 胶带运输机；8—1500 mm×3000 mm 双层振动筛；9—φ1750 mm 标准圆锥破碎机；10, 11—B = 1000 胶带运输机；

12—1500 mm×3000 mm 单层振动筛 4 台；13—φ1750 mm 短头圆锥破碎机 2 台；

14—B = 800 具有卸料车的胶带运输机；15—粉矿仓；16—φ1000 mm 圆盘给料机 4 台（其中 2 台为一组，轮换使用）；

17—电子秤 2 台；18—B = 500 胶带运输机 2 条；19—φ2700 mm×3600 mm 格子型球磨机 2 台；

20—φ2000 mm 高堰式单螺旋分级机 2 台；21—取样机 3 台；22—φ2000 mm×2000 mm 矿浆搅拌槽 2 台；

23—XJK-2.8 浮选机 36 槽；24—φ50 mm 离心砂泵 2 台（其中一台备用）；25—φ12 m 中心传动浓缩机；

26—20 m² 圆筒真空过滤机 2 台；27—精矿仓；28—运矿汽车

6 主要工艺设备的选择与计算

6.1 设备选择与计算的原则

设备的选择与计算一般应遵循以下原则：

（1）选用的设备必须适应矿石（或矿浆）的物理、化学性质和工艺条件；必须满足对生产能力和产品质量的要求。

（2）选用的设备必须工作性能可靠、操作方便、维修简单、生产费用低、备品备件易于解决。

（3）尽量选用与新建选矿厂生产规模相适应的大型设备，尽量减少生产设备台套数和系列数，以降低基建投资和生产费用，便于实现自动控制和管理。选矿厂主厂房一般不应多于3个系列。如有多种方案可供选择时，需通过技术经济比较择优选取。

（4）同一作业应选用同一类型和规格的设备，设备台数应与设置的系列数相适应，同类设备的规格型号应尽可能相同。

（5）大型设备选择时一般不考虑其整机备用；但对于易损、使用周期较短的设备，为保证整个系统正常生产应考虑适当的备用系数，如水力旋流器的备用系数为20%~50%，振动筛的为20%~30%，过滤机的为20%~25%，矿浆泵的为50%~100%。

（6）充分考虑由于矿石性质变化引起的处理量的波动。

（7）设备生产能力一般按公式计算（包括理论公式、经验公式及理论加经验公式）或设备样本数据选取（需对矿石性质等条件进行修正）。有条件时应按所处理矿石的性质和工艺条件类似的选矿厂的实际生产数据确定或校核，并留有适当余地。

6.2 破碎设备的选择与处理量计算

6.2.1 破碎设备的选择

根据给矿粒度的大小，一般将破碎作业分为粗碎、中碎和细碎。粗碎作业的给矿粒度为300~1500 mm，产品粒度为100~350 mm；中碎作业的给矿粒度为100~350 mm，产品粒度为40~100 mm；细碎作业的给矿粒度为40~100 mm，产品粒度为3~25 mm。

破碎机类型和规格的选择，主要考虑处理矿石的物理性质（包括矿石硬度、密度、含泥量、水分、最大给矿粒度）、破碎产品粒度、设计处理量及设备配置等因素。一般来讲，粗碎给矿中的最大块度不大于破碎机给矿口宽度的0.8~0.85倍，中碎和细碎破碎机的给矿最大粒度不大于给矿口宽度的 0.85~0.9 倍。

6.2.1.1 粗碎设备的选择

金属矿石选矿厂处理的矿石一般为硬或中硬矿石，适于选用颚式破碎机或旋回破碎机作为粗碎设备；在某些非金属矿产或水泥等工业中，当处理中等硬度或较软矿石时，也可采用冲击式破碎机作为粗碎设备。大、中型选矿厂的粗碎作业常采用旋回破碎机和颚式破碎机，中、小型选矿厂则常用颚式破碎机作为粗碎设备。

颚式破碎机的主要优点是构造简单、自身质量小、价格低廉、便于维修和运输、外形高度小、需要的厂房高度小、排矿口调节方便、破碎潮湿矿石及含黏土矿物较多的矿石时不易堵塞、工作可靠；其主要缺点是衬板易磨损、处理量比旋回破碎机的低、破碎产品粒度不均匀、过大块多且要求给矿均匀、常常需要设置给矿设备。

旋回破碎机是一种破碎能力较高的设备，主要用于大、中型选矿厂。与颚式破碎机相比，旋回破碎机的主要优点是能耗低、处理量大，在同样给矿口和排矿口条件下，旋回破碎机处理量为颚式破碎机的 2.5~3.0 倍，产品粒度较均匀，破碎腔内衬板磨损分布均匀，$\phi 900$ mm 以上的旋回破碎机可挤满给矿，不需要给矿设备；其主要缺点是设备构造复杂、设备自身的质量比较大，要求有坚固的基础，机体高，需要较高的厂房。

对于大、中型选矿厂，在确定采用颚式破碎机或旋回破碎机之前，一般应从设备自身的质量、安装功率、基建投资、经营费用、设备配置及工艺操作优缺点等方面进行技术经济比较，择优选用。

6.2.1.2 中碎和细碎设备的选择

中碎和细碎设备的选型除了需要考虑矿石性质外，还要考虑给矿的最大粒度和破碎的产品粒度。处理硬矿石或中硬矿石一般选用标准型圆锥破碎机作中碎设备，选用短头型圆锥破碎机作细碎设备；对于采用两段破碎流程的中小型选矿厂，第二段可选用中间型圆锥破碎机；破碎易碎性物料，可采用辊式破碎机、反击式破碎机或锤式破碎机。碎石厂的破碎作业大多数采用颚式破碎机。

圆锥破碎机生产能力大、破碎比大、外形尺寸小、容易实现过铁保护和排矿口自动调节；其主要缺点是不适宜处理含黏土矿物较多的矿石，液压系统和动锥支撑结构的制造和检修比较复杂。

辊式破碎机结构简单、产品粒度细（可达-2~-1 mm）且均匀，但生产能力低、占地面积大、辊筒磨损快且不均匀，一般仅用于处理脆性物料或要求避免过粉碎的物料。

反击式破碎机或锤式破碎机适用于破碎中硬矿石，特别是易碎性物料，如石灰石、石棉、焦炭、煤等，其优点是体积小、构造简单、破碎比大、能耗低、处理量大、产品粒度均匀且细粒级含量多，具有选择性破碎作用；其缺点是板锤和反击板易磨损，需经常更换，并且噪声较大、粉尘多。与颚式破碎机相比，单位产量能耗减少 1/3。反击式破碎机的破碎比一般为 15~20，可一次完成中碎和细碎两段作业的任务，流程简单、节省投资。

目前，高压辊磨机已普遍应用于金属矿石选矿厂的细碎、水泥行业的粉碎、化工行业的造粒以及球团矿增加比表面积的细磨作业，其优点是可替代细碎作业，实现多碎少磨，提高系统生产能力，节能降耗，可靠性高；其缺点是给矿量要求均匀，作业需设置过铁检测和除铁装置，有些情况还需要增加打散作业。

6.2.2 破碎设备处理量的计算

破碎机的处理量主要与被破碎物料的物理性质（可碎性、密度、解理程度、湿度、粒度组成等）、设备性能（破碎机类型、规格及性能）以及工艺条件（开路或闭路作业、破碎比、给矿均匀性及产品粒度要求等因素）有关。由于目前还没有把所有这些因素全部包括进去的理论计算方法，因此在设计计算时，中国多采用经验公式进行概略计算，并根据实际条件及类似选矿厂的生产数据加以校正，而欧美等国家则广泛采用邦德功指数计算法。

6.2.2.1 颚式破碎机及旋回破碎机和圆锥破碎机的处理量计算

开路破碎时，颚式破碎机、旋回破碎机和圆锥破碎机的处理量按式（6-1）计算：

$$q = K_1 K_2 K_3 K_4 q_s \tag{6-1}$$

式中，q 为设计条件下破碎机的处理量，t/h；K_1 为矿石硬度修正系数，$K_1 = 1 \sim 0.05(f - 14)$ 或从表 6-1 中选取；K_2 为矿石密度修正系数，$K_2 = \rho_s/1600 \approx \rho/2700$；$f$ 为矿石普氏硬度系数；ρ_s 为矿石的松散密度（堆密度），kg/m³；ρ 为矿石的密度，kg/m³；K_3 为给矿粒度修正系数，$K_3 = 1 + (0.8 - d_{max}/b)$ 或从表 6-1 中选取；d_{max} 为给矿最大粒度，mm；b 为给矿口宽度，mm；K_4 为水分修正系数，见表 6-1；q_s 为标准条件下（中硬矿石、松散密度为 1600 kg/m³）开路破碎时的处理量，当采用普通型颚式破碎机、旋回破碎机及圆锥破碎机时，$q_s = q_0 b_p$ 或按设备样本数据选取，t/h；q_0 为颚式破碎机、旋回破碎机或标准、中间、短头型圆锥破碎机单位排矿口宽度的处理量（表 6-2），t/(mm·h)；b_p 为破碎机排矿口宽度，mm。

表 6-1 矿石硬度和给矿粒度及水分修正系数

矿石硬度等级	软		中硬				硬			特硬	
普氏硬度系数	10	11	12	13	14	15	16	17	18	19	20
矿石硬度修正系数 K_1	1.20	1.15	1.10	1.05	1.0	0.95	0.90	0.85	0.80	0.75	0.70
给矿最大粒度与给矿口宽之比 $\dfrac{d_{max}}{b}$	0.30		0.40		0.50		0.60		0.70		0.80
给矿粒度修正系数 K_3	1.5		1.4		1.3		1.2		1.1		1.0
矿石含水量/%	4		5		6		7	8	9	10	11
水分修正系数 K_4	1.0		1.0		0.95		0.90	0.85	0.80	0.75	0.65

表 6-2　颚式破碎机和旋回破碎机及圆锥破碎机开路破碎时 q_0 值

颚式破碎机		旋回破碎机		圆锥破碎机			单缸液压圆锥破碎机			
规格/mm	$q_0/\text{t} \cdot (\text{mm} \cdot \text{h})^{-1}$	规格/mm	$q_0/\text{t} \cdot (\text{mm} \cdot \text{h})^{-1}$	规格/mm	$q_0/\text{t} \cdot (\text{mm} \cdot \text{h})^{-1}$		规格/mm	$q_0/\text{t} \cdot (\text{mm} \cdot \text{h})^{-1}$		
					标准或中间型	短头型		标准型	中间型	短头型
250×400	0.40	500	2.5	$\phi600$	1.0		$\phi900$	2.52	2.76	4.25
400×600	0.65	700	3	$\phi900$	2.5	4.0	$\phi1200$	4.60	5.40	6.70
600×900	0.95~1.0	900	4.5	$\phi1200$	4.0~4.5	6.5	$\phi1650$	8.15	9.60	14.00
900×1200	1.25~1.30	1200	6.0~7.0	$\phi1750$	8.0~9.0	14.0	$\phi2200$	16.00	20.00	25.00
1200×1500	1.90	1400	9.0~10.0	$\phi2200$	14.0~15.0	24.0				
1500×2100	2.70	1600	12.5~13.5							

在闭路破碎时，颚式破碎机、旋回破碎机和圆锥破碎机的处理量按式（6-2）进行计算，亦可按样本中给出的通过能力并对矿石硬度、粒度、密度、水分等因素进行修正后得出。

$$q_c = K_c q_s K_1 K_2 K_3 K_4 \tag{6-2}$$

式中，q_c 为闭路破碎时破碎机的处理量，t/h；K_c 为闭路时，平均给矿粒度变细系数，中间型或短头型圆锥破碎机闭路破碎时，一般取 1.15~1.4（硬矿石取小值，软矿石取大值）。

6.2.2.2　光面辊式破碎机的处理量计算

光面辊式破碎机的处理量通常按式（6-3）计算，亦可按样本数据选取。

$$q = 60\pi\mu DnLb_p\rho_s \tag{6-3}$$

式中，q 为破碎机的处理量，t/h；μ 为破碎机排出口的充满系数，$\mu = 0.2 \sim 0.4$，破碎硬矿石和粗粒矿石时取大值，反之取小值；D 为破碎机辊筒直径，m；n 为破碎机辊筒转速，r/min；L 为破碎机辊筒长度，m。

选择光面辊式破碎机时，辊筒啮角一般按式（6-4）计算：

$$\cos\frac{\alpha}{2} = \frac{D + b_p}{D + d_{max}} \tag{6-4}$$

式中，d_{max} 为给矿最大粒度，mm。

根据啮角条件，为了不使破碎物料抛出，使破碎机能有效的工作，所选用破碎机辊筒直径应大于给矿最大粒度的 22 倍。

6.2.2.3　反击式破碎机的处理量计算

反击式破碎机的处理量可采用式（6-5）或式（6-6）进行计算，亦可按设备样本数据选取。

$$q = 0.06KC(h + a)b_1 Dn\rho_s \tag{6-5}$$

$$q = 3.6\mu v La\rho_s \tag{6-6}$$

式中，q 为破碎机的处理量，t/h；K 为理论处理量与实际处理量的修正系数，一般取 $K = 0.1$；C 为转子上板锤数目；h 为板锤高度，m；a 为反击板与板锤之间的间隙，m；b_1 为板锤宽度，m；D 为转子的直径，m；n 为转子的转速，r/min；ρ_s 为破碎矿石的松散密度，kg/m³；μ 为矿石充满系数，$\mu = 0.2 \sim 0.7$；v 为打击板锤的线速度，m/s；L 为转子的长度，m。

反击式破碎机的转子圆周速度范围是 12~70 m/s，一般常用的是 15~45 m/s。转子直径 D 根据给矿中最大粒度 d_{max} 确定，$D \geq 1.25d_{max} + 200$。

6.2.2.4 锤式破碎机的处理量计算

锤式破碎机的处理量可按式（6-7）计算，亦可按设备样本数据选取。

$$q = 0.06bLCd\mu mn\rho_s \tag{6-7}$$

式中，q 为破碎机的处理量，t/h；b 为筛格的缝隙宽度，m；L 为算条筛格的长度，m；C 为排矿算条的缝隙个数；d 为排矿粒度，m；μ 为充满与排料不均匀系数，一般取 $\mu = 0.015 \sim 0.07$，小型破碎机取小值，大型破碎机取大值；m 为转子圆周方向的锤子排数，一般 $m = 3 \sim 6$；n 为转子的转速，r/min；ρ_s 为破碎矿石的松散密度，kg/m³。

当破碎中硬物料且破碎比 S 为 15 ~ 20 时，$q = (0.030 \sim 0.045)DL\rho_s$；当破碎煤时，$q = \eta LD^2 \left(\dfrac{n}{60}\right)^2 /(S-1)$，$\eta$ 为物料硬度及设备结构形式影响系数，$\eta = 0.12 \sim 0.22$。

6.2.2.5 高压辊磨机的处理量计算

高压辊磨机的处理量可按式（6-8）计算，亦可按设备样本数据选取。

$$q = 3.6\delta(L - 0.05)v\rho \tag{6-8}$$

式中，q 为高压辊磨机的处理量（通过量），t/h；δ 为辊筒之间设置的间隙，m；L 为辊筒的长度，m；v 为辊筒的圆周速度，m/s；ρ 为处理矿石在压实状态下的容积密度，kg/m³。

6.2.3 破碎机台数计算

实际工作中，设计需要的破碎机台数一般按式（6-9）计算：

$$n = \frac{Kq_d}{q} \tag{6-9}$$

式中，n 为设计需要的破碎机台数；K 为不均匀系数，$K = 1.1 \sim 1.2$；q_d 为破碎作业的设计矿量，闭路破碎时，按通过闭路破碎机的设计矿量计，t/h；q 为选用的破碎机单台处理量，t/h。

计算出设计需要的破碎机台数后，将小数进位取整数，选定破碎机台数。

6.3　筛分设备的选择与计算

选矿厂常用的筛分设备主要有振动筛、固定筛、滚轴筛、圆筒筛、弧形筛和细筛等。它的主要用途是配合破碎作业进行预先筛分和检查筛分以及选别作业前的准备筛分；在破碎筛分厂中，用作将物料分成各种粒级产品的独立筛分；此外，还可用于脱水、脱泥和脱介等辅助作业。

选择筛分设备时，应考虑的主要因素有：

（1）处理物料的特性，如筛分物料的粒度，筛下粒级的含量，物料的颗粒形状、密度、含水量和黏土矿物含量等。

（2）筛分设备的结构参数，如筛分设备运动形式、振幅、振动频率、筛面倾角、筛网面积、筛网层数、筛孔形状和尺寸、筛面开孔率等。

（3）筛分的工艺要求以及筛分设备性能和应用条件，如生产能力、筛分效率、筛分方法等。

6.3.1　振动筛的选择与计算

6.3.1.1　振动筛分类

振动筛依据筛框运动轨迹分为圆运动和直线运动两大类，其主要类型、性能、适用条件及特点见表6-3。

表6-3　振动筛分类表一览表

运动轨迹	振动筛类型	型号	最大给矿粒度/mm	筛孔尺寸/mm	适用条件和特点
圆运动	圆振动筛	YA YAH（重型） DYS（大型）	200 400 300	6~50 30~150	大块和中、细粒散状物料筛分；处理量大、筛分效率高、维修方便、噪声小、应用广泛
	自定中心振动筛	SZZ	150	1~50	中、细粒物料筛分；构造简单、调节方便，筛面振动强烈，物料不易堵塞筛孔，筛分效率高，但不够稳定，振幅受给矿量影响较大
	重型振动筛	H	400	20~50 25~150	大块、高密度物料筛分；结构坚固，能承受较大的冲击负荷，筛网为棒条
	惯性振动筛	SZ	100	6~40	中、细粒物料筛分；振动器置筛框上随筛框上下运动，皮带轮中心在空间运动，皮带时紧时松，电机负荷不够均匀，影响寿命，筛分效率不稳定，给矿量变化影响振幅
	单轴振动筛	DD ZD	100	1~25 6~50	中、细粒物料筛分；结构简单、运行平稳、工作可靠
	双轴（等厚）振动筛	DS ZSD	300	0.5~13 13~50	用于细粒级物料的筛分；筛面采用不同倾角的折线形式从给料端至排料端料层厚度不变或递增，物料在筛面上运动速度递减，不易堵塞筛孔，处理量大，但安装高度大

运动轨迹	振动筛类型	型号	最大给矿粒度/mm	筛孔尺寸/mm	适用条件和特点
直线运动	直线振动筛	ZKX	300	0.5~13	大块和中、细粒物料筛分；结构简单、运行平稳、工作可靠
		DZS（大型）	300	3~80	
	振动细筛			0.08~1.50	细粒物料的分级、脱水、脱泥、脱介；主要用于金属矿选矿厂的磨矿分级作业
	直线振动等厚筛（香蕉筛）	ZD	300	6~25	大块和中、细粒物料分级，筛面采用不同倾角的折线形式从给料端至排料端料层厚度不变或递增，物料在筛面上运动速度递减，不易堵塞筛孔，处理量大，但安装高度大
			150	6~13	
	共振筛		100	12~20	中、细粒物料的分级、脱水、脱泥、脱介；工作平稳、动负荷小、结构紧凑、处理量大、筛分效率高，但制造、安装要求精度高，给矿要求均匀
			150		
			300		

6.3.1.2 振动筛处理量的计算

振动筛处理量按下列经验公式计算：

$$q = \psi A q_0 \rho_s K_1 K_2 K_3 K_4 K_5 K_6 K_7 K_8 / 1000 \qquad (6\text{-}10)$$

式中， q 为振动筛处理量，t/h； ψ 为振动筛的有效筛分面积系数：单层筛或多层筛的上层筛面 $\psi = 0.8 \sim 0.9$ ；双层筛作单层筛使用时，下层筛面 $\psi = 0.6 \sim 0.7$ ，作双层筛使用时，下层筛面 $\psi = 0.65 \sim 0.70$ ，三层筛的第三层筛面 $\psi = 0.5 \sim 0.6$ ； A 为振动筛筛网名义面积，m^2 ； q_0 为振动筛单位筛面面积的平均容积处理量，可按表 6-4 选取或按经验公式进行近似计算，如细粒筛分（筛孔 $a < 3$ mm）时， $q_0 = 4\lg(a/0.08)$ ，中粒筛分（ $a = 4 \sim 40$ mm）时， $q_0 = 24\lg(a/1.74)$ ，$m^3/(m^2 \cdot h)$ ，粗粒筛分（ $a > 40$ mm）时 $q_0 = 51\lg(a/9.15)$ ； ρ_s 为筛分矿石的松散密度，kg/m^3 ； $K_1 \sim K_8$ 为影响因素修正系数，见表 6-5。

表 6-4 振动筛单位面积容积处理量 q_0 值

筛孔尺寸	0.15	0.2	0.3	0.5	0.8	1	2	3	4	5	6	8
$q_0/m^3 \cdot (m^2 \cdot h)^{-1}$	1.1	1.6	2.3	3.2	4.0	4.4	5.6	6.3	8.7	11.0	12.9	15.9
筛孔尺寸	10	12	14	16	20	25	30	40	50	60	80	100
$q_0/m^3 \cdot (m^2 \cdot h)^{-1}$	18.2	20.1	21.7	23.1	25.4	27.8	29.6	32.6	37.6	41.6	48.0	53.0

表 6-5 $K_1 \sim K_8$ 修正系数

影响因素	筛分条件及各系数值										
细粒影响	给料中小于筛孔尺寸之半的颗粒含量/%	<10	10	20	30	40	50	60	70	80	90
	K_1	0.2	0.4	0.6	0.8	1.0	1.2	1.4	1.6	1.8	2.0
粗粒影响	给料中大于筛孔尺寸的颗粒含量/%	<10	10	20	30	40	50	60	70	80	90
	K_2	0.91	0.94	0.97	1.03	1.09	1.18	1.38	1.55	2.00	3.36
筛分效率	筛分效率 E/%		85	87.5	90	92	92.5	93	94	95	96
	$K_3 = (1-E)/0.08$		1.87	1.56	1.25	1.00	0.94	0.88	0.75	0.63	0.50

续表6-5

影响因素	筛分条件及各系数值					
物料种类及颗粒形状	物料种类及颗粒形状		破碎后矿石	圆形颗粒（海砾石）		煤
	K_4		1.00	1.25		1.50
物料湿度	筛孔尺寸/mm		<25			>25
	物料湿度		干矿石	湿矿石	黏结矿石	视湿度而定
	K_5		1.00	0.25~0.75	0.20~0.60	0.90~1.00
筛分方式	筛孔尺寸/mm		<25			>25
	筛分方式		干筛	湿筛（喷水）		湿筛（喷水）
	K_6		1.00	1.25~1.40		1.00
筛子运动	$2rn$ 值		6000	8000	10000	12000
	K_7		0.65~0.70	0.75~0.80	0.85~0.90	0.95~1.00
筛面及筛孔形状	筛面种类		编织筛网	冲孔筛板		橡胶筛板
	筛孔形状	方形	长方形	方形	圆形	方形	条缝
	K_8	1.00	1.20	0.85	0.70	0.90	1.20

注：r—筛子振幅（单振幅），mm；n—筛子轴的转速，r/min。

在工程设计中，常用式（6-10）反过来计算需要的振动筛总几何面积，但矿量要乘以1.10~1.15的不均匀系数，计算出总面积后，即可根据工艺条件及设备配置情况确定筛子的规格和台数。大型选矿厂的筛分设备每4~5台备用1台。

双层或多层振动筛的处理量应逐层计算，求出每层筛面的面积后，取其最大值选定筛子的规格和台数。

双层振动筛上层筛面面积的计算同单层振动筛。上层筛筛下产品即为下层筛的给矿。下层筛亦采用式（6-10）计算其处理量。为了确定公式中修正系数 K_1、K_2 和 K_3，需确定下层筛筛分效率（如对下层筛筛上产品中筛下粒级含量有要求时，必须按式（6-11）计算）；用式（6-12）和式（6-13）分别计算下层筛给矿中小于筛孔尺寸之半颗粒的含量和大于筛孔尺寸的过大颗粒含量。

$$E_2 = \frac{\beta_{(1, -d_2)} - \beta_{(2, -d_2)}}{\beta_{(1, -d_2)}\left[1 - \beta_{(2, -d_2)}\right]} \tag{6-11}$$

式中，E_2 为下层筛筛分效率，%；$\beta_{(1, -d_2)}$ 为下层筛给矿中筛下级别含量；$\beta_{(2, -d_2)}$ 为下层筛上产品中筛下级别的允许含量。

$$\beta_{(1, -d_2/2)} = \frac{\beta_{(-d_2/2)}}{\beta_{(-d_1)}E_1} \tag{6-12}$$

$$\beta_{(1, +d_2)} = \frac{\beta_{(-d_1)}E_1 - \beta_{(-d_2)}}{\beta_{(-d_1)}E_1} \tag{6-13}$$

式中，$\beta_{(1, -d_2/2)}$ 为下层筛给矿中，小于筛孔尺寸之半的颗粒含量；$\beta_{(1, +d_2)}$ 为下层筛给矿中，大于筛孔的过大颗粒含量；$\beta_{(-d_1)}$、$\beta_{(-d_2)}$、$\beta_{(-d_2/2)}$ 为上层筛给矿中，小于 d_1、d_2、$d_2/2$ 筛孔粒级的含量；E_1 为按 $-d_1$ 粒级计的上层筛筛分效率；d_1、d_2 为上层筛和下层筛筛孔尺寸，mm。

进入下层筛按原给矿计的产率用式 (6-14) 计算：

$$\gamma = \beta_{(-d_1)} E_1 \tag{6-14}$$

式中，γ 为进入下层筛按原给矿计的产率。

按 $d_2/2$ 和 d_2 粒级计的上层筛筛分效率一般接近于 1。

双层筛作为单层筛使用既可提高筛子处理量，又能保护下层筛网，延长下层筛网的使用寿命。但当原矿中最终筛下粒级含量超过 50%、难筛颗粒多或矿石含泥、含水高时，应尽量不选用双层筛作单层筛使用。双层筛作单层筛使用时，必须正确选定上层筛孔尺寸，解决好上下层筛面负荷分配问题。上层筛筛孔尺寸可根据给矿粒度特性确定，同时需考虑满足上层筛筛下量为给矿量 55%~65% 的要求。亦可按式 (6-15) 粗略计算出 q_{01} 的数值，然后从表 6-4 中查出相应的筛孔尺寸。

$$q_{01} = \frac{q_{02}}{(1.2 \sim 1.3)\beta E_1} \tag{6-15}$$

式中，q_{01} 为上层筛相应筛孔尺寸的单位筛面容积处理量，$\mathrm{m}^3/(\mathrm{m}^2 \cdot \mathrm{h})$；$q_{02}$ 为下层筛相应筛孔尺寸的单位筛面容积处理量，$\mathrm{m}^3/(\mathrm{m}^2 \cdot \mathrm{h})$；$\beta$ 为上层筛给矿中小于上层筛孔级别含量。

按上述方法确定筛孔尺寸后，分别计算上下层筛网面积，若两者相差悬殊，则需调整上层筛筛孔尺寸，直至两者接近为止。

6.3.1.3　振动筛筛孔形状与筛下物料粒度的关系

不同形状筛孔的筛下产品最大粒度按式 (6-16) 计算：

$$d_{\max} = Kd \tag{6-16}$$

式中，$d_{\max}$ 为筛下产品中的最大粒度，mm；d 为筛孔尺寸，mm；K 为筛孔形状系数，见表 6-6。

表 6-6　筛孔形状系数 K 值

筛孔形状	圆形	方形	长方形	长条形
K	0.80	0.90	1.15~1.25	1.20~1.70

注：板条状 K 取大值。

6.3.2　固定筛的选择与计算

生产中使用的固定筛有格筛和条筛两种。格筛多用在原矿受矿槽及粗破碎设备受矿槽的上部，用于控制矿石粒度，一般水平安装。条筛多用于粗碎和中碎前的预先筛分作业，条筛筛孔尺寸宽度为筛下粒度的 0.8~0.9 倍，一般筛孔不小于 50 mm。安装在破碎机前同时还起溜槽作用的条筛，其倾角一般可取 40°~50°，对于煤可取 30°~35°，若矿石含泥、含水较多时，则可将倾角加大 5°~10°。

固定条筛的筛分面积按经验公式 (6-17) 计算：

$$A = \frac{q}{q_0 d} \tag{6-17}$$

式中, A 为条筛的筛面面积, m^2; q 为给入条筛的矿量, t/h; q_0 为按给矿计的 1 mm 筛孔宽度的固定条筛单位面积处理量 (表 6-7), $t/(m^2 \cdot h \cdot mm)$; d 为条筛筛孔宽度, mm。

表 6-7 每 1 mm 筛孔宽度的固定条筛单位面积处理量 q_0 值

($t/(m^2 \cdot h \cdot mm)$)

筛分效率 E	筛孔宽度						
	25 mm	50 mm	75 mm	100 mm	125 mm	150 mm	200 mm
70%~75%	0.53	0.51	0.46	0.40	0.37	0.34	0.27
55%~60%	1.16	1.02	0.92	0.80	0.74	0.68	0.54

注: 单位面积处理量 q_0 是按矿石松散密度为 1600 kg/m^3 计算出来的。

算出筛子面积之后, 根据给矿中最大块尺寸确定筛子的宽度 B, 再按筛子的宽度选定筛子的长度 L。筛子的宽度至少应是最大矿块尺寸的 2.5 倍。条筛的长度 L 应为宽度的 2~3 倍, 一般为 3~6 m。在确定条筛宽度及长度时要注意兼顾给矿机及破碎机给矿口的宽度。

6.3.3 滚轴筛的选择与计算

滚轴筛常用于粗粒物料的筛分作业, 给料粒度可达 -500 mm, 特别适于筛分大块煤、石灰石和页岩, 也可作洗矿机或给矿机使用。与条筛比较, 滚轴筛的优点是筛分效率高, 被筛物料过粉碎较少, 安装高度低; 缺点是构造复杂、笨重, 在筛分硬物料时, 滚轴磨损快。滚轴筛的处理量按式 (6-18) 计算。

$$q = q_0 A \tag{6-18}$$

式中, q 为滚轴筛的处理量, t/h; q_0 为单位筛面面积的处理量 (表 6-8), $t/(m^2 \cdot h)$; A 为筛面面积, m^2。

表 6-8 滚轴筛单位面积处理量 q_0 值

筛孔尺寸/mm	50	75	100	125
$q_0/m^3 \cdot (m^2 \cdot h)^{-1}$	40~45	60~65	75~85	100~110

6.3.4 圆筒筛的选择与计算

圆筒筛常用作洗矿、脱泥、中细粒级物料的筛分、强磁选作业给矿的除渣设备, 其优点是构造简单, 维修和管理方便, 工作平稳可靠, 振动较轻; 其缺点是单位筛面面积的处理量小、筛分效率低、筛孔易堵塞、筛面易磨损、机体笨重、能耗高、对物料的粉碎作用强。圆筒筛的处理量按式 (6-19) 计算。

$$q = 0.06 \rho_s n \sqrt{2R^3 h^3} \tan\alpha \tag{6-19}$$

式中，q 为圆筒筛的处理量，t/h；ρ_s 为物料松散密度，kg/m^3；n 为圆筒转速，一般取 $n = \dfrac{13}{\sqrt{D}} \sim \dfrac{20}{\sqrt{D}}$，$r/min$；$D$ 为圆筒直径，一般 $D \geqslant 14\,d_{max}$，m；R 为圆筒半径，m；α 为圆筒筛安装倾角，一般 $\alpha = 3° \sim 8°$，当给矿中细粒级含量多时，α 取小值；h 为物料层的厚度，一般 $h \leqslant 2\,d_{max}$，m；d_{max} 为给矿中最大颗粒粒度，m。

6.3.5　弧形筛的选择与计算

弧形筛一般用于细粒物料（-10 mm 左右）的湿式筛分、脱水及重介质选矿回路的脱介作业，其特点是结构简单、轻便、占地面积小、无运动部件、生产能力大、分离精度高、筛孔不易堵塞；其缺点是筛上产品的水分含量高，要求给矿均匀，筛条磨损快，给矿要求有一定的压强。

弧形筛的筛分效率一般为 $75\% \sim 80\%$，筛孔间隙比分离粒度大 $1.1 \sim 3.0$ 倍，详见表 6-9。

表 6-9　弧形筛筛孔间隙与筛下产品计算粒度关系一览表

筛下产品计算粒度/mm	0.2	0.3	0.4	0.5	0.6	0.8	1.0	1.5	2.0	2.5	3.0
筛孔尺寸/mm	0.6	0.7	0.8	1.0	1.1	1.4	1.6	2.2	2.5	3.0	3.2

弧形筛的处理量或单位面积的处理量分别按经验公式（6-20）和式（6-21）进行近似计算。

$$q = 160\psi Av \tag{6-20}$$

$$q_o = 170\sqrt{d} \tag{6-21}$$

式中，q 为弧形筛的处理量，t/h；ψ 为筛网有效面积系数，一般取 $\psi = 0.3 \sim 0.4$；A 为筛网面积，m^2；v 为矿浆的给入速度，自流给入矿浆时，$v = 0.3 \sim 3.0$ m/s，用泵给入矿浆时，v 可达 6 m/s，给矿速度越大，分离精确度越低；q_o 为弧形筛单位面积的处理量，$m^3/(m^2 \cdot h)$；d 为筛孔尺寸，mm。

6.4　磨矿设备的选择与计算

6.4.1　磨矿设备的选择

常规的磨矿设备有棒磨机、球磨机和自磨机（半自磨机）。球磨机包括格子型球磨机和溢流型球磨机；自磨机包括干式自磨机和湿式自磨机；砾磨机属于自磨机的范畴。磨矿设备还有立式搅拌磨机（塔磨）、艾萨磨机等。

棒磨机的主要优点是具有一定的选择性磨碎作用，产品粒度较均匀，过粉碎颗粒少，适用于粗磨作业；其主要缺点是需停机加棒，作业率比球磨机的低。棒磨机一般用于第 1 段磨矿作业，也可用于钨、锡等脆性矿石的磨矿作业。与球磨机相比，棒磨机可以接受较大的给矿粒度（给矿粒度上限一般为 $15 \sim 25$ mm），产品粒度为 $-3 \sim -1$ mm 时，生产能力较同规格球磨机的高；产品粒度为 -0.5 mm 时，磨矿效果不如同规格球磨机的。

格子型球磨机的主要优点是设备内的矿浆液面较低，能及时排出产品，过粉碎现象较轻，处理能力比同规格溢流型球磨机的高 10%~15%；其主要缺点是装球量大、需要功率大、设备构造较复杂、维修量较大、设备自身的质量大。格子型球磨机的产品粒度上限一般为 0.2~0.3 mm，常用于第一段磨矿作业。

溢流型球磨机的主要优点是构造简单、维修量小、产品粒度较细（一般在 0.2 mm 以下）；主要缺点是处理能力相对较小，易产生过粉碎现象。溢流型球磨机一般用于第二段和第三段（或中矿再磨）磨矿作业，亦可用于第一段磨矿作业。采用溢流型球磨机可减少磨机排矿中粗粒级的含量，减轻砂泵及旋流器的磨损。

自磨机的主要优点是给矿粒度大（最大给矿粒度一般为 200~350 mm），因此可取代中、细碎及粗磨作业，减少生产环节和粉尘污染（指湿式自磨），简化车间组成，减少选矿厂占地面积，具有一定的选择性碎磨作用，过粉碎少，不消耗或少消耗磨矿介质，对含泥、含水较多的矿石采用湿式自磨工艺可以避免常规流程中破碎、筛分等作业堵塞问题；其主要缺点是能耗比常规磨机的高，设备作业率比球磨机的略低，对给矿粒度及可磨性敏感，生产过程波动性大，操作较复杂。干式自磨由于有粉尘污染及风路系统磨损等问题，一般只限于干旱缺水地区或必须采用干式选别的条件下采用。

采用自磨工艺时，必须进行充分的试验研究工作，一般需要进行半工业试验或工业试验。随着自磨试验研究取得新的进展，根据实验室试验（如 JK 落重试验、SMC 等）结果进行自磨（半自磨）工艺设计和建设的例子近年来也不断涌现，而且常常在试验结果的基础上与常规磨矿工艺进行技术经济比较，以确定是否采用自磨流程。

砾磨机常用于两段磨矿中的第二段磨矿作业。砾磨机的磨矿介质可采用从破碎系统中筛出的块状矿石，也可采用从第一段自磨机的砾石窗排出的砾石或砂石场自然形成的砾石（卵石）。砾磨机的主要优点是不用金属磨矿介质，减少了磨矿钢耗，对稀有金属矿石和非金属矿石选矿厂可减少铁分对选别过程的污染，改善选别效果；其主要缺点是与采用钢介质的同规格磨机相比，处理量低、基建投资高。

立式搅拌磨机和艾萨磨机常用于 -100 μm 粒级物料的磨矿，其主要优点是产品粒度范围窄，磨矿效率高，单位处理量的设备占地面积小、磨矿介质损耗和能耗较低；其主要缺点是设备价格较高，对磨矿介质有特殊要求。

磨矿设备的选择主要根据磨矿车间的生产能力、矿石性质、给矿及产品粒度、磨矿设备的使用条件和性能，经多方案比较择优选用。

6.4.2 棒磨机和球磨机的计算

棒磨机和球磨机的处理量计算有容积法和功耗法（亦称邦德法）两种，前者以单位磨矿容积处理量（以新生成级别计）为基础，后者以单位矿石磨矿功耗为基础。功耗法在计算中采用了通过试验得到的功指数，可较准确体现矿石的可磨性，并在计算磨机功率时考虑了磨机转速率及介质充填率的影响，因此更为可靠。

应当指出，容积法和功耗法虽然得到广泛应用，但还存在着某些缺陷。比如，给矿和产品粒度在两种方法中均以其粒度分配曲线上的某一点（容积法一般以-0.074 mm 的含量，功率法以物料中有 80% 能通过的筛孔尺寸 P_{80}）来表示，并没有体现物料的整体粒度分布；同时，分级效率、循环负荷、磨矿浓度、磨矿介质（包括形状、尺寸及其组成）以及磨机衬板结构形式等影响磨矿效果的重要因素在计算中未考虑；此外，容积法还未考虑磨机转速率及介质充填率的影响。

6.4.2.1 容积法

采用容积法计算磨机的处理量时，首先按式（6-22）计算出单位磨机容积的处理量 q'：

$$q' = K_1 K_2 K_3 K_4 q_0' \tag{6-22}$$

式中，q' 为设计中拟选用的磨机按新生成的级别（-0.074 mm 粒级）计算的单位处理量，t/(m³·h)；q_0' 为生产中使用的磨机按新生成的级别（-0.074 mm 粒级）计算的单位处理量，t/(m³·h)，$q_0' = \dfrac{q_0(\beta_2 - \beta_1)}{V}$，其中 q_0 为生产中使用的磨机处理量（t/h），β_1 为生产中使用的磨机给矿中-0.074 mm 粒级的含量，β_2 为生产中使用的磨机产品中-0.074 mm 粒级的含量，V 为生产中使用的磨机的有效容积（m³）；K_1 为被磨矿石的磨矿难易度系数（或矿石相对可磨性系数），q_0 取自工业试验或处理同一矿石的生产指标时，$K_1 = 1.0$，取自类似选矿厂的生产指标时，应根据相对可磨性试验结果选取或参照表 6-10 确定；K_2 为磨机的直径校正系数，$K_2 = \left(\dfrac{D_1 - 2\delta_1}{D_2 - 2\delta_2}\right)^n$，式中的指数 n 与磨机直径、类型的关系见表 6-11，$n = 0.5$ 时的 K_2 的数值见表 6-12，D_1 为设计中拟选用的磨机直径（m），D_2 为生产中使用的磨机直径（m），δ_1 为设计中拟选用的磨机衬板厚度（m），δ_2 为设计中使用的磨机衬板厚度（m）；K_3 为设计中拟选用的磨机的类型校正系数，其值见表 6-13；K_4 为磨机的不同给矿粒度和不同产品粒度差别系数，$K_4 = \dfrac{m_1}{m_2}$，式中的 m_1 为设计中拟选用的磨机按新生成的级别（-0.074 mm 粒级）计算的、在不同给矿和排矿粒度条件下的相对处理量，m_2 为生产中使用的磨机按新生成的级别（-0.074 mm 粒级）计算的、在不同给矿和排矿粒度条件下的相对处理量（表 6-14）。

表 6-10　矿石的磨矿难易度系数 K_1 的数值一览表

矿石性质	普氏硬度	K_1 值
易碎性矿石	5 以下	1.25~1.40
中等可碎性矿石	5~10	1.00
难碎性矿石	10 以上	0.85~0.70

表 6-11　n 值与磨机直径及类型的关系一览表

磨机直径 D/m	n 值	
	球磨机	棒磨机
2.7	0.5	0.53

续表 6-11

磨机直径 D/m	n 值	
	球磨机	棒磨机
3.3	0.5	0.53
3.6	0.5	0.53
4.0	0.5	0.53
4.5	0.46	0.49
5.5	0.41	0.49

表 6-12　磨机的直径校正系数 K_2（$n=0.5$ 时）的数值一览表

磨机直径/mm		D_1							
		900	1200	1500	2100	2700	3200	3600	4000
D_2	900	1.0	1.19	1.34	1.66	1.85	2.07	2.10	2.26
	1200	0.84	1.0	1.14	1.40	1.63	1.74	1.76	1.91
	1500	0.74	0.87	1.0	1.22	1.46	1.52	1.55	1.69
	2100	0.60	0.71	0.81	1.0	1.17	1.25	1.30	1.41
	2700	0.51	0.61	0.70	0.85	1.0	1.09	1.17	1.25
	3200	0.47	0.57	0.64	0.80	0.92	1.0	1.07	1.12
	3600	0.46	0.55	0.62	0.76	0.86	0.94	1.0	1.06
	4000	0.44	0.52	0.59	0.71	0.81	0.89	0.95	1.0

表 6-13　磨机形式校正系数 K_3 的数值一览表

生产或工业试验磨机形式	设计选用磨机形式		
	格子型球磨机	溢流型球磨机	棒磨机
格子型球磨机	1.0	0.87~0.91	—
溢流型球磨机	1.10~1.15	1.0	—
棒磨机	—	—	1.0

注：当磨机产品粒度大于 0.3 mm 时，取大值；反之，取小值。

表 6-14　不同给矿和排矿粒度条件下的相对处理量 m_1 或 m_2 的数值一览表

给矿粒度/mm	产品粒度/mm						
	0.5	0.4	0.3	0.2	0.15	0.1	0.074
	产品中 -0.074 mm 粒级的含量/%						
	30	40	48	60	72	85	95
0~40	0.68	0.77	0.81	0.83	0.81	0.80	0.78
0~30	0.74	0.83	0.86	0.87	0.85	0.83	0.80
0~20	0.81	0.89	0.92	0.92	0.88	0.86	0.82
0~10	0.95	1.02	1.03	1.00	0.93	0.90	0.85
0~5	1.11	1.15	1.13	1.05	0.95	0.91	0.85
0~3	1.17	1.19	1.16	1.06	0.95	0.91	0.85

计算出 q' 后，按式（6-23）计算设计中拟选用的磨机按新给矿计的处理量。

$$q_\mathrm{d} = \frac{q' V_\mathrm{d}}{\beta_\mathrm{d2} - \beta_\mathrm{d1}} \tag{6-23}$$

式中，q_d 为设计中拟选用的磨机的处理量，t/h；q' 为设计中拟选用的磨机按新生成的级别（-0.074 mm 的粒级）计算的单位容积处理量，t/（m^3·h）；V_d 为设计中拟选用的磨机有效容积，m^3；β_d1 为设计中拟选用的磨机给矿中-0.074 mm 粒级的含量；β_d2 为设计中拟选用的磨机产品中-0.074 mm 粒级的含量。

若无实际生产资料，β_d1、β_d2 可参照表 6-15 和表 6-16 取值。

表 6-15　破碎产品中-0.074 mm 粒级的含量一览表

破碎产品粒度/mm		0~40	0~20	0~10	0~5	0~3
-0.074 mm 粒级的含量/%	难碎性矿石	2	5	8	10	15
	中等可碎性矿石	3	6	10	15	23
	易碎性矿石	5	8	15	20	25

表 6-16　磨矿产品中-0.074 mm 粒级的含量一览表

磨矿产品粒度/mm	0~1	0~0.4	0~0.3	0~0.2	0~0.15	0~0.1	0~0.074
-0.074 mm 粒级的含量/%	30	40	48	60	72	85	95

依据设计中拟选用的磨机的处理量和选矿厂的生产规模，按式（6-24）计算应选用磨机的台数。

$$n_\mathrm{d} = \frac{q_\mathrm{a}}{q_\mathrm{d}} \tag{6-24}$$

式中，n_d 为设计中拟选用的磨机需要的台数；q_a 为设计流程中规定的磨选车间的给矿量，t/h；q_d 为设计中拟选用的单台磨机的处理量，t/h。

6.4.2.2　功耗法

采用功耗法计算磨机的处理量时，首先按式（6-25）计算磨碎单位质量矿石所消耗的功 W：

$$W = 10\left(\frac{W_\mathrm{i}}{\sqrt{P}} - \frac{W_\mathrm{i}}{\sqrt{F}}\right) \tag{6-25}$$

式中，W 为磨碎单位质量矿石的功耗（按磨机小齿轮轴计，其中包括磨机轴承及传动齿轮的损失，不包括电动机及其他传动部件的损失），kW·h/t；W_i 为邦德功指数，通过邦德标准可磨性试验或其他简化程序可磨性试验获得，kW·h/t；F 为给矿中有 80% 的物料能通过的筛孔尺寸，μm；P 为产品中有 80% 的物料能通过的筛孔尺寸，μm。

计算出磨碎单位质量矿石的功耗 W 以后，根据设计的磨矿作业条件，按式（6-26）对其进行修正。

$$W' = K_1 K_2 K_3 K_4 K_5 K_6 K_7 K_8 W \tag{6-26}$$

式中，W' 为修正后的单位磨矿功耗，$kW \cdot h/t$；K_1 为干式磨矿系数，干式磨矿 $K_1 = 1.3$，湿式磨矿 $K_1 = 1.0$；K_2 为开路球磨系数，当球磨机开路作业时 K_2 按表 6-17 选取，闭路作业时 $K_2 = 1.0$；K_3 为磨机直径系数，选用的磨机有效内径 $D < 2.44\ m$ 时，$K_3 = 1.0$，选用的磨机有效内径 $D > 2.44\ m$ 时，K_3 的数值可按表 6-18 选取；K_4 为过大给矿粒度系数，当给矿粒度 $F > $ 最佳给矿粒度 F_0 时，需要引入系数 K_4，其值用下式计算：

$$K_4 = \frac{S + (0.907 W_i - 7)\dfrac{F - F_0}{F_0}}{S}$$

其中，S 为磨碎比 $\left(S = \dfrac{F}{P}\right)$，对棒磨机 $F_0 = 16000\sqrt{\dfrac{13}{0.907 W_i}}$，对球磨机 $F_0 = 4000\sqrt{\dfrac{13}{0.907 W_i}}$；当选用砾磨机时，考虑增加砾石自身磨碎的功耗，其 $K_4 = 2.0$；K_5 为磨矿粒度系数，磨矿产物的 $P_{80} \geqslant 75\ \mu m$ 时，$K_5 = 1.0$，$P_{80} < 75\ \mu m$ 时，$K_5 = \dfrac{P + 10.3}{1.145 P}$；$K_6$ 为棒磨机磨碎比系数，$K_6 = 1 + \dfrac{(S - S_0)^2}{150}$，其中的 S_0 是该规格棒磨机的最佳磨碎比，$S_0 = 8 + \dfrac{5L}{D}$，这里的 L 是棒介质的长度，m；K_7 为球磨机低磨碎比系数，$S > 6$ 时，$K_7 = 1.0$，$S < 6$ 时，$K_7 = \dfrac{2(S - 1.35) + 0.26}{2(S - 1.35)}$；$K_8$ 为棒磨回路系数，单一棒磨回路，当棒磨机给矿为开路破碎产品时，$K_8 = 1.40$，为闭路破碎产品时，$K_8 = 1.20$，对于棒磨-球磨回路，当给矿为开路破碎产品时，$K_8 = 1.20$，为闭路破碎产品时，$K_8 = 1.0$。

表 6-17　开路球磨系数 K_2 的数值一览表

控制产品粒度通过的含量/%	K_2 值
50	1.035
60	1.05
70	1.10
80	1.20
90	1.40
92	1.46
95	1.57
98	1.70

表 6-18 磨机直径系数 K_3 的数值一览表

磨机筒体内径/m	磨机衬板内径/m	K_3	磨机筒体内径/m	磨机衬板内径/m	K_3
0.914	0.79	1.25	2.90	2.74	0.977
1.0	0.88	1.23	3.0	2.85	0.97
1.22	1.10	1.17	3.05	2.90	0.966
1.52	1.40	1.12	3.20	3.05	0.956
1.83	1.71	1.075	3.35	3.20	0.948
2.0	1.82	1.06	3.51	3.35	0.939
2.13	1.98	1.042	3.66	3.51	0.931
2.44	2.29	1.014	3.81	3.66	0.923
2.59	2.44	1.000	3.96	3.81	0.914
2.74	2.59	0.992	4.0	3.85	0.914

注：磨机有效内径大于 3.81 m 时，K_3 均为 0.914。

利用计算出的 W'，按式（6-27）计算磨矿所需的总功率。

$$P_t = q_t W' \tag{6-27}$$

式中，P_t 为按设计流程规定的原始给矿量计算的磨矿所需总功率，kW；q_t 为磨机需要处理的矿量，t/h。

在此基础上，按式（6-28）计算选用磨机的功率。

$$P_m = V\Phi\rho_m K_w / 1000 \tag{6-28}$$

式中，P_m 为磨机小齿轮轴功率，kW；V 为磨机有效容积，m^3；ρ_m 为介质松散密度，锻钢及铸钢球为 4650 kg/m^3，铸铁球为 4170 kg/m^3，钢棒的 ρ_m 见表 6-19；K_w 为单位磨矿介质需用功率，kW/t。

表 6-19 钢棒的松散密度一览表

钢棒种类	磨机直径/m	松散密度/kg · m^{-3}
新钢棒		6250
磨损的钢棒	0.9~1.8	5850
	1.8~2.7	5770
	2.7~3.6	5610
	3.6~4.5	5450

棒磨机和球磨机的 K_w 值分别用式（6-29）和式（6-30）计算：

$$K_w = 1.752 D^{\frac{1}{3}}(6.3 - 5.4\Phi)\psi \tag{6-29}$$

$$K_w = 4.879 KD^{0.3}(3.2 - 3\Phi)\psi\left(1 - \frac{0.1}{2^{9-10\psi}}\right) + K\Delta \tag{6-30}$$

式中，K 为磨机类型系数，溢流型球磨机 $K = 1.0$，湿式格子型球磨机 $K = 1.16$，干式格子型球磨机 $K = 1.08$；Φ 为介质充填率；ψ 为磨机的转速率；D 为磨机有效内径，m；Δ 为球径影响所支取的功率, kW/t, $D<3.3$ m 时, $\Delta=0$, $D>3.3$ m 时, 球的最大直径(>65 mm)对球磨机功率有影响, Δ 的计算式为: $\Delta = 1.102\dfrac{B-12.5D}{50.8}$, 其中的 B 为球的最大直径, mm。

在磨机规格固定成系列的情况下, 可先选择磨机规格, 然后根据上述计算得到的数据, 按照式(6-31)和式(6-32)计算单台磨机的处理量及需要磨机的台数 n_d。

$$q_d = \frac{P_m}{W'} \tag{6-31}$$

$$n_d = \frac{P_t}{P_m} \quad \text{或} \quad n_d = \frac{q_t}{q_d} \tag{6-32}$$

式中, q_d 为单台磨机的处理量, t/h。

在磨机规格可变的情况下, 通常是首先选定磨机台数 n_d, 按式(6-33)计算每台磨机需要的功率 P。

$$P = \frac{P_t}{n_d} \tag{6-33}$$

然后根据每台磨机需要的功率 P, 初步选定磨机直径和长度, 并按式(6-28)计算磨机小齿轮轴功率 P_m。由于计算出的小齿轮功率 P_m 不一定正好满足功率 P 的要求, 因此需按式(6-34)调整磨机长度, 做取整处理。

$$L = \frac{P}{P_m}L_1 \tag{6-34}$$

式中, L 为计算需要的磨机长度, m; L_1 为初步选定的磨机长度, m。

最终确定的磨机规格, 其长度与直径之比(L/D)一般应符合表6-20的要求。

表6-20   球磨机 L/D 值的一般范围一览表

给矿粒度(F_{80})/μm	最大球径/mm	L/D
5000~10000	60~90	1.00~1.25
900~4000	40~50	1.25~1.75
细粒给矿(再磨给矿)	20~30	1.50~2.50

在上述计算工作完成以后, 需要做的最后一项工作是按下式确定每台磨机配用的电动机功率。

$$P = \frac{P_m}{\eta}$$

式中, P 为设计拟选用的单台磨机需配用的电动机功率, kW; η 为样本中磨机配用的减速装置及电动机总机械传动效率, 一般取 $\eta=0.93\sim0.94$。

6.4.2.3　两段磨矿磨机的计算

采用两段磨矿流程时，可分段计算或一次计算各段磨机的处理量。

A　一次计算法

一次计算法适用于对第一段磨矿产品无特定要求的连续磨矿作业，其计算步骤是首先按式（6-35）计算两段磨矿所需的总容积，然后确定两段磨矿的容积分配，最后计算每段所需台数和规格。

$$V_{1,2} = \frac{q_\alpha(\beta_3 - \beta_1)}{q'_{01,2}} \tag{6-35}$$

式中，$V_{1,2}$ 为两段磨矿需要的总容积，m^3；q_α 为设计流程中磨矿作业的原始给矿量，t/h；β_1 为第一段磨矿给矿中小于计算级别的含量；β_3 为第二段磨矿产品中小于计算级别的含量；$q'_{01,2}$ 为两段磨矿按新生成级别（-0.074 mm）计算的单位生产量，$t/(m^3 \cdot h)$。

当两段磨矿均为闭路，且选用的磨机类型及规格相同时，两段磨矿的容积分配为 1:1；当两段磨矿均为闭路，第一段为格子型球磨机，第二段为溢流型球磨机时，两段磨机容积之比为：

$$V_2/V_1 = K\left(\frac{D_1 - 0.15}{D_2 - 0.15}\right)^{0.5} \tag{6-36}$$

式中，V_1、V_2 分别为第一段及第二段磨机的有效容积，m^3；D_1、D_2 分别为第一段及第二段磨机的直径，m；K 为磨机类型系数，$K = 1.10 \sim 1.15$。

当两段磨矿中第一段为开路，第二段为闭路时，$V_2/V_1 = 2 \sim 3$；若第一段为棒磨，第二段为球磨，则此 $V_2/V_1 = 1.5 \sim 2.0$。

第一段磨矿产品中小于计算级别的含量 β_2 的计算式为：

$$\beta_2 = \beta_1 + \frac{\beta_3 - \beta_1}{1 + Km} \tag{6-37}$$

式中，K 为两段磨机的单位处理能力比值，粗略计算时，取 $K = 0.80 \sim 0.85$；m 为两段磨机容积之比，当选用两段闭路磨矿流程时，$m = 1$；当选用第一段为开路，第二段为闭路的两段磨矿时，$m = 2 \sim 3$。

如收集到的选矿厂生产资料是一段磨矿的工艺指标，而设计的选矿厂采用两段磨矿时，应考虑两段磨矿流程的磨机按新生成级别（-0.074 mm）的单位处理量一般要比一段磨矿流程的磨机按新生成级别（-0.074 mm）的单位处理量大 5%~10% 这一因素。

B　分段计算法

分段计算就是对第一段和第二段磨机，按照各自的具体条件，用容积法或功耗法分别进行处理量计算，这在两段磨矿流程的计算中常常采用。对于两段连续磨矿流程，当计算出的第一段磨机与第二段磨机容积或台数不同时，可调整第一段磨机的磨矿产品粒度，使两者保持一致。

分段计算法的具体操作步骤为：通过试验或参考类似选矿厂的生产实际指标，确定第一段和第二段磨矿按新生成计算级别的单位生产能力 q_1 和 q_2；然后根据第一段和第二段磨矿的最终产品中小于计算级别的含量 β_2 和 β_3，以及设计流程中的原始给矿量 q_α，按式（6-38）和式（6-39）计算磨机的有效容积 V_1 和 V_2。

$$V_1 = \frac{q_{\alpha1}(\beta_2 - \beta_1)}{q_1} \tag{6-38}$$

$$V_2 = \frac{q_{\alpha2}(\beta_3 - \beta_2)}{q_2} \tag{6-39}$$

6.4.2.4　再磨作业磨机的计算

中间产物（如粗精矿、混合精矿、中矿、富尾矿等）再磨作业的磨机处理量，一般应按类似生产厂矿的实际指标及可磨性试验资料计算。在无上述资料时，可采用容积法或功耗法进行磨机处理量计算。

采用容积法对再磨作业磨机处理量进行计算的基础是假定再磨作业给矿与原矿的可磨性相同，而实际上两者的可磨性是不同的，所以此方法仅为近似计算。当再磨物料产率大时，计算误差较小；产率小时，误差大。具体计算式为：

$$V_b = \gamma_b(V_2 - V_1) \tag{6-40}$$

式中，V_b 为再磨作业需要的磨机容积，m^3；γ_b 为再磨物料对原矿的产率；V_2 为把原矿全部磨至再磨后产品粒度需要的磨机容积，m^3；V_1 为把原矿全部磨至再磨前产品粒度需要的磨机容积，m^3。

采用功耗法计算再磨作业磨机的处理量时，应该特别注意的是：（1）采用的功指数应该是在再磨产品粒度条件下的功指数；（2）计算磨机功率时需要考虑再磨磨矿介质尺寸对磨机功率的影响。

应该指出，用功耗法计算再磨磨机或阶段磨矿第二段磨机时，存在一个共同的问题，即再磨或第二段磨矿给矿的可磨性与原矿不同，而功指数是用原矿测定的，所以按原矿功指数计算再磨或第二段磨机会引起一定的误差。为解决这一问题，需要在再磨（或第二段磨矿）的作业条件下，对原矿和再磨（或第二段磨矿）给矿进行试验室相对可磨性试验，测得相对可磨性系数，再以此系数修正原矿功指数，用修正后的功指数（大于原矿功指数）计算再磨（或第二段磨矿）磨机的有关技术指标。

6.4.2.5　球磨机计算举例

已知某磁铁矿矿石选矿厂，进入主厂房的矿量为 459.6 t/h，采用阶段磨矿（球磨）阶段磁选流程；一段球磨回路给矿粒度为 -20 mm，$F_{80} = 16500$ μm，-0.074 mm 粒级的含量为 5.00%；一段球磨回路产品粒度 $P_{80} = 200$ μm，-0.074 mm 粒级的含量为 50.00%。根据试验研究报告，矿石的相对可磨性系数为 1.10（与大孤山铁矿的矿石对比）；大孤山选矿厂一段球磨采用 $\phi2.7$ m×2.1 m 的格子型球磨机，给矿粒度为 -15 mm，-0.074 mm 粒级的含量为 4.94%，产品中 -0.074 mm 粒级的含量为 55.25%，$q_0 = 1.575$ t/(m³·h)；经测定矿石的棒磨功指数为 12.65 kW·h/t，产物为 -0.20 mm 的球磨功指数为 10.32 kW·h/t，产物为 -0.15 mm 的球磨功指数为 10.49 kW·h/t。

当采用容积法计算一段球磨机的处理量时，依据已知条件拟选用 $\phi 3.6$ m×4.5 m 的格子型球磨机（容积 $V = 40.85$ m³），其 q 的计算式为：

$$q = K_1 K_2 K_3 K_4 q_0$$

根据表 6-10~表 6-14，确定上式中的 $K_1 = 1.10$、$K_2 = 1.17$、$K_3 = 1.0$、$K_4 = \dfrac{m_1}{m_2} = \dfrac{0.92}{0.966} = 0.952$，所以：

$$q = K_1 K_2 K_3 K_4 q_0 = 1.10 \times 1.17 \times 1.0 \times 0.952 \times 1.575 = 1.924 \ \text{t/(m}^3 \cdot \text{h)}$$

由此计算出设计磨机的处理量为：

$$q_{\mathrm{d}} = \frac{q V_{\mathrm{d}}}{\beta_{\mathrm{d2}} - \beta_{\mathrm{d1}}} = \frac{1.924 \times 40.85}{50.00\% - 5.00\%} = 174.6 \ \text{t/h}$$

所需磨机台数为：

$$n_{\mathrm{d}} = 459.6/174.6 = 2.63$$

设计选用 3 台磨机。

当采用功耗法计算一段球磨机的处理量时，首先计算单位矿石磨矿功耗 W。由于设计的一段球磨机给矿粒度为 -20 mm（$F_{80} = 16500$ μm），产品粒度 $P_{80} = 200$ μm，而邦德球磨功指数试验给矿粒度为 -3.35 mm，因此 W 应分两段计算。第一段采用棒磨功指数（从给矿粒度至棒磨机常规产品粒度 2100 μm），第二段采用与本作业产品粒度相近的球磨功指数（从 2100 μm 磨至 200 μm），则：

第一段 $W_1 = 10\left(\dfrac{W_{\mathrm{i}}}{\sqrt{P}} - \dfrac{W_{\mathrm{i}}}{\sqrt{F}}\right) = 10\left(\dfrac{12.65}{\sqrt{2100}} - \dfrac{12.65}{\sqrt{16500}}\right) = 1.78 \ \text{kW} \cdot \text{h/t}$

第二段 $W_2 = 10\left(\dfrac{W_{\mathrm{i}}}{\sqrt{P}} - \dfrac{W_{\mathrm{i}}}{\sqrt{F}}\right) = 10\left(\dfrac{10.32}{\sqrt{200}} - \dfrac{10.32}{\sqrt{2100}}\right) = 5.05 \ \text{kW} \cdot \text{h/t}$

$$W = W_1 + W_2 = 1.78 + 5.05 = 6.83 \ \text{kW} \cdot \text{h/t}$$

依据式（6-26），修正后的单位矿石磨矿功耗 W' 为：

$$W' = K_1 K_2 K_3 K_4 K_5 K_6 K_7 K_8 W = 6.83 \times 1.0 \times 1.0 \times 0.936 \times 1.08 \times 1.0 \times 1.0$$
$$= 6.90 \ \text{kW} \cdot \text{h/t}$$

磨机需要的总功率 P_{t} 为：

$$P_{\mathrm{t}} = q_{\mathrm{t}} W' = 459.6 \times 6.9 = 3171 \ \text{kW}$$

依据式（6-28）~式（6-30）得：

$$K_{\mathrm{w}} = 4.879 K D^{0.3} (3.2 - 3\varPhi) \psi \left(1 - \frac{0.1}{2^{9-10\psi}}\right) + K\Delta$$
$$= 4.879 \times 1.16 \times 3.4^{0.3} \times (3.2 - 3 \times 0.45) \times 0.78 \times$$
$$\left(1 - \frac{0.1}{2^{9-10 \times 0.78}}\right) + 1.16 \times 1.25 = 12.72 \ \text{kW/t}$$

$$\Delta = 1.102 \frac{B - 12.5D}{50.8} = 1.102 \times \frac{100 - 12.5 \times 3.4}{50.8} = 1.25$$

$$P_m = K_w V \Phi \rho_m = 12.72 \times 40.85 \times 0.45 \times 4.65 = 1087.5 \text{ kW}$$

据此计算出单台磨机的处理量 q_d 及所需磨机台数 n_d 为：

$$q_d = \frac{P_m}{W'} = \frac{1087.5}{6.9} = 157.6 \text{ t/h}$$

$$n_d = \frac{P_t}{P_m} = \frac{3171}{1087.5} = 2.91, \text{ 取 3 台}$$

若事先确定选用 2 台球磨机，则要求每台磨机的功率为：

$$P_d = \frac{P_t}{n_d} = \frac{3171}{2} = 1585.5 \text{ kW}$$

初步选定磨机规格为 $\phi 4.12 \text{ m} \times 3.96 \text{ m}$（$\phi 13.5 \text{ ft} \times 13 \text{ ft}$）的格子型球磨机（转速率为 71.7%，充填率为 45%，最大球径为 100 mm，有效内径为 3.93 m），则磨机小齿轮轴功率 $N_m = 1235 \text{ kW}$。

依据式（6-34），计算出所需磨机的长度为：

$$L = \frac{P}{P_m} L_1 = \frac{1585.5}{1235} \times 3.96 = 5.08 \text{ m}$$

取 $L = 5.18 \text{ m}$（17 ft），即选用 2 台 $\phi 4.12 \text{ m} \times 5.18 \text{ m}$（$\phi 13.5 \text{ ft} \times 17 \text{ ft}$）的格子型球磨机，其小齿轮轴功率为：$P_m = \dfrac{5.18}{3.96} \times 1235 = 1615 \text{ kW}$。

6.4.3　自磨机和半自磨机的计算

自磨机和半自磨机的处理量与其矿石性质、给矿粒度、要求的产品粒度、操作条件和设备参数等因素有关。其处理量及功耗应根据半工业（或工业）试验结果，以试验磨机处理量或功率为基础进行计算，也可以以单位矿石净功耗为基础进行计算。

6.4.3.1　以试验磨机处理量或功率为基础的计算方法

依据试验磨机的处理量或功率对自磨机处理量和功率进行计算的常用公式为：

$$q_d = q_t \left(\frac{D_d}{D_t}\right)^n \frac{L_d}{L_t} \cdot \frac{\psi_d}{\psi_t} \cdot \frac{\Phi_d}{\Phi_t} \cdot \frac{\rho_d}{\rho_t} \tag{6-41}$$

$$P_d = P_t \left(\frac{D_d}{D_t}\right)^n \frac{L_d}{L_t} \cdot \frac{\psi_d}{\psi_t} \cdot \frac{\Phi_d}{\Phi_t} \cdot \frac{\rho_d}{\rho_t} \tag{6-42}$$

式中，q_d、q_t 为设计及试验磨机的处理量，t/h；P_d、P_t 为设计及试验磨机的有用功率，kW；D_d、D_t 为设计及试验磨机有效直径，m；L_d、L_t 为设计及试验磨机有效长度，m；ψ_d，ψ_t 为设计及试验磨机转速率；Φ_d、Φ_t 为设计及试验磨机充填率系数（图 6-1）；ρ_d、ρ_t 为设计及试验磨机中物料（半自磨机包括磨矿介质在内）的松散密度，kg/m³；n 为直径指数，对湿式自磨机 $n = 2.5 \sim 2.6$（自磨机长径比小时，取大值；长径比大时，取小值），对干式自磨机 $n = 2.5 \sim 3.1$（粗磨时取大值；细磨时取小值）。

需要说明的是，20 世纪 70 年代中期，有人根据生产及半工业试验数据的对比认为，用此方法计算自磨机有较大的误差，因此不能从小型半工业试验磨机的功率和处理量直接推求工业磨机的功率和处理量。产生较大误差的原因是半工业试验磨机和工业磨机的"端壁效应"（the end wall effect）不同所致。所谓"端壁效应"，就是磨机端部衬板对附近的物料起到一定的提升作用，并增加了磨机功率。磨机长度越小，"端壁效应"的影响越大。半工业与工业磨机的长度相差较大，致使其"端壁效应"的差异较大。因此采用此种计算方法就会产生较大的误差。

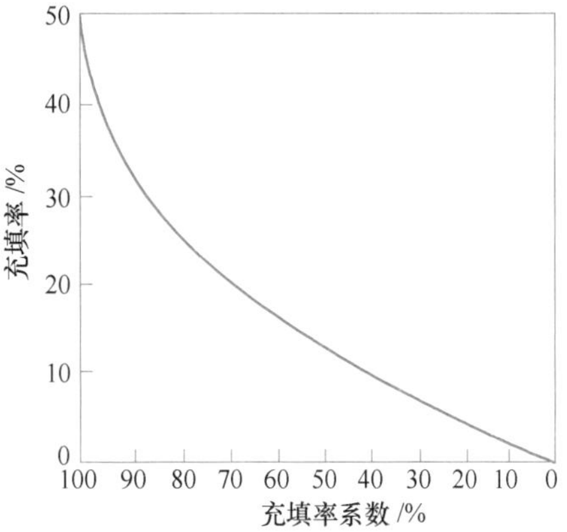

图 6-1　自磨机充填率系数

6.4.3.2　以单位矿石净功耗为基础的计算方法

大量数据表明，半工业试验得到的单位矿石净功耗与工业磨机的实际数据基本一致，单位矿石净功耗（有用功耗）几乎不受"端壁效应"的影响。在选矿厂设计工作中，以此作为依据建立了另外一种计算自磨机处理量和功率的方法，其计算步骤如下：

（1）确定设计条件下的单位矿石净功耗。通常情况下，设计磨机单位矿石净功耗取半工业试验指标，当半工业试验磨机的给矿和产品粒度与设计条件相差较大时，需要依据自磨机的操作功指数对其进行调整。自磨机的操作功指数的计算式为：

$$W_{io} = \frac{W_t}{10\left(\sqrt{\dfrac{1}{d_{pt}}} - \dfrac{1}{d_{ft}}\right)} \tag{6-43}$$

式中，W_{io} 为自磨机的操作功指数，$kW \cdot h/t$；W_t 为半工业试验自磨机的净功耗，$kW \cdot h/t$；d_{pt} 为半工业试验磨矿产品中筛下累积产率为 80% 的筛孔尺寸，μm；d_{ft} 为半工业试验磨机给矿中筛下累积产率为 80% 的筛孔尺寸，μm。

设计条件下的矿石净功耗计算式为：

$$W_d = \frac{10\,W_{io}}{\sqrt{\dfrac{1}{d_{pd}} - \dfrac{1}{d_{fd}}}} \tag{6-44}$$

式中，W_d 为设计条件下自磨机的净功耗，$kW \cdot h/t$；d_{pd} 为设计条件下磨矿产品中筛下累积产率为 80% 的筛孔尺寸，μm；d_{fd} 为设计条件下磨机给矿中筛下累积产率为 80% 的筛孔尺寸，μm。

（2）计算自磨机的有用功率。自磨机有用功率有两类算法，一类是根据半工业试验磨机的有用功率推算；另一类是根据磨机规格、矿石及操作参数直接计算，如苏联亚辛（В. Л. Ящин）等人推荐使用的公式：

$$P_d = 0.004667 D^{2.5} L \rho_s\, \Phi^{0.9} \psi K_1 K_2 \tag{6-45}$$

式中，P_d 为磨机有用功率，kW；D、L 为磨机的有效直径和有效长度，m；ρ_s 为磨机内物料（半自磨时包括钢球在内）的松散密度，kg/m^3；Φ 为物料（半自磨时包括钢球在内）充填率；ψ 为磨机转速率；K_1 为湿式磨矿系数，干式磨矿时，$K_1 = 1.0$，湿式磨矿时，$K_1 = 1.1 \sim$ 1.2；K_2 为磨矿浓度系数，当磨矿矿浆的固体质量分数 c 介于 $55\% \sim 75\%$ 之间时，$K_2 = 0.93 + 0.7(c - 0.55)$。

（3）计算自磨机处理量 q_d 及台数 n_d。根据设计条件下自磨机的净功耗 W_d 和自磨机的有用功率 P_d，按下式计算出设计选用自磨机的处理量 $q_d(t/h)$ 及台数 n_d。

$$q_d = \frac{P_d}{1.15\, W_d}$$

$$n_d = \frac{q_a}{q_d} \tag{6-46}$$

式中，q_a 为设计自磨机生产系统的总给矿量，t/h。

6.4.4　砾磨机的处理量计算

砾磨机处理量的计算可以采用功耗法或以球磨机处理量为基础的推算法。用功耗法计算砾磨机的处理量与计算球磨机的基本相同，但在计算磨矿需要的总功率时要加上磨碎砾石本身所需要的功率。例如，计算棒磨-砾磨回路中的砾磨机时，磨矿需要的总功率应包括将给入矿石（包括砾石在内）从棒磨机的产品粒度磨至砾磨机产品粒度所需要的功率以及将砾石从给入粒度（一般为 70 mm 左右）磨至棒磨机产品粒度所需要的功率。

以球磨机处理量为基础推算砾磨机处理量的方法是依据同等作业条件下球磨机的处理量，考虑磨机尺寸、介质不同等因素推算出砾磨机的处理量，其计算式为：

$$q_p = q_b \left(\frac{D_p}{D_b}\right)^{2.5 \sim 2.6} \cdot \frac{L_p}{L_b} \cdot \frac{\rho_p}{\rho_b} \tag{6-47}$$

式中，q_p 为砾磨机的处理量，t/h；q_b 为同等作业条件下球磨机的处理量，t/h；D_p、D_b 为砾磨机和球磨机的有效直径，m；L_p、L_b 为砾磨机和球磨机的有效长度，m；ρ_p 为砾磨机砾石介质的密度，kg/m^3；ρ_b 为球磨机磨矿介质的密度，采用钢球时 $\rho_b = 7800\ kg/m^3$。

6.5　分级设备的选择与计算

选矿厂常用的分级设备有螺旋分级机、水力旋流器、水力分级机、细筛等，其选择的主要依据是要求设备处理量、物料性质、分级粒度、设备配置条件及设备性能等因素。

6.5.1　螺旋分级机的选择与计算

6.5.1.1　螺旋分级机的选择

螺旋分级机广泛用于选矿厂磨矿回路的分级以及洗矿、脱泥、脱水等作业，其优点是设备构造简单、工作可靠、操作方便，在闭路磨矿回路中能与磨机自流构成闭路，与旋流器相比，电耗低；缺点是分级效率低、设备笨重、占地面积大，受设备规格和生产能力限制一般不能与 $\phi 3.6$ m 以上的磨机构成闭路。高堰式螺旋分级机适用于粗粒分级，溢流最大颗粒粒度一般为 0.40~0.15 mm；沉没式螺旋分级机适用于细粒分级，溢流最大颗粒粒度一般在 0.2 mm 以下。

6.5.1.2　螺旋分级机的处理量计算

螺旋分级机的处理量主要与设备规格、安装角度、溢流粒度、溢流浓度、物料密度和矿浆黏度等因素有关。已知螺旋分级机的规格时，按溢流中固体量计的设备处理能力如下：

高堰式螺旋分级机：$q_1 = mK_1K_2(94D^2 + 16D)/24$ 　　　　(6-48)

沉没式螺旋分级机：$q_1 = mK_1K_2'(75D^2 + 10D)/24$ 　　　　(6-49)

$D>1200$ mm 的高堰式螺旋分级机：$q_1 = mK_1K_2(65D^2 + 74D - 27.5)/24$ 　　(6-50)

$D>1200$ mm 的沉没式螺旋分级机：$q_1 = mK_1K_2'(50D^2 + 50D - 18)/24$ 　　(6-51)

式中，q_1 为按溢流中固体质量计的处理量，t/h；m 为分级机螺旋个数；D 为分级机螺旋直径，m；K_1 为矿石密度校正系数（表6-21）或按 $K_1 = 1+(\rho-2700)/2000$ 计算，其中的 ρ 为矿石密度，kg/m³；K_2、K_2' 为分级粒度校正系数（表6-22）。

表 6-21　矿石密度校正系数 K_1 的数值一览表

矿石密度 ρ/kg·m⁻³	2000	2300	2500	2700	2800	3000	3300	3500	4000	4500
K_1	0.65	0.80	0.90	1.00	1.05	1.15	1.30	1.40	1.65	1.90

表 6-22　分级粒度校正系数 K_2 和 K_2' 的数值一览表

分级溢流粒度（d_{95}）/mm	1.17	0.83	0.59	0.42	0.30	0.20	0.15	0.10	0.074	0.061	0.053	0.044
K_2	2.50	2.37	2.19	1.96	1.7	1.41	1.00	0.67	0.46	—	—	—
K_2'						3.00	2.30	1.61	1.00	0.72	0.55	0.36

已知螺旋分级机按溢流中固体质量计的处理量 q_1(t/h) 时，相应的分级机螺旋直径 D（m）的计算式为：

高堰式螺旋分级机：　　　$D=-0.08+0.103\sqrt{\dfrac{24q_1}{mK_1K_2}}$ 　　　　(6-52)

沉没式螺旋分级机：　　　$D=-0.07+0.115\sqrt{\dfrac{24q_1}{mK_1K_2'}}$ 　　　　(6-53)

对于按分级溢流中固体质量计算出的结果，一般需要依据按返砂中固体质量计的处理量进行验算，其计算式为：

$$q_2 = 135mK_1nD^3/24 \tag{6-54}$$

式中，q_2 为以返砂中固体质量计的处理量，t/h；n 为螺旋转速，r/min。

对于高堰式螺旋分级机，苏联的拉祖莫夫等人提出的按分级机溢流中固体质量计的分级机处理量 q_1(t/h) 和按分级机返砂中固体质量计的分级机处理量 q_2(t/h) 的计算式分别为：

$$q_1 = 4.55mK_\alpha K_\beta K_\rho K_c K_s D^{1.765} \tag{6-55}$$

$$q_2 = 5.45mD^2nK_\alpha \rho /2700 \qquad (6\text{-}56)$$

式中，K_α 为分级机槽底安装倾角修正系数（表6-23）；K_β 为溢流粒度修正系数（表6-24）；K_ρ 为分级物料密度修正系数，当密度 $\rho = 2200 \sim 5000 \ \text{kg/m}^3$ 时，$K_\rho = \rho /2700$；K_c 为溢流浓度修正系数（表6-25）；K_s 为分级物料含泥量系数，含泥量高时 $K_s = 0.75 \sim 0.8$，含泥量中等时 $K_s = 1.0$，含泥量低时 $K_s = 1.1 \sim 1.2$。

表 6-23　分级机槽底倾角 α 修正系数 K_α 的数值一览表

倾角 α /(°)	14	15	16	17	18	19	20
K_α	1.12	1.10	1.06	1.03	1.00	0.97	0.94

表 6-24　溢流粒度修正系数 K_β 的数值一览表

溢流粒度（d_{95}）/mm		1.17	0.83	0.59	0.42	0.30	0.21	0.15	0.10	0.074
溢流中粒级含量/%	−0.074 mm	17	23	31	41	53	65	78	88	95
	−0.045 mm	11	15	20	27	36	45	50	72	83
标准液固质量比 R_{2700}		1.30	1.50	1.60	1.80	2.00	2.33	4.00	4.50	5.06
溢流浓度/%		43.0	40.0	38.0	36.0	33.0	30.0	20.0	18.0	16.5
K_β		2.50	2.37	2.19	1.96	1.70	1.41	1.00	0.67	0.46

表 6-25　溢流浓度修正系数 K_c 的数值一览表

矿石密度 ρ/kg·m^{-3}	R_T/R_{2700} 比值					
	0.4	0.6	0.8	1.0	1.2	1.5
2700	0.6	0.73	0.86	1.00	1.13	1.33
3000	0.63	0.77	0.93	1.07	1.23	1.44
3300	0.66	0.82	0.98	1.15	1.31	1.55
3500	0.68	0.85	1.02	1.20	1.37	1.63
4000	0.73	0.92	1.12	1.32	1.52	1.81
4500	0.78	1.00	1.22	1.45	1.66	1.99

注：R_T—工艺条件需要的分级机溢流液固质量比；R_{2700}—标准液固质量比（表6-24）。

6.5.2　水力旋流器的选择与计算

6.5.2.1　水力旋流器的选择

水力旋流器广泛用于分级、脱泥、脱水等作业，其优点是结构简单、本身无运动部件、占地面积小、投资小，在分级粒度较细的情况下，分级效率比螺旋分级机的高；缺点是给矿需要用泵扬送、电耗较高、操作较复杂。水力旋流器的适宜分级粒度一般为 0.01 ~ 0.3 mm。

设计选用的水力旋流器规格取决于需要处理的矿量和溢流粒度要求。当需要处理的矿量大、溢流粒度粗时，选择大规格水力旋流器；反之宜选用小规格水力旋流器。在处理量大、溢流粒度细时，可采用小规格水力旋流器组。

旋流器的结构参数与操作参数对溢流粒度及分级效果有较大影响，选用时应认真考虑。旋流器的主要结构参数与旋流器直径 D 的关系通常为：给矿口当量直径 $d_f = (0.15 \sim$

$0.25)D$，溢流管直径 $d_o = (0.2 \sim 0.4)D$，沉砂口直径 $d_u = (0.06 \sim 0.2)D$。一般情况下，旋流器的锥角 $\alpha \leqslant 20°$，用于分级作业时一般 $\alpha = 20°$；处理低密度物料、矿浆浓度较低且要求溢流粒度很细时，可选用 $\alpha < 20°$。

进口压强是水力旋流器的主要操作参数之一，通常为 $49 \sim 157$ kPa。进口压强与溢流粒度的关系见表 6-26。

表 6-26　进口压强与溢流粒度的关系一览表

溢流粒度 (d_{95})/mm	0.59	0.42	0.30	0.21	0.15	0.10	0.074	0.037	0.019	0.010
进口压强/kPa	29.4	49	$39 \sim 78$	$49 \sim 98$	$59 \sim 118$	$78 \sim 137$	$98 \sim 147$	$118 \sim 167$	$147 \sim 196$	$196 \sim 245$

6.5.2.2　水力旋流器的计算

水力旋流器的计算在实践中通常采用苏联波瓦罗夫（Ловаров）计算法或美国克雷布斯公司（Krebs）计算法。

A　苏联波瓦罗夫计算法

波瓦罗夫计算法的计算步骤为：首先根据设备样本确定所选用的旋流器的规格（直径 D）以及相应的锥角 α、给矿口尺寸及当量直径 d_f、溢流管直径 d_o、沉砂口直径 d_s 等结构参数。然后按式（6-57）计算单台旋流器的处理量 q_V。

$$q_V = 0.03 K_\alpha K_D d_f d_o \sqrt{p_0} \tag{6-57}$$

式中，q_V 为旋流器按矿浆体积计的处理量，m^3/h；K_α 为水力旋流器锥角修正系数，$K_\alpha = 0.79 + \dfrac{0.044}{0.0397 + \tan\dfrac{\alpha}{2}}$，$\alpha = 10°$ 时 $K_\alpha = 1.15$，$\alpha = 20°$ 时 $K_\alpha = 1.0$；K_D 为水力旋流器直径修正系数，与旋流器直径 $D(mm)$ 的关系为：$K_D = 0.8 + \dfrac{1.2}{1 + 0.01D}$；$d_f$ 为旋流器给矿口的当量直径，与给矿口的宽 b 和高 h 的换算关系为：$d_f = \sqrt{\dfrac{4bh}{\pi}}$，$mm$；$d_o$ 为旋流器的溢流管直径，mm；p_0 为旋流器给料口工作压强，MPa。

按式（6-57）计算出 q_V 以后，根据实际需要处理的矿石量（矿浆体积）计算、选取所需要的旋流器台数，并依据每台旋流器实际需要处理的矿浆体积量，按式（6-57）反算实际需要的旋流器给料口工作压强 p_0，同时对以固体质量计的沉砂口单位截面积负荷进行验算，使其在 $5 \sim 25$ kg/$(mm^2 \cdot h)$ 区间内。

最后，依据确定的旋流器规格、结构参数，按式（6-58）计算分级溢流上限度 d_{95}，使其满足溢流粒度的要求。

$$d_{95} = 150 \sqrt{\dfrac{Dd_o c}{K_D d_s (\rho - 1000)\sqrt{p_0}}} \tag{6-58}$$

式中，d_{95} 为旋流器溢流的上限粒度，μm；D 为旋流器圆柱部分（圆筒）的内径，mm；d_s

为旋流器的沉砂口直径，mm；c 为旋流器给料的固体质量分数；ρ 为矿石的密度，kg/m^3。

旋流器给矿及溢流中各个不同粒级含量之间关系可参见表 6-27。

表 6-27　旋流器给矿及溢流中各个不同粒级含量之间的关系一览表

粒级（粒度）/μm	含量/%									
-74	10	20	30	40	50	60	70	80	90	95
-40	5.6	11.3	17.3	24	31.5	39.5	48	58	71.5	80.5
-20	—	—	—	13	17	23	26	35	46	55
上限粒度 d_{95}	—	—	—	430	320	240	180	140	94	74

B　美国克雷布斯公司计算法

克雷布斯公司计算法的基本思路是，认为进入旋流器分级沉砂中的物料有一部分是由水夹带进入的，这部分物料实际上未经过分级，其相对量与沉砂中的水占给矿中水的比例相当。因此在计算旋流器沉砂回收率时，应将水夹带的这部分未经分级的物料扣除，即：

$$y_{\text{c}} = \frac{y - R_{\text{f}}}{1 - R_{\text{f}}} \tag{6-59}$$

式中，y_{c}、y 分别为沉砂中某粒级的校正回收率和实际回收；R_{f} 为沉砂中的水占给矿中水的质量分数。

用 y_{c} 代替 y 做出的分级效率曲线（图 6-2）称为校正分级效率曲线或校正回收率曲线，该曲线上的分离粒度称为校正分离粒度，以 $d_{50(\text{c})}$ 表示。

在实际工作中，旋流器的溢流粒度常常以某一特定粒度 d_{T} 的百分含量表示，它与 $d_{50(\text{c})}$ 之间的关系见表 6-28。已知旋流器溢流中某一特定粒度的含量后，即可按表 6-28 中的数据计算出校正分离粒度 $d_{50(\text{c})}$。

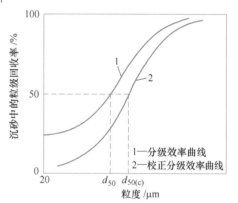

图 6-2　旋流器分级效率曲线

表 6-28　水力旋流器溢流粒度与 $d_{50(\text{c})}$ 的关系

d_{T}/%	98.8	95.0	90.0	80.0	70.0	60.0	50.0
$d_{50(\text{c})}/d_{\text{T}}$	0.54	0.73	0.91	1.25	1.67	2.08	2.78

确定了 $d_{50(\text{c})}$ 以后，按照式（6-60）计算水力旋流器直径 D。

$$D = 0.234\, d_{50(\text{c})}^{1.515}\, p_0^{0.424} \left(\frac{\rho - 1000}{1000}\right)^{0.758} (1 - 1.89\, C_V)^{2.167} \tag{6-60}$$

式中，D 为旋流器内径，mm；$d_{50(\text{c})}$ 为校正分离粒度，μm；p_0 为旋流器给矿压强，kPa；ρ 为物料密度，kg/m^3；C_V 为旋流器给矿的固体体积分数。

依据按式（6-60）计算出的结果，根据水力旋流器的产品目录选择合适的设备。然后根据图6-3所示的标准水力旋流器的处理量和设计的矿石处理量，计算出需要的旋流器的台数。最后根据每台旋流器沉砂矿浆的体积流量，从图6-4中查得旋流器的沉砂口直径。

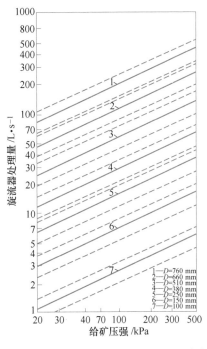

图6-3 克雷布斯标准旋流器处理量（清水）

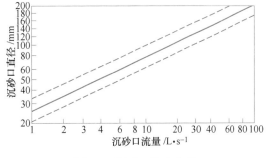

图6-4 沉砂口能力曲线

C 水力旋流器计算举例

在一个采用旋流器与球磨机构成闭路作业的磨矿回路中，新给矿量为250 t/h，旋流器溢流浓度（固体质量分数）为40.0%，要求溢流粒度为-0.074 mm粒级占60.00%，矿石密度为2900 kg/m³，旋流器入口压强为0.055 MPa，磨矿回路循环负荷为225%。按上述条件计算出的物料平衡结果见表6-29。要求依据这些条件选择适宜规格的旋流器并确定需要的台数。

表 6-29 水力旋流器物料平衡计算结果

项 目	溢 流	沉 砂	给 矿
处理量/t·h⁻¹	250	562	812
水量/m³·h⁻¹	375	187	562
矿浆量/t·h⁻¹	625	749	1374
矿浆浓度/%	40.0	75.0	59.1
矿浆固体体积分数/%	—	50.8	33.2
矿浆密度/kg·m⁻³	1355	1966	1632
矿浆体积量/m³·h⁻¹	461	381	842

采用波瓦罗夫法进行计算时，首先根据设备样本选用$D=500$ mm、锥角$\alpha=20°$的水力

旋流器，其给矿口尺寸为 110 mm×120 mm（当量直径 d_f =130 mm），选用溢流管直径 d_o = 180 mm，沉砂口直径 d_s =90 mm。按式（6-57）计算单台旋流器的处理量 q_V 为：

$$q_V = 0.03 K_\alpha K_D d_f d_o \sqrt{p_0}$$

$$= 0.03 \times 1.0 \times \left(0.8 + \frac{1.2}{1 + 0.01 \times 500}\right) \times 130 \times 180 \times \sqrt{0.055} = 164.6 \text{ m}^3/\text{h}$$

需要旋流器的台数为：$n = 842/164.6 = 5.12$ 台

根据计算结果，选用 6 台 D =500 mm 旋流器，另加 3 台作为备用。沉砂口单位面积固体负荷为：$562 \times 4000/(90^2 \pi \times 6) = 14.7$ kg/$(\text{mm}^2 \cdot \text{h})$，在允许的范围内。最后，依据每台旋流器实际需要处理的矿浆量，依据式（6-57）计算实际需要的给矿压强，即：

$$\frac{842}{6} = 0.03 K_\alpha K_D d_f d_o \sqrt{p_0} = 0.03 \times 1.0 \times \left(0.8 + \frac{1.2}{1 + 0.01 \times 500}\right) \times 130 \times 180 \sqrt{p_0}$$

解之得：$p_0 = 0.045$ MPa

在此条件下，依据式（6-58）计算出旋流器溢流的上限粒度 d_{95} 为：

$$d_{95} = 150 \sqrt{\frac{D d_o c}{K_D d_s (\rho - 1000) \sqrt{p_0}}} = 150 \sqrt{\frac{500 \times 180 \times 0.591}{1 \times 90 \times (2900 - 1000) \sqrt{0.045}}} = 182 \text{ μm}$$

由表 6-27 中的数据可知，此上限粒度对应的产物中 -0.074 mm 粒级的含量为 70% 左右，符合生产要求。

采用雷布斯法计算时，首先按溢流粒度 -0.074 mm 占 60% 的要求，依据表 6-28 中的数据计算校正分离粒度 $d_{50(c)}$，并按照式（6-60）计算需要选用的旋流器直径 D。

$$d_{50(c)} = 2.08 \times 74 = 154 \text{ μm}$$

$$D = 0.234 d_{50(c)}^{1.515} p_0^{0.424} \left(\frac{\rho - 1000}{1000}\right)^{0.758} (1 - 1.89 C_V)^{2.167}$$

$$= 0.234 \times 154^{1.515} \times 55^{0.424} \times (2.9 - 1)^{0.758} \times (1 - 1.89 \times 0.332)^{2.167}$$

$$= 506 \text{ mm}$$

依据计算结果，选用 D =510 mm 的克雷布斯标准旋流器。从图 6-3 中查出，在给矿压强为 55 kPa 时，D =510 mm 旋流器的处理量为 44 L/s（158.4 m³/h），据此计算出需要的旋流器台数为：

$$n = \frac{842}{158.4} = 5.32 \text{ 台}$$

根据计算结果，选用 6 台 D =510 mm 的克雷布斯标准旋流器，另加 3 台备用。

最后，按每台旋流器沉砂矿浆的体积流量 $\frac{381}{6} = 63.5$ m³/h = 17.6 L/s，从图 6-4 中查得沉砂口直径为 95 mm。

6.5.3 细筛的选择

细筛是指筛孔小于 1 mm 的筛分设备。在选矿厂的磨矿回路中，用细筛作分级设备不仅可以获得比采用螺旋分级机和水力旋流器更高的分级效率，同时还避免了采用后两者作分级设备时出现的高密度矿物在沉砂中富集的现象，有利于提高磨矿效率，减轻过粉碎现象。

常用的细筛有直线振动细筛和高频振动细筛。直线振动细筛主要用于金属矿石选矿厂取代一段磨矿分级回路中分级效率低的螺旋分级机，可以使分级效率提高 10%~20%（最高可达 75% 左右），使磨矿效率提高 20% 左右。

生产中使用的高频振动细筛的形式较多，它们在结构上的差别也较大，但都是采用高频率、小振幅的振动方式。这种振动方式可以降低细粒物料之间因分子吸引力和静电引力形成的团聚力，有利于物料松散、分层，促使小于分级粒度的颗粒透过筛面，提高筛分效率。电磁振动高频振网筛和重叠式高频细筛是目前应用效果较好的两种高频振动细筛。

电磁振动高频振网筛的特点是：（1）筛面高频振动，振幅达 1~2 mm，振动强度可达 8~10 倍重力加速度，是一般振动筛振动强度的 2~3 倍，且筛箱不动；（2）筛面自清洗能力强，筛分效率高，处理能力大，非常适用于细粒物料的筛分、脱水；（3）筛机安装角度可随时调整。

重叠式高频振动细筛的特点是：（1）筛分能力大、分级效率高、占地面积小；（2）采用德瑞克耐磨防堵聚酯筛网，该筛网开孔率高达 45%，与传统编织不锈钢筛网相比，使用寿命高 20~30 倍，并且没有接近筛孔的难筛颗粒堵塞筛网的现象。

6.6 洗矿设备的选择与计算

洗矿设备种类很多，常用的有圆筒洗矿机、带筛擦洗机、槽式洗矿机、水力洗矿筛等，各种筛分设备（例如固定条筛、辊轴筛、振动筛等）和低堰式螺旋分级机也可用于洗矿作业。

在选矿厂（或破碎筛分厂）中，需要考虑设置洗矿作业的情况主要有以下两种：

（1）处理的矿石含泥、含水较多，可能导致矿仓、溜槽、漏斗及破碎、筛分等设备堵塞，使生产无法正常进行。

（2）处理的矿石通过洗矿作业可以使有用矿物显著富集或者可以得到合格产品，例如某些沉积型锰矿石、磷矿石、高品位铁矿石以及石灰石矿等。

洗矿设备的选择及其处理量主要取决于矿石的可选性。矿石的可选性可按黏土塑性指数、洗矿时间、比能耗及洗矿效率等指标评定。矿石的可选性与选用洗矿设备的关系见表6-30。

表 6-30　矿石可洗性与选用洗矿设备的关系一览表

矿石类型	黏土性质	黏土的塑性指数 K	必要的洗矿时间/min	单位电耗 /kW·h·t⁻¹	洗矿效率 /t·(kW·h)⁻¹	一般可选用的洗矿设备
易洗矿石	砂质黏土	1~7	<5	<0.25	4	振动筛冲洗

续表 6-30

矿石类型	黏土性质	黏土的塑性指数 K	必要的洗矿时间/min	单位电耗/kW·h·t^{-1}	洗矿效率/t·(kW·h)$^{-1}$	一般可选用的洗矿设备
中等可洗矿石	黏土在手上能搓碎	7~15	5~10	0.25~0.5	2~4	圆筒洗矿机或槽式擦洗机,洗一次
难洗矿石	黏土黏结成团,在手上很难搓碎	>15	>10	>0.5~1.0	1~2	槽式擦洗机洗两次或水力洗矿筛与擦洗机联合使用

6.6.1　圆筒洗矿机的处理量计算

圆筒洗矿机又称圆筒洗矿筛,其筛孔尺寸最小可为 8mm,最大可达 50 mm,筒筛倾斜安装。这种设备构造简单、维修管理容易、工作平稳,但单位面积处理量小、有效工作筛面小、筛分效率较低、筛面易磨损。

圆筒洗矿机广泛应用于采金船上作预选作业,其筛孔尺寸既可采用等径,亦可采用等差(从给矿端到筛上产物排出端筛孔尺寸等差增大),筒筛内设有高压冲洗水管、阻料环、扬料板。石灰石矿用的大筛孔圆筒洗矿机常与槽式洗矿机联合使用,进行两段擦洗,第 2 段用槽式洗矿机擦洗圆筒筛筛下产物。

圆筒洗矿机处理量可按苏联矿冶科学研究设计院推荐的公式计算:

$$q = 110K_a K_L R^3 n\tan\alpha \qquad (6\text{-}61)$$

式中,q 为圆筒洗矿机处理量,t/h;K_a 为筛孔有效面积影响系数,按表 6-31 及表 6-32 选取;K_L 为筛孔段长度影响系数,见表 6-33;R 为筒筛半径,m;α 为筒筛倾斜角度,(°);n 为筒筛转速,r/min,筛分时 $n = (0.3 \sim 0.4)\dfrac{30}{\sqrt{R}}$,碎散时 $n = (0.7 \sim 0.8)\dfrac{30}{\sqrt{R}}$。

表 6-31　筛孔有效面积与筛板面积之比 (A_a/A) 与 K_a 的关系一览表

(A_a/A)/%	6	10	14	18	22	26	30
K_a	0.20	0.32	0.44	0.56	0.68	0.84	0.96

表 6-32　筛孔尺寸与 A_a/A 的关系一览表

冲孔尺寸/mm	8	10	12	14	16	18
(A_a/A)/%	17.1	18.2	21.3	22.2	23.4	24.6

表 6-33　筛分段长度与筒筛直径之比 (L/D) 与 K_L 的关系一览表

L/D	0.2	0.8	1.0	1.2	1.4	1.6	1.8	2.0	2.2	2.4	2.6	2.8	3.0
K_L	0.16	0.64	0.72	0.80	0.84	0.88	0.90	0.92	0.93	0.94	0.95	0.96	0.97

表 6-34 是圆筒洗矿机的几个生产实例,可供选择圆筒洗矿机时参考。

表 6-34 圆筒洗矿机的几个生产实例

厂矿名称	设备规格/mm	筛孔/mm	矿石含泥量/%	给矿粒度/mm	处理量/t·h⁻¹	洗矿效率/%	备注
乌龙泉石灰石矿	φ2200×6500	50	6~12	45~230	150~180	~98	—
船山石灰石矿	φ2200×7000	45	—	266	140~200	—	为设计指标
峃美山钨矿	φ1500×4250	18 25	~11	—	116	89.05 82.99	—

6.6.2 槽式洗矿机的选择

槽式洗矿机（又称槽式擦洗机）与螺旋分级机的结构相似，所不同的是叶片为不连续的桨叶形，对物料有切割、擦洗作用，对小泥团的碎散作用较强，适合处理中等粒度含泥较多的难洗矿石。槽式洗矿机的处理量大、洗矿效率高，适于处理 75 mm 以下的物料，要求的冲洗水压强为 147~196 kPa。

表 6-35 是槽式洗矿机的几个生产实例，可供选择槽式洗矿机时参考。

表 6-35 槽式洗矿机的几个生产实例

厂矿名称	设备规格/mm	给矿粒度 /mm	处理量 /t·h⁻¹	净 矿			溢 流		
				品位/%	含泥/%	含水/%	上限粒度/mm	产率/%	品位/%
黄梅山铁矿	φ1070×4600	0~80	20	47.29	0.5		0.2		10
马山埠铁矿	φ1070×4600	0~80	7.5	41.0			1.0	49.17	31.06
北贡铁矿	φ1070×4600	0~50	15	50.0					10~30
八一锰矿	φ1070×4600	0~75	19~22		<5	13.5	1.0		
桃冲铁矿	CXK1600×7630	0~30	55	34	2.5	11.8	0.9	1.76	23.1
黄茅山选厂	φ1500×6660	0~50	33~46						

6.6.3 水力洗矿机的选择

水力洗矿机（又称水力洗矿床或水枪-条筛）适于处理含泥团多的难洗矿石，是砂锡矿石采、选生产中应用较多的洗矿设施。表 6-36 是云南某残坡积砂锡矿选矿厂水力洗矿筛技术参数及操作条件，可供选择水力洗矿机时参考。

表 6-36 水力洗矿筛技术参数及操作条件一览表

水 枪		微 斜 筛			斜 筛			溢 流 筛	
口径 /mm	压强 /MPa	长×宽 /mm×mm	筛条距 /mm	倾角 /(°)	长×宽 /mm×mm	筛条距 /mm	倾角 /(°)	长×宽 /mm×mm	筛条距 /mm
30	1~1.2	3000×3000	30	3.5	6000×3000	30	21	2000×1000	30

废 石 筛			操作条件		
长×宽/mm×mm	筛条距/mm	倾角/(°)	处理量/t·h⁻¹	给矿浓度/%	给矿最大粒度/mm
3000×1000	30	45	300~400	20~30	200~300

6.6.4　带筛擦洗机的选择

带筛擦洗机是由封闭的洗矿圆筒和连接在圆筒末端的双层筒筛构成。矿浆在圆筒内经水浸泡并在转动中互相冲击、摩擦，使黏土和矿块解离，同时引入高压水，洗去矿泥，矿浆又经过双层筒筛，将物料筛分成粗、中、细3个粒级，细粒产品与洗矿溢流合并。带筛擦洗机工作平稳可靠、洗矿效率高，可同时完成洗矿和分级双重任务，适合处理粒度不大于100 mm的中等可洗性和难洗矿石，但不适合处理块矿少、泥团多的矿石。

表6-37是某选矿厂带筛擦洗机的操作条件及处理量，可供选择带筛擦洗机时参考。

表 6-37　某选矿厂带筛擦洗机操作条件及处理量一览表

项　目		数　值
筒体尺寸（内径×长）/mm×mm		1120×3620
筛孔尺寸/mm	长	1070
	宽	内层：25；外层：5
安装功率/kW		22.5
处理量/t·d⁻¹		600~700
给矿最大粒度/mm		100
洗矿粒度界限/mm		2.0
溢流中-2 mm含量/%		80~85
沉砂中-2 mm含量/%		5~10
洗矿效率/%		80~85

6.6.5　其他洗矿设备的选择

格筛、棒条筛、辊轴筛及振动筛当装有压力冲洗水管后均可作为洗矿设备，适于处理含泥量不大、黏结性不强的矿石。

低堰式螺旋分级机可用来对洗矿机排出的细粒产品进行脱泥、脱水，但因碎散作用不强，不适于处理泥团多、黏性大的矿石。

6.7　浮选设备的选择与计算

6.7.1　浮选设备类型及其特点

浮选设备有浮选机和浮选柱两大类。浮选机根据充气方式不同，分为机械搅拌式、充气机械搅拌式和充气式3种形式。

机械搅拌式浮选机是靠机械搅拌器（转子和定子组）实现矿浆搅拌和充气，优点是能自吸空气，其中有些型号浮选机还具有自吸矿浆能力，中矿返回易于实现自流；缺点是充气量较小，电耗与磨损较高。

充气机械搅拌式浮选机是靠机械搅拌器搅拌矿浆，而充气由鼓风机提供，主要优点是充气量大且可调、叶轮磨损小、电耗低；缺点是无吸气能力，需另设鼓风机，除 XCF 型具有自吸矿浆能力外，其他型号的充气机械搅拌式浮选机无自吸矿浆能力，需设置矿浆返回泵，配置不够方便。

充气式浮选机无机械搅拌装置，靠外配鼓风机充气，专有的空气反应器可使空气和药剂在矿浆中弥散，主要优点是磨损消耗件较少、电耗低、占地面积小；缺点是无自吸矿浆能力，需设置矿浆返回泵。

常用的浮选机主要型号、特点和适用场合见表 6-38。

表 6-38　浮选机主要型号、特点和适用场合一览表

类型	型号	相当国外型号	特点和应用场合	研制单位
机械搅拌式浮选机	XJ	Механобр	有一定的自吸矿浆和空气能力，但空气弥散不佳，泡沫不够稳定，易产生"翻花"现象；充气量不易调节，不适应矿石性质变化；浮选速度慢，粒度粗、密度大的矿物易沉淀；适宜易浮矿物，中小型浮选厂和大型浮选厂精选作业使用	北方重工
	JJF	Wemco	JJF 与 XJQ 浮选机结构相似，电耗低于 XJ 型；磨损小、吸气量大，调节范围为 $0.1 \sim 1.0 \ m^3/(m^2 \cdot min)$；槽的下部有固定的路线大循环，气泡得到充分弥散，矿浆面平稳；无自吸浆能力，需设置泡沫泵返矿，配置不变；适于大中型浮选厂粗选、扫选作业	北京矿冶研究总院
	XJQ	Wemco		北方重工
	SF	Wemco	能自吸矿浆和较强的空气；槽中具有带后倾式双面叶片，可实现槽内矿浆双循环；可单独使用也可与 JJF 型浮选机组合使用，SF 型作为作业首槽起自吸矿浆作用，JJF 型作为直流槽可发挥其独有特点	北方重工
	环射式		自吸空气和矿浆；旋转叶轮甩出矿浆，叶轮下部中心能实现二次吸气，增加了矿浆循环和浆气混合；设备结构简单；目前设备规格小，应用也较少	
充气机械搅拌式浮选机	CHF-X	Denver，D-R	此 3 种类型结构相似，采用了锥形循环筒装置，利于矿浆悬浮矿粒不沉槽，无吸气和吸浆能力，需另设鼓风机，吸气量可调，充气量大，叶轮磨损小，电耗小；需设泡沫泵返矿；适于要求充气量大的、矿石性质较复杂的、粒度粗、密度大的矿物浮选，大中型浮选厂粗选、扫选作业可选用	北京矿冶研究总院
	BS-X			中冶恩菲
	XJC			北方重工
	KYF	OK	此 3 种类型叶轮较小，呈倒锥台形，带有后向叶片，叶轮周围装有辐射板式定子，通过中空轴充气，叶轮中部有空气分散器，槽体断面呈"U"形，结构简单、维护方便、液面平稳、易于操作；特别适于粗粒物料浮选，多用于大中型浮选厂的粗选、扫选作业。XCF 型有吸浆能力，可作首槽与 KYF 型浮选机组合，中矿可自流返回	北京矿冶研究总院
	XCF			北京矿冶研究总院
	BS-K			中冶恩菲

类型	型号	相当国外型号	特点和应用场合	研制单位
充气式浮选机	浮选柱		浮选柱属无机械搅拌充气式浮选设备，结构简单，制造安装容易，占地面积小。但在浮选粗颗粒、大密度矿物时，难以上浮，选别效果较差；充气器易堵塞，难于操作和控制；设备高度大，且对大型浮选柱的事故处理设施比较复杂。目前国内浮选柱主要用于矿物组成简单、品位较高、易浮硫化矿石的浮选	
		KHD 普浮乐	结构简单、操作方便、处理能力大、无须药剂搅拌装置、电耗低，对浮选入料适应性强，可以在矿浆浓度较低的情况下正常使用。目前广泛应用于煤炭和有色金属矿物的分选，在铁矿分选中也有应用	德国洪堡

6.7.2　浮选设备的选择原则

浮选设备的选择除考虑设备性能、特点外，还必须使其与矿石性质、选矿厂规模、浮选作业性质等相适应。浮选设备的选择原则一般要求包括以下几个方面：

（1）大中型选矿厂的粗选、扫选作业一般应选用机械搅拌式或充气机械搅拌式浮选机。对易选矿石且要求充气量不大时，宜选用机械搅拌式浮选机，如 XJQ 型、JJF 型、SF 型或 SF-JJF 组合型浮选机；对较难选矿石且要求充气量较大时，宜选用充气机械搅拌式浮选机，如 CHF-X 型、BS-K 型、XJC 型浮选机以及 BS-K 型、KYF 型、XCF-KYF 型组合浮选机，后 3 种类型的浮选机尤其适用于粗粒高密度矿物的浮选。

（2）精选作业泡沫层厚，不需要较大的充气量，一般可选用充气量较小的浮选机。

（3）对小型选矿厂，为减少辅助设备，便于设备配置，方便操作与维修，一般可选用具有自吸矿浆能力的机械搅拌式浮选机。

（4）为节省投资和生产费用，减少占地面积，应尽量选用较大规格的浮选设备，但必须与选矿厂的规模或系列的生产能力相适应。

6.7.3　浮选机台数计算

实践中通常按式（6-62）计算所需要的浮选机台数 n。

$$n = \frac{Wt}{VK} \tag{6-62}$$

式中，n 为需要的浮选机台数；W 为进入该作业的矿浆量（按式（6-63）计算），m^3/min；t 为设计浮选时间（按式（6-64）计算），min；V 为设计选用浮选机的几何容积，m^3；K 为浮选机有效容积系数，对有色金属矿石 $K = 0.8 \sim 0.85$，对铁矿石 $K = 0.65 \sim 0.75$，泡沫层厚时取小值，反之取大值。

$$W = \frac{K_1 q \left(R + \dfrac{1000}{\rho} \right)}{60} \tag{6-63}$$

式中，K_1 为处理量不均衡系数，当浮选前为球磨时 $K_1 = 1.0$，为自磨时 $K_1 = 1.30$；q 为设计作业的矿石处理量（包括返矿），t/h；R 为矿浆液固质量比；ρ 为矿石密度，kg/m^3。

$$t = t_0 \sqrt{q_v / q_v'} + K_2 t_0 \tag{6-64}$$

式中，t_0 为试验浮选时间，min；q_v、q_v' 为试验及设计选用浮选机的充气量，$m^3/(m^2 \cdot min)$；K_2 为浮选时间调整系数，一般 $K_2 = 0.75 \sim 1.0$。

为了防止矿浆短路，粗选和扫选作业段浮选机一般不少于 3 台，精选作业段浮选机一般不少于 2 台。

6.7.4 浮选柱的参数计算

设计工作中，依据需要处理的矿石量，采用式（6-65）和式（6-66）计算矩形断面浮选柱的断面面积 A 和圆形断面浮选柱的直径 D。

$$A = \frac{K_1 q \left(R + \dfrac{1000}{\rho} \right) t}{60 H (1 - K_0)} \tag{6-65}$$

$$D = \sqrt{\frac{K_1 q \left(R + \dfrac{1000}{\rho} \right) t}{15 \pi H (1 - K_0)}} \tag{6-66}$$

式中，A 为浮选柱断面面积，m^2；D 为浮选柱直径，m；H 为浮选柱高度，粗选作业 $H = 7 \sim 8$ m，精选或扫选作业 $H = 5 \sim 7$ m，对品位较高的易浮硫化物矿石，宜采用大直径、低高度浮选柱，其粗选作业 $H = 5 \sim 7$ m，扫选作业 $H = 4 \sim 6$ m，精选作业 $H = 3 \sim 4$ m；K_0 为浮选柱充气率，粗选作业 $K_0 = 0.25 \sim 0.35$，扫选作业 $K_0 = 0.20 \sim 0.25$，精选作业 $K_0 = 0.35 \sim 0.45$，泡沫层厚时取小值；K_1 为给矿不均衡系数，浮选前为球磨时 $K_1 = 1.0$，为自磨时 $K_1 = 1.30$；q 为设计作业的矿石处理量（包括返矿），t/h。

6.7.5 搅拌槽的选择与计算

矿浆搅拌槽有压入式和提升式两种结构。提升式搅拌槽既起搅拌作用又有一定的矿浆提升作用，提升高度可达 1.2 m，如果在设备配置中矿浆自流高差不足并相差较小时，可考虑选用此设备。

设计作业的矿石处理量 q（包括返矿）（t/h）确定以后，可按照式（6-67）计算所需要的搅拌槽容积 V。

$$V = \frac{K_1 q \left(R + \dfrac{1000}{\rho} \right) t}{60} \tag{6-67}$$

式中，V 为搅拌槽容积，m^3；t 为由试验确定的搅拌时间，min，如缺乏资料，可取 $t = 3 \sim 5$ min。

6.8 重选设备的选择与计算

6.8.1 重选设备的类型与特点

重选过程是依据矿石中各种矿物的密度差异进行的。在重选过程中，除矿物的密度外，矿物颗粒的粒度、形状和介质的性质对分选效果也有较大影响。选用设备时首先要了解设备的性能及其适应性。表 6-39 中列出了各类重选设备的给矿粒度范围及应用特点，可供选择设备时参考。

表 6-39　处理金属矿石的主要重选设备的应用特点及分选粒度范围一览表

设备类型			给矿粒度/mm			应 用 特 点
			一般	最大	最小	
粗粒重选设备	重介质选矿设备	振动溜槽	6~75	100	3	分选粒度粗，生产能力大，分选精度高，适于预选贫化率高的矿石。介质制备及其回收工艺系统复杂
		鼓形分选机	6~100	300	5	
		圆锥形分选机	6~50	75	1.5	
		涡流分选机	2~35	75	0.5	
		重介质旋流器	2~20	35	0.5	
中粒重选设备	跳汰机	矩形大粒跳汰机	10~50	70	0.074	分选精度较差，生产能力较大
		旁动隔膜跳汰机	0.1~12	18	0.074	生产能力较大，富集比高，可用于粗选及精选作业
		侧动隔膜矩形跳汰机	0.1~12	18	0.074	
		复振跳汰机	0.1~12	18	0.074	
		圆形跳汰机	0.1~12	18	0.074	
		下动圆锥跳汰机	0.1~6	20	0.052	
		广东Ⅰ型跳汰机	0.1~6	10	0.074	
		梯形跳汰机	0.074~5	10	0.037	
细粒重选设备	台浮摇床		0.2~5	6	0.074	能分选出粗粒硫化物矿物，产品多，分选效率高，生产能力小
	摇床		0.037~2	3	0.02	生产能力小，富集比高，可得多种产品，多用于精选
	螺旋选矿机		0.1~2	3.0	0.074	生产能力较摇床大，省水、省电，结构简单，富集比低，用于粗选作业
	螺旋溜槽		0.05~0.6	1.5	0.037	
	扇形流槽		0.074~1.5	2.0	0.037	
	圆锥流槽		0.074~1.5	2	0.037	生产能力大，省水、省电，占地面积小，富集比低，用于粗选作业
	离心选矿机		0.01~0.074			生产能力大，富集比低，用于矿泥粗选作业
	各种皮带流槽		0.01~0.074			生产能力小，富集比高，用于矿泥精选作业

多数重选设备的生产能力计算尚无成熟的公式，在确定设备台数时，通常参照处理类似矿石，近似条件的台时生产能力或根据单位时间面积生产能力定额或通过单机试验进行确定。这些生产能力指标随矿石种类、颗粒粒度和形状、矿浆浓度、入选矿石品位、要求的产品质量以及对选别产物的工艺要求等不同而有很大的变化。

在设计选用处理细粒物料的重选设备时，应注意强化整个给矿系统的隔渣措施，矿浆均匀分配，给矿浓度和矿流体积稳定。

重介质选矿机的选择

重介质分选工艺适于处理粗粒嵌布和细粒集合嵌布的矿石，在粗磨条件下丢弃脉石或低品位尾矿，从而降低能耗和生产成本，减少设备数量，提高下段选别作业的矿石入选品位，改善工艺指标。

为改善分选效果，物料在进入重介质分选作业前须经洗矿或筛分除去细粒部分，同时应配有介质制备和净化回收系统。重介质选矿设备的选择应依据试验结果或参照类似生产实践进行。常用的重介质选矿机适用范围及特点见表6-40，可供选择设备时参考。

表6-40 主要重介质分选设备的应用特点及给矿粒度范围一览表

设备名称	适用范围及特点
重介质振动溜槽	生产能力大，需要一定压强（294~412 kPa）的补加水，耗水量大。常用于分离铁、锰矿石中的围岩和夹石
重介质涡流分选机	与重介质旋流器相比，锥比大，介质循环平衡快，相对稳定性较好，生产能力大，可采用粗粒加重质，介质易回收，对给矿粒度的变化适应性强
重介质旋流器	可使用密度小的加重质，分选效率和分选精度高，可分选矿物与脉石的密度差仅为200~300 kg/m³ 的矿石，但内壁磨损较快
重介质鼓形分选机	适于分选粗粒及高密度矿物含量高的易选矿石，介质分布均匀，动力消耗少，处理量低，需要使用密度大的加重质，分选精度差
重介质圆锥分选机	分选精度高，需添加细粒加重质，介质制备和净化回收工作量大，需配置压气设备和提升器。适于处理低密度矿物含量较多的矿石

跳汰机的选择

跳汰机广泛用于分选煤和钨、锡、铁、锰矿石以及砂金矿石和非金属矿等。跳汰机的突出特点是选别粒度范围宽、生产能力大、劳动生产率高、易于操作和维护。各种类型跳汰机的适宜分选粒度和应用特点见表6-41，可供设备选择时参考。

表6-41 跳汰机适宜的分选粒度和应用特点一览表

设 备 名 称		给矿粒度/mm	应 用 特 点
上动型隔膜跳汰机		0.1~12	用于粗选和精选，富集比较高，选别效果好；维护方便，但占地面积和设备质量较大，能耗高
下动型隔膜跳汰机	复振跳汰机	0.1~12	给矿粒度较宽，但生产能力较低
	LTA-1010/2下动圆锥隔膜跳汰机	0.1~6	一般用于6 mm以下矿石的粗选作业
	圆形跳汰机	0.1~6	大型采金船粗选作业应用较多，给矿不易均匀
侧动型隔膜跳汰机	梯形跳汰机	0.074~5	可有效回收细粒级矿物
	矩形跳汰机	10~50	处理量大，分选精度没有重介质分选的高
	广东Ⅰ型跳汰机	0.1~6	甲型用于粗选，乙型用于粗选或精选，丙型用于精选，适于处理低品位砂矿，设备检修、更换部件不便

设计选用跳汰机时，必须注意以下几个方面的问题。

（1）应充分了解处理物料的粒度范围和有用矿物单体解离情况。

（2）矿石中高密度矿物含量多时，将增大跳汰分选的难度，处理量和精矿质量都将受到严重影响。

（3）尽量降低跳汰机入选物料粒度。

（4）当跳汰室面积大、冲程系数小、补加水鼓动力不够和不均匀时，床层得不到有效地松散，将出现"板结"，起不到跳汰作用，设计时需要对设备制造厂家提出要求或采取补偿措施予以克服。

（5）矿石含泥量较多时，在给入跳汰机之前必须进行脱泥和适当分级，以改善分选效果，设计时应增加脱泥作业。

（6）应确保跳汰机补加水的规定压强和足够水量。

（7）注意人工床石粒度、密度等条件的选择。

6.8.4　摇床的处理量计算

摇床是选别细粒物料应用较广的重选设备，一次选别可产出高品位精矿、次精矿、中矿和尾矿等多种产品。根据处理的物料粒度的不同，可分为粗砂（0.074~2 mm）摇床、细砂（0.074~0.5 mm）摇床和矿泥（0.02~0.074 mm）摇床。对不同种类、品级的物料，摇床的台时处理量差异很大，必须根据处理同类矿石的生产实践数据或试验结果确定。缺乏相关资料时，可按式（6-68）进行粗略计算。

$$q_y = \rho \left(A d_{av} \frac{\rho_1 - 1000}{\rho_2 - 1000} \right)^{0.6} \times 10^{-4} \tag{6-68}$$

式中，q_y 为摇床处理量，t/h；ρ、ρ_1、ρ_2 为矿石、高密度矿物、低密度矿物的密度，kg/m³；d_{av} 为选别物料的平均粒径，mm；A 为床面长与宽之比最适宜时的床面面积，m²。

式（6-68）适用于粗选作业的摇床处理量计算，而精选作业比实际处理量低 40%~50%，中矿再选作业比实际偏低 20%~40%。不同类型摇床处理不同粒度物料的处理量参考数据见表 6-42。

表 6-42　不同类型摇床处理不同粒度物料的生产能力参考数据一览表

摇床类型	应用地点		给矿粒度/mm	台时能力/t·h⁻¹	给矿浓度/%
云锡摇床	砂矿系统	第一段	0.074~2	2.5	25~30
		第二段	0.074~0.5	2.0	20~25
		第三段	0.074~0.2	1.5	15~20
	粗泥摇床		0.037~0.074	0.5~0.7	15
弹簧摇床	广西二矿		80%-0.074 mm	0.65	10~15
			90%-0.074 mm	0.60	10~15
			80%-0.074 mm	0.96	10~15
			90%-0.074 mm	0.91	10~15

6.8.5 离心选矿机和圆锥选矿机的选择

离心选矿机是我国于 20 世纪 60 年代初研制成功的矿泥粗选设备，适宜的入选物料粒度为 -0.074 mm，有效回收粒度为 0.010~0.074 mm。卧式离心选矿机有两种转鼓，即单转鼓和双转鼓，转鼓锥度有单锥度、双锥度和三锥度之分。离心选矿机在钨、锡矿石和赤铁矿矿石的分选生产中均有采用，其规格有 $\phi800$ mm×600 mm、$\phi1600$ mm×900 mm 等多种。离心选矿机的单位面积处理量大，回收下限粒度低（达 0.010 mm），但精矿的富集比低、耗水量大，要求有较高的水压和均匀地给矿，常需配上皮带溜槽和摇床作精选设备。

圆锥选矿机的基本单元是一个由圆周向中心倾斜、由玻璃钢制成的倒置圆锥。它可以装配成单层圆锥，也可以装配成双层圆锥，后者是双层圆锥选分面，可以提高设备的处理量，双层用于粗选，单层用于精选。圆锥选矿机是处理海滨砂矿较合适的分选设备，给矿粒度一般为 0.04~2 mm。

6.8.6 溜槽的选择与计算

6.8.6.1 螺旋选矿机和螺旋溜槽的选择与计算

螺旋选矿机和螺旋溜槽的共同特点是结构简单、工作可靠、占地面积小、单位处理量大。螺旋选矿机的适宜给矿粒度为 0.1~2 mm；螺旋溜槽适于分选 0.05~0.6 mm 的细粒级物料。螺旋圈数通常为 4~6。生产中常用的螺旋选矿机规格有 $\phi600$ mm、$\phi800$ mm、$\phi1000$ mm、$\phi1200$ mm，螺旋溜槽的规格有 $\phi600$ mm、$\phi900$ mm、$\phi1200$ mm。螺旋选矿机和螺旋溜槽的处理量 q 通常用式（6-69）进行近似计算。

$$q = \frac{0.003}{R}\rho D^2 d_{av} n \tag{6-69}$$

式中，q 为处理量，t/h；R 为给矿矿浆的液固质量比；ρ 为矿石密度，kg/m³；D 为螺旋槽直径，m；d_{av} 为入选矿石颗粒的平均直径，mm；n 为螺旋头数，$n=2~4$。

设计选用螺旋选矿机和螺旋溜槽时，要合理确定直径、横截面形状、螺距、圈数等参数。直径大于 1000 mm 时，一般分选 1~2 mm 粗粒级物料；直径小于 1000 mm 时，一般分选 0.5~1 mm 的细粒级物料。

生产中常用的 LL 型螺旋溜槽，槽体采用玻璃纤维+增强树脂制造，质量小、强度高、形状准确，防潮、防锈、防腐，规格有 $\phi600$ mm、$\phi900$ mm、$\phi1200$ mm 3 种，螺距为 720 mm；TT-12 型旋转螺旋溜槽，槽内铺有刻槽楔形条橡胶衬，规格有 $\phi600$ mm、$\phi940$ mm、$\phi1200$ mm 3 种。

6.8.6.2 皮带溜槽和横流皮带溜槽的选择

皮带溜槽是我国于 20 世纪 60 年代初研制成功的一种矿泥精选设备，矿浆和洗涤水经匀分板给到带面上，需保持流层薄而平稳。高密度矿物沉积在带面上随皮带转动从头轮卸落，低密度矿物随矿流向下流动，有效回收粒度下限为 0.010~0.019 mm，用于钨、锡矿泥的精选作业，生产能力低，一台 1000 mm×3000 mm 的皮带溜槽处理量仅为 1 t/h。还有一种处理含金砂矿的带挡边格条胶带可动溜槽，由我国于 80 年代初研制成功，应用在采金船上，适于粗选作业，最大给矿粒度可达 12~16 mm。规格为 800 mm×5000 mm 的设备，台时处理量可达 6 m³。

横流皮带溜槽利用剪切流膜原理促进矿粒松散、分层，有效回收粒度为 0.01~0.1 mm，能同时产出多种产品，富集比较高，生产能力高于皮带溜槽，是较先进的矿泥重选设备，用于处理云锡氧化脉锡矿泥时，规格为 XZH1200 mm×2750 mm 的横流皮带溜槽单台处理量为 3~4.5 t/d。

6.8.6.3 振摆皮带溜槽和台浮摇床的选择

振摆皮带溜槽是具有综合运动的微细粒级物料精选设备，回收粒度上限为 0.2 mm，下限为 0.01 mm，有效分选粒度为 0.02~0.074 mm，生产中使用的有 600 mm、800 mm、1200 mm 3 种带宽。振摆皮带溜槽的处理量非常低，规格为 800 mm×2600 mm 的设备单台处理量仅为 1 t/d。

台浮摇床是在摇床上同时实施重选和浮选两种分选作业的设备。台浮摇床较其他浮选设备容易操作，可产出多种产品，选别指标稳定、分选效率高、能耗少，在黑钨矿矿石的选矿厂中常用于分选 0.2~5 mm 的重选粗精矿。

台浮摇床的生产能力与物料粒度、矿物密度差、产品质量、矿物的可浮性有关，设计时应参照同类矿石生产指标或通过试验确定。

6.9 磁选设备的选择与计算

磁选设备主要有弱磁场磁选设备、强磁场磁选设备和高梯度磁选设备。

6.9.1 弱磁场磁选设备的选择与计算

弱磁场磁选设备适用于处理各种强磁性矿石，按作用可分为选别设备和辅助设备。选别设备包括湿式筒式磁选机、磁力脱水槽、磁选柱、干式筒式磁选机、磁滚筒等，辅助设备包括预磁器、脱磁器等。

6.9.1.1 湿式筒式磁选机的选择与处理量计算

湿式筒式磁选机的磁系有电磁和永磁两种。采用钡或锶铁氧体磁系的磁选机筒体表面磁感应强度一般为 120~180 mT；采用稀土铁氧体复合磁系的筒体表面磁感应强度可达到 180~200 mT；采用钕铁硼、铈钴铜和锶钙铁氧体复合磁系的筒体表面磁感应强度可达 400 mT。

湿式永磁筒式磁选机按槽体结构分为顺流式、逆流式和半逆流式 3 种形式，其适宜给矿粒度分别为 -6 mm、-1.5 mm 和 -0.5 mm。

永磁筒式磁选机广泛用于强磁性矿石的选别以及过滤前或再磨前矿浆的浓缩作业。对于粗选作业、强磁选作业之前的弱磁选作业和浓缩作业一般应选用磁感应强度较高的大筒径磁选机；精选作业宜采用磁感应强度较低的磁选机。

永磁筒式磁选机的处理量 q 一般根据设备生产厂家样本所列的生产能力进行选型计算，或参考类似选矿厂相同规格、相同性能磁选机的实际指标选取，如果筒长不同，可按式（6-70）进行计算。

$$q = q_0(L - 0.2) \tag{6-70}$$

式中，q 为磁选机的处理量，t/h；q_0 为单位有效筒长的处理量（取类似选矿厂的指标），t/(m·h)；L 为磁选机筒体的长度，m。

6.9.1.2 磁力脱水槽的选择与处理量计算

磁力脱水槽是一种磁力与重力联合作用的磁选设备，磁感应强度一般为 30~50 mT，常用于强磁性矿石磁选前的脱泥和预选作业。磁力脱水槽能分选出大量细粒尾矿并兼有脱泥、脱水作用；亦可用于磁铁矿精矿过滤前的浓缩作业。磁力脱水槽结构简单，无运动部件，操作方便；但耗水量大，设备配置高差较大。

磁力脱水槽处理量可按类似选矿厂的实际生产指标选取，也可按式（6-71）进行计算。

$$q = 3.6Av \tag{6-71}$$

式中，q 为按溢流计的处理量，m^3/h；A 为磁力脱水槽溢流面积，m^2；v 为溢流速度，mm/s，给矿粒度小于 0.15 mm 时 $v = 5$ mm/s，小于 0.074 mm 时 $v = 2$ mm/s。

6.9.1.3 磁团聚重选机的选择

磁团聚重选机是一种利用重力和磁力联合作用分选磁铁矿石的设备，能有效地排出粗精矿中的细粒贫连生体，其主要技术参数如表 6-43 所示。表 6-43 中的数据可供选择设备时参考。

表 6-43 磁团聚重选机的主要技术参数一览表

技 术 参 数	型 号			
	ϕ600 mm	ϕ1500 mm	ϕ1800 mm	ϕ2500 mm
筒体直径/mm	600	1500	1800	2500
分选区有效高度/mm	850	1300	1600	1200
分选区断面面积/m^2	0.25	1.57	1.91	4.71
单机处理量/t·h^{-1}	5	40	55	120
单位面积处理量/t·$(m^2·h)^{-1}$	20	25	26	25
分选区最高磁场强度/kA·m^{-1}	12	20	20	20
给水量/$m^3·h^{-1}$	—	50	60	150
溢流上升速度/mm·s^{-1}	20	17	17	18

6.9.1.4 磁选柱的选择

磁选柱是一种电磁式脉动弱磁场磁重选矿设备，常用于脱除磁铁矿粗精矿中的细粒贫连生体，提高精矿品位，其主要技术参数见表 6-44。表 6-44 中的数据可供选择设备时参考。

表 6-44　磁选柱的主要技术参数一览表

规格	处理量/t·h⁻¹	磁场强度/kA·m⁻¹	给矿粒度/mm	耗水量/t·h⁻¹	最大功耗/kW	分选筒径/mm
精选用磁选柱						
φ500	11~16	7~14	<0.2	20~40	3.0	500
φ600	18~25	7~14	<0.2	25~50	3.5	600
φ700	22~30	7~14	<0.2	30~60	4.0	700
φ800	40~60	7~14	<0.2	50~80	5.5	800
φ1000	50~80	7~14	<0.2	70~100	6.0	1000
φ1200	70~100	7~14	<0.2	100~150	9.5	1200
脱水用磁选柱						
φ1000	40~80	7~14	<0.5	30~60	4.5	1000
φ1200	48~100	6~15	<0.5	40~80	6.5	1200
φ1400	60~140	6~15	<0.5	50~100	8.0	1400

6.9.1.5　干式筒式磁选机的处理量计算

干式筒式磁选机主要有 CTGR-69 型双筒永磁磁选机和 CTG 单筒及双筒永磁磁选机，其磁感应强度为 105~125 mT，给矿粒度上限为 0.5~2 mm，给矿含水量要求小于 3%。干式筒式磁选机的处理量一般按式（6-72）进行计算。

$$q = 0.012\pi Rnb\delta\rho \tag{6-72}$$

式中，q 为干式筒式磁选机处理量，t/h；R 为滚筒半径，m；n 为滚筒转速，r/min；b 为滚筒宽度，m；δ 为物料最大粒径或料层厚度，mm；ρ 为物料的松散密度，kg/m³。

6.9.1.6　磁滚筒（磁滑轮）的选择

磁滚筒的结构简单，可直接安装在带式运输机头部，也可以组装成单独的干式磁选机，主要用于大颗粒强磁性矿物的干式磁选。磁滚筒的给矿粒度上限一般为 75 mm，大型磁滚筒（或干选机）的给矿粒度上限可达 350 mm。

磁滚筒的主要应用包括以下几个方面。

（1）用于强磁性矿石的预选作业，可设于细破碎作业前或磨矿作业（包括自磨）前，以剔除采矿过程中混入的围岩，提高矿石入选品位，减少入磨矿量，降低基建投资和生产成本。

（2）用于弱磁性铁矿石的闭路磁化焙烧作业，分选出未烧透的矿块，返回焙烧炉，提高焙烧矿的质量和选别指标。

（3）用于湿式自磨机排出砾石的干选作业，剔除部分废石，以提高系统的生产能力。

（4）用于富磁铁矿矿石的选别作业，以得到品位合格的入炉矿石。

磁滚筒的一些应用实例见表 6-45。表 6-45 中的生产数据可供设备选择时参考。

表 6-45　磁滚筒的一些应用实例

生产企业	设备规格 /mm×mm	作业地点或物料	胶带宽 /mm	胶带速度 /m·s⁻¹	给矿粒度 /mm	处理量 /t·h⁻¹	作业指标/% 给矿品位	精矿品位	废石品位	回收率	废石产率
山东金岭铁矿	φ1045×1030 (电磁)	粗碎后	1000	1.75	12~200	100~200	41.88	49.40	3.92	98.45	16.53
武钢程潮铁矿	CRD650×750 (电磁)	中碎后	650	1.50	13~75	50~100	32.52	42.72	6.48	94.39	28.15
马钢桃冲铁矿	φ1000×970 (永磁)	中碎后	800	1.25	15~50	115	35.88	45.11	12.76	89.85	28.53
宣钢小吴营选矿厂	φ870×945 (永磁)	中碎后	800		8~75	50~100	41.66	48.24	12.21	94.60	18.30
首钢大石河选矿厂	φ800×1200 (永磁)	细碎后 (入磨前)	1000	1.44~1.66	0~12	100	25.5	27~28	10.0	96.00	11.0
首钢水厂选矿厂							26.5	28~29	9.5	97.00	10.5
浙江漓渚铁矿	φ630×860 (永磁)	自磨机砾石	800	1.21	3~80	45.69	27.03	28.13	7.6	98.49	5.36
鞍钢弓长岭铁矿	φ1100×1100 (电磁) φ800×800 (电磁)	平炉富矿	1000 800	1.0	75~200 30~75 10~30	100~200		57~64	20~25	93~96	7~20
本钢歪头山铁矿	CTDG1516N (永磁)	粗碎后 (自磨给矿)	1600	1.0~2.5	0~350	445~586	27.58	30.21	9.17	95.84	12.50

6.9.2　强磁场磁选设备的选择与计算

强磁场磁选机按作业条件分为湿式和干式；按磁源分为电磁和永磁；按设备结构分为盘式、辊式、平环式、立环式和感应辊式。

6.9.2.1　干式盘式和（感应）辊式强磁场磁选机的选择

干式盘式强磁场磁选机有单盘、双盘和三盘 3 种，适用于弱磁性物料的分选，常用于含有黑钨矿、钛铁矿、锆英石和独居石等混合精矿的再精选作业，入选物料粒度一般为 -2 mm。

辊式强磁场磁选机有电磁（如 CGDR-34 型电磁对辊强磁场磁选机）和永磁（如 CGR-54 型永磁双辊强磁场磁选机）两种，磁感应强度为 1500~2300 mT，适宜处理粒度小于 3 mm 的弱磁性物料，单台处理量一般为 1~2 t/h。

感应辊式强磁场磁选机有电磁和永磁、干式和湿式之分，主要用于选别粗粒锰矿石，也可用于选别粗粒弱磁性铁矿石。工业上常用的几种感应辊式强磁场磁选机见表 6-46，可供选择设备时参考。

表 6-46　感应辊式强磁场磁选机的技术性能一览表

型　号	CS-1	CS-2	CGDE-210	CGD-38	80-1
感应辊直径×长度/mm×mm	375×1636	380×1468	270×2000	350×820	—
选别方式	湿式	湿式	湿式	干式	干式
磁感应强度/T	1.00~1.87	1.00~1.78	0.94~1.20	1.00~1.70	1.50
给矿粒度/mm	0.5~7	0.5~14	0~4	5~25	5~20
处理量/t·h⁻¹	8~20	25~30	4~6	4~8	8
传动功率/kW	2×13	2×13	2×3	—	—
激磁功率/kW	5.5	—	2.2	10	—
设备质量/t	14.8	16.0	4.8	—	15

6.9.2.2　湿式平环强磁场磁选机的选择

生产中广泛应用的湿式平环强磁场磁选机主要有 DP 型琼斯强磁场磁选机、ShP 型和 SQC 型强磁场磁选机。

ShP 型强磁场磁选机是国内广泛应用的湿式双盘平环磁选机，主要用于弱磁性矿物的回收。与其他型号强磁场磁选机相比，ShP 型强磁场磁选机的选别指标较好、处理量大、运行可靠、生产费用较低、上下两盘重叠，可不用矿浆泵而自流随意组合成粗选-扫选或粗选-精选等流程。ShP 型强磁场磁选机要求给料中强磁性矿物的含量小于 3%，并不得含有大于 1 mm 的颗粒及其他杂物；给矿浓度一般为 35%~50%。因此，在强磁选作业之前一般需要设置弱磁场磁选机、除渣筛和浓缩脱水设备。ShP 型强磁场磁选机的技术性能见表 6-47，可供选择设备时参考。

表 6-47　ShP 型强磁场磁选机的技术性能一览表

型　号	ShP-700	ShP-1000	ShP-2000	ShP-3200
转盘直径/mm	700	1000	2000	3200
转盘数目	2	2	2	2
转盘转速/r·min⁻¹	5	5	4	3.5
传动功率/kW	4	5.5	22	30
磁感应强度/T	1.5	1.5	1.5	1.5
给矿点数/个	4	4	4	4
耗水量/m³·t⁻¹	3.5	3.5	3.5	3.5
最大给矿粒度/mm	0.9	0.9	0.9	0.9
给矿浓度/%	35~50	35~50	35~50	35~50
处理量/t·h⁻¹	5~6	12~15	45~50	80~120

SQC 型湿式强磁场磁选机为单分选盘平环强磁场磁选机，根据分选环直径不同，分选磁极有两对、四对和六对 3 种，设备采用铜管激磁线圈和水冷方式，可用来分选褐铁矿矿

石、赤铁矿矿石、黑钨矿矿石、钽铌矿石,多用于中小型选矿厂,技术性能见表 6-48,可供选择设备时参考。

表 6-48 SQC 型湿式强磁场磁选机技术性能

型 号	SQC-2-700	SQC-2-1100	SQC-4-1800	SQC-6-2770
磁极对数/对	2	2	4	6
分选环直径/mm	700	1100	1800	2770
分选环转速/r·min^{-1}	5~6	4~5	3~4	2~3
激磁功率/kW	8.05	4.6	16	36
传动功率/kW	2.2	3	7.5	11
最高磁感应强度/T	1.7	1.7	1.6	1.6
最大给矿粒度/mm	0.8	0.8	0.8	0.8
给矿浓度/%	15~20	15~20	30~35	30~35
处理量/t·h^{-1}	0.5~0.8	2~3	8~12	25~35

6.9.2.3 湿式立环强磁场磁选机的选择

湿式立环强磁场磁选机有单环和双环两种,可作为细粒弱磁性铁矿石及锰矿石的分选设备。生产中常用的几种湿式立环强磁场磁选机的技术性能见表 6-49~表 6-51,可供选择设备时参考。

表 6-49 SLon 立环脉动高梯度磁选机主要技术参数一览表

设备型号	SLon-500	SLon-750	SLon-1000	SLon-1250	SLon-1500	SLon-1750	SLon-2000	SLon-2500	SLon-3000
转环外径/mm	500	750	1000	1250	1500	1750	2000	2500	3000
转环转速/r·min^{-1}	0.3~3.0		2.0~4.0						
给矿粒度/mm	−1.0		−1.2						
给矿浓度/%	10~40								
处理能力/t·h^{-1}	0.030~ 0.125	0.06~ 0.25	4~7	10~18	20~30	30~50	50~80	100~ 150	150~ 250
额定背景磁感应强度/T	1.0								
最高背景磁感应强度/T	1.1		1.2		1.1				
额定激磁电流/A	1200	850	650	850	950	1200	1200	1400	1400
额定激磁电压/V	8.3	13.0	26.5	23.0	28.0	31.0	35.0	45.0	62.0
额定激磁功率/kW	10	11	17	19	27	37	40	63	87
转环电动机功率/kW	0.18	0.75	1.10	1.50	3.00	4.00	5.50	11.00	18.50
脉动电动机功率/kW	0.37	1.50	2.20	2.20	4.00	4.00	7.50	11.00	18.50
脉动冲程/mm	0~50		0~30	0~20	0~30				
脉动频率/Hz	0~7		0~5						

表 6-50 LHGC 立环脉动高梯度磁选机主要技术参数一览表

设备型号	LHGC-750	LHGC-1000	LHGC-1250	LHGC-1500	LHGC-1750	LHGC-2000	LHGC-2250	LHGC-2500	LHGC-3000	LHGC-3600
转环外径/mm	750	1000	1250	1500	1750	2000	2250	2500	3000	3600

设备型号	LHGC-750	LHGC-1000	LHGC-1250	LHGC-1500	LHGC-1750	LHGC-2000	LHGC-2250	LHGC-2500	LHGC-3000	LHGC-3600
转环转速/r·min⁻¹	3.0									
给矿粒度/mm	−1.2									
给矿浓度/%	10~40									
处理能力/t·h⁻¹	0.1~0.5	3.5~7.5	10~20	20~30	30~50	50~80	80~100	100~150	150~250	250~400
背景磁感应强度/T	0~1.0（恒流连续可调）									
额定激磁电流/A	72	85	92	105	124	130	146	153	185	210
额定激磁电压/V	0~514（随电流变化）									
额定激磁功率/kW	13	17	19	27	37	42	51	57	74	90
转环电动机功率/kW	0.75	1.10	1.50	3.00	4.00	5.50	7.50	11.00	18.50	30.00
脉动电动机功率/kW	1.50	2.20	3.00	3.00	4.00	7.50	7.50	11.00	18.50	30.00
脉动冲程/mm	0~30（可通过机械装置调整）									
脉动频率/Hz	0~5（可通过变频调整）									

表 6-51　LGS 立环脉动高梯度磁选机主要技术参数一览表

设备型号	LGS-1000	LGS-1250	LGS-1500	LGS-1750	LGS-2000	LGS-2500	LGS-3000	LGS-3500	LGS-4000
转环外径/mm	1000	1250	1500	1750	2000	2500	3000	3500	4000
转环转速/r·min⁻¹	3.0								
给矿粒度/mm	−1.0								
给矿浓度/%	10~40								
处理能力/t·h⁻¹	4~7	10~18	20~30	30~50	50~80	100~150	150~250	250~350	350~500
背景磁感应强度/T	0~1.0（恒流连续可调）								
额定激磁电流/A	33	40	50	70	86	115	145	168	190
额定激磁电压/V	0~510（随电流变化）								
额定激磁功率/kW	17	21	26	37	45	58	74	87	100
转环电动机功率/kW	1.1	1.5	3.0	4.0	5.5	11.0	18.5	30.0	37.0
脉动电动机功率/kW	2.2	3.0	3.0	4.0	7.5	11.0	18.5	30.0	37.0
脉动冲程/mm	12~30（可通过机械装置调整）								
脉动频率/Hz	0~5（可通过变频调整）								

6.9.3　辅助磁选设备的选择

6.9.3.1　预磁器和脱磁器的选择

预磁器的作用是增强磁性矿物的团聚作用，以利于分选，有电磁和永磁两种，磁感应强度一般为 40~50 mT。当选别磁化焙烧矿石或部分氧化的磁铁矿矿石时，在磁力脱水槽给矿处可设置预磁器。

脱磁器的作用是消除矿浆中磁性矿物的磁团聚，以利于下一段的分级或过滤作业。脱磁器主要用于一段磁选作业之后，细筛作业和过滤作业之前。脱磁器的选择首先应根据矿物的矫顽力 H_c 确定要求的磁场强度。一般要求脱磁器的磁场强度大于矿物矫顽力的 5 倍（鞍山式天然磁铁矿的矫顽力 $H_c = 6366$ A/m 左右）；其次是矿浆通过脱磁器要保证一定的时间，矿浆流速一般不应超过 1.5~2.5 m/s。使用效果较好的几种脱磁器列于表 6-52 中，可供选择设备时参考。

表 6-52　几种脱磁器的技术性能一览表

规格及型号	XTQ-1 工频脱磁器	TC-100 工频脱磁器	ZTQ-1 中频脱磁器	MT-2 超工频脉冲脱磁器	DQ-1 谐和波式脱磁器
输入电压/V	380	380	380	380	340~440
输入电流/A	20~25	85	30	4	2~3
功率消耗/kV·A	7.6~9.5	32.5	11.4	1.52	—
线圈内径/mm	$\phi260$	$\phi100$	$\phi270$	$\phi200$	$\phi230$, $\phi179$
线圈长度/mm	400	700	400	300	800
脱磁频率/Hz	50	50	500	600	250（合成后 1500~3000）
最高场强/kA·m^{-1}	80	64	80~199	48	72~100
线圈冷却方式	水冷	油冷	水冷	自冷	自冷

6.9.3.2　除铁装置的选择

除铁装置用来清除带式运输机上夹杂在矿石中的铁块，以保护后续作业设备的安全。常用的除铁装置有悬挂式电磁除铁器和悬挂带式电磁除铁器。

悬挂式电磁除铁器是一种静态式除铁器，安装方便、耗电少，其型号依据带式运输机宽度选定，电磁除铁器距胶带面高度为 300~500 mm，要求带速不超过 2 m/s；悬挂带式电磁除铁器是一种传动式除铁器。

6.10　电选机的选择与计算

电选机主要用于白钨矿、锡石、钛铁矿、锆英石、金红石、独居石、钽铌矿分选过程的精选作业，有静电选矿机、电晕电选机和复合电场电选机等多种类型。

生产中常用的电选机有 $\phi120$ mm×1500 mm 双辊电选机以及 $\phi370$ mm×600 mm、$\phi320$ mm×900 mm 和 YD 系列高压电选机（YD-1 型、YD-2 型、YD-3 型和 YD-4 型）、卡普科（Carpco）电选机、DX-1 型高压电选机等。$\phi120$ mm×1500 mm 双辊电选机的辊径小，物料通过时间短，采用的直流高压电压较低（最大为 22 kV），因而对钽铌矿等的分选效果较差。后几种电选机的工作电压高（可达 60 kV），适宜处理较细粒级的物料，分选效果较好。YD-3 型和 YD-4 型高压电选机是目前国内规格最大的电选机，处理能力较强。YD 系列高压电选机的技术性能见表 6-53，可供选择设备时参考。

表 6-53 YD 系列高压电选机的设备型号和技术参数一览表

设备型号	传动功率/kW	给料粒度/mm	处理能力/t·h^{-1}
YD3030-11L	0.6		0.1~0.2
YD3030-11I	0.6		0.1~0.2
YD30100-11	0.75	0.04~3.00	0.5~0.8
YD30100-12	0.75×2		0.6~1.0
YD30200-13	1.5×3		1.0~2.0
YD31200-21F	3.0	0.04~0.10	2.0~4.0
YD31200-21K	3.0		2.0~4.0
YD31200-23	3.0×3	0.04~3.00	2.0~6.0
YD31300-23	9.0		3.0~6.0
YD31300-21K	4.4	0.02~3.0	4.0~6.0
YD31300-21F			

6.11 氰化浸出和炭浆设备的选择与计算

氰化工艺过程中的主要设备有浸出槽、洗涤设备、贵液净化设备和置换设备等。

6.11.1 浸出槽的选择与计算

生产中使用的氰化浸出槽有单叶轮机械搅拌浸出槽、双叶轮中空轴进气机械搅拌浸出槽、轴流式机械搅拌浸出槽（帕丘卡槽）等。单叶轮机械搅拌浸出槽的结构与调浆搅拌槽的相同，容积小、安装功率较大；双叶轮中空轴进气机械搅拌浸出槽的容积大、功耗低、中空轴进气能使空气通过叶轮更好地分散到矿浆中，改善浸出效果，其规格性能见表 6-54。

表 6-54 SJ 型双叶轮浸出搅拌槽的性能一览表

规格性能		型 号						
		SJ-2×2.5	SJ-2.5×3.15	SJ-3.15×3.55	SJ-3.55×4	SJ-4×4.5	SJ-4.5×5	SJ-5×5.6
直径×高度/mm×mm		2000×2500	2500×3150	3150×3550	3550×4000	4000×4500	4500×5000	5000×5600
有效容积/m^3		6	13	21	34	48	72	98
叶轮转速/r·min^{-1}		72	57	40.85	36.3	31.5	27.2	27.2
矿浆浓度/%		<45	<45	<45	<45	<45	<45	<45
矿浆密度/kg·m^{-3}		≤1400	≤1400	≤1400	≤1400	≤1400	≤1400	≤1400
涡轮减速机	型号	ZW-L	ZW-H	ZW-G	ZW-F	ZW-C	ZW-B	ZW-A
	速比	13.4	16.7	23.5	27.2	23.5	27.2	27.2
电动机	型号	Y112M-6-B$_3$	Y112M-6-B$_3$	Y112M$_1$-6-B$_3$	Y132 M$_1$-6-B$_3$	Y160M$_2$-8-B$_3$	Y160L-8-B$_3$	Y160L-8-B$_3$
	功率/kW	2.2	2.2	4	4	5.5	7.5	7.5
	转速/r·min^{-1}	940	940	960	960	720	720	720
设备总质量/kg		2800	3371	5628	6645	8285	10803	14430

浸出槽所需容积通常按式（6-73）进行计算。

$$V = qt(R + 1000/\rho)/(24K) \tag{6-73}$$

式中，V 为所需浸出槽的总容积，m^3；q 为矿石处理量，t/d；t 为所需浸出时间，h；ρ 为矿石密度，kg/m^3；R 为浸出矿浆的液固质量比；K 为浸出槽容积利用系数，见表6-55。

表 6-55　浸出槽利用系数 K 的数值一览表

浸出槽规格/mm	物　　料		备　　注
	浮选金精矿	金　泥	
≤φ2500	0.8~0.83	<0.92	金精矿的矿浆是浮选泡沫产物时取小值
φ3000	0.83~0.86	0.92~0.93	
≥φ3500	0.86~0.88	0.93~0.95	

根据计算出的总容积选择浸出槽规格，然后计算浸出槽的数目。一般情况下，浸出槽的数目不应小于3~4。

确定了浸出槽的规格和数量以后，再根据浸出槽充气量定额和风压计算总风量、选择鼓风机型号，并根据要求的风量和设备的额定风量计算所需的鼓风机台数。浸出槽的充气量和风压见表6-56。

表 6-56　浸出槽的充气量和风压一览表

浸出槽形式	充　气　量		计算压强/kPa
	按槽表面积/$m^3 \cdot m^{-2} \cdot min^{-1}$	按槽容积/$m^3 \cdot m^{-3} \cdot min^{-1}$	
机械搅拌槽	—	—	58.8~147
空气搅拌槽	0.1~0.2	0.013~0.025	245~343
双叶轮中空轴进气搅拌槽	0.15~0.2	0.002	98.1

氰化厂洗涤作业的目的在于将浸出后的已溶金和固体残渣分离，尽量减少残渣中已溶金的损失，以提高已溶金的回收率。

生产中常用浓密机和过滤机作为洗涤设备。常用的浓密机有单层和三层浓密机。单层的有普通型和高效型。高效浓缩机体积小、效率高，比普通浓缩机效率高3~5倍，并带有自动提耙机构。三层浓密机能够连续工作，工作可靠、管理方便、节省动力消耗。常用的高效浓密机和三层浓密机的规格性能见表6-57和表6-58，可供选择设备时参考。

表 6-57　高效浓密机的技术性能一览表

规格/m	内径/m	深度/m	沉淀面积/m^2	耙架转速 /$r \cdot min^{-1}$	传动电动机		处理能力 /$t \cdot h^{-1}$
					型号	功率/kW	
φ3.6	3.6	1.7	10	1.1	Y100L-6-B_3	1.5	—
φ5.0	5.18	2.13	21	0.8	Y132-M_1-6	4.0	18.75

表 6-58　三层洗涤浓密机的技术性能一览表

规格/m	内径/m	深度/m	沉淀面积/m²	耙架转速/r·min⁻¹	传动电动机	
					型号	功率/kW
φ7	7.0	2.4×3	38.5	0.24		2.2
φ9	9.0	2.0×3	63.5	0.221		4.0
φ11	11.0	2.3×3	95.0	0.154		7.5
φ12	12.0	2.55, 2.2, 2.48	113.0	0.20	Y132-M₃-6	5.5
φ15	15.0	2.70, 2.35, 2.75	186.0	0.15	Y132-M₃-6	5.5

　　洗涤过滤机常采用外滤式真空过滤机。使用时常在吸干区加冲洗水，以尽量降低滤饼中已溶金的损失量。

6.11.3　贵液净化设备的选择

　　氰化厂的贵液在进行置换前需做净化处理，清除其中的矿泥及其他悬浮物，一般要求悬浮物含量在 5 mg/L 以下。另外，为保证置换效果，还必须脱除贵液中的溶解氧。故净化设备包括澄清器和脱氧设备。

　　澄清器可采用板框式真空过滤器和管式过滤器。前者结构简单、净化效果较好，但滤饼清理不便，劳动强度大，新设计的氰化厂较少采用。某些氰化厂的生产实践表明，板框式真空过滤机单位生产能力为 2.7 m³/(m²·d)。管式过滤器的结构简单、工作可靠、操作方便，是使用效果比较好的净化设备，其技术性能见表 6-59，可供选择设备时参考。

表 6-59　管式过滤器的技术性能一览表

设备型号	过滤面积/m²	过滤量/m³·m⁻²·h⁻¹	过滤最大计算压强/kPa
φ600 mm	2	1	≤490
20 m²管式	20	1~1.2	588.4
LSA-20-GC	20	10~15	294~343
LSA-25-GC	25	12~17	294~343
LSA-30-GC	30	15~32	294~343
LSA-100-GC	100	30~35	294~343

注：LSA 为 PE 微孔烧结管式过滤机。

　　脱氧设备目前普遍采用真空脱氧塔，它是一个圆柱形锥底塔，塔内上部装有溶液喷淋器，中部为塑料点波填料层，以阻止液体直接下落，填料层由塔下部的筛板支撑。脱氧塔内的溶液由真空作用吸入塔的顶部，再由喷淋器淋洒到填料层上，在真空作用下液体中溶解的气体被脱出，达到脱氧的目的。脱氧液由锥底排液口送入置换作业。脱氧塔的高度一般不小于 3 m，截面面积与贵液量有关，可按式（6-74）进行计算。

$$A = W/q_0 \tag{6-74}$$

式中，A 为脱氧塔截面面积，m²；W 为处理贵液的数量，m³/d；q_0 为单位截面面积的溶液处理量，依据试验结果确定，无试验资料时可在 400~900 范围内选，m³/(m²·d)。

生产中使用的脱氧塔有 $\phi1.0$ m×3.5 m、$\phi1.2$ m×3.6 m、$\phi1.5$ m×3.6 m、$\phi1.8$ m×4.0 m 等多种规格。与脱氧塔配套的真空设备一般为喷射泵，其技术参数见表 6-60。

表 6-60　喷射泵的技术参数一览表

设 备 型 号	抽气量/m³·h⁻¹	配套水泵	
		型 号	电动机功率/kW
SZL-I-60	60	2BZ31	4
SZL-I-100	114	3BZ33	5.5
SZL-I-300	365	3BZ57	13
SZL-I-500	520	4BZ54	22
SZL-I-800	800	4BZ91	30
SZL-I-1000	1000	4BZ91A	40

6.11.4　置换设备的选择

置换设备包括板框式压滤机、置换过滤机和布袋式压滤机。由于各厂的金泥数量、品位及含金量等均波动较大，而且提取金泥的时间可自定，因此置换设备可参照标准锌粉置换装置（表 6-61）直接选用。

表 6-61　标准锌粉置换装置一览表

生产能力/m³·d⁻¹		250	500	1200	2400
装置类型		单袋式	双袋式	单框式	双框式
澄清器	框尺寸/m×m	1.5×1.5	1.5×1.5	1.5×3.0	1.5×3.0
	总面积/m²	90	180	304	612
	槽数	1	2	2	4
	槽尺寸/m×m×m	1.8×2.15×1.18	1.8×2.15×1.8	$\phi4×3.0$	$\phi4×3.0$
	槽容积/m³	6.97	2×6.97	2×30	4×30
脱氧塔	尺寸/mm×mm	$\phi550×3000$	$\phi550×3000$	$\phi1800×3600$	$\phi1800×3600$
	截面积/m²	0.24	0.24	2.5	2.5
	容积/m³	0.71	0.71	9	9
混合器	尺寸/mm×mm	$\phi500×750$	$\phi500×750$	$\phi1000×1300$	$\phi1000×1300$
	容积/m³	0.15	0.15	1.02	2×1.02
置换器	型号	袋式	袋式	框式	框式
	袋或框数	48	96	24	48
	尺寸/mm×mm	130×1500	130×1500	1200×1940	1200×1940
	总面积/m²	29	58	100	200
	槽数	1	2	1	2
	槽尺寸/m×m×m	1.5×1.5×1.2	1.5×1.5×1.2	$\phi3.1×3.125$	$\phi3.1×3.125$
	槽容积/m³	4	2×4	16	2×16

炭浆法提金设备的选择与计算

炭浆法提金的主要设备有碳吸附槽、解吸柱、电解槽和炭再生窑等。

前已述及的浸出槽均能作为炭吸附槽使用，只是应该注意选择炭磨损程度小、功率消耗低的设备。生产中常常选用双叶轮中空轴进气的机械搅拌槽，其计算方法与浸出槽的相同。

为实现矿浆与炭逆向运动，在炭吸附槽中设置中间筛，使矿浆与活性炭分离，其筛网长度可根据吸附槽通过的矿浆量计算。一般情况下，筛网的矿浆通过能力为 6.5 L/(m·s)。为防止堵塞，设置在炭吸附槽中的桥式筛需要用压强为 35 kPa 的低压风清理筛面，所需要的低压风量一般为 1.0 m³/(m·h)。

生产中经常采用高浓度的氰化钠溶液在解吸柱内对载金炭进行解吸。解吸柱通常设计为圆柱体，其炭床高度 H_0 与直径 D 之比为 6∶1。生产实践中，解吸液的流速保持在 3.4 m/s 以下，每小时的通过量一般为两个炭床的容积，以保证炭不产生流动。

根据每天所需解吸的载金炭数量即可按上述条件计算出所需解吸柱的直径和高度。之后对所选择的解吸柱进行流速验算。解吸柱的技术性能见表 6-62。

表 6-62　解吸柱的技术性能一览表

规格/mm×mm	容积/m³	设计压强/kPa	设计温度/℃
φ900×4200	3	490	135
φ700×3800	1.5	245	100
φ500×2500	0.5	—	98

载金炭解吸后的贵液常采用电沉积法在电解槽内生产金泥。电解槽的主要操作参数包括电流密度、溶液温度、流速和槽电压等。在正常条件下，电流密度决定阴极金属的沉积速度和沉积量，一般为 20~50 A/m²。实践表明，电流密度在 20~60 A/m² 的范围内，贵金属在阴极上的沉积速度与电流密度成正比；当电流密度超过 60 A/m² 时，电流效率出现下降，并大大增加电能和阴、阳极材料的消耗。适当提高电流密度、溶液温度和流速，可提高金的沉积速度。正常条件下金在阴极析出的电位为+0.2 V。

电解槽一般是根据贵液中含金量和电沉积时间进行设计和选取。金电解槽的技术性能见表 6-63。

表 6-63　金电解槽的技术性能一览表

规格 /mm×mm×mm	极板尺寸 /mm×mm	阴极板数目	阳极板数目	阳极板间距/mm	阴极板间距/mm	电解液量/L	电解液流量/L·s⁻¹	电解液温度/℃	阴极板电流密度/A·m⁻²	电流强度/A	电压/V
2440×750×610	620×610	20	21	111	111	1116	0.45	120	53.8	1000	1.5~3.0

设计工作中，对所需要的电解槽尺寸或一定规格电解槽的数量，可根据需要处理的载金炭解吸贵液的体积进行计算。比如，某氰化提金厂的载金炭解吸贵液量 $V_C = 1000$ L/d、

金品位 $\beta=81$ g/L，通电时间 $t=24$ h，现需要确定所需电解槽的尺寸。

对于这一生产实际问题，首先根据现场操作经验，确定阴极板电流密度 $\rho_1=40$ A/m^2、阴极板电流效率 $\eta=90\%$、槽电压为 3 V，金的电化当量 $j=7.35$ g/(A·h)。需要的总电流量 I(A) 可按照式（6-75）进行计算。

$$I = \frac{m}{jt\eta} = \frac{V_G\beta}{jt\eta} \tag{6-75}$$

式中，m 为电解金量，g；V_G 为载金炭解吸贵液量，L/d；β 为解吸贵液的金品位，81 g/L；η 为阴极板电流效率；t 为通电时间，h；j 为金的电化当量，7.35 g/(A·h)。

由式（6-75）得：$I = V_G\beta/(jt\eta) = 1000\times81/(7.35\times24\times0.9) = 510.2$ A

所需要的阴极板总面积 A 为：$A = I/\rho_1 = 510.2/40 = 12.8$ m^2

生产 1000g 金的直流电能消耗 W 为：$W = V\times10^3/(j\eta) = 3\times10^3/(7.35\times0.9) = 454$ kW·h

根据上述数据选择规格为 2440 mm×750 mm×610 mm 的电解槽，阴极板总面积为 15 m^2。若无合适的电解槽，也可根据上述数据进行设计、制造。

炭浆法提金的生产过程中，炭粒还会吸附各种无机物和有机物，它们不可能经过解吸被除去，导致活性炭因受污染而吸附活性降低。因此，解吸后的活性炭在返回使用前必须进行再生处理。活性炭的再生过程一般分两步进行，首先用酸洗除去碳酸钙及大部分贱金属络合物；然后加热活化除去其他无机和有机杂质。加热活化是在回转窑中隔绝空气将炭加热到 650~750 ℃后保温 30 min，然后水淬冷却，筛出 −1 mm 的细粒炭后返回再用。生产中使用的炭再生窑主要有 TS-20 型回转式再生窑和直接加热式回转窑两种，前者的处理量为 20 kg/h；后者的规格为 ϕ460 mm×5800 mm，给料量为 0.47 kg/s（湿料为 0.94 kg/s）。

6.12　脱水设备的选择与计算

湿法选矿通常需要对一些产物（产品）进行脱水。细粒精矿脱水大都采用浓缩—过滤两段或浓缩—过滤—干燥三段作业；尾矿一般需经浓缩后输送至尾矿库或浓缩—过滤后堆置或高效浓缩后堆置。此外，一些分选过程中的中间产物（中矿）有时也需要进行浓缩处理，以满足下段作业的给矿浓度要求。

6.12.1　浓缩设备的选择与计算

6.12.1.1　浓缩设备的选择

生产中应用的浓缩设备主要有普通型机械排料浓密机、高效浓缩机、倾斜板浓缩机、倾斜板浓密箱等。

普通浓密机有中心传动和周边传动两种。中心传动能自动提耙。周边传动又分为辊轮传动和齿条传动两种方式，辊轮传动浓缩机主要用于处理密度较小的物料。

高效浓缩机装有絮凝剂添加和混合的特殊装置，沉降速度高；有的还设有倾斜板，以增加沉降面积。高效浓缩机单位面积处理量较高,可达 7~8 t/(m² · d)。与普通浓密机相比,处理量相同时设备规格较小,因此适于厂区狭窄和浓缩设备必须设于室内的场合。

倾斜板浓缩机应用浅层沉降原理,可缩短物料沉降时间,增大沉降面积,提高浓缩效率,单位面积处理量较高,但倾斜板的结构复杂,维护检修不便。

倾斜板浓密箱也是应用浅层沉降原理,浓缩效率较高且无运动部件,缺点是排矿口易堵塞,底流的浓度较低,可用于小型选矿厂的脱水、脱泥和浓缩作业。

另外,强磁性铁矿石的磁选精矿一般采用磁选机或磁力脱水槽进行浓缩。

浓缩设备类型、规格和台数的选择既要满足下段作业对其排矿浓度的要求,又要满足减少溢流中金属流失及溢流水水质的要求。浓缩机溢流中允许最大固体颗粒的沉降速度是确定浓缩面积的重要因素,它与物料的密度和粒度组成、给矿和排矿的液固比、矿浆黏度、浮选药剂和絮凝剂种类、矿浆温度等因素有关。

6.12.1.2 浓缩设备的计算

浓缩设备的计算可以按单位面积处理量指标进行,也可以按溢流中最大颗粒的沉降速度或者按沉降试验结果进行。

按单位面积处理量指标进行浓缩设备计算时,首先按式(6-76)计算需要的浓密总面积,然后确定浓密机的规格和台数。

$$A = \frac{q}{q_0} \tag{6-76}$$

式中,A 为需要的浓密机总面积,m²;q 为给入浓缩设备的固体量,t/d;q_0 为浓密机的单位面积处理能力,根据工业试验或模拟试验选取,若无试验数据时可参照类似选矿厂的实际指标或表 6-64 和表 6-65 中的数据选取,t/(m² · d)。

表 6-64 普通浓密机的单位面积处理能力 q_0

被浓缩产物名称	q_0/t · m⁻² · d⁻¹	被浓缩产物名称	q_0/t · m⁻² · d⁻¹
机械分级机溢流(浮选前)	0.7~1.5	浮选铁精矿	0.5~0.7
氧化铅精矿和铅-铜精矿	0.4~0.5	磁选铁精矿	3.0~3.5
硫化铅精矿和铅-铜精矿	0.6~1.0	白钨矿浮选精矿及中矿	0.4~0.7
铜精矿和含铜黄铁矿精矿	0.5~0.8	萤石浮选精矿	0.8~1.0
黄铁矿精矿	1.0~2.0	锰精矿	0.4~0.7
辉钼矿精矿	0.4~0.6	重晶石浮选矿	1.0~2.0
锌精矿	0.5~1.0	浮选尾矿及中矿	1.0~2.0
锑精矿	0.5~0.8		

注:1. 表内 q_0 值系给矿粒度为(80%~95%)-0.074 mm 时的数据,粒度粗时取大值;

2. 排矿浓度对方铅矿、黄铁矿、铜和锌的硫化物矿物精矿不大于 60%~70%,其他精矿不大于 60%;

3. 对含泥多的细粒氧化矿的分选产物,指标应适当降低。

表 6-65　高效浓缩机的单位面积处理能力

浓缩机产品名称	给料浓度/%	底流浓度/%	$q_0/\text{t} \cdot \text{m}^{-2} \cdot \text{d}^{-1}$
铜精矿	15~30	45~60	16~50
铁精矿	15~25	45~55	10~50
氰化工艺分级溢流和尾矿	15~25	40~50	4~20

按溢流中最大颗粒沉降速度进行浓缩设备计算时，首先按式（6-77）计算需要的浓缩设备总面积，然后确定浓缩设备的规格和台数。

$$A = \frac{q(R_1 - R_2)K_1}{86.4\, v_0 K} \tag{6-77}$$

式中，A 为需要的浓密机总面积，m^2；q 为给入浓缩设备的固体量，t/d；R_1，R_2 为浓缩前和浓缩后的矿浆液固质量比；K_1 为矿浆波动系数，$K_1 = 1.05 \sim 1.20$；K 为浓缩机有效面积系数，一般取 $K = 0.85 \sim 0.95$；v_0 为溢流中最大颗粒的自由沉降末速，一般根据试验数据选取，无试验资料时可按式（6-78）计算，mm/s。

$$v_0 = \frac{0.001 d^2 g(\rho - 1000)}{18\mu} \tag{6-78}$$

式中，d 为溢流中允许的最大颗粒直径，mm，精矿或中矿 $d = 0.005$ mm，脉石矿物 $d = 0.01$ mm；ρ 为溢流中固体颗粒的密度，kg/m^3；μ 为介质的动力黏度，$\text{Pa} \cdot \text{s}$。

按沉降试验结果进行浓缩设备计算时，首先将有代表性的矿浆样品置于量筒中，经过充分混匀后静置，随着固体物料的沉降绘制出沉渣线高度与时间的关系曲线（沉降曲线）。根据沉降曲线按塔尔梅季-菲奇法或奥尔特曼法计算单位处理量需要的浓缩面积，然后再计算需要浓缩设备的总面积，确定浓密机规格和台数。

塔尔梅季-菲奇法（Talmadge-Fitch）的计算步骤如下：

（1）根据试验得到的沉渣线高度-时间关系曲线找出压缩点（沉降速度由快变慢的点）（图6-5），沉降曲线的斜率在此点有明显变化。

（2）在压缩点上绘出沉降曲线的切线（塔尔梅季-菲奇图解线）。

（3）按式（6-79）计算与所要求底流浓度（单位体积矿浆中的固体质量）相应的沉渣线高度H_u，并在图上绘出水平线。

$$H_u = H_0 C_0 / C_u \tag{6-79}$$

式中，H_u 为与底流浓度相应的沉渣线高度，mm；H_0 为量筒中初始矿浆高度，mm；C_0、C_u 为初始矿浆浓度和底流浓度（单位体积矿浆中的固体质量），g/L。

（4）在图上查出 H_u 水平线与塔尔梅季-菲奇图解线交点相应横坐标上的时间 t_u，再按式（6-80）计算单位处理量需要的浓缩面积。

$$A = 1 \times 10^6 t_u / (H_0 C_0) \tag{6-80}$$

式中，A 为单位处理量需要的浓缩设备总面积，$\text{m}^2/(\text{t} \cdot \text{d})$；$t_u$ 为达到底流要求浓度的沉降时间，d；H_0 为初始矿浆高度，mm；C_0 为初始矿浆浓度（单位体积矿浆中的固体质量），g/L。

如果沉降曲线中的压缩点位置不明显，可按几个点绘出切线，分别计算出其单位处理量需要的浓缩面积，并取其最大者。

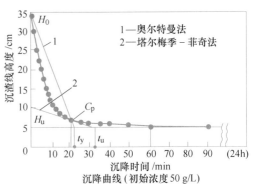

奥尔特曼法（Oltmann）是塔尔梅季-菲奇法的改进方法，即利用沉降试验得到的沉渣线高度与时间关系曲线，从曲线起点 H_0 通过压缩点 C_p 绘一条直线（图6-5），该直线与所要求底流浓度相当的高度线 H_u 相交，交点所对应的横坐标（时间）t_y 即为达到底流要求浓度所需要的沉降时间。然后用式（6-81）计算单位处理量需要的浓缩面积。

$$A = 1.2 \times 10^6 \, t_y/(H_0 C_0) \qquad (6\text{-}81)$$

图 6-5　塔尔梅季-菲奇法和奥尔特曼法的图解

式中，t_y 为达到底流要求浓度的沉降时间，d。

6.12.1.3　浓缩设备计算举例

已知浓缩设备的给料浓度（单位体积矿浆中的固体质量）为 50 g/L，要求底流浓度为 340 g/L，试验初始沉降高度为 340 mm，沉降曲线见图6-5，要求用塔尔梅季-菲奇法和奥尔特曼法计算单位处理量需要的浓缩面积。

采用塔尔梅季-菲奇法进行计算时，依据式（6-79）计算出与要求底流浓度相应的沉渣高度为：

$$H_u = H_0 C_0/C_u = 340 \times 50/340 = 50 \text{ mm}$$

在图中绘出 $H_u = 50$ mm 的水平线。同时确定沉降曲线上的压缩点 C_p，过 C_p 点绘出沉降曲线的切线，该切线与 $H_u = 50$ mm 的水平线的交点对应的横坐标 $t_u = 31.5$ min = 0.022 d。据此由式（6-80）计算出单位处理量需要的浓缩面积为：

$$A = 1 \times 10^6 t_u/(H_0 C_0) = 1 \times 10^6 \times 0.022/(340 \times 50) = 1.29 \text{ m}^2/(\text{t} \cdot \text{d})$$

采用奥尔特曼法进行计算时，从初始沉降高度 H_0 通过压缩点 C_p 引一直线与 H_u 水平线相交，其交点对应的横坐标（时间）$t_y = 22$ min = 0.0153 d，据此由式（6-81）计算出单位处理量需要的浓缩面积为：

$$A = 1.2 \times 10^6 t_y/(H_0 C_0) = 1.2 \times 10^6 \times 0.0153/(340 \times 50) = 1.08 \text{ m}^2/(\text{t} \cdot \text{d})$$

6.12.2　过滤机及其附属设备的选择与计算

6.12.2.1　过滤机的选择与计算

选矿厂常用的过滤设备有真空过滤机、陶瓷真空过滤机、压滤机等。真空过滤机有筒形过滤机（内滤式、外滤式、折带式、永磁外滤式等）、圆盘过滤机和平面过滤机（转盘式、带式等）3 种类型；压滤机有间歇操作和连续操作压滤机、带式压滤机等。

筒形内滤式真空过滤机适于处理粒度较粗（50%－0.074 mm）、密度较大、沉降速度较快的物料。常用于铁精矿的过滤。

筒形外滤式真空过滤机及折带式过滤机适用于处理粒度较细、沉降速度不大，要求滤饼水分较低的物料。后者对细粒黏性物料的适应性更强，其滤饼水分较普通外滤式过滤机的低。

筒形外滤永磁过滤机是一种专门用于过滤粗粒磁铁矿精矿的高效过滤机，单位面积的处理量很高，在精矿粒度为-0.8 mm的情况下可达 3 t/(m² · h)。但滤饼水分较一般筒形过滤机的稍高。

圆盘过滤机过滤面积大、占地面积小，适于处理粒度较细、沉降速度不大的物料。但滤饼水分稍高于筒形外滤式过滤机的。圆盘过滤机在黑色、有色金属矿石选矿厂，选煤厂等得到了广泛应用。

转盘式及带式过滤机适于处理粒度粗、密度大、给矿浓度高的物料。

陶瓷真空过滤机适于处理较细或细粒物料，滤饼水分相对较低，同时具有高效、节能和自动化水平高的特点，在选矿厂中应用较为广泛。

压滤机适于处理其他类型过滤设备难以处理的细粒黏性物料或用作尾矿干堆系统的第二段脱水设备。

设计需要的过滤机台数 n 通常按式（6-82）进行计算。

$$n = \frac{q}{A q_0} \tag{6-82}$$

式中，q 为需要过滤的干矿量，t/h；A 为每台过滤机的过滤面积，m²；q_0 为过滤机单位面积的处理量，一般应通过工业试验、半工业试验获得，或按过滤试验结果计算，如无试验数据，可参照类似选矿厂的实际指标或表 6-66 选取，t/(m² · h)。

表 6-66 过滤机单位面积处理量 q_0

过滤物料	q_0/t · m⁻² · h⁻¹	备 注	过滤物料	q_0/t · m⁻² · h⁻¹	备 注
细粒铅锌精矿	0.10~0.15		硫化钼精矿	0.10~0.20	
硫化铅精矿	0.15~0.20		锑精矿	0.10~0.20	
硫化锌精矿	0.20~0.25		锰精矿	1.00	粒度-0.2 mm
硫化铜精矿	0.10~0.20		萤石精矿	0.10~0.15	
氧化铜、镍精矿	0.05~0.10	氧化矿精矿，粒度很细时取小值	磁铁矿精矿	1.00~1.20	
黄铁矿精矿	0.20~0.50		赤铁矿精矿	0.80~1.00	粒度-0.12 mm
硫化镍精矿	0.10~0.20		焙烧磁选精矿	0.65~0.75	粒度-0.10 mm
磷精矿	0.40~0.50		浮选赤铁矿精矿	0.20~0.30	
含铜黄铁矿精矿	0.25~0.30		磁-浮混合精矿	0.40~0.60	

6.12.2.2 真空过滤机附属设备的选择

真空过滤机的附属设备包括真空泵和鼓风机。选矿厂使用的真空泵主要有水环式、柱塞式和水喷射泵，其形式及规格主要依据过滤机需要的真空度和抽气量（可按表 6-67 选取）以及真空泵的性能和特点来选择。

表 6-67　真空过滤机单位面积需要的抽气量一览表

精矿种类	真空计示压强/kPa	抽气量/$m^3 \cdot m^{-2} \cdot min^{-1}$
磁铁矿精矿	55~80	0.6~1.2
浮选精矿	65~80	0.8~1.5

注：抽气量按真空泵名义抽气量计，即计示压强为零的抽气量。

　　水环式真空泵是过滤系统中最常用的真空泵，常用的有 SK 型（双作用）和 SZ 型（单作用）两个系列产品。SK 型与 SZ 型相比，抽气量大，而且在真空度提高时抽气量降低幅度较小，效率高、能耗较低；缺点是设备结构复杂，极限真空度没有 SZ 型的高。

　　柱塞式真空泵的优点是抽气量大、真空度高、耗电较少；缺点是设备笨重、维修复杂、操作上需严格控制矿液不得进入泵体，目前选矿厂已较少使用。

　　水喷射泵是一种射流式真空泵，其优点是结构简单、本身无运动部件、维修量小、能耗较低；缺点是喷嘴易堵塞，需与水泵、水箱等配套使用。

　　鼓风机是采用吹风方式卸滤饼的真空过滤机需要的辅助设备，其风量及风压可按表 6-68 选取。连续吹风卸料过滤机要求风压低、风量大，多选用罗茨鼓风机；瞬时吹风卸料过滤机要求风压较高，可选用 SZ 型水环式压缩机。根据风量及风压要求也可选用其他形式鼓风机。

表 6-68　真空过滤机单位面积需要的吹气量一览表

吹风方式	计示压强/kPa	抽气量/$m^3 \cdot m^{-2} \cdot min^{-1}$
连续吹风	10~30	0.2~0.4
间断吹风	80~150	0.15~0.2

7 辅助设备及设施的选择与计算

7.1 胶带运输机的选择与计算

胶带运输机是选矿厂中应用最广泛的固体物料运输设备，尤其是在破碎、筛分及磨矿车间，是选矿生产过程必不可少的组成部分。

7.1.1 胶带运输机的类型及主要构件

胶带运输机按其支架结构分为固定式和移动式两种，其运输带的材质有橡胶带、塑料带和钢芯带3种。生产中应用最多的是橡胶带运输机，钢芯带一般用于大吨位物料的长距离运输。

中国定型的胶带运输机产品主要包括 TD75 固定带式运输机（通用型）、GH-69 带式运输机和 DX 带式运输机（高强度型）。TD75 固定带式运输机采用棉织或尼龙帆布作芯体，主要用于水平或短距离运输，输送不同性质的物料时，皮带许用的最大倾角见表 7-1；GH-69 带式运输机的特点是胶带表面呈凸起花纹，因此与输送物料间的摩擦力大，较适宜于大倾角运输；DX 带式运输机以钢丝绳作芯体，强度大，适用于长距离输送。目前，TD75 通用型和 DX 高强度型两系列已统一为 DTⅡ型固定式带式运输机。

表 7-1 带式运输机皮带的许用最大倾角一览表

输送物料名称	最大倾角/(°)	输送物料名称	最大倾角/(°)
−350 mm 矿石	10~16	−3 mm 焦炭	20
−170 mm 矿石	16~18	筛分后的块状焦炭	17
−75 mm 矿石	18~20	块煤	18
−10 mm 矿石	20~21	粉煤	20~21
10~75 mm 矿石	16	原煤	20
干精矿粉	18	湿高炉尘及轧钢皮	20
湿精矿粉	20~22	混有砾石的沙子及干土	18~20
水洗矿石	12	干砂	15
烧结混合料	20~21	湿砂及湿土	23
−75 mm 焦炭	18		

注：当倾斜向上运输时，直接从表中取值；当倾斜向下运输时，取表中数据的 80%。

前述几种胶带运输机的输送带材质及结构不同，但整机的主要部件是相同的，基本上均由输送带、传动装置、托辊、机架、拉紧装置、给料和卸料装置以及清扫器等构成。在设计时可以根据实际需要对各类部件进行组装。

胶带在胶带运输机中既是牵引机构又是承重机构，要求具有足够的强度和适当的挠度。普通橡胶带是用若干层帆布做芯，用橡胶黏合起来，表面覆以橡胶保护层。帆布层用以承受载重和传递牵引力，所以胶带的强度是按帆布层的拉断应力计算的。TD 型胶带运输机的带宽 B 和帆布层数 i 的关系及推荐保护层的厚度见表 7-2 和表 7-3。

表 7-2　TD 型胶带运输机的带宽 B 和帆布层数 i 的关系

B/mm	500	650	800	1000	1200
i	3~4	4~5	4~6	5~8	6~12

表 7-3　推荐保护层的厚度一览表

物　料　特　征	输送物料种类	保护层厚度/mm	
		上胶层	下胶层
密度<2000 kg/m³ 的中小粒度或磨损小的物料	焦炭、煤、白云石、石灰石烧结混合料、砂等	3.0	1.5
密度>2000 kg/m³、块度为-200 mm、磨损性较大的物料	破碎后的矿石、选矿产品、各种岩石、油母页岩等	4.5	1.5
密度>2000 kg/m³、磨损性较大的物料	大块铁矿石、油母页岩等	6.0	1.5

塑料带为整芯结构，它具有生产工艺简单、成本低、质量好、耐磨损、耐酸碱、耐腐蚀等优点。生产中使用的整芯塑料带的参数见表 7-4。

表 7-4　整芯塑料带的参数一览表

带宽/mm	总厚度/mm	上塑料层厚度/mm	下塑料层厚度/mm	整芯厚/mm	强度/kg·mm⁻¹	带重/kg·m⁻¹
400	9	3	2	4	224	4.0
500					224	5.0
650	10			5	336	7.7
800					336	9.5

运输胶带长度通常用式（7-1）进行计算：

$$L_0 = 2L_1 + \frac{\pi}{2}(D_1 + D_2) + An \tag{7-1}$$

式中，L_0 为运输带全长，m；L_1 为头尾滚筒间展开长度，m；D_1、D_2 为头、尾滚筒直径，m；n 为接头数目；A 为胶带接头长度，机械接头时 $A=0$，硫化接头时 A 按式（7-2）计算，m。

$$A = (i - 1)b + B\tan 30° \tag{7-2}$$

式中，i 为帆布层数；b 为硫化接头阶梯长度，一般为 0.15 m；B 为胶带宽度，m。

胶带运输机的传动系统由电动机、减速器和传动滚筒组成，由电动机通过减速器带动传动滚筒转动，然后依靠胶带和滚筒间的摩擦力使胶带运动。传动滚筒是焊接或者铸造而成的圆柱筒体。在工作环境潮湿、功率大、易打滑的条件下，为增大滚筒与胶带的摩擦力，一般在滚筒表面包以木材、皮带或橡胶等。

为减小胶带经过滚筒表面产生弯曲应力，滚筒直径应满足式（7-3）要求。

$$D \geqslant Ki \qquad (7-3)$$

式中，D 为滚筒直径，mm；K 为比例常数，对传动滚筒 $K = 125 \sim 150$，对尾部滚筒 $K = 100 \sim 120$，对改向滚筒 $K = 60 \sim 80$；i 为帆布层数。

一般情况下，传动滚筒的长度要比胶带宽 $100 \sim 200$ mm，各种胶带宽度 B 与其传动滚筒直径 D 的对应关系见表 7-5。

表 7-5　胶带宽度与其传动滚筒直径的对应关系一览表

B/mm	500	650	800	1000	1200	1400
D/mm	500	500	500	630	630	800
	—	630	630	800	800	1000
	—	—	800	1000	1000	1250
	—	—	—	—	1250	1400

采用改向滚筒，可以增大胶带在滚筒表面的包角，包角可由 180°度增加到 210° ~ 240°；若采用双滚筒传动，包角可达 270° ~ 480°。改向滚筒是用来改变胶带运动方向的，它可用于 180°、90° 及小于 45° 的改向，用于 180° 改向者一般作尾部滚筒或垂直拉紧滚筒，用于 90° 改向者，一般用作增面滚筒。不同带宽与改向滚筒直径配套情况见表 7-6。

表 7-6　改向滚筒直径配套情况一览表

带宽 B/mm	传动滚筒直径/mm	180°改向滚筒直径/mm	90°改向滚筒直径/mm	<45°改向滚筒直径/mm
500	500	400	320	320
650	500	400	400	320
	630	500	400	320
800	500	400	400	320
	630	500	400	320
	800	630	400	320
1000	630	500	500	400
	800	630	500	400
	1000	800	500	400
1200	630	500	500	400
	800	630	500	400
	1000	800	500	400
	1250	1000	630	400

续表 7-6

带宽 B/mm	传动滚筒直径/mm	180°改向滚筒直径/mm	90°改向滚筒直径/mm	<45°改向滚筒直径/mm
	800	630	500	400
1400	1000	800	500	400
	1250	1000	630	400
	1400	1250	630	400

托辊是胶带的支承装置，支承胶带重段者叫上托辊，支承胶带空段者叫下托辊，防止胶带跑偏者叫调心托辊，减小下落物料对胶带冲击者叫缓冲托辊。上托辊有图 7-1 所示的槽形和平形两种。运输散状及粒状物料多采用槽形托辊，其槽角为 30°，手选胶带和成件物品的运输多用平形托辊，下托辊多采用平形托辊。

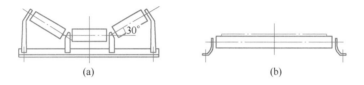

(a)   (b)

图 7-1 槽形和平形上托辊
（a）槽形托辊；（b）平形托辊

上托辊直径及间距与带宽的关系分别见表 7-7 和表 7-8。

表 7-7 上托辊直径与带宽对照表

带宽/mm	500~800	1000~1400
托辊直径/mm	89	108

表 7-8 上托辊间距与带宽对照表

带宽/mm	500，600	800，1000	1200，1400
托辊间距/mm	1200，1200	1200，1100	1200，1100

注：此表适用于输送松散密度大于 1600 kg/m³ 的物料。

胶带运输机的机架由头部机架、中部机架和尾部机架组成，它的作用是支承传动滚筒、改向滚筒及上下托辊。机架多用槽钢或角钢做成单节架子，然后用螺栓连接或焊接而成。机架生产已标准化，可按带宽由手册中查出。机架宽度 B_0 要比带宽 B 多 300~400 mm。

为了防止胶带在两托辊间隙内的垂度不致过大，保证具有足够的预张力以利于传递牵引力，胶带运输机必须设置拉紧装置。拉紧装置有螺旋式、车式和垂直式 3 种。

螺旋式拉紧装置具有结构简单、紧凑、不增大胶带弯曲等优点，但其拉紧行程较小，只有 500 mm 和 800 mm 两种，前者用于长度在 30 m 以下的运输机，后者用于长度在 30~60 m 之间的运输机。车式拉紧装置用于长度在 60~120 m 的运输机，它具有结构简单、工作可靠的特点，应用范围较广。垂直拉紧装置适用于长度在 120 m 以上的运输机，或用于机尾无法设置车式拉紧装置的地方。为防止输送带在传动滚筒上打滑，垂直拉紧装置应尽量布置在靠近传动滚筒的地方。

7.1.2 **胶带运输机的工艺参数计算**

胶带的工艺参数包括带宽、带速、功率、张力等。计算需要的原始数据包括：（1）物料名称和运输量 $q(t/h)$；（2）物料性质，包括粒度、松散密度、物料动堆积角、自然堆积角、温度、湿度、黏性、磨损性等；（3）工作条件，包括给卸料点数目和位置、装卸方式等；（4）胶带运输机的布置形式，如水平、倾斜、凸弧、凹弧、凸弧与凹弧混合。

7.1.2.1　带速的选择

输送松散状物料时，可参考表 7-9 选择带速，同时需要注意以下几种情况。

（1）在胶带上进行人工手选时，带速不宜超过 0.3 m/s。

（2）用于带式给料机或输送灰尘很大的物料时，带速一般取 0.8~1.0 m/s。

（3）采用犁式卸料器时，带速不宜超过 2.0 m/s。

（4）采用卸料车时，带速不宜超过 2.5 m/s。

（5）人工配料计量的运输机，带速应选用 1.25 m/s。

表 7-9　带速选择参考数据一览表

输送物料特性	带宽 B/mm		
	500，650	800，1000	1200，1400
	带速 v/m·s^{-1}		
磨损性小的物料（如原煤、粉矿）	0.8~2.5	1.00~3.15	1.0~4.0
有磨损性的中小块物料（如炉渣、砾石）	0.8~2.0	1.0~2.5	1.00~3.15
有磨损性的大块物料（如矿石）	0.8~1.6	1.0~2.0	1.0~2.5

在实际生产中，较为常用的带速为 1.6~2.0 m/s，可以同时满足输送量和不起尘的要求。另外，较长的水平运输机可选较高的带速，运输机倾角大、输送距离短时，带速宜取小值。

7.1.2.2　带宽的计算

胶带运输机带宽的计算公式为：

$$B = \sqrt{\frac{1000q}{K\rho vC\xi}} \tag{7-4}$$

式中，B 为带宽，m；q 为输送的物料量，t/h；ρ 为矿石松散密度（可从表 7-10 中选取），kg/m^3；v 为带速，可从表 7-9 中选取，m/s；K 为断面系数，与物料动堆积角有关，可从表 7-11 中选取；C 为倾角系数，可从表 7-12 中选取；ξ 为速度系数，可从表 7-13 中选取。

表 7-10　不同物料的松散密度 ρ 和动堆积角 Δ 一览表

物料名称	$\rho/\text{t}\cdot\text{m}^{-3}$	$\Delta/(°)$	物料名称	$\rho/\text{t}\cdot\text{m}^{-3}$	$\Delta/(°)$
煤	0.8~1.0	30	小块石灰石	1.2~1.6	25
煤渣	0.6~0.9	35	大块石灰石	1.6~1.7	25
焦炭	0.5~0.7	35	烧结混合料	1.6	30
锰矿	1.7~1.8	25	砂	1.6	30
黄铁矿	2.0	25	碎石和砾石	1.8	20
富铁矿	2.5	25	干松泥土	1.2	20
贫铁矿	2.0	25	湿松泥土	1.7	30
铁精矿	1.6~2.5	30	黏土	1.8~2.0	35

注：1. 物料松散密度和堆积角随物料水分、粒度等的不同而异，正确值以实测为准，本表供参考。

　　2. 表中数值为动堆积角，一般为静堆积角的70%。

表 7-11　断面系数 K 的数值一览表

B/mm	$\Delta/(°)$									
	15		20		25		30		35	
	槽形	平形	槽形	平形	槽形	平形	槽形	平形	槽形	平形
500，650	300	105	320	130	355	170	390	210	420	250
800，1000	335	115	360	145	400	190	435	230	470	270
1200，1400	355	125	380	150	420	200	455	240	500	285

表 7-12　倾角系数 C 的数值一览表

$\alpha/(°)$	≤6	8	10	12	14	16	18	20	22	24	25
C	1.00	0.96	0.94	0.92	0.90	0.88	0.85	0.81	0.76	0.74	0.72

表 7-13　速度系数 ξ 的数值一览表

$v/\text{m}\cdot\text{s}^{-1}$	≤1.6	≤2.5	≤3.15	≤4.0
ξ	1.0	0.98~0.95	0.94~0.90	0.84~0.80

7.1.2.3　带宽的校核

根据式（7-4）计算出来的带宽值，还需要用输送物料的最大粒度（参考表7-14）或通过计算进行校核，其计算式为：

未经筛分的矿石　　　　　　　　　$B \geqslant 2D_{\max} + 200$ 　　　　　　　　　（7-5）

经过筛分的矿石　　　　　　　　　$B \geqslant 3.3d_{\text{cp}} + 200$ 　　　　　　　　　（7-6）

式中，$D_{\max}$ 为物料的最大粒度，mm；d_{cp} 为物料的平均粒度，mm。

如果计算出来的带宽不能满足物料块度的要求，则应将带宽适度提高。

表 7-14　不同带宽输送物料的最大块度一览表

B/mm		500	650	800	1000	1200	1400
最大块度/mm	筛分物料	100	130	180	250	300	350
	未筛分物料	150	200	300	400	500	600

7.1.2.4　传动滚筒轴功率的计算

传动滚筒轴功率的计算公式为：

$$N_0 = (K_1 L_h v + K_2 L_h q \pm 0.00273 q H) K_3 K_4 + \sum N' \tag{7-7}$$

式中，N_0 为传动滚筒的轴功率，kW；L_h 为运输机水平投影长度，m；H 为运输机垂直提升高度，如有卸料小车应加卸料车的提升高度 H'（表7-15），m；K_1 为空载运行系数，与托辊阻力系数 ω（表7-16）有关，可从表7-17中选取；K_2 为物料水平运动功率系数，与托辊阻力系数 ω（表7-16）有关，可从表7-18中选取；K_3 为附加功率系数，见表7-19；K_4 为运输带改向功率系数，$K_4 = 1.03 \sim 1.15$；N' 为犁式卸料器和导料拦板长度超过 4 m 时的附加功率，见表7-20。

表7-15　H' 的数值一览表

B/mm		500	650	800	1000	1200	1400
H'/m	卸料车	1.70	1.80	1.96	2.21	2.37	2.62
	重型卸料车	—	—	—	2.42	2.52	3.02

表7-16　托辊阻力系数 ω 的数值一览表

工 作 条 件	槽形	平形
清洁、干燥	0.020	0.018
少量灰尘、正常湿度	0.030	0.025
大量灰尘、湿度大	0.040	0.035

表7-17　K_1 的数值一览表

ω	B/mm					
	500	650	800	1000	1200	1400
0.018	0.0061	0.0074	0.0100	0.0138	0.0191	0.0230
0.020	0.0067	0.082	0.0110	0.0153	0.0212	0.0255
0.025	0.0084	0.0103	0.0137	0.0191	0.0265	0.0319
0.030	0.0100	0.0124	0.0165	0.0229	0.0318	0.0385
0.035	0.0117	0.0144	0.0192	0.0268	0.0371	0.0446
0.040	0.0134	0.0165	0.0220	0.0306	0.0424	0.0510

表7-18　K_2 的数值一览表

ω	0.018	0.020	0.025	0.030	0.035	0.040
K_2	4.91×10^{-5}	5.45×10^{-5}	6.82×10^{-5}	8.17×10^{-5}	9.55×10^{-5}	10.89×10^{-5}

表7-19　K_3 的数值一览表

β/(°)	L_h/m								
	15	30	45	60	100	150	200	300	>300
0	2.80	2.10	1.80	1.60	1.55	1.50	1.40	1.30	1.20

续表 7-19

$\beta/(°)$	L_h/m								
	15	30	45	60	100	150	200	300	>300
6	1.70	1.40	1.30	1.25	1.25	1.20	1.15	1.15	1.15
12	1.45	1.25	1.25	1.20	1.20	1.15	1.15	1.14	1.14
20	1.30	1.20	1.15	1.15	1.15	1.13	1.13	1.10	1.10

表7-20 N'的数值一览表

B/mm		500	650	800	1000	1200	1400
N'/kW	犁式卸料器	$0.3n$	$0.4n$	$0.5n$	$1.0n$	$1.4n$	—
	导料拦板	$0.080L$	$0.080L$	$0.090L$	$0.100L$	$0.115L$	$0.130L$

注：表中 n 为犁式卸料器个数，L 为超过 3 m 长度的导料拦板长度，即 L 等于导料板总长减 3 m。

7.1.2.5 电动机功率的计算

水平和提升运输时，电动机功率按式（7-8）进行计算；倾斜向下运输时，电动机功率按式（7-9）进行计算。

$$N = K\frac{N_0}{\eta} \tag{7-8}$$

$$N = KN_0\eta \tag{7-9}$$

式中，N 为电动机功率，kW；N_0 为传动滚筒轴功率，kW；K 为功率备用系数，$N<10$ kW 的 Y 系列电机，$K=1.2$，其他情况应进行启动验算；η 为传动效率，ZL 型减速器，$\eta=0.94$，IZHLR 型减速器，$\eta=0.85$。

7.1.2.6 输送带最大张力简易计算

水平输送时，输送带的最大张力按式（7-10）进行计算。

$$S_{max} = K\frac{N_0}{v} \tag{7-10}$$

式中，S_{max} 为最大张力，N；N_0 为传动滚筒轴功率，kW；v 为皮带速度，m/s；K 为传动摩擦系数。

$$K = \frac{102e^{\mu\alpha}}{e^{\mu\alpha} - 1} \tag{7-11}$$

式中，e 为自然对数的底；μ 为输送带与传动滚筒的接触摩擦系数；α 为输送带在传动滚筒上的包角（弧度）。

式（7-11）中 $e^{\mu\alpha}$ 的值也可以查表 7-21 获得。

表7-21 $e^{\mu\alpha}$的数值一览表

驱动滚筒表面情况[①]	摩擦系数 μ	胶带绕驱动滚筒包角 $\alpha/(°)$											
		110	120	140	160	170	180	190	200	210	220	300	400	500
极湿粘污	0.15	1.33	1.37	1.44	1.52	1.56	1.60	1.64	1.69	1.73	1.78	2.63	3.03	4.56

驱动滚筒表面情况①	摩擦系数 μ	胶带绕驱动滚筒包角 $\alpha/(°)$												
		110	120	140	160	170	180	190	200	210	220	300	400	500
较湿粘污	0.20	1.47	1.52	1.63	1.75	1.81	1.87	1.94	2.01	2.08	2.16	3.64	4.04	7.57
湿粘污	0.25	1.62	1.69	1.84	2.01	2.10	2.19	2.29	2.39	2.50	2.61	5.03	5.73	12.56
粘污	0.30	1.78	1.87	2.08	2.31	2.44	2.57	2.70	2.85	3.00	3.16	6.94	8.12	20.81
干的	0.35	1.96	2.08	2.35	2.66	2.82	3.00	3.19	3.39	3.61	3.83	9.95	11.51	34.57
干清洁	0.40	2.16	2.31	2.66	3.06	3.28	3.51	3.77	4.04	4.33	4.65	13.24	16.32	57.35

①滚筒表面衬胶或带有沟槽。

倾斜输送时，输送带的最大张力按式（7-12）进行计算。

$$S_{max} = 0.001K_1\rho \pm K_2H + K_3N_0 \qquad (7-12)$$

式中，H 为运输机垂直提升高度，m；ρ 为矿石密度，kg/m³；K_1、K_2、K_3 为修正系数，查表 7-22、表 7-23。

表 7-22 K_1 和 K_2 的数值一览表

B/mm	500	650	800	1000	1200	1400
K_1	260	430	570	880	1200	1600
K_2	6.5	9.0	12.0	18.0	25.0	30.0

表 7-23 K_3 的数值一览表

$v/m \cdot s^{-1}$	0.8	1.0	1.25	1.6	2.0	2.5	3.15	4.0
K_3	128	102	82	64	51	41	33	26

7.2 给矿机的选择与计算

给矿机的作用是将矿石或产品从矿仓或储矿设施均匀而准确地装入输送设备、破碎机、磨矿机和选别设备中，以保证矿石按工艺要求的数量输送。给矿机的种类很多，根据其工作机构的运动特性可归纳为连续动作的板式、带式、链式给矿机，往复运动的槽式、摆式、振动式给矿机，回转运动的圆盘式、滚筒式给矿机 3 类。选矿厂中常用的给料机是板式、带式、槽式、电磁振动及圆盘给矿机。

7.2.1 板式给矿机的处理量计算

板式给矿机是破碎车间常用的给矿设备，装载于矿仓底部，直接承受矿仓中矿柱的压力。其最大优点是给矿均匀、工作可靠，缺点为设备笨重、价格较高。按承受矿柱压力的大小和给矿粒度的尺寸，分为重型、中型、轻型 3 类，相应的最大给矿粒度分别为 1500 mm、350~400 mm 和 160 mm。板式给矿机的处理量取决于链板宽度和移动速度、给矿粒度等，通常用式（7-13）进行计算。

$$q = 3.6\varphi bhv\rho \tag{7-13}$$

式中，q 为板式给矿机生产能力，t/h；φ 为充满系数，一般取 0.8；b 为给矿口宽度，一般为链板宽度的 0.9 倍，m；h 为矿石层厚度，m；v 为链板移动速度，m/s；ρ 为矿石松散密度，kg/m³。

7.2.2　带式给矿机的处理量计算

带式给矿机就是短的胶带运输机，主要用于装卸中等粒度（350 mm 以下）的松散物料，常用于选矿厂的中、细碎给料作业。其重段支持在密布的托辊上，空段多悬空而无支撑装置，胶带的运行速度一般较小，多为 0.05~0.45 m/s。带式给矿机的最大优点是给矿连续、均匀，给矿距离可长可短，可水平也可倾斜，在配置上灵活性大；主要缺点是承受不住较大的压力，物料粒度大时磨损严重。为了改善弥补带式给矿机的不足，常常在矿仓排矿口处设置漏斗以达到减压目的。带式给矿机的带宽要大于最大给矿粒度的 2.5 倍，其给矿能力通常按式（7-14）进行计算。

$$q = 3.6bhv\rho\varphi \tag{7-14}$$

式中，q 为带式给矿机的生产能力，t/h；φ 为充满系数，一般取 0.75~0.8；b 为给矿漏斗宽度，一般为链板宽度的 0.9 倍，m；v 为胶带速度，m/s。

7.2.3　槽式给矿机的处理量计算

槽式给矿机是一水平矿槽，矿槽置于滚轴上并由曲柄连杆机构带动作往复平面运动。当矿槽向前运动时，将排矿口排出的物料带走，而新的物料又从矿仓中排到矿槽空的部位。当矿槽向后运动时，物料顶在矿槽后壁上，并沿槽子向前移动，使物料从前端呈间歇式给到受矿设备。它可以架设于地面，也可以吊装在矿仓卸料口上。槽式给矿机的槽宽一般为给料最大粒度的 2~2.5 倍，输送矿石的适宜粒度为−250 mm，最大粒度可达 450 mm。槽式给矿机的生产能力通常按式（7-15）进行计算。

$$q = 7.2\varphi bhnr\rho \tag{7-15}$$

式中，q 为槽式给矿机的生产能力，t/h；φ 为充满系数，一般取 0.8；b 为槽宽，m；h 为槽深，m；n 为槽式给矿机的往复运动频率，Hz；r 为槽式给矿机的往复运动振幅，m。

7.2.4　电磁振动给矿机的处理量计算

电磁振动给矿机的结构简单、体积小、给矿均匀、给矿量调节方便，适于处理−500~−0.3 mm 的松散物料，只是当装卸黏性湿物料时易使槽底结料，不宜采用。另外，电磁振动给矿机的噪声大、易产生粉尘。电磁振动给矿机的处理量一般按产品目录中所列的数据选取，也可按式（7-16）进行计算。

$$q = 3.6\varphi bhv\rho \tag{7-16}$$

式中，q 为电磁振动给矿机的生产能力，t/h；φ 为充填系数，$\varphi = 0.6 \sim 0.9$；h 为槽内料层厚度，m；v 为输送速度，一般 $v = 0.1 \sim 0.2$ m/s。

7.2.5 圆盘给矿机的处理量计算

圆盘给矿机的工作机构是一个安装在垂直轴上、由电动机经过齿轮或蜗轮传动装置带动旋转的圆盘，设备工作时用刮板将矿石从圆盘上卸下。圆盘给矿机往往安装在矿仓排矿口的下部，并设有套筒，借改变套筒和盘面之间的距离和刮板伸入物料层的深度来调节给矿量的大小。

圆盘给矿机适用于输送黏性较大的细粒物料和水分高的分选精矿，其缺点是结构复杂、机体笨重。设计时，应将给料口直径设为圆盘直径的 0.5~0.6 倍。当物料中细粒级含量高时，宜使用封闭式圆盘给矿机；一般情况下，均采用敞开式圆盘给矿机。

敞开式圆盘给矿机和封闭式圆盘给矿机的生产能力通常按式（7-17）和式（7-18）进行计算。

$$q = 0.06 \frac{\pi h n \rho}{\tan\Delta} \left(\frac{D}{2} + \frac{h}{3\tan\Delta} \right) \tag{7-17}$$

$$q = 0.06\pi n (R_1^2 - R_2^2) h \rho \tag{7-18}$$

式中，q 为圆盘给矿机的生产能力，t/h；h 为套筒离圆盘高度（敞开式）或排矿口开口高度（封闭式），m；n 为圆盘转速，r/min；D 为套筒直径，m；Δ 为物料堆积角，(°)；R_1、R_2 为封闭式圆盘给矿机排矿口内外侧距圆盘中心的距离，m。

7.3 矿浆输送装置与设备的选择与计算

在选矿生产过程中，从磨矿作业开始直至得到精矿和尾矿，其间被处理的矿石基本上呈细粒分散的矿浆状态从一个作业流到另一个作业，从一个机组转移到另一个机组。这种利用水力运输固体物料的过程叫做矿浆输送或矿浆水力输送。

矿浆输送不但可应用于选矿厂内，而且还常常被应用于精矿和尾矿产品的厂外输送。按有无外部能量输入，矿浆输送可分为自流输送（无压流动）和压力输送两种基本形式。自流运输是靠矿浆自身的重力进行的，当选矿厂的地形坡度适宜时采用，它既便于生产又节省动力和机械维修费用。当选矿厂中的地形坡度不适宜或因工艺要求需要把矿浆由低处运输到高处时，则需要压力输送。压力输送是通过砂泵进行的，其特点是配置紧凑、灵活性大、不受地形限制，可以有效地缩短设备之间或厂房之间的水平距离等，但需要机械设备和消耗动力。

7.3.1 矿浆自流输送计算

选矿厂中矿浆的自流输送多采用流槽和管道，当运输的矿浆量大且粗粒含量高时，宜采用流槽输送；当矿浆量小且细粒含量高时，宜采用自流管道运输。自流输送计算的内容包括矿浆流量和临界流速，及确定临界水力坡度和最佳断面尺寸。

7.3.1.1 矿浆流量的计算

如果矿浆流程计算完毕，矿浆流量可直接从矿浆流程图中查得，否则按式（7-19）进行计算。

$$V_{\mathrm{m}} = Kq_{\mathrm{T}}\left(\frac{1000}{\rho} + R\right) \tag{7-19}$$

式中，V_{m} 为矿浆的体积流量，$\mathrm{m^3/h}$；q_{T} 为矿浆中的固体矿量，$\mathrm{t/h}$；K 为矿浆波动系数，一般取 $K = 1.1 \sim 1.2$；ρ 为矿石密度，$\mathrm{kg/m^3}$；R 为矿浆的液固质量比。

7.3.1.2 临界流速的计算

采用流槽输送时，临界流速范围是 $1.0 \sim 2.2 \mathrm{~m/s}$，可用 B. C. 克诺罗兹经验公式进行计算。

当矿浆中固体颗粒的平均粒度 $d_{\mathrm{cp}} \leqslant 0.07 \mathrm{~mm}$ 时，

$$v_{\mathrm{k}} = 0.2K(1 + 3.4\sqrt[3]{Rh_{\mathrm{k}}^{0.75}}) \tag{7-20}$$

当 $0.07 \mathrm{~mm} \leqslant d_{\mathrm{cp}} \leqslant 0.15 \mathrm{~mm}$ 时，

$$v_{\mathrm{k}} = 0.30K(1 + 3.5\sqrt[3]{R}\sqrt[3]{h_{\mathrm{k}}}) \tag{7-21}$$

当 $0.15 \mathrm{~mm} \leqslant d_{\mathrm{cp}} \leqslant 0.4 \mathrm{~mm}$ 时，

$$v_{\mathrm{k}} = K(0.35 + 2.15\sqrt[3]{Rh_{\mathrm{k}}^2}) \tag{7-22}$$

当 $0.4 \mathrm{~mm} \leqslant d_{\mathrm{cp}} \leqslant 1.5 \mathrm{~mm}$ 时，

$$v_{\mathrm{k}} = K(0.35 + 2.15\sqrt[3]{Rh_{\mathrm{k}}^2})\sqrt{\frac{d_{\mathrm{cp}}}{0.4}} \tag{7-23}$$

当 $d_{\mathrm{cp}} \geqslant 1.5 \mathrm{~mm}$ 时，

$$v_{\mathrm{k}} = 1.9(0.35 + 2.15\sqrt[3]{Rh_{\mathrm{k}}^2})\sqrt{K_1\frac{d_{\mathrm{cp}}}{0.4}} \tag{7-24}$$

式中，v_{k} 为临界流速，$\mathrm{m/s}$；R 为矿浆的固液质量比；h_{k} 为临界水速条件下的水深，m；d_{cp} 为矿浆中固体颗粒的平均粒度，mm；K、K_1 为矿石密度修正系数，矿石密度 $\rho \leqslant 2700 \mathrm{~kg/m^3}$ 时 $K = K_1 = 1$，$\rho > 2700 \mathrm{~kg/m^3}$ 时其计算式如下：

当 $d_{\mathrm{cp}} \leqslant 1.5 \mathrm{~mm}$ 时，

$$K = \frac{\rho - 1000}{1700} \tag{7-25}$$

当 $d_{\mathrm{cp}} \geqslant 1.5 \mathrm{~mm}$ 时，

$$K_1 = \sqrt{\frac{\rho - 1000}{1700}} \tag{7-26}$$

式中，ρ 为矿石密度，$\mathrm{kg/m^3}$。

7.3.1.3 临界水力坡度的计算

为了保证选矿厂中矿浆流槽的正常运行，必须有适当的水力坡度，可采用谢才公式（7-27）进行计算。

$$v = C\sqrt{Ri} \tag{7-27}$$

式中，v 为流槽中矿浆的平均速度，$\mathrm{m/s}$；i 为清水的水力坡度；R 为流槽过水断面的水力半径；C 为谢才系数。

另外，临界水力坡度还可以根据生产实践总结的数据（表 7-24～表 7-27）进行选取。

表 7-24　铁矿石磁选厂常用流槽和自流管道的坡度一览表

输送的物料名称	矿石密度/kg·m⁻³	矿石粒度/%-0.074 mm	矿浆浓度/%	矿浆量/L·s⁻¹	坡度/%
一次球磨机排矿	3400～3600	24～25	75～65	20～45	12～15
一次分级机返砂	3400～3600	8～10	85～75	8～28	33～36
一次分级机溢流	3300～3500	40～60	62～50	15～25	8～11
二次球磨机排矿	3700～3800	40～60	50～40	22～45	10～14
二次分级机返砂	3700～3800	25～40	75～70	10～15	32～35
二次分级机溢流	3600～3700	80～90	20～15	55～83	4～6
直线筛筛上返砂	3400～3600	8～10	85～75	8～28	33～36
直线筛筛下物	3400～3600	40～60	50～60	15～25	8～11
水力旋流器沉沙	3400～3600	25～40	75～70	10～15	32～35
脱水槽给矿	3300～3500	40～60	35～25	4～65	9～12
	3600～3700	80～90	20～15	11～17	6～8
脱水槽精矿	3600～3800	35～60	55～40	13～22	11～13
	4000～4200	75～85	40～35	4～5	8～10
磁选机精矿	4300～4400	60～75	45～35	15～20	12～14
磁选机尾矿	2800～2900	28～40	10～5	5～15	10～12
磁选机精矿	4300～4400	80～90	45～35	12～19	7～8
磁选机精矿	4300～4400	80～90	45～35	4～12	9
磁选机尾矿	2800～2900	35～50	7～2	11～45	3～5
脱水槽尾矿	2700～2800	70～90	9～2	15～90	2～3
细筛筛上流槽	4000～4200	80～90	50～60	5～15	8～10
细筛筛下流槽	4300～4400	90～95	20～15	5～15	7～8

表 7-25　浮选厂常用流槽和自流管道的坡度一览表

输送物料名称及运输条件	浓度/%	坡度/%
铜、锌、黄铁矿分级机溢流，用管道输送至浮选机，粒度-0.3 mm	40	5～8
粒度-0.2 mm	33	3～5
含大量硫化物混合精矿经粗磨后用流槽输送去选别作业，不加水冲	40	15
同上条件，加水冲	25～30	10
铜、铅、锌、黄铁矿精矿，用流槽输送到选别作业，加水冲	25～20	7
含大量硫化物混合精矿经粗磨后用流槽输送去选别作业，不加水冲	40	10
同上条件，加水冲	25～30	7
铜、铅、锌、黄铁矿精矿，用管道输送到浓缩作业，不加水冲	20～25	4
浓缩后的精矿，用管道输送	50～70	7
浮选作业尾矿，用管道输送	33	1.5～2.0
浮选作业尾矿，用流槽输送	33	2～4

注：表中所列管槽坡度为直线段坡度，有弯曲或拐弯段坡度相应增加 20%～30%。

表 7-26　不同磨矿细度的磨矿机排矿及分级机返砂的流槽坡度一览表

分级机溢流粒度/mm	磨矿机排矿流槽坡度/%	分级机返砂流槽坡度/%	分级机溢流粒度/mm	磨矿机排矿流槽坡度/%	分级机返砂流槽坡度/%
-0.074	10	25	-0.4	22	40
-0.1	13	23.5	-0.6	23.5	43
-0.15	15	31.5	-0.8	24.5	45.5
-0.2	17	34.5	-1.2	25	47
-0.3	20	37.5	-2	27	50

注：本数据适用于密度为 2850 kg/m³ 的矿石，对于密度大的矿石，坡度应适当增大 15%~30%。

表 7-27　XJK 型浮选机从 2 到 10 槽内泡沫输送流槽的坡度一览表

浮选机规格/m³	流槽连接下列浮选机槽数时的坡度/%								
	2	3	4	5	6	7	8	9	10
1	22.1	15.8	12.3	10.1	8.5	7.5	6.5	5.3	5.3
2	22.1	15.8	12.3	10.0	8.5	7.3	6.5	5.3	5.2
3	21.6	15.4	12.0	9.8	8.3	7.2	6.3	5.6	5.1
4	21.5	15.4	11.9	9.8	8.3	7.3	6.5	5.6	5.1
5	21.2	15.2	11.8	9.7	8.1	7.1	3.2	5.6	5.0
6	13.7	9.6	7.6	6.2	5.2	4.5	4.0	3.6	3.2
7	11.9	8.5	6.6	5.4	4.5	4.0	3.5	3.1	2.8

7.3.1.4　最佳过水断面尺寸的计算

流槽中适宜的矿浆深度通常采用式（7-28）进行计算。

$$h_0 = \left(\frac{V_m}{K_h \sqrt{i_m}} \right)^{3/8} \tag{7-28}$$

式中，h_0 为流槽中矿浆的深度，m；V_m 为矿浆流量，m³/s；i_m 为流槽的临界水力坡度（表 7-24~表 7-27），%；K_h 为矿浆深度系数，见表 7-28。

表 7-28　矿浆深度系数 K_h 的数值一览表

流槽类别	粗糙系数	槽宽与矿浆深度比（b/h_0）			
		2	2.5	3	4
水槽	0.125	100	135	170	245
铁槽	0.013	97	130	160	235
混凝土槽	0.014	90	120	150	225
砾石槽	0.015	84	110	140	205

在一般情况下，当 $b = 2h_0$ 时，其水力半径和流量都达最大值，这样的断面叫最佳过水断面。但是选矿厂中矿浆量波动较大，有时 $b/h_0 > 2$，此时深度系数值则相应的增大。

当矿浆完全充满自流管道的圆形断面时，管道中的矿浆流速和流量并非最大，因为接近满管时，再提高水面高度，过水断面的面积增加缓慢，而湿周则增加很多，导致过水断面的水力半径减小，输水能力下降。当 $h = 0.8d$ 时，无压流动圆管中的矿浆平均流速最大；当 $h = 0.9d$ 时，管中的矿浆流量最大。适宜的自流管道直径通常按式（7-29）进行计算。

$$d = \left(\frac{K_d V_m}{\sqrt{i_m}}\right)^{3/8}$$ （7-29）

式中，d 为自流管道的适宜直径，m；K_d 为矿浆充满系数，见表7-29。

表 7-29　矿浆充满系数 K_d 的数值一览表

管材	粗糙系数	矿浆充满系数 K_d（h/d）				
		0.40	0.45	0.50	0.55	0.60
水管	0.012	0.1135	0.0919	0.0767	0.0657	0.0573
钢管	0.0125	0.1192	0.0961	0.0804	0.0686	0.0598
铸铁管	0.013	0.1253	0.1000	0.0838	0.0717	0.0625
混凝土管	0.015	0.1462	0.1180	0.0985	0.0843	0.0734

注：矿浆充满系数与矿浆浓度的关系参考表7-30。

表 7-30　矿浆充满系数与矿浆浓度的关系一览表

矿浆浓度	10	20	30	40	50
矿浆充满系数 K_d（h/d）	0.60	0.55	0.50	0.45	0.40

7.3.2　矿浆压力输送计算及泵的选择

矿浆压力输送是通过砂泵（或渣浆泵）实现的，它有很多类型，首先要根据被输送物料的粒度、密度、硬度，以及矿浆浓度、黏度和磨蚀性等性质确定泵的类型，然后根据要求的输送量和扬程选定泵的规格和台数。系列化生产的泵可直接从产品目录中查取输送量和扬程以选用适当的型号，按需确定台数。

7.3.2.1　砂泵（渣浆泵）的类型与技术性能

常用的砂泵有 PS、PH、PN、PNL、PNJA、PNJFA、PW、长轴泵、泡沫泵和沃曼泵等系列产品。

PS 型砂泵是卧式侧面进浆的离心式砂泵，用于输送矿浆或重悬浮液，输送矿浆的最大浓度可达 60%~70%。PS 型砂泵的轴封方式为填料，工作时仅需要通入少量清水进行润滑和冷却；采用压入式配置，安装时泵轴中心线一般低于矿浆面 1~3 m。PS 型砂泵具有结构简单、维修方便、便于配置和无须水封等特点，在选矿厂中应用较为广泛。

PH 型砂泵属卧式单级单吸悬臂式砂泵，输送物料的颗粒粒度不得超过 25 mm，允许微量粒度为 50 mm 左右的沙石间断通过。PH 型砂泵的轴封采用水封方式，水封压强需比泵的工作压强大 0.1~0.2 MPa，水封用水量为工作流量的 1%~5%。PH 型砂泵的结构简单、维修方便和使用寿命长。

PN 型和 PNL 型砂泵分别属于卧式和立式单级单吸悬臂式离心泵，用于输送矿浆、泥浆和泥沙等，通常情况下，输送矿浆中的固体质量分数不得超过 60%（PN）和 50%（PNL）。PN 型砂泵同样需要水封，水封压强应比砂泵工作压强大 0.1 MPa，水封用水量为其工作流量的 1%~3%。

PNJA 型和 PNJFA 型衬胶泵是单级单吸离心式衬胶泥浆泵。PNJFA 型专门用于输送具有腐蚀性的矿浆，其输送矿浆的最大质量浓度不得超过 65%，最高温度不得超过 60 ℃。这一类型的砂泵采用压入式配置，采用清水密封，不适合输送含有尖角固体颗粒的矿浆。

PW 型砂泵系卧式单级离心污水泵，采用清水密封，适用于输送 80 ℃ 以下带有纤维或其他悬浮物的污水，但不能输送酸性和碱性以及其他会引起金属腐蚀的液体。PWF 是卧式单级悬臂式离心耐腐蚀污水泵，适用于输送酸性、碱性或其他腐蚀性污水，但液温需在 80 ℃ 以下。PW 型砂泵的轴封有一般填料和防止有毒性及强腐蚀性液体外漏的机械密封两种结构，工作时需给入高于工作压强 0.05~0.10 MPa 的清水进行润滑和冷却。

长轴泵是输送矿浆、煤浆、各类浮选泡沫及中矿产品的专用泵，亦可输送其他液体或污水，是大型浮选厂中不可或缺的辅助设备之一，可实现浮选回路的灵活控制。长轴泵的箱体有 A、B、C 三种类型，其中 A 型为单箱体，可放置 1 台泵，B 型、C 型为双箱体，可放置 2 台泵。

泡沫泵是立式离心泵，具有消泡作用，消泡率一般在 75% 以上，既可用作泡沫产品浓缩脱水前的消泡设备，以减少浓缩液中的金属损失，又可用于中间泡沫产品的输送。泡沫泵即使在矿浆量不足的条件下，亦能正常工作。

沃曼（Warman）渣浆泵是根据澳大利亚技术制造的离心泵，其结构先进、运转可靠、使用寿命长，主要有重型、轻型、液下渣浆泵、挖泥泵和砂砾泵等系列产品，多被用于输送强磨蚀、高浓度的矿浆。其中重型系列产品 AH 型渣浆泵应用广泛，其叶轮采用渐扩式出口，对泵壳冲击力较小，与 PS 型砂泵相比，效率提高 5%~15%。沃曼渣浆泵的过流部件采用高铬铸铁制造，耐磨性能好。

砂泵的性能通常用特定转速下的流量与扬程、流量与功率、流量与效率的清水性能曲线表示。性能曲线可以反映当流量变化时，扬程、功率、效率的变化规律。不同类型的砂泵具有不同的性能曲线，设计选型时可以参考产品目录或查阅其他相关资料。

7.3.2.2 矿浆压力输送计算

在矿浆压力输送系统中，砂泵出口管径、输送矿浆需要的总扬程、砂泵轴功率、驱动电动机功率和需要的砂泵台数通常按式（7-30）~式（7-34）进行计算。

$$d = \sqrt{\frac{4KV_m}{\pi v_k}} \qquad (7\text{-}30)$$

式中，d 为砂泵出口管径，m；K 为矿浆波动系数，$K = 1.1~1.2$；V_m 为输送的矿浆量，m^3/h；v_k 为管道中矿浆的临界流速（表 7-31），m/s。

表 7-31　压力输送管道的矿浆临界流速一览表　　　　　　　　　　　（m/s）

矿浆浓度/%	密度≤2700 kg/m³ 的矿石的平均粒度 d_{cp}/mm				
	≤0.074	0.074~0.150	0.15~0.40	0.4~1.5	1.5~3.0
1~20	1.0	1.0~1.2	1.2~1.4	1.4~1.6	1.6~2.2
20~40	1.0~1.2	1.2~1.4	1.4~1.6	1.6~2.1	2.1~2.3
40~60	1.2~1.4	1.4~1.6	1.6~1.8	1.8~2.2	2.2~2.5
60~70	1.6	1.6~1.8	1.8~2.0	2.0~2.5	—

注：当矿石的密度 ρ>2700 kg/m³ 时，表中的数据需要乘以密度校正系数 K（见式（7-25））或 K_1（见式（7-26））。

　　按式（7-30）计算出的砂泵出口管径往往不是标准管径，通常选取接近计算值的标准管径。当选用管径比计算管径小时，则流速较大，水头损失和管壁磨损较大；当选用管径比计算管径大时，则会产生局部沉淀。为了使管道流畅，在确定标准出口管径后，必须对临界流速按照式（7-30）进行验算，且不得小于表 7-32 中规定的有压流动管道内矿浆的最小流速。

表 7-32　有压流动管道内矿浆的最小流速一览表　　　　　　　　　　（m/s）

矿石粒度/mm	矿石密度/kg·m⁻³	矿浆流量/L·s⁻¹	矿浆浓度/%				
			15	20	30	40	50
-1.0	3400~3500	30~45	—	—	1.85	1.95	2.05
	4000~4200	30~45	—	1.85	1.95	2.05	2.15
		60~80	—	1.90	2.00	2.10	2.20
	4200	60~130	—	1.95	2.05	2.15	2.25
-0.6	3400~3500	13~20	—	1.60	1.70	1.80	1.90
		30~45	—	1.65	1.75	1.85	1.95
	4000~4200	30~45	—	1.75	1.85	1.95	2.05
		60~80	—	1.80	1.90	2.00	2.10
-0.4	3400~3500	13~20	—	—	1.60	1.70	1.80
		30~45	—	—	1.65	1.75	1.85
-0.15	3700~3800	30~45	1.50	1.55	1.65	—	—
		60~85	1.55	1.60	1.70	—	—
	4400~4600	30~45	—	1.65	1.75	1.85	1.95
		60~85	—	1.70	1.80	1.90	2.00

$$H_j \geqslant (H + Li)\frac{\rho_p}{\rho_w} + h \tag{7-31}$$

式中，H_j 为砂泵输送矿浆所需要的总扬程（折合为清水），m；H 为需要输送的几何高差，m；L 为接头、弯头、阀门、三通管等的当量管长（表 7-33）总和，m；i 为管道清水阻力损失，$i=AV_m^2$，A 为比阻系数（表 7-34），V_m 为矿浆流量（m³/s）；ρ_p 为矿浆密度，kg/m³；ρ_w 为水的密度，kg/m³；h 为剩余扬程（富余水头）（一般情况 $h=2$ m，旋流器给矿还需要考虑给矿压强），m。

表 7-33 各种管件的当量管长一览表

名 称	管径/mm							
	50	63	76	100	125	150	200	250
弯 头	3.3	4.0	5.0	6.5	8.5	11.0	15.0	19.0
普通接头	1.5	2.0	2.5	3.5	4.5	5.5	7.5	9.5
全开闸门	0.5	0.7	0.8	1.1	1.4	1.8	2.5	3.2
三 通	4.5	5.5	6.5	8.0	10.0	12.0	15.0	18.0
逆止阀	4.0	5.5	6.5	8.0	10.0	12.5	16.0	20.0

表 7-34 比阻系数 A 的数值一览表

内径/mm	A	内径/mm	A	内径/mm	A	内径/mm	A
9	2255×10^5	106	267.4	305	0.9392	850	0.00411
12.5	3295×10^4	131	86.23	331	0.6088	900	0.003034
15.75	8809×10^3	156	33.15	357	0.4087	950	0.002278
21.25	1643×10^3	126	106.2	406	0.2062	1000	0.001736
27	4367×10^2	148	44.95	458	0.1098	1100	0.001048
33.75	93860	174	18.96	509	0.06222	1200	0.0006605
41	44530	198	9.273	610	0.02384	1300	0.0004322
53	11080	225	4.822	700	0.01150	1400	0.0002918
68	2893	253	2.583	750	0.007975	—	—
80.5	1168	270	1.535	800	0.005665	—	—

注：表中所示为铸铁管的指标，钢管指标为表中值的75%。

从砂泵性能曲线上选取的清水扬程必须大于按式（7-31）计算出的数值。

$$N_0 = \frac{V_m H_w \rho_p}{367 \eta_1} \times 10^{-3} \tag{7-32}$$

式中，N_0 为泵的轴功率，kW；V_m 为扬送的矿浆量，m³/h；H_w 为由砂泵性能曲线或性能表查得的清水扬程，m；ρ_p 为矿浆密度，kg/m³；η_1 为泵的效率（查泵的清水性能曲线获得）。

$$N = K \frac{N_0}{\eta_2} \tag{7-33}$$

式中，N 为驱动电动机的功率，kW；N_0 为泵的轴功率，kW；η_2 为传动效率，皮带传动 $\eta_2 = 0.95$，联轴器传动 $\eta_2 = 1.0$；K 为安全系数，$N_0 \leqslant 40$ kW 时 $K = 1.2$，$N_0 > 40$ kW 时 $K = 1.1$。

$$n = \frac{V_m}{q_m} \tag{7-34}$$

式中，n 为需要砂泵的台数；V_m 为矿浆站需要运输的矿浆量，m³/s；q_m 为单台砂泵工作时运输的矿浆量，m^3/s。

当矿浆量不大或有合适的设备时，应尽量选用 1 台砂泵运输全部矿浆；当矿浆量较大又无合适的设备时，可选用几台型号相同的砂泵并联工作。

在实际工作中，当砂泵的额定性能不能满足要求时，可通过改变泵的转速（n）进行调节，但调节范围不能超过产品样本给定的允许范围。砂泵的流量 q、扬程 H、轴功率 N_0 与转速 n 的关系为：

$$\frac{q_2}{q_1} = \frac{n_2}{n_1} \tag{7-35}$$

$$\frac{H_2}{H_1} = \left(\frac{n_2}{n_1}\right)^2 \tag{7-36}$$

$$\frac{N_{02}}{N_{01}} = \left(\frac{n_2}{n_1}\right)^3 \tag{7-37}$$

7.4 维修起重设备的选择与计算

为了提高选矿厂各类设备的检修速度，减轻工人的劳动强度，在选矿厂内设置相应的检修起重设备是非常必要的。

7.4.1 起重设备的类型

选矿厂内常用的起重设备包括固定滑车、电动滑车和桥式起重机 3 种类型。

固定滑车（手动葫芦）为小型、定点起吊设备，需要时将它固定在支架或房梁上，最大起重量为 20t，常用于小型设备维修中的起吊，如胶带运输机头部、板式给矿机尾部等部件的起吊。由于固定滑车具有易于携带、使用地点灵活等优点，故是检修中不可或缺的设备；其主要缺点是只能基于定点作上下运动，单次服务范围小。

电动滑车（电动葫芦）也是一种小型起吊设备，安装在工字形钢轨上，钢轨悬挂在屋架（或屋面大梁）的下弦上，可布置成直线或曲线，起重量一般在 10 t 以下。安装时，电动滑车的轨道最好对准设备中心线，以利于检修部件垂直吊装，弯曲部分必须满足最小曲率半径的要求。被吊起的物件上下运动，并沿钢轨前后移动或同时两向运动。与固定滑车相比，电动滑车具有服务范围大、起重速度快等特点。常用于选矿厂中、小型设备的检修。

桥式起重机（桥式吊车）由起升机构、起重行走小车和桥架行车组成，可以完成上下、前后、左右 3 个方向的运动，服务范围大，广泛用于各种大、中型设备的检修作业。桥式起重机分为单梁起重机、电动双梁起重机、电动抓斗 3 种类型。

单梁起重机属于轻型桥式起重设备，起重量一般不超过 10 t。根据厂房长度和提升高度及检修工作的频繁程度，单梁起重机有手动和电动两种。操作人员可在地面或吊车上的司机室内操作吊车。

电动双梁桥式起重机有单钩和双钩两种，起重量在 15 t 以上的需设主钩和副钩。按工作频繁程度分为轻级、中级和重级 3 种工作制度。电动双梁桥式起重机与单梁起重机的区别在于，前者采用了结构复杂的双桥梁，因此，起重量大（可达 100 t），服务范围宽（跨度可达 30 m）。

电动桥式抓斗起重机用于精矿装车，结构与检修用桥式起重机类似，不同之处为将吊钩更换成抓斗，起重量有 5 t、10 t、15 t、20 t 四种，服务范围可达 31.5 m。

7.4.2　起重设备的选择

设计选用的起重机类型和台数，主要取决于被检修设备的最大件或难以拆卸的最大部件的质量，设备整体吊装的检修制度在设计中不考虑。选矿厂主要设备的检修起重设备选择可参考表 7-35 进行。

表 7-35　选矿厂主要设备的检修起重设备选择方案一览表

设备名称和规格/mm		起　重　机		备注
		吨位/t	类型	
颚式破碎机	250×400	2	手动单轨、手动单梁	
	400×600	3	手动单轨、手动单梁	
	600×900	10	电动单梁、电动桥式	
	900×1200	15/3~20/5	电动桥式	
	1200×1500	30/5	电动桥式	
	1500×2100	50/10	电动桥式	
旋回破碎机	500	10	电动单梁、电动桥式	
	700	15/3~20/5	电动桥式	
	900	30/5	电动桥式	
	1200	75/20	电动桥式	
	1400	100/20	电动桥式	
圆锥破碎机	600	1	手动单轨、手动单梁	
	900	2~3	手动单梁、电动单梁	
	1200	5	电动单梁	
	1750	10	电动单梁、电动桥式	
	2200	15/3~20/5	电动单梁、电动桥式	
振动筛	SZZ1250×2500、1500×3000、SZZ₂1250×2500	1	手动单轨、手动单梁	
	SZ1250×2500、1500×3000、SZ₂1250×2500	1	手动单轨、手动单梁	
	SZZ₂1250×4000、1500×3000、1500×4000	2	手动单轨、手动单梁	
	SZZ1500×4000、1800×3600、SZZ₂1800×3600	2	手动单轨、手动单梁	
	SZ₂1500×3000、YA1236	2	手动单轨、手动单梁	
	2YA1236、1542、YA1542、1548、1842	3	手动单轨、手动单梁	
	2YA1548、1842	3~5	电动单梁	

续表 7-35

设备名称和规格/mm	起重机		
	吨位/t	类型	备注
湿式球磨机　900×900、900×1800	1	手动单梁	
1200×1200、1200×2400、1500×1500	2	手动单轨、手动单梁	
1500×3000	3	手动单轨、手动单梁	
2100×2200、2100×3000	5	电动单梁	
2100×4500、2700×2100、2700×2700	10	电动桥式	带电磁盘
2700×3600、2700×4000	15/3	电动桥式	副钩为电磁、吊钩两用
3200×3100、3200×3600、3200×4500、3200×5400	20/5	电动桥式	
3600×4500、3600×6000、3600×4000	30/5	电动桥式	
湿式自磨机　4000×1400	10	电动桥式	
5500×1800	30/5	电动桥式	
7500×2500、7500×2800	50/10	电动桥式	
螺旋分级机　FG-ϕ750	2	手动单轨、手动单梁	
FG-ϕ1200/1500、2FG-ϕ1500、FC-ϕ1200	5	电动葫芦、电动单梁	
2FC-ϕ1200	5	电动葫芦、电动单梁	
FG-ϕ2000、2FG-ϕ2000、FC-ϕ1500	10	电动葫芦、电动单梁	
2FC-ϕ1500	10	电动葫芦、电动单梁	
FG-ϕ2400、2FC-ϕ2400、FC-ϕ2000、2FC-ϕ2000	15/3	电动桥式	
2FG-ϕ3000、FG-ϕ2400、2FC-ϕ2400、2FC-ϕ3000	20/5	电动桥式	
永磁筒式磁选机　ϕ600×900、ϕ600×1800、ϕ750×1200	1	手动单轨、手动单梁	
ϕ750×1800	2	手动单轨、电动单梁	
ϕ1050×800、ϕ1050×1500、ϕ1050×1800	3	手动单轨、电动单梁	
ϕ1050×2100、ϕ1050×2400、ϕ1200×3000	5	电动葫芦、电动单梁	
强磁双平环磁选机　shp500	15	手动单梁、电动单梁	
shp1000	6	手动单梁、电动单梁	
shp2000	10~15/3	电动桥式	
shp3200	20/5	电动桥式	
浮选机　XJ-3	1	电动单梁	
XJ-6、XJ-11	2	电动单梁	
XJ-28、XJC-40	3	电动单梁	
XJ-58、XJC-80、CHF-X14	5	电动单梁	
过滤机　GW-3、GP-27	2	电动单梁	
GW-5、GYW-8、GYW-12、盘式 40 m²、筒外 10 m²	3	电动单梁	
GN-8、GN-12、GW-20、盘式 60 m²、盘式 120 m²	5	电动单梁	
GN-10、GN-30、GN-40、GW-30、GW-40、GW-50	10	电动桥式	

设备名称和规格/mm		起 重 机		
		吨位/t	类型	备注
胶泵、砂泵、灰渣泵	4PNJ、5PNJ、6PNJ、4PH、6PW、8PW	1	各吨位均可选择手动单轨、电动葫芦、电动单梁	
	$2\frac{1}{2}$PS、4PS、PS	1		
	8PSJ、6PH	2		
	10PSJ	3		
	8PH	5		

在设计工作中，还可以根据设备厂家提供的最大拆件质量来确定起吊吨位。另外，起重设备的选择必须满足起重设备的起重量、起重设备的服务范围以及起重设备的起吊高度3个条件。

7.4.3 桥式起重机的安装高度及服务区间宽度计算

设计中，可参考图 7-2，按式（7-38）~式（7-41）计算厂房地面至桥式起重机轨道顶的高度 h(m)、地面至屋架下弦凸出结构件底部的高度 H(m)、起重设备跨度 L_k(m)、起重机服务区间的宽度 L_0(m)。

$$h = K + Z + l + f + c \tag{7-38}$$

$$H = h + a + m \tag{7-39}$$

$$L_k = L - 2r \tag{7-40}$$

$$L_0 = L_k - (d_1 + d_2) \tag{7-41}$$

式中，K 为车间所有安装设备或操作平台栏杆突出最高点至地面的距离，m；Z 为被吊运物体下缘与最高障碍点之间的最小间隙，一般取 0.5 m；l 为被吊运物体起升方向的最大外形尺寸，m；f 为吊钩至被吊部件上缘的距离，一般为 1~1.5 m；c 为吊钩起升的极限高度至吊车轨道面的距离（可根据设备图纸查），m；a 为吊车轨道面至吊车最高点距离（可根据设备图纸查），m；m 为吊车最高点与建筑物屋架下缘突出构件底面之间的距离，接电滑线配在厂房一侧时 $m \geqslant 0.1$ m，接电滑线配在屋架下缘时 $m \geqslant 0.4$ m；L 为厂房跨度，m；r 为厂房柱子中心线与吊车轨道中心线之间的距离，15 t 以内的吊车 $r = 0.5$ m，20~100 t 的吊车 $r = 0.75$ m；d_1 为吊钩至右侧极限位置与吊车右端轨道中心线之间的距离（可根据设备图纸查得），m；d_2 为吊钩至左侧极限位置与吊车左端轨道中心线之间的距离（可根据设备图纸查得），m。

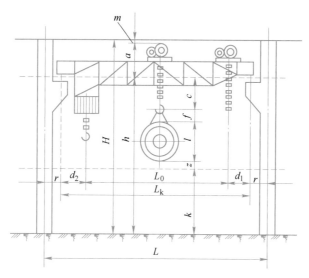

图 7-2　桥式起重机安装高度和服务区间宽度计算图

7.5　矿仓设施的选择与计算

　　矿仓的作用是调节和缓冲矿山与选矿厂、选矿厂与冶炼厂以及选矿厂内部各作业间由于工作制度不同所引起的生产波动，保证整个系统的生产平衡和正常运行，提高设备的作业率。此外，还有中和混匀矿石、使物料保持一定的均质性、稳定产量和质量、改善选矿指标的作用。矿仓的形式和容积直接影响造价和选矿生产过程，在设计中必须精心选择。

7.5.1　矿仓类型及形式选择

7.5.1.1　矿仓的类型

　　选矿厂中的矿仓有多种类型。按结构形式可分为图 7-3 ~ 图 7-8 所示的地下式、半地下式、地面式、高架式、抓斗式、斜坡式；按矿仓平面的几何形状可分为图 7-9 ~ 图 7-12 所示的方形、矩形、槽形、圆形；按仓底形状可分为平底、锥底、抛物线底（U 形）等形式；按用途又可分为原矿仓、中间矿仓、分配矿仓、磨矿矿仓和精矿矿仓等。

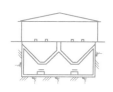

图 7-3　地下式矿仓

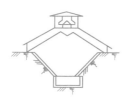

图 7-4　半地下式矿仓

图 7-5　地面式矿仓

图 7-6　高架式矿仓

图 7-7　抓斗式矿仓

图 7-8　斜坡式矿仓

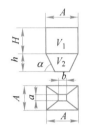

图 7-9　方形矿仓（仓底四面倾斜）

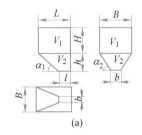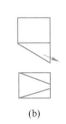

图 7-10　矩形矿仓

（a）仓底三面倾斜，底部排矿；

（b）仓底三面倾斜，侧部排矿

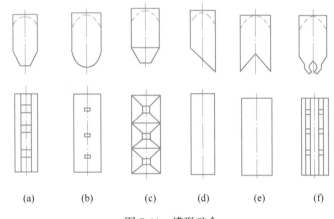

图 7-11　槽形矿仓

（a）梯形；（b）抛物线形；（c）四坡漏斗形；（d）单坡的；

（e）双坡的；（f）有两行排矿口的

7.5.1.2　矿仓形式的选择

　　为解决原矿运输和选矿厂之间的生产衔接而设置的原矿仓的形式应根据粗碎设备的类型和规格、原矿运输及卸矿方式、地形条件等因素选择，一般多采用矩形或方形锥底矿仓。

　　设置于粗碎、中碎之间或细碎之前的中间矿仓（或矿堆），多采用地面、半地下结构，受地形限制的情况下，有时也采用高架式矿仓结构。由于建设大型的中间矿仓及矿堆投资较大，一般在日处理量 10000 t 左右的大

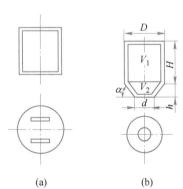

图 7-12　圆形矿仓

（a）圆形平底仓；（b）圆形锥底仓

型选矿厂，或处理两种以上矿石时才考虑设置。

为解决平行作业的均衡生产问题而设置的分配矿仓，一般多采用槽形矿仓。大块矿石可采用平底排矿，而粒度小、粉矿多的矿石则以三面或四面倾斜的锥底矿仓为宜。

磨矿矿仓（粉矿仓）用于调节破碎与磨矿作业制度的差别，并兼有对各磨矿系列分配矿量的作用。中小型选矿厂一般采用高架式圆形锥底矿仓，大型选矿厂则多选用高架式槽形矿仓（U 底）。自磨机给矿多采用地面或半地下式矿仓。

精矿矿仓（产品矿仓）是为了解决选矿厂精矿储存和外运而设置的矿仓。多采用高架式圆形仓或槽型矿仓。当精矿的黏性大、水分含量高时，则采用抓斗式矿仓。

7.5.2 储矿时间的确定

原矿仓的储矿时间主要与厂外运输条件和破碎机的类型及生产能力有关，详见表7-36。

表 7-36　原矿仓储矿时间一览表

工 作 条 件	储矿时间/h	备 注
采用规格大于 φ900 mm 的旋回破碎机时，应设有挤满给矿的受矿仓	储矿时间按运输设备每次卸入量考虑，一般应大于一个车厢容量	采用小矿车运矿时，φ700 mm 旋回破碎机也可采用挤满给矿方式
采用箕斗、索道、小型汽车、汽车运输原矿时，破碎前应设有给矿机	大型选矿厂　0.5~2.0 中型选矿厂　1.0~4.0 小型选矿厂　2.0~8.0	按破碎机实际生产能力计算

中间矿仓的储矿时间主要根据原矿运输条件和各作业之间的工作制度而定，一般储存1~2 d。大型选矿厂运输条件较好时可取 0.5~1.0 d。

分配矿仓的储矿时间取决于运输系统能力及设备生产能力之间的差额，当两者能力接近时，储矿时间取小值。各作业的分配矿仓储矿时间见表 7-37。

表 7-37　分配矿仓的储矿时间一览表

矿仓位置	挤满给矿旋回破碎机的排矿仓	倒装和转运矿仓	中破碎前矿仓	细破碎前矿仓	闭路筛分机机组前矿仓	单独筛分前矿仓
储矿时间/h	按大于两个给矿车厢的装载量计算	按大于一次装入量或其输出量计算	0.15~0.25		0.25~0.65	
备注		输出系统的事故时间另计，按小时能力增加储量			细碎机与筛子配为一组	

粉矿仓的储矿时间一般为 24~36 h。选矿厂规模小、设备情况差，可适当增加储矿时间。当设置了中间矿仓时，粉矿仓的储矿时间可适当减少，但一般不小于 24 h。

精矿矿仓的储矿时间主要根据生产情况及外部运输条件而定，可参照表 7-38 确定。

表 7-38 精矿矿仓的储矿时间一览表

外部运输条件	国家铁路局	企业专用线	内河船舶	汽车	海运船舶
储矿时间/d	3~5	2~3	7~14	5~20	15~30

注：1. 国家铁路承受运输业务，空车来源不足时，储矿时间取上限值；

2. 汽车运输、距离远、气候条件差或产品数量少时，储矿时间取上限值；

3. 产品畅销，运输条件好时，储存时间取下限；

4. 选矿厂距冶炼厂很近时，精矿储仓应与冶炼厂的原料矿仓合并，其储存时间可在冶炼厂设计中统一考虑。

7.5.3 矿仓有效容积和几何体积计算

矿仓的有效容积和几何体积通常按式（7-42）和式（7-43）进行计算。

$$V' = \frac{1000qt}{\rho} \tag{7-42}$$

$$V = \frac{V'}{K} \tag{7-43}$$

式中，V' 为矿仓需要的有效容积，m^3；q 为单位时间的处理量，t/h；$Q = q \times t$；t 为储矿时间，h；ρ 为矿石松散密度，kg/m^3；V 为矿仓的几何容积，m^3；K 为矿仓利用系数，通常情况下 $K = 0.9$。

计算完矿仓的几何体积后，再根据矿仓的几何形状，运用几何知识计算具体的几何尺寸。矿仓的排矿口多为方形和圆形，确定其尺寸时既要考虑矿石的粒度，又要考虑排矿设备入料口尺寸。对于粗矿块，排矿口宽度一般为最大块的 3 倍左右。对于细粒矿石，主要考虑排矿速度，防止堵塞。当采用圆盘式给料机时，排矿口的直径一般为圆盘给矿机直径的 0.5~0.6 倍。仓底斜壁倾角一般取 50°~55°，块矿取小值，粉矿取大值。

8 选矿厂总体布置和厂房设备配置

8.1 选矿厂总体布置

选矿厂总体布置是根据企业建设要求和工程建设标准，在选定的建厂区域内，结合厂址的自然环境、交通运输等条件，对各建筑物、构筑物、料场、运输路线、管线、动力设施、绿化等进行合理布置。

选矿厂工艺车间和主要的配套设施一般包括破碎车间、筛分车间、干选车间、洗矿车间、重选车间、主厂房、浮选车间、过滤车间及各种矿仓、胶带运输机通廊、转运站、浓缩设备与泵站、药剂制备间、实验室、化验室等。选矿厂的工艺设施组成与工艺流程、建设规模及厂区条件等因素有关。

8.1.1 选矿厂总体布置基本原则

合理进行选矿厂总体布置，必须综合考虑如下基本原则：

(1) 必须充分考虑工艺流程特点和要求，充分利用地形，节约用地，减少土石方工程量。在坡地建厂时，采用台阶式布置，按照生产流程，由高向低布置，为自流输送创造条件，尽量缩短物料运程，减少反向和重复运输。

(2) 建（构）筑物布置力求紧凑合理，公用设施应综合考虑，各种管线在符合技术、安全要求的条件下，应尽量采用共沟、共架、共杆布置。管线综合设计应与总平面布置、竖向设计、运输设计、绿化设计统一进行。应使管线短捷、顺直，管线之间、管线与建（构）筑物之间相互协调、紧凑、安全、经济。在地形条件复杂的山区建厂，管线敷设应充分利用地形。

(3) 建厂区域工程地质必须满足建厂条件，不得在有断层、滑坡、溶洞、泥石流等地段建设厂房及布置设备。特殊情况下，须经充分的技术经济论证，并采取安全可靠的措施。

(4) 动力供应设施，如变电所、空压机房、供水站等，应靠近负荷中心或负荷较大的车间布置。

(5) 烟气、粉尘等污染较大的生产区和设施应布置在散发烟气、粉尘等污染较小的生产区和设施常年最小频率风向的上风侧。要求洁净的生产区和设施应布置在其他生产区和设施常年最小频率风向的下风侧。药剂制备间、石灰仓库、石灰乳制备间、干燥厂房、堆煤场等的布置，除了要考虑便于生产联系外，还要考虑风向、防火、防爆、卫生等要求，符合有关标准和规定。实验室、化验室、办公室、检修设施等应布置在产生烟尘多的破碎筛分厂房、焙烧炉、锅炉房等常年最小频率风向的下风侧。

(6) 扩建、改建项目应合理利用和改造现有设施，并尽量减少对现有生产的影响。

(7) 应尽量为尾矿自流创造条件。当尾矿采用干式输送时，应妥善布置尾矿脱水、运输、堆存等设施。当采用压力输送时，应通过技术经济比较，确定其合理位置。当尾矿库距选矿厂较远或选矿厂地处缺水地区，采用浓缩机就地回水方案时，工艺总平面布置应统一考虑，合理布置。

（8）进行工艺总体布置必须妥善处理好与总图运输、水道、通风、电力、机修、热力等专业的关系。综合考虑原材料堆场、各种仓库、供水供电设施及生活福利设施，在有利于生产、方便生活的条件下，与有关专业协商并向总图专业提出委托要求。

（9）预留发展用地。对近期发展项目应统一布置、具体安排，对远期规划项目应留有必要的场地。

图 8-1 和图 8-2 分别是坡地建厂的某大型选矿厂总平面布置图和平地建厂的某中型选矿厂总平面布置图，二者均体现了选矿厂总体布置的基本原则。

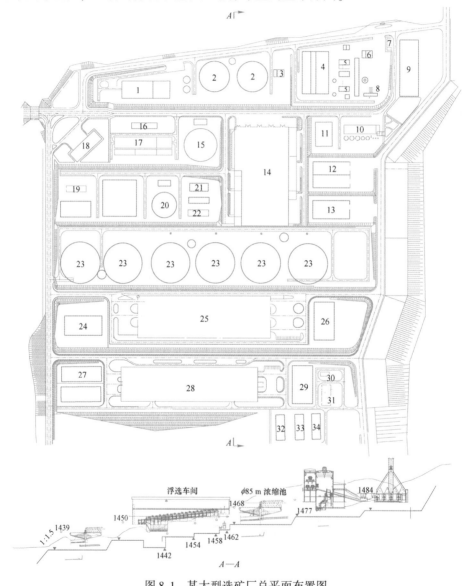

图 8-1 某大型选矿厂总平面布置图

1—总砂泵站；2—精矿浓缩池；3—加压泵站；4—锅炉间；5—电除尘器；6—破碎机室；7—推煤机库；8—污水处理间；
9—封闭煤场；10—化学水处理间；11—浮选区变电所；12—药剂备间；13—药剂加工间；14—浮选厂房；15—浮选尾矿浓缩池；
16—喂料间；17—环水泵站；18—综合修理间；19—综合服务中心；20—磁选尾矿浓缩池；21—加药间；22—化验室；
23—浓缩池；24—主厂房区变电所；25—主厂房；26—衬板、配件堆放场地；27—外协办公区；28—原矿储矿场；
29—钢球、配件堆放场地；30—氧气瓶乙炔瓶库；31—综合仓库；32—磨机厂家配件库；33—牙轮钻机配件库；34—推土机配件库

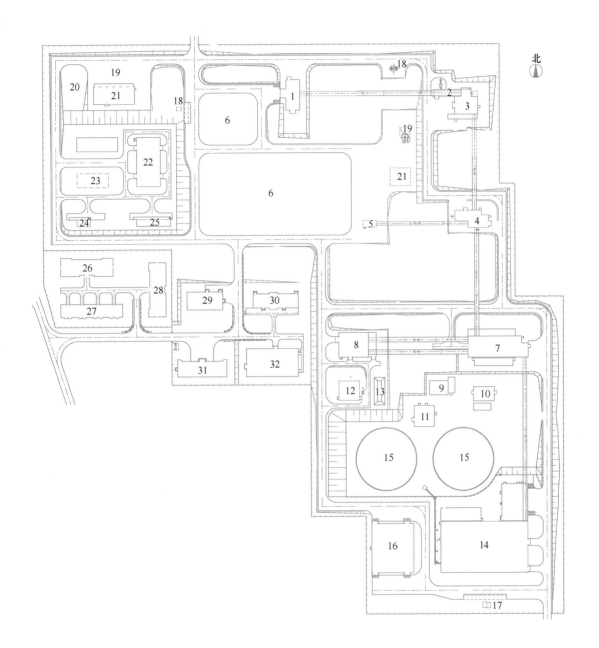

北

图 8-2　某中型选矿厂总平面布置图

1—粗破碎车间；2—除尘车间；3—中破碎车间；4—干式磁选间；5—废石站；6—矿石堆场；

7—筛分车间；8—细碎车间；9—事故池；10—循环水泵站；11—砂泵站；12—锅炉房；13—堆场；

14—选矿主厂房；15—尾矿浓缩池；16—汽车衡（规划）仓；17—过滤车间及精矿库；18—通风井（拟建）；

19—地表矿仓（拟建）；20—主井（拟建）；21—主井提升机房（拟建）；22—备品备件及综合材料库；

23—预留检修场地；24—氧气瓶乙炔瓶库；25—桶装油库；26—1 号倒班综合楼；27—家属住宅楼；

28—2 号倒班综合楼；29—中心化验室；30—浴池；31—选矿厂办公楼；32—食堂

选矿厂总体布置有关标准与规定

选矿厂总体布置应严格遵守国家、行业颁发的现行标准和规定。如《建筑设计防火规范》《抗震设计规范》《选矿安全规程》，以及环境保护规定、交通安全规定、工业安全保护规定等标准、规范和规定。厂房、库房、易燃或可燃储罐必须留有足够的防火间距，具体内容可查《建筑设计防火规范》。实验室、化验室与震动建筑物间须留有足够的防震间距，表 8-1 列出了部分主要内容。厂区铁路、道路与建筑物外墙（外缘）及立交的设施间必须留有足够的交通安全距离和净空，表 8-2 列出了桥架、通廊等建（构）筑物跨越线路要求的净空，表 8-3 列出了尾矿、精矿管（槽）与建（构）筑物等之间要求的水平净距离。

表 8-1   实验室和化验室与震动建筑物和道路间的防震间距一览表

建筑物名称	间距/m	建筑物名称	间距/m
设有 1~5 t 生产吊车的厂房	30~40	设有小于 3 t 锻锤的厂房	50
设有 20 t 及以上的生产吊车的厂房	60	设有大于 3 t 锻锤的厂房	100
设有大型破碎设备的厂房	50~100	厂区内主要汽车运输道路	30~50
高压鼓风机室	50~100	厂区内其他汽车运输道路	15~30
磨矿厂房	50	城市公共道路	50

表 8-2   桥架和通廊等建（构）筑物跨越线路要求的空间距离一览表

被跨越线路的名称	类型	要 求	净高/m	最小宽度/m
准轨铁路（单线）	蒸汽、内燃		5.5	4.88
	电力机车		6.55	
762 窄轨铁路（单线）	蒸汽、内燃		4.4	3.90
600 窄轨铁路（单线）	架线高 3.2 m		3.5	2.00
	架线高 2.4 m		2.7	
公路		公路跨越	4.5	按需要定
		路肩和人行道上	≥2.5	
公路		铁路跨越	5.0	按需要定
		路肩和人行道上	≥2.5	

表 8-3   尾矿和精矿管（槽）与建（构）筑物等之间的水平净距离一览表

名 称	水平净距离/m
建（构）筑物基础外缘	5.0
准轨铁路中心线	3.8
窄轨铁路中心线	2.8~3.4
道路路肩边缘	1.0
地下管线外壁	1.5
地上管线支架基础外缘	2.0
人行道道面	0.5
地下矿开采区错动界限以外	20.0

8.2 工艺厂房设备配置原则和基本要求

8.2.1 生产厂房布置形式

生产厂房布置形式可归纳为多层式、单层式和单层-多层混合式 3 种。具体采用哪种形式取决于地形坡度、场地面积、设备外形尺寸、设备数量和自身质量、受矿要求、排矿特点、物料储存和分配矿仓设置情况、物料状况、工艺要求及资金等因素。

多层式布置就是按流程顺序将各作业设备逐层向下布置，主流物料自流输送，需要返回处理的中间产物采用提升输送设备输送。多层式布置具有厂房占地面积较小、有利于物料自流、物料输送过程简单等优点，但厂房高度大、结构复杂、建筑要求高，多用于物料自流坡度要求较大，流程中返回产物较少的工艺流程。多层式布置常用于重选车间、洗煤厂、重介质车间、洗矿车间、磁选跨间、大型旋回破碎段及多段开路破碎系统的厂房。

单层式布置就是将作业设备按流程顺序、物料流向，依次由高至低单层布置在不同标高的平台（基础）上，尽量实现主矿流自流输送，对于不能实现自流的返回产物，采用设备输送。无论是缓坡地形还是平地地形，单层布置时都应充分考虑矿浆自流。大型选矿厂因所需的坡地场地面积太大，难以找到适于单层阶梯式布置的坡地，多采用平地布置。

混合式布置兼具多层式和单层式两种布置方式的优点，有较强的灵活性，设计中采用得较多。

8.2.2 厂房设备配置的基本原则

合理进行设备配置，对保证流程顺畅、操作维护方便、安全、节能、节约投资等起着决定性的作用。因此，厂房设备配置应符合以下原则。

（1）应充分体现工艺流程要求，对矿石性质波动有足够的适应性。充分利用物料的自流条件，尽量促成自流，确定合理的自流坡度，确保矿流通畅，便于操作、维护和调整。

（2）合理确定生产系列（尽量减少生产系列），平行的各系列同一作业的相同设备或机组配置要具有同一性，尽量集中布置在同一区域的同一标高上，附属设备应尽量布置在其主机附近，其位置、场地面积要满足工艺要求，便于操作、维护。

（3）尽量缩短机组之间的物料输送距离，在确保操作、维护、设备部件拆装和吊运的条件下合理地利用厂房面积和空间容积，减少不必要的高差损失。

（4）要留有位置和面积适宜的检修场地，选择合理吨位的吊车，厂房高度要满足设备或最大件吊运的需要，所经由的门、安装孔等的位置要考虑到方便吊运，其尺寸应符合有关规定。

（5）合理布置厂房内各类管道（如给水、给药、供汽、矿浆等）的走向，不得妨碍操作、检修和行走，其架空高度要符合安全规定，便于人员通行。

（6）要留出物料流的取样、计量、检测装置所需要的位置和高差，计算机控制室应选择合适的位置和建筑标准。

（7）必须充分考虑安全、环保、卫生及劳保等规定的要求。所有高出地面 0.5 m 的行走通道和操作平台及低于地面 0.5 m 的地坑均应设栏杆；暴露的传动部件应设防护罩；要有合理完善的排污、通风除尘系统和设施，各跨间的地面和地沟坡度应既便于行走又便于污水排放到污水泵坑或事故沉淀池中。

（8）厂房跨度、柱距、柱顶标高的确定，除了满足设备配置需要外，还应尽量符合建筑模数。

8.2.3 生产厂房内通道及操作平台和检修场地的布置原则

8.2.3.1 通道和操作平台的布置原则

生产厂房内的通道根据其作用分为主要通道、操作通道和维修通道。操作平台除起某些方面联系作用外，主要兼有操作、维修通道作用。通道、平台的作用和要求见表 8-4。

表 8-4 通道和平台及坡度界限数据参考表

项目名称	宽度/m	作用与要求
主要通道	1.5~2.0	贯通生产车间，供工作人员通行、联系，小件搬运用，大型厂取大值
操作通道	≥1.2	操作人员经常性流动观察、检测、调节用
维修通道	0.7~0.8	设备维修时人员能容易接近其设备，并能通过小型检修设备，在设备局部维修处可以做准备工作
操作平台		设备机组的不同高度根据需要设置平台，并考虑临时放置部件、工具占用面积，要有足够强度，承受均布荷重一般按 400 kg/m² ，当有集中荷重时应向土建设计提出要求，平台各层间净空高度不小于 2 m，高出地面 0.5 m 的平台应安设防护栏杆
地面、通道坡度		磨矿、选别间地面应有 5%~10% 坡度，通道坡度 6°~12° 时需设防滑条，大于 12° 应设踏步
梯子	>0.7	梯子角度 45°~50° 以内为宜，两侧设扶手栏杆

8.2.3.2 检修场地的布置原则

生产厂房内除少数设备就地检修外，多数在厂房内有专门的检修场地，其位置视厂房外运输线路情况和车间扩建的可能性而定。一般检修场地宜设在磨矿粉矿仓进矿同侧的磨矿跨间一端，若由厂房中间进矿也可设在磨矿跨间的中部。场地面积的确定，应考虑检修用的设备、备品备件、检修用的工具（如破碎机的锥体架、熔锌炉、钳工台等）的存放情况，拆下的旧部件、废衬板等所需的场地面积。各类主要设备检修场地参考数据见表 8-5。

表 8-5 常用设备检修场地参考数据一览表

设备规格及名称	台 数	柱距数	柱距/m
900 mm×1200 mm 颚式破碎机	1~2	1	6
1200 mm×1500 mm 颚式破碎机	1(2)	1(2)	9(6)
1500~2100 mm 颚式破碎机	1~2	2	6
900 mm 旋回破碎机	1~2	3	6

设备规格及名称	台　数	柱距数	柱距/m
1200 mm 旋回破碎机	1~2	3~4	6
1400 mm 旋回破碎机	1~2	4	6
ϕ1750 mm 圆锥破碎机	1~2(≥3)	1(2)	6
ϕ2200 mm 圆锥破碎机	1~4(≥5)	2(3)	6
ϕ6000 mm×2000 mm 干式自磨机	2~8	2~3	6
ϕ5500 mm×1800 mm 湿式自磨机	2~8(≥9)	2~3(4)	6
ϕ7500 mm×2500 mm 湿式自磨机	2~8	3~4	6
ϕ2700 mm×3600 mm 球磨机	2~6(≥7)	2~3(3~4)	6
ϕ3200 mm×4500 mm 球磨机	2~6(≥7)	3~4(4~5)	6
ϕ3600 mm×4000 mm 球磨机	2~6(≥7)	3~4(4~5)	6

注：1. 旋回、圆锥破碎机的检修场地包括熔锌炉、备件架、锥体存放坑等位置。

2. 棒磨机可参照球磨机所示数据。

3. 过滤与干燥设备，一般不专设检修场地，只有大型厂房，设备较多时才设有 1~2 柱距的检修场地。

8.2.4　厂房有关建筑要求和模数协调标准

厂房建筑除特殊形体和经济上不合理的以外，均应充分考虑厂房建筑模数协调标准，以利于建筑制品、建筑构配件和组合件实现工业化大规模生产，并具有较大的通用性，加快建设速度，提高施工质量和效率，降低建筑造价。

8.2.4.1　厂房特点和要求

选矿厂生产厂房的设计必须符合以下要求。

（1）厂房建筑设计是在选矿工艺设计的基础上进行的，有关技术性能必须适应工艺要求。

（2）厂房中由于设备台数多、机体重、形体大，作业生产联系紧密、连续运转，离不开起重设备吊运材料和备品备件，一般均应具有较大而畅通的空间，足够的厂房高度、长度和跨度。

（3）厂房屋顶重量较大，多有吊车荷载，厂房中楼板上多放置设备，其荷载也较大，厂房结构必须具有必要的坚固性和耐久性，能经受外力（如震动）、湿度、温度变化等不利因素的影响。目前广泛采用钢筋混凝土骨架承重，特别高大的厂房广泛采用钢骨架承重。

（4）厂房中需有良好的采光、通风，以有效地排除余热、湿气、有害气体，应采用适宜的消声、隔声措施。

（5）室内的自然采光、通风和屋面防水、排水需在屋顶上设置天窗及排水系统，屋顶构造较为复杂。

（6）厂房结构应具有一定的通用性和扩建的可能性，以适应设备更新、工艺流程改造以及生产规模扩大的需要。

（7）生产中常有外溢矿浆，为冲洗和清扫方便，厂房内地面、楼板、操作平台及排污地沟应具有适宜的坡度。

（8）力求降低造价，维修费用最省。

8.2.4.2　厂房高度和跨度的确定

厂房高度是室内地坪面到屋顶承重结构下表面的距离。如果屋顶承重结构是倾斜的，则厂房高度是由地坪面到屋顶承重结构的最低点。厂房柱顶标高的确定通常依据以下原则和方法进行。

（1）无吊车厂房的柱顶标高应按最大生产设备高度及其安装、检修时所需的净空高度来确定，一般不低于 4 m，以保证室内最小空间。柱顶标高应符合 3M（M 为基本模数符号，100 mm 是基本模数值，相当于 1M）数列，砖石结构柱顶标高也可采用 1M 数列。

（2）有吊车厂房的柱顶标高 H（图 7-2）按式（7-38）和式（7-39）进行计算。

（3）厂房跨度 L（图 7-2）按式（8-1）进行计算：

$$L = 2r + L_k = 2r + d_1 + d_2 + L_0 \tag{8-1}$$

式中，L 为厂房跨度，m；r 为厂房柱子中心线与吊车轨道中心线之间的距离，15 t 以内的吊车 $r =$ 0.5 m，20~100 t 的吊车 $r = 0.75$ m；L_k 为吊车运行轨道跨度，m；d_1 为吊钩至右侧极限位置与吊车右端轨道中心线之间的距离（可根据设备图纸查），m；d_2 为吊钩至左侧极限位置与吊车左端轨道中心线之间的距离（可根据设备图纸查），m；L_0 为吊车服务区有效宽度。

厂房跨度 L 必须满足设备配置、操作、维护、检修等需要，并且符合扩大模数数列，跨度 18 m 以下（含 18 m）为 30M，18 m 以上为 60M。设计时，还必须考虑到吊车的结构规格与厂房墙的内缘、边柱外缘、纵向定位轴线、吊车安全运行净空距离 S 等相互协调。当桥式吊车起重量 $Q < 20$ t 时，边柱外缘和墙内缘两者宜与纵向定位轴线重合（图 8-3（a））；对于 $Q > 30$ t 的桥式吊车，由于起重量较大和构造要求等原因，边柱外缘和纵向定位轴线间可加设联系尺寸 a_c，即上柱截面宽度 h 不变并随边柱外缘外推距离 a_c，以满足吊车安全运行的净空距离 S 值，$S \geqslant 80$ mm 时 $a_c = 300$ mm 或其整数倍，当围护结构为砌体时 $a_c = 50$ mm 或其整数倍（图 8-3（b））。

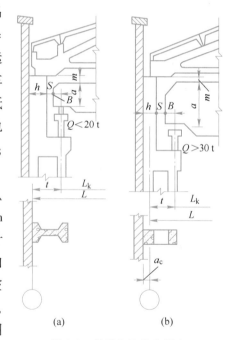

图 8-3　外墙和边柱与纵向
定位轴线的联系

（a）封闭结合；（b）非封闭结合

8.2.4.3　厂房柱网及定位轴线和建筑模数的协调标准

在厂房中为支承屋顶和吊车，需设柱子，柱子在平面图上排列形成的网格称为柱网。

柱子纵向定位线之间的距离称为跨度，柱子横向定位轴线之间的距离称为柱距。柱网的选择就是选择厂房跨度和柱距。

选矿工艺设计人员根据工艺、设备配置的需要，把厂房跨度和柱距尺寸等提供给土建专业。柱网的选择首先应满足工艺要求，其次应根据厂房建筑模数协调标准选择通用性较强和经济合理的柱网。跨度和柱距尺寸的大小，决定了吊车梁、屋架、屋面梁、托架、托架梁等的长度和屋面板、外墙墙板的宽度及长度，这些尺寸应符合模数化。

厂房应适当考虑生产工艺改变的需要，要具有通用性和较大的柱网。扩大柱网能扩大厂房生产面积，因为小柱网，柱子多，不能布置基础较深的设备，相应地减少了厂房可利用的面积，扩大柱网还能减少构件数量，可显著加快施工速度。6 m 柱距是我国目前的基本柱距，应用较广，也较经济，但长远来看，柱距太小，其占用和周围不能用的面积多，厂房通用性较差，12 m 柱距造价高于 6 m 柱距 10%，在实际中已有采用。在有桥式吊车的厂房中跨度愈大，厂房单位面积造价愈低，因为单位面积的吊车梁、柱子的建筑造价相应降低。当柱距为 12 m（有托架和天窗），吊车起重量为 30 t 或大于 30 t 时，24~30 m 跨度是比较经济的，同时扩大了面积，提高了通用性，增加了吊车的服务范围。

根据经济分析和标准规定，在我国工业厂房建筑实践中，桥式起重机的起重量不大于 50 t 时，采用的柱网一般为 6 m×18 m、6 m×24 m、6 m×30 m、6 m×36 m、12 m×24 m、12 m×30 m，在某些情况下，还需结合设备配置、结构类型、地质条件综合考虑选定柱网，也可选用 6 m×9 m、6 m×12 m、6 m×15 m、6 m×21 m、6 m×27 m 等柱网。

厂房定位轴线和建筑模数的协调标准为：

（1）厂房定位轴线。它是划分厂房主要承重构件和确定承重构件相互位置的基准线，是施工放线和设备定位的依据。为了方便，将平行厂房轴向的定位轴线称为纵向定位轴线，在厂房建筑平面图中由下向上顺次按Ⓐ、Ⓑ、Ⓒ…英文字母编号；将垂直厂房轴向的定位轴线称横向定位轴线，在厂房建筑平面图中由左向右顺次按①、②、③…进行编号。根据我国《厂房建筑模数协调标准》（GBJ 2—86）规定，要求厂房建筑的平面和竖向协调模数的基数值均应取扩大模数 3M。

（2）单层厂房的跨度、柱距和柱顶标高的建筑模数。跨度在 18 m 以下（含 18 m）时，应采用扩大模数 30M 数列，18 m 以上应采用扩大模数 60M 数列；柱距应采用扩大模数 60M 数列。有吊车（含悬挂吊车）和无吊车的厂房由室内地面至柱顶的高度和至支承吊车梁的牛腿柱面的高度均应为扩大模数 3M 数列。

8.3　破碎筛分系统配置

破碎筛分系统布置可根据流程结构、破碎机和筛子的规格及台数、地形条件、给矿和排矿方式、矿仓位置和形式等，对诸因素进行综合研究比较后做出总体布置方案，然后根据总体方案进行具体的厂房设备配置。

8.3.1　破碎筛分系统总体布置方案的选择与确定

破碎筛分系统总体布置方案按生产流程不同可分为两段开路、两段闭路、三段开路、三段闭路、四段闭路等不同布置形式。每种形式又可根据地形、设备规格和台数形成多种布置方案。

两段开路破碎流程一般多用于中小型选矿厂或对产品有特殊要求的企业；两段闭路破碎流程的配置一般有预先筛分和检查筛分合一配置和中碎前另设筛分作业两种配置形式。

三段开路破碎流程一般用于原矿含有一定量矿泥和水分的情况，中小型选矿厂多采用平地式集中配置方案，大中型选矿厂多采用分散布置方案；三段闭路破碎流程在设计中应用较广，一般中小型厂多采用集中配置方案，大型选矿厂多采用分散布置方案。地形较缓的中小型选矿厂也可采用三段破碎集中于同一厂房的配置方案。

四段闭路破碎流程在设计中应用较少，特殊情况下，应用于大型选矿厂要求产品粒度较细的难碎矿石，宜采用分散布置方案。

总体配置方案应考虑破碎筛分系统所有生产作业的设备及其机组的配置，要研究设备及其机组的相互位置、距离、高差，研究如何合理利用地形，考虑地上高度及地下深度、厂房大致尺寸、物料进出厂房的合理方向以及方式和位置。根据具体条件，妥善考虑主要基本尺寸，对个别装置和设施进行适当的变动和取舍；依据平行机组之间和上下相邻机组之间的相对位置、距离、高差、交接料关系、物料利用的自流条件（如输送一般矿石的漏斗、流槽自流坡度为45°~50°，含水、粉矿多时为55°~60°，滤饼为70°）、进出料走向以及厂内外联系等进行调整。在此基础上，确定各机组的进矿和排矿点的标高和装置、物料走向、毗邻的上下作业和平行作业设备机组的相对位置和距离以及高差、物料输送和转运所用的设备装置以及提升高度和运输距离。同时兼顾地形的利用、地上高度及地下深度、采用的设备配置形式（如重叠式、单层阶梯式、单列或双列配置等）、检修场地位置、厂外联系以及扩建等方面。有了总体配置方案，方能对厂房设备配置进行具体布置设计。

8.3.2　两段开路碎矿系统的布置

两段开路碎矿系统的布置形式主要有以下两种。

（1）统一布置在同一个厂房。如选矿厂生产规模较小，设备规格小、台数少，且有适宜的坡地，可将两段破碎筛分设备配置在同一厂房里。如图8-4所示，原矿由窄轨矿车或汽车运至原矿仓，第1机组由原矿仓、链式给矿机、固定条筛、颚式破碎机组成，筛下物料和破碎机排矿由共用集矿胶带运输机运至第2机组；第2机组由振动筛、圆锥破碎机组成，筛下物料与破碎机排料由集矿胶带运输机7运至粉矿仓。

（2）分别布置在两个厂房。如图8-5所示，两个破碎机机组分别布置，拉开的距离较长，在充分利用地形的情况下沿坡地线纵向布置，土石方量较少，厂房结构简单，造价低，但不便于联系。如果场地具有适宜陡坡地形也可布置在同厂房里。当两段破碎机的台数为1对2时，两个机组沿坡地线拉开，分别呈独立厂房，无疑是适宜的。

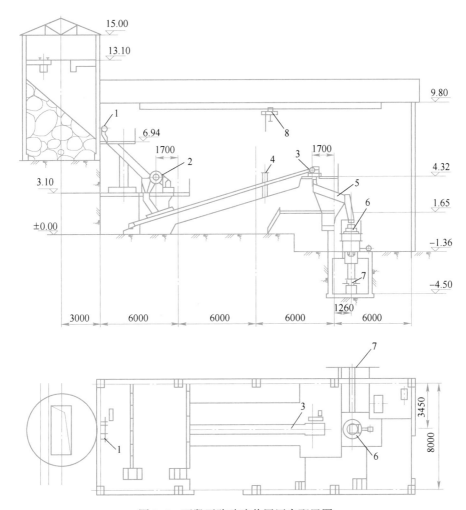

图 8-4　两段开路破碎共用厂房配置图

1—3B 链式给矿机；2—400 mm×600 mm 颚式破碎机；3，7—B=500 mm 胶带运输机；4—φ700 mm 悬垂磁铁；

5—1250 mm×2500 mm 万能吊筛；6—φ900 mm 中间型圆锥破碎机；8—3 t 电动葫芦

8.3.3　两段一闭路破碎系统的布置

两段一闭路碎矿系统的布置形式主要有以下两种。

（1）布置在同一个厂房里。如图 8-6 所示，同厂房里两个破碎机组靠近配置在厂房内一端，闭路筛子机组在厂房内另一端，这是利用坡地将原矿仓设置在最高处，原矿仓上缘标高适于原矿供矿。对纵向坡地进行修整，两段破碎机组的排矿由集矿胶带运输机 5 运至闭路筛子机组，其筛上物料由胶带运输机 6 返至第二段破碎机组，筛下物料直接落入磨矿仓。适当地压缩第二段破碎机组和闭路筛子机组各自的高度，以利于缩短厂房的长度。如果第二段破碎机组与闭路筛子距离较长，可将闭路筛分机组成独立厂房，筛子仍在磨矿仓的上方。筛子直接在磨矿仓上方，应采取妥善措施防止大于筛孔尺寸的物料落入磨矿仓中。

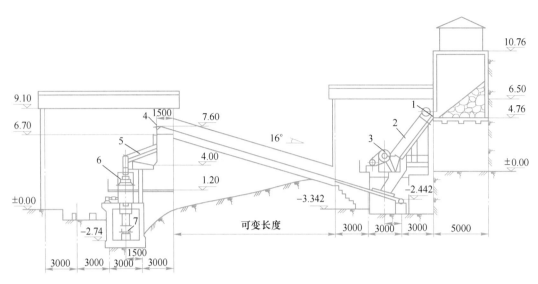

图 8-5   两段开路破碎分厂房配置图

1—3B 链式给矿机；2—1150 mm×2000 mm 斜格筛；3—400 mm×600 mm 颚式破碎机；4，7—B=500 mm 胶带运输机；

5—1250 mm×2500 mm 万能吊筛；6—φ1200 mm 中间型圆锥破碎机

（2）闭路筛分厂房与碎矿厂房分开，呈独立厂房。与全配置在同厂房中的区别在于闭路筛子从碎矿厂房中拉出，呈独立厂房，往返胶带运输机置于通廊中，如图 8-7 所示。

对小型选矿厂破碎筛分设备的配置必须注意：

（1）应从选矿厂的生产实际出发，充分考虑流程变动和设备更换的灵活性，并预留出适当的厂房面积。

（2）应在保证操作、维护的前提下从简，但地下胶带运输机通廊宽度必须满足操作人员清扫的需要，地沟必须设有必要的坡度且具有冲洗、排污条件。

（3）破碎机虽小，也应设置适当的操作平台。

（4）向胶带运输机上卸料或转运，必须杜绝溅矿和掉矿；无论是地上或地下胶带运输机经由过梁（平台过梁或基础过梁）时，其下缘不得刮料。

（5）细碎前必须安装有效的除铁和检测装置。

（6）必须安装有效的除尘系统。

（7）应安装合适吨位吊车和备有适当的检修场地。

8.3.4   三段开路破碎厂房的设备配置

三段开路破碎的配置与闭路破碎的配置有诸多共同点，其配置形式有粗碎呈独立厂房、中碎和细碎配置在同一个厂房里以及粗碎、中碎、细碎各呈独立厂房或跨间相毗邻，沿坡地线呈阶梯式布置等主要形式。

8.3.4.1   粗碎和中、细碎厂房分开配置

粗碎和中、细碎厂房分开配置主要有以下 3 种方式。

（1）中、细碎设备布置在同一平台上。设有分配矿仓的中、细碎设备配置在同一平台

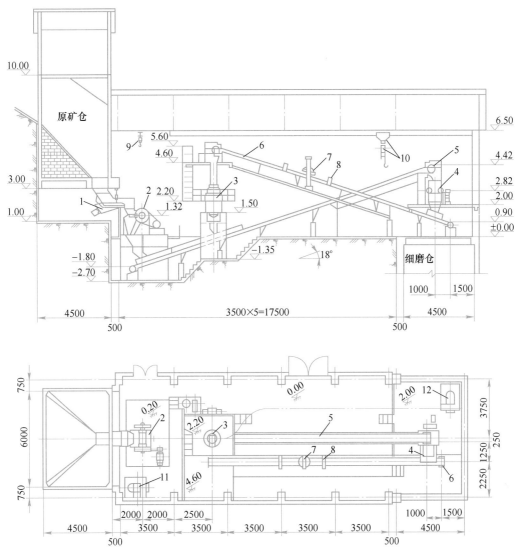

图 8-6　400 mm×600 mm 颚式破碎机和 φ600 mm 标准型圆锥破碎机的两段一闭路破碎厂房

1—DZ_6 电振给矿机；2—400 mm×600 mm 颚式破碎机；3—φ600 mm 标准型圆锥破碎机；4—SZZ_2 900 mm×1800 mm
自定中心振动筛；5，6—B650 胶带运输机；7—MW1-6 悬垂磁铁；8—金属探测器；9—1 t 手动单轨行车；
10—1 t 环链手拉葫芦；11—No.4 矩形自激式水力除尘机组；12—No.6 矩形自激式水力除尘机组

上（图 8-8）。φ2100 mm 标准型圆锥破碎机 2 台，φ2100 mm 短头型圆锥破碎机 4 台，中碎前和细碎前均设有预先筛分，筛子和破碎机台数为 1 对 1。预先筛分上方均有分配矿仓，其排矿通过带式给矿机向筛子均匀给矿，中碎排矿和其预先筛分筛下物料由集矿胶带运输机运至细碎分配矿仓，用移动卸料小车布料，中碎机的来矿由厂房外胶带运输机 1 给到中碎分配矿仓。细碎排矿和其筛下物料由集矿胶带运输机 12 送至磨矿仓。

（2）中碎圆锥破碎机与细碎圆锥破碎机呈重叠式单列配置在同厂房里。中碎和细碎设备台数 1 对 2，粗碎排矿由胶带运输机运至中细碎厂房机组的最高点进行预先筛分，矿石

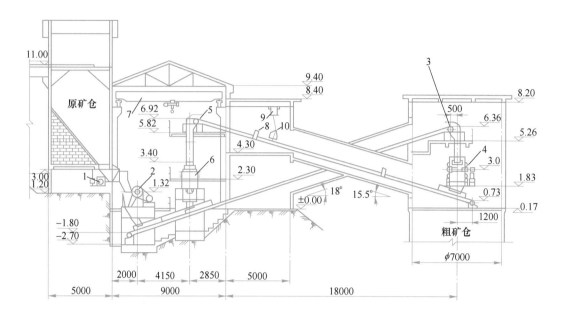

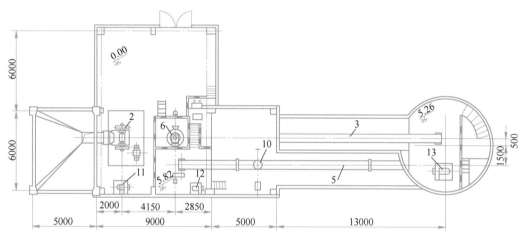

图 8-7　400 mm×600 mm 颚式破碎机和 ϕ900 mm 中间型圆锥破碎机的两段一闭路破碎厂房

1—980 mm×1240 mm 槽式给矿机；2—PEF400 mm×600 mm 颚式破碎机；3，5—B650 胶带运输机；4—SZZ₂1250 mm×
2500 mm 自定中心振动筛；6—PYZΦ900 中间型圆锥破碎机；7—3 t 手动单梁起重机；8—金属探测器；
9—自动除铁行走小车；10—MW1-6 悬垂磁铁；11—No. 4 矩形自激式水力除尘机组；
12—No. 6 矩形自激式水力除尘机组；13—No. 10 矩形自激式水力除尘机组

借重力流经中碎、细碎预先筛分和细碎机，中碎破碎机前的预先筛分筛下物直接落入细碎作业前的预先筛分设备上，其筛下物料与细碎破碎机的排矿一起由集矿胶带运输机运至粉矿仓。如果中碎破碎机的负荷系数较低，也可不设预先筛分，粗碎破碎机的排矿通过胶带运输机可直接给入中碎。其特点是占地面积小，物料实现自流输送，便于自动化操作，但土建结构复杂，厂房高度大，容易形成共振，生产灵活性小，生产环境噪声大。此配置形式适用于小型选矿厂或中细碎设备型号偏小时采用，目前在大中型选矿厂的设计中很少采用。

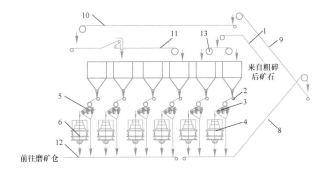

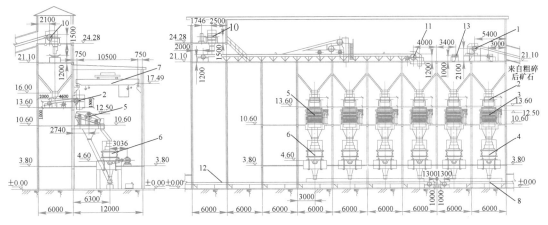

图 8-8　设有缓冲矿仓的开路平地式配置方案

1，8~13—胶带运输机；2—带式给料机；3—2.4 m×6 m 振动筛；4—φ2100 mm 标准型圆锥破碎机；

5—1.8 m×4.8 m 振动筛；6—φ2100 mm 短头型圆锥破碎机；7—桥式起重机

（3）中、细碎重叠式双列配置，如图 8-9 所示。中、细碎设备台数 1 对 1，由于中碎机台数较多，为给矿均匀在中碎机上方设置了分配矿仓，再通过电振给矿机和带式给料机联合给矿给到中碎机，其下方是细碎机。中碎破碎机的排矿靠重力经由电振给料机送至振动筛，筛上进入细碎机，筛下产物和细碎破碎机的排矿由共用的集矿胶带运输机运至主厂房磨矿仓。凡中、细碎设备重叠式配置，其中碎破碎机的位置均靠高大的钢筋混凝土基础架起，主要特点与单列重叠式配置基本相同。不同之处在于此配置形式更适用于中细碎台数均较多的情况，通过双列式配置可以减少厂房的纵向长度，避免了漏矿车行程太长而造成的矿仓来不及布料的现象，有利于中细碎设备的集中管理与检修维护。

8.3.4.2　粗碎和中细碎破碎机呈阶梯式配置

粗、中、细碎破碎机各为 1 台，分别呈独立跨间沿陡坡地线毗邻阶梯式布置。粗碎机组设置原矿仓，其上缘标高要考虑原矿供矿与运输的方便。中、细碎前均设预先筛分，不设矿仓。粗、中、细碎各机组之间高差较大，上作业向下作业给料的胶带运输机长度较短。工作环境优于重叠式配置，但吊车多 1 台。当地形坡度仅有 12% 左右时，也可将粗、中、细碎设备机组沿着平整过的阶地布置在同一个厂房里，粗碎台阶标高最高，中碎次之，细碎台阶标高最低，上作业向下作业给料的胶带运输机的长度和厂房长度略长于毗邻阶梯配置方案，但便于联系与管理，吊车少。

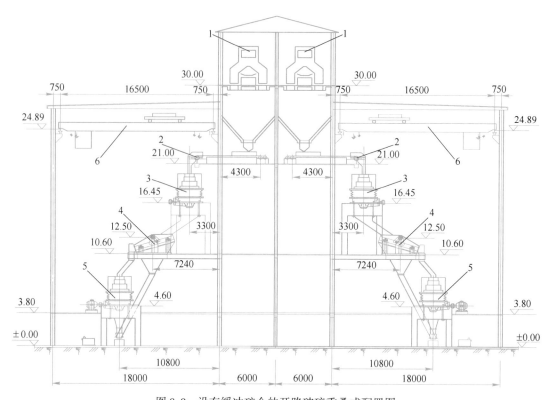

图 8-9　设有缓冲矿仓的开路破碎重叠式配置图

1—电动三通漏矿车；2—带式给料机；3—ϕ2100 mm 标准型圆锥破碎机；4—2.4 m×6 m 振动筛；

5—ϕ2200 mm 短头型圆锥破碎机；6—桥式起重机

8.3.5　三段一闭路破碎系统的布置

三段一闭路破碎流程在大、中型选矿厂中应用最为广泛，其厂房设备配置方案取决于相同作业设备台数和外形尺寸，破碎筛分设备机组是合并还是分开、是全分开还是部分分开，有无矿仓和筛分作业，呈单列配置或是双列配置等条件。常见的厂房设备配置方案有以下 4 种。

（1）粗、中、细碎设备呈直线布置在同一个厂房里，闭路筛子分开，呈独立厂房，如图 8-10 所示。中小型选矿厂可采用此种方案，因为各作业设备台数均为 1 台，不存在物料分配问题，可减少机组高度，容易实现粗、中、细碎作业布置在同一个厂房里。粗碎机机组布置在陡坡地形上，原矿仓设在最高处，其上缘标高的确定必须考虑原矿运输和翻车卸矿方便。中、细碎前均不设预先筛分。中、细碎两机组靠近布置在同一个台阶上，其标高低于粗碎台阶，利于缩短粗碎至中碎物料输送距离。闭路筛子拉出碎矿厂房，呈独立筛分车间，与碎矿呈直线布置。中细碎排矿共用集矿胶带运输机 8 运至筛分厂房，筛上物料由胶带运输机 9 返至细碎，筛下物料经胶带运输机 10 送至主厂房磨矿仓。根据地形等条件，筛分厂房与碎矿厂房也可不是直线布置，筛分厂房进矿胶带运输机走向与碎矿排矿集矿胶带运输机走向（伸出厂房后转运）可成 90°角，筛上物料经胶带运输机返至细碎。

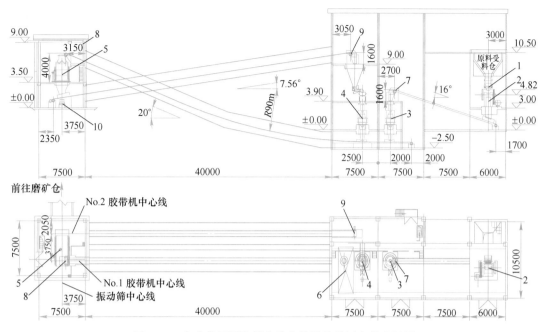

图 8-10　中碎前无预先筛分作业单设筛分厂房的配置图

1—1500 电振给矿机；2—900 mm×1200 mm 颚式破碎机；3—ϕ1650 mm 标准型圆锥破碎机；4—ϕ1650 mm 短头型圆锥破碎机；5—1.5 m×3 m 振动筛；6—10 t 桥式起重机；7～10—B800 胶带运输机

（2）粗碎为独立厂房，中细碎及闭路筛子配置在同一个厂房中。如图 8-11 所示，该方案是大中型选矿厂常见的中细碎配置方案。总体配置方案为粗碎后的矿石经胶带运输机 5 送入中碎，中碎前不设受矿仓和预先筛分，闭路筛子 3 与细碎破碎机呈阶梯配置。考虑到给料分配均匀，在闭路筛子上方设置了分配矿仓，并通过胶带给矿机 6 向筛子给矿。中

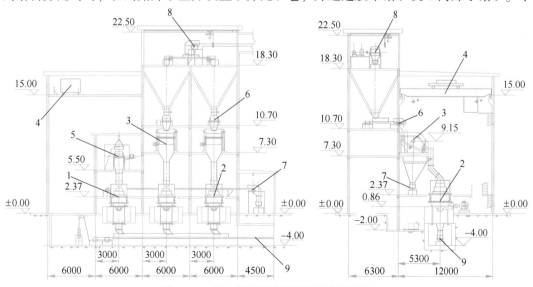

图 8-11　中细碎及闭路筛子同厂房配置图

1—ϕ1650 mm 标准型圆锥破碎机；2—ϕ1650 mm 短头型圆锥破碎机；3—1.8 m×3.6 m 振动筛；4—10 t 桥式起重机；5—B=1000 mm 胶带运输机；6—B=1200 mm 胶带给矿机；7～9—B=1000 mm 胶带运输机

细碎设备配置成一列，中、细碎破碎机的排矿共同卸入集矿胶带机 9，再经胶带机的转运给到胶带机 8，返回到中细碎车间的细碎分配矿仓。闭路筛分的筛下物料由胶带机 7 送到厂房外的胶带机运至磨矿仓。此方案将三段破碎分为两个车间布置，实现了闭路筛分对最终产品粒度的控制，厂房占地面积小、紧凑、便于管理。

（3）粗碎、中细碎、闭路筛子各呈独立厂房。如图 8-12 所示，粗碎后的矿石经胶带机 4 送入中细碎厂房，中碎圆锥破碎机 1 与细碎圆锥破碎机 2 单列布置，中细碎破碎机的排矿共同卸入集矿胶带机 5，进入筛分厂房。筛分厂房配置 1 台振动筛 3，筛上物料经胶带机 6、7 的转运返回到中细碎厂房的细碎给矿胶带机，筛下物料卸入胶带机 8 送往磨矿仓。该配置方案也可根据选矿厂的规模及实际情况进行相应的调整，破碎机及振动筛的数量可适当增加，在厂房距离允许的条件下，中细碎及筛分上方均可以设分配矿仓，更有利于设备的平稳运行及生产调节。

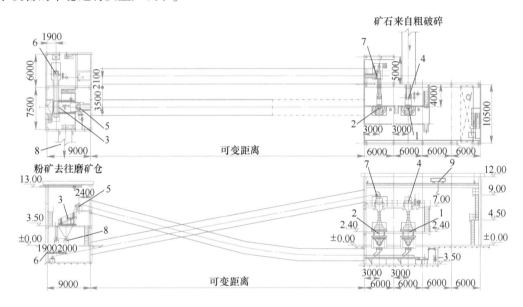

图 8-12　粗碎及中细碎和筛分各呈独立厂房的配置图

1—φ1750 mm 标准型圆锥破碎机；2—φ1750 mm 短头型圆锥破碎机；3—1.8 m×3.6 m 振动筛；4—B=1000 mm
胶带运输机；5—B=1200 mm 胶带运输机；6~8—B=1000 mm 胶带给矿机；9—10 t 桥式起重机

（4）粗碎、中碎、细碎、闭路筛分全分开各呈独立厂房。在特大型选矿厂，由于中碎、细碎、筛分设备台数较多，为了改善生产作业工作环境可以采用此种方案，物料全采用胶带运输机输送。中碎、细碎及闭路筛分的机组上方均设有分配矿仓，由移动卸料小车布料，设备呈单列配置，比较简单。如图 8-13 所示，原矿经自卸矿车卸入粗碎车间 1，破碎后的矿石经过除铁站 2 除铁后，送入中碎车间 3，中碎产品给入干选车间 4，干选精矿经胶带机送往闭路筛分车间 6，筛上物料经胶带机输送到细碎车间 7，细碎产品再返回到筛分车间 6，形成闭路检查筛分，筛分车间 6 的筛下物料经胶带机送往磨矿仓。

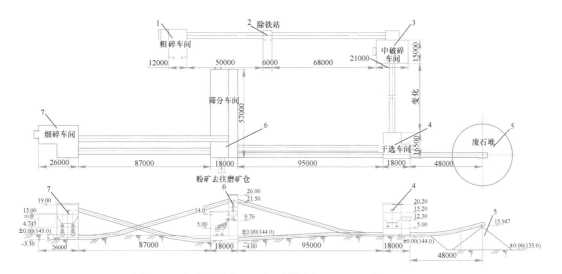

图 8-13　各个破碎作业和闭路筛分都呈独立厂房的配置图

1—粗碎车间；2—除铁站；3—中碎车间；4—干选车间；5—废石堆；6—筛分车间；7—细碎车间

8.3.6　粗碎厂房的设备配置

一般大中型选矿厂采用的旋回破碎机或颚式破碎机尺寸大、机体高、质量大，供矿块度大、振动力大，所以，粗碎厂房常需独立分开布置。在进行粗碎设备配置时，应注意下列8个基本问题。

（1）应充分利用陡坡地形，原矿受矿槽上缘与供矿轨面（或路面）标高要相适应，利于原矿运输与卸矿，并减少工程造价。

（2）大于900 mm旋回破碎机可以采用整车厢倾卸，挤满给矿。由于挤满给矿产生灰尘量很大，厂房多为敞开式。

（3）为减少大块矿石冲击旋回破碎机，原矿受矿槽应适当加宽，利用"矿槽死角"形成缓冲带。国外有的在受矿槽中设置分矿梁进行缓冲。原矿受矿槽长度要考虑供矿车厢停车时的惯性位移尺寸（不包括汽车供矿），要考虑足够的矿块自流坡度。

（4）一般不采用预先筛分，只有当原矿比较碎裂、细颗粒较多或潮湿时，才考虑设置固定条筛（兼给料流槽），这将增加机组高度和维护费用。

（5）颚式破碎机和小于900 mm旋回破碎机应考虑设置受矿槽，通过板式给矿机向粗碎机给矿；当矿块小于300 mm时，可根据采矿、原矿运输和粗碎工作制度情况适当建造一定容积的原矿槽。

（6）采用挤满给矿的旋回破碎机的排矿处应设有缓冲矿仓，其排矿可采用板式给矿机给到胶带运输机上或直接放矿到带有起缓冲作用的弹簧橡胶圈托辊（加密布置）的胶带运输机上运出。对板式给矿机漏出的矿粉应通过漏斗和胶带运输机运出，严防漏落在地面或楼板上。配有受矿槽和给矿机的粗碎机，其排料处可以不设缓冲料仓和给矿机，以漏斗直接卸至胶带运输机上即可。

（7）视具体情况，在旋回破碎机上方受矿槽的顶部，可安装排除过大块的有效装置和设施。20 世纪 70 年代以来国外采用了液压破碎器对过大块进行破碎，我国南芬铁矿选矿厂采用风动破碎器。

（8）旋回破碎机操作室应设在受矿仓上缘地坪上，以利于观察调车、卸矿、破碎器等设施工作情况。

挤满给矿旋回破碎机的配置如图 8-14 所示。粗碎前未设固定条筛，原矿通过翻斗车直接卸入受矿槽，进入破碎机 1，受矿槽按两个车厢容积考虑。厂房柱距小于 15 m，考虑了停车时的惯性位移和防止卸矿时冲撞柱子。厂房跨距 13.5 m 系本着以最小跨度的吊车 4 达到最大的服务范围。既能吊着重载车厢，又能吊着破碎机零部件。可动锥体吊出后放置在 13.5 m 跨内的标高 11.10 m 地坪的锥体台上。原矿受矿槽的深度要考虑矿槽死角的形成，翻车卸矿应先落在 "矿槽死角" 上，再折返到星形架上，以缓冲对旋回破碎机的冲撞。旋回破碎机需安设在钢筋混凝土制的框架结构上，其下方排矿缓冲仓容积应容纳两个车厢矿石量，并采用板式给料机向胶带运输机给矿。为检修吊运标高 ±0.00 的传动装置和 -13.25 m 处的部件，设有吊车 3，其吊车轨道伸出厂房外。

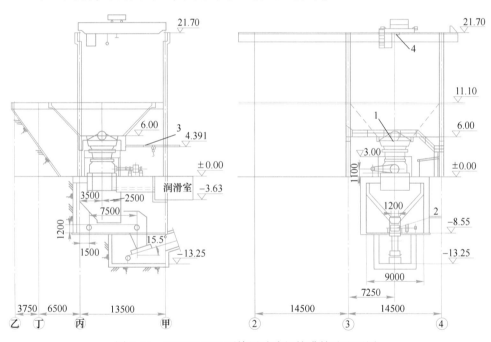

图 8-14　PX1200/180 型旋回破碎机挤满给矿配置图

1—1200/180 旋回破碎机；2—1400 mm×7500 mm 胶带机；3—QD75/20 t 吊钩桥式起重机；4—5 t SH 型链式起重机

有些类似此方案的工程（包括国外一些旋回破碎机配置），为了吊着两轨道的重载车厢，吊车柱子跨距采用 21 m，同时在受矿仓的上方安装过大块破碎器。

图 8-15 所示是地上颚式破碎机厂房的配置方案之一。厂房充分利用地形高差，在标高 17.20 m 处设置卸车平台，自卸矿车将矿石卸入缓冲矿槽，缓冲矿槽的宽度应保证形成矿槽死角，大块矿石先落到矿槽死角再进入振动棒条给料机 2，应尽量减少棒条给料机给矿端的垂直料柱压力。矿石中的粉料在经过给料机的棒条区域时卸入排矿胶带机 3，大块矿石进入颚式破碎机 1，破碎后的矿石也卸入排矿胶带机 3，与粉料一起进入下游的胶带

机，送至选矿厂。厂房不设吊车，采用移动汽车吊对颚式破碎机进行动颚更换和衬板检修，采用电动葫芦4对破碎机的主电机进行检修维护。

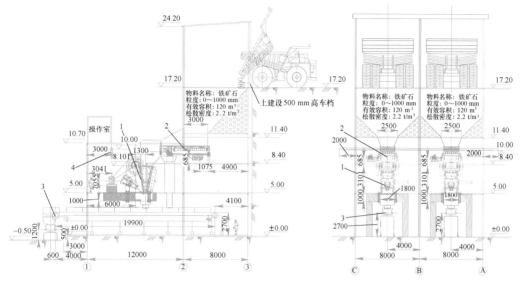

图 8-15　地上颚式破碎机厂房配置图

1—CJ815 颚式破碎机；2—SV1862 振动棒条给料机；3—14080 移动胶带运输机；4—5 t 电动葫芦（H = 12 m）

地下颚式破碎机硐室配置常采用图 8-16 所示的方式。采用箕斗竖井提升或胶带机斜井运矿的地下开采矿山，多将粗破碎设置在地下。采出的矿石先卸入上部溜井，在溜井的

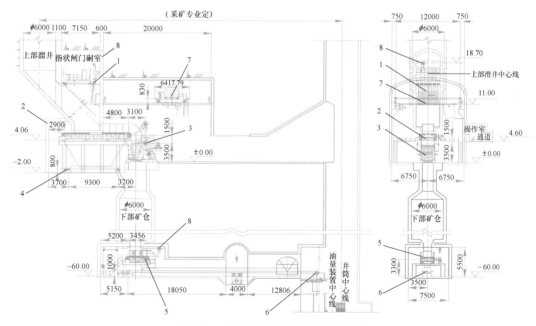

图 8-16　地下颚式破碎机硐室配置图

1—指状闸门；2—2400 mm×12000 mm 重型板式给矿机；3—C200 颚式破碎机；4—粉矿胶带运输机；
5—1800 mm×3500 mm 重型板式给矿机；6—No.1 胶带运输机；7—50/10 t 电动桥式起重机；8—5 t 电动葫芦

下口设重型板式给矿机 2，矿石经该给矿机给入颚式破碎机 3。当破碎矿量较大或是矿石粒度大于 1000 mm 时，需在板式给矿机前设指状检修闸门 1，防止板式给矿机及颚式破碎机检修维护时矿石自流。破碎后的矿石直接漏入下部矿仓，下部矿仓下口设重型板式给矿机 5，通过胶带机 6 卸入计量漏斗，然后通过箕斗提升到地面。若是斜井胶带机运矿方式，重型板式给矿机 5 则将矿石给到斜井胶带机上，经转运输送到地表。

8.3.7 中碎和细碎及筛分厂房的设备配置

8.3.7.1 中碎和细碎厂房的设备配置

图 8-17 所示是某大型选矿厂的中细碎车间配置图，中碎配置 2 台 H8800 标准型圆锥破碎机，细碎配置 4 台 H8800 短头型圆锥破碎机。总体配置方案为中碎前设置原矿储存仓，矿石经胶带机 1 给入中细碎车间的中碎机 2，中碎机与细碎机呈单列布置，中细碎的排矿卸入集矿胶带机 3，运至单独的闭路筛分车间，筛下物料经胶带机运至磨矿仓。筛上物料经胶带机 4 返回到中细碎车间，进入细碎前缓冲矿仓，缓冲矿仓下口设细碎给矿胶带机 6，将矿石给入细碎机 7。

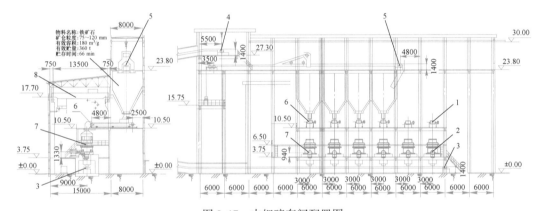

图 8-17   中细碎车间配置图

1—$B=1400$ mm 中碎给矿胶带运输机；2—H8800 标准型圆锥破碎机；3—$B=1400$ mm 集矿胶带运输机；

4，5—$B=1400$ mm 胶带运输机；6—$B=1400$ mm 细碎给矿胶带运输机；

7—H8800 短头型圆锥破碎机；8—32/5 t 电动桥式起重机

上述配置方案是将中细碎设备和闭路筛分设备配置为独立的中细碎车间和筛分车间，此方案的特点是，破碎环节和筛分环节相对独立，细碎及筛分前分别设置缓冲矿仓，有利于生产的稳定，生产中不会因为筛子的故障处理而影响整个细碎系统，较为灵活；缺点是厂房占地面积较大、厂房分散。同样的破碎流程也可考虑其他方案，如将中细碎、筛分等设备布置在一个厂房中，闭路筛分与细碎机呈阶梯配置，筛下物料经胶带机转运至磨矿仓，筛上物料进入细碎机，细碎机与中碎机的排矿共同卸入集矿胶带机，经转运再返回到闭路筛子上方的分配矿仓。此方案的优点是厂房面积小、紧凑、便于管理；缺点是需充分考虑进料和出料的方位，车间配置高差较大，振动筛位于细碎机上方，厂房容易产生共振。

8.3.7.2 高压辊磨机的配置

随着选矿技术的进步和选矿设备的发展，高压辊磨设备逐渐被应用在选矿厂中作为超细粉碎设备。高压辊磨最突出的特点是节能，与传统的碎磨设备不同，高压辊磨机充分利用了料层之间的粉碎原理，使物料之间互相粉碎。辊压后的产品粒度均匀，物料表面及内部产生大量的微裂纹和裂隙，降低了入磨矿石的功指数，有利于物料的磨碎和解离。高压辊磨-球磨工艺已成为目前国内外大型、特大型选矿厂的设计趋势。

图 8-18 所示是高压辊磨机的车间配置图。中碎后的物料经胶带机 1 给入高压辊磨车间的缓冲矿仓，此矿仓的作用是保证高压辊磨机的连续均匀给矿。矿仓下口设辊磨机给矿胶带机 2，将矿石给到高压辊磨机的给料斗，给料斗要求有一定的高差，为高压辊磨机提供足够的料柱压力。当设计采用边料返回工艺时，在高压辊磨机的排矿处设置分料板，将物料分为中心料和边料两部分。中心料落入胶带机 4，经过胶带机的转运进入磨矿仓，边料落入胶带机 5，经过胶带机的多次转运再返回高压辊磨车间。现阶段某些选矿厂仍多采用闭路筛分工艺方案，即将高压辊磨的产品全部送往闭路筛分车间，筛上返回到高压辊磨车间，筛下送至磨矿仓。

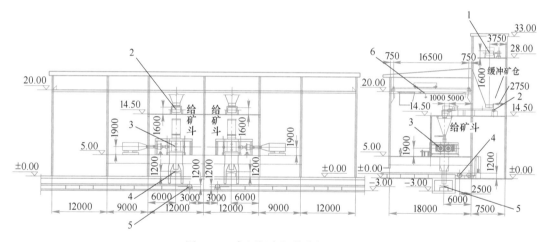

图 8-18 高压辊磨机的车间配置图

1—B = 1400 mm 胶带运输机；2—B = 1400 mm 高压辊磨机给矿胶带运输机；3—RP1718 高压辊磨机；
4—B = 1400 mm 中心料胶带运输机；5—B = 1400 mm 边料胶带运输机；6—75/20 t 电动双梁起重机

8.3.7.3 筛分厂房设备配置

筛分厂房设备配置方案取决于选矿厂规模、筛子数量、有无分配矿仓等因素。筛子仅 1~2 台时，无须设置分配矿仓，由胶带运输机直接或经分矿漏斗（2 台筛子）给矿。筛子多于 2 台时，需要设有分配矿仓。筛子配置多为单列，可使筛上、筛下物料输送系统简化。有些特大型选矿厂，因中、细碎设备台数多，采用双列配置，闭路筛子也随之采用了双列配置。两条并列胶带运输机将各自细碎排矿运至筛分厂房，由各自系列的移动卸料小车向分配矿仓布料，经给矿机向筛子给矿，筛上物料由胶带运输机运至细碎，筛下物料由胶带运输机运至主厂房磨矿仓。双列配置与上述单列配置的基本形式是相同的。下面列举两个较为典型的实例。

（1）仅有两台筛子，呈独立闭路筛分厂房，如图 8-19 所示。胶带运输机 1 直接将物料运至筛子上，筛子 4 的给料采用了折返导矿漏斗，使筛网面积得到充分利用，筛上与筛下物料经各自的导矿漏斗卸到标高 -3.50 m 平台各自胶带运输机 2、3 上。胶带运输机 3 也可设置在标高 ±0.00 地坪上，这样既可缩短筛下物料漏斗长度，又利于胶带运输机 3 尾部操作、调整，也不影响筛下物料向主厂房磨矿仓输送。

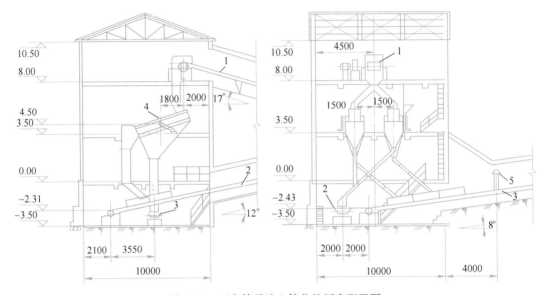

图 8-19　两台筛子独立筛分的厂房配置图

1—B＝1200 mm 胶带运输机；2，3—B＝1000 mm 胶带运输机；4—1.8 m×3.6 m 振动筛；5—皮带计量秤

（2）多台筛子单列配置的筛分厂房，如图 8-20 所示。物料由胶带运输机 6 运至筛分

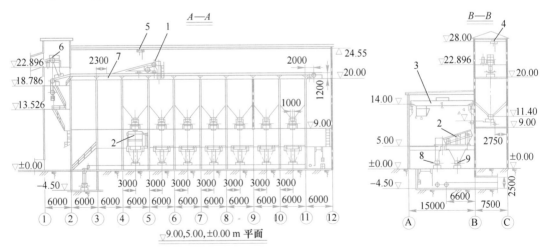

图 8-20　带分配矿仓单列配置的筛分厂房配置图

1—B＝1400 mm 电动三通漏矿车；2—XH2400×6100DD 双层振动筛；3—16/3.2 t 电动双梁桥式起重机；
4—CD15-30 电动葫芦；5—CD15-24 电动葫芦；6~9—B＝1400 mm 胶带运输机

厂房，经胶带运输机 7 和卸料小车 1 将物料分布于分配矿仓中，再经带式给料机向筛子 2 给矿，筛上物料由胶带运输机 8 返至细碎，筛下物料由胶带运输机 9 运至主厂房。筛子大部分机身及其传动装置在 15 m 跨间里，操作检修方便。

8.3.8 洗矿厂房设备配置

对于易洗或较易洗的矿石，多以振动筛、螺旋分级机为主要洗矿设备。可以将洗矿设备和破碎机配置在同一个跨间里，按流程顺序配置成多层阶梯式，特点是利于物料自流、作业线短、占地面积少。如图 8-21 所示，粗碎排矿由胶带运输机 1 运至中碎矿仓，经槽式给矿机 2 给入一次洗矿筛 3，筛上物料进入中碎圆锥破碎机 5，筛下物料进入二次洗矿筛 4，其筛上物料通过胶带运输机 13 和中碎排矿一起进入细碎预先筛分机（兼洗矿）6，其筛上物料给入细碎圆锥破碎机 7，其排矿和螺旋分级机 8 的沉砂共用集矿胶带运输机送往主厂房磨矿仓，4 和 6 的筛下物料自流到螺旋分级机 8；分级溢流由砂泵扬至旋流器 10，其溢流作为洗矿筛 3 的冲洗水，沉砂自流到浓缩机 11，其底流由泵 12 送至磨矿作业，浓缩机的澄清水由泵 9 扬至洗矿筛作冲洗水。

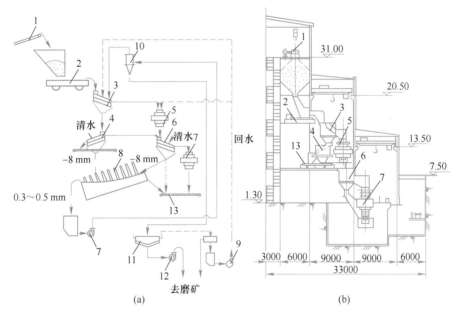

图 8-21 带洗矿的中细碎设备多层阶梯配置图

(a) 设备联系图；(b) 设备配置图

1—B＝1200 mm 胶带运输机；2—槽式给矿机；3——次洗矿筛；4—二次洗矿筛；5—中碎圆锥破碎机；
6—细碎预先筛分机；7—细碎圆锥破碎机；8—螺旋分级机；9—循环水泵；10—浓缩旋流器；
11—浓缩机；12—底流渣浆泵；13—B＝1000 mm 胶带运输机

较难洗矿石，洗矿段数较多，作业线较长。如生产规模大，则设备规格也大，重量也大，占地面积也较大，其设备配置应尽量保证物料自流，采用多层配置，适于建立独立洗矿厂房。配置的基本要点是：碎散、洗矿、筛分设备的圆筒洗矿筛、洗矿振动筛等设备设置在高层楼板上，筛下物料自流到下层平台的擦洗机、螺旋分级机；筛上物料和擦洗机、螺旋分级机的沉砂根据矿物单体解离情况，由胶带运输机送往下一作业，如破碎、磨矿、跳汰等；溢流由渣浆泵扬送到浓缩机，浓缩机溢流作洗矿水，底流由砂泵扬送至磨矿作业。如图 8-22 所示，物料由水平胶带运输机 4（兼手选拣除泥团）给入圆筒洗矿筛 1，其筛下物料自流到下层螺旋分级机 2，其沉砂和由胶带运输机 5 运来的圆筒筛筛上物料经集矿胶带运输机 7 运至后续作业，螺旋分级机的溢流自流到浓缩机，其澄清水作洗矿水，底流去磨矿作业。电动桥式起重机 3 供检修使用，除铁器 6 除去铁块。

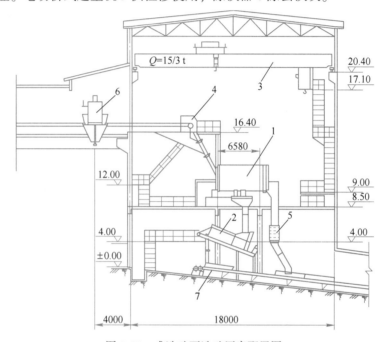

图 8-22　难洗矿石洗矿厂房配置图

1—圆筒洗矿筛；2—螺旋分级机；3—15/3 t 桥式起重机；

4，5—B = 1200 mm 胶带运输机；6—除铁器；7—集矿胶带运输机

洗矿设备配置必须考虑如下几个方面的问题：

（1）洗矿振动筛给料机应能调速，以克服给料中含泥量的波动，筛面物料层应保持均匀，冲洗水作用点应有效，水压要足够。

（2）圆筒洗矿筛应要求配有适宜的扬料器、阻料环，冲洗水作用点要有效，水压要足够。无孔段和有孔段长度要根据矿石可洗性和给料粒度特性确定，筛孔尺寸取决于物料粒度组成、后继作业设备的适应性、洗矿与筛分效果。

（3）洗矿前宜对矿石进行预湿和手选泥团，尤其对难洗矿石，可提高洗矿效果。

（4）洗矿设备磨损较快，需要安装检修和更换部件方便的起重设备。

（5）矿浆泵提升能力要适应洗矿矿浆流量的波动，应采用调速装置。

（6）所有物料自流坡度必须足够，由胶带运输机运输洗矿产物所含水分必须力求降低，提升角度一般应小于 12°。

（7）洗矿工艺用水量较大，水加压作业跑水机会多，楼板、平台应具有适宜的坡度和完善的排污系统，确保较好的工作环境。

8.4 主厂房设备配置

主厂房一般包括磨矿和选别两个部分，某些主厂房还包括精矿脱水、过滤部分。磨矿系统和选别系统配置在同一厂房里，一方面可利用上下工序具有的落差形成作业间的矿浆自流，另一方面当矿浆需要采用压力输送时，输送距离短，节省能耗；同时，布置在同一个厂房里占地面积小，联系、管理方便。

8.4.1 磨矿跨间的设备配置

8.4.1.1 磨矿跨间的磨矿—分级机组配置基本方案

磨矿跨间的磨矿—分级机组配置主要有以下 4 种常用方案。

（1）磨矿—分级机组排成一列，其设备中心线垂直于厂房纵向定位轴线，称纵向配置。

（2）磨矿—分级机组排成一列，其设备中心线平行于厂房纵向定位轴线，称横向配置。

（3）磨矿—分级机组排成双列，两段磨矿，其设备中心线垂直于厂房纵向定位轴线。

（4）磨矿—分级机组排成双列，两段磨矿，其设备中心线平行于厂房纵向定位轴线。

方案 1 在设计中较多见，其主要优点是配置紧凑、便于操作维护。方案 4 在采用两段磨矿流程时应用较多，其优点是磨矿跨度比方案 3 的小，如果第一、第二段分级采用水力旋流器，则磨矿跨度比方案 3 小得更多。具体选择时，要综合考虑选别跨间占地需求，使厂房配置整齐有序，便于管理。

8.4.1.2 磨矿跨间设备配置的基本要求

磨矿跨间的设备配置一般需要符合以下 4 个方面的要求。

（1）磨矿—分级机组应力求自流连接，分级返砂应尽量避免采用机械运输，不同粒度的磨机排矿和分级返砂需要的自流坡度见表 8-6。磨矿和分级机组连接如图 8-23 所示。从图 8-23 中可以看出，返砂流槽坡度 i_2 取决于 D、C 尺寸，D 取决于 α、R 值，分级机安装角度 α 大，对磨机排矿流槽坡度 i_1 自流有利，但 α 允许调节范围有限，i_1 取决于 K、H、M、F。B 是返砂槽中心线和分级机进矿口中心线距离，进矿口的位置允许沿分级机槽体在一定范围内水平移动，但不得对分级有影响。磨机与水力旋流器构成闭路时，其沉砂和溢流流至下一作业也要确保有足够的自流坡度，确定旋流器位置和标高时，必须使其产物自流。

表 8-6 不同磨矿细度的球磨机排矿及分级机返砂的流槽自流坡度一览表

分级溢流粒度/mm	-0.074	-0.10	-0.15	-0.20	-0.30	-0.40	-0.60	-0.80	-1.20	-2.00
磨矿排矿流槽坡度 i_1/%	10	13	15	17	20	22	23.5	24.5	25	27
分级返砂流槽坡度 i_2/%	25	28.5	31.5	34.5	37.5	40	43	45.5	47	50

注：表中的数据适用于密度为 2850 kg/m³ 的矿石，大于此密度的矿石坡度适当增大 15%~30%。

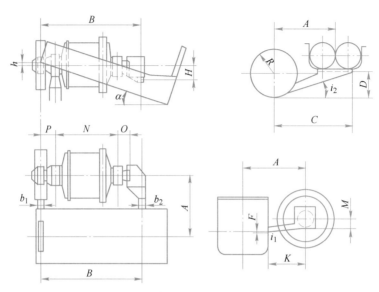

图 8-23　磨矿和分级机组连接图

（2）磨矿跨间长度和磨矿仓、浮选跨间长度应相适应，以便于给矿。

（3）磨机的给矿胶带运输机安装计量秤时，其受料点距计量秤的距离不得小于 6 m，胶带提升角度不大于 20°，胶带接头采用胶接以减少对计量秤的冲击，可保证计量的准确度。

（4）钢球、钢棒应有球（棒）仓，配备装球斗、装棒机，确保补加和清洗球、棒方便，减少笨重体力劳动。

8.4.2　浮选跨间的设备配置

浮选机配置方案有两种形式，其一是浮选机列中心线平行厂房纵向定位轴线，称为横向配置，缓坡和平地地形均可采用；另一种是浮选机列中心线垂直厂房纵向定位轴线，称为纵向配置，浮选机台数、列数较多时可采用。可通过调整浮选机列的槽数和浮选槽列数调整浮选跨间跨度和长度，以利于分级溢流向粗选作业给矿，流经管线较短。当流程复杂、返回作业较多时，其浮选机配置难度较大。

8.4.2.1　浮选设备配置需要考虑的问题

浮选设备配置需要考虑以下 6 个方面。

（1）根据浮选机的生产能力（矿浆流量），以及便于生产操作等因素来合理划分浮选系列。通常是一个磨矿系列对一个浮选系列，也有一个磨矿系列对两个浮选系列或两个磨矿系列对一个浮选系列。一对一配置的主要优点是生产调节方便，便于分级溢流流向粗选；节省高差。精选系列常采用集中精选，系列变少，因为粗选泡沫精矿量少。

（2）具有吸浆能力的浮选机在同浮选机列中，各作业浮选槽数必须保证其泡沫产物自流到相邻的前作业浮选槽，流经的明槽和无压管道必须达到自流坡度，如图 8-24 和表 8-7、表 8-8 所示。由于同列的浮选机泡沫槽起坡点标高和其前作业浮选机中矿回流管标高是定值，即高差是定值，流至前作业的行程越长则坡度越小，故同一坡度泡沫槽所连接的浮选机槽数不宜多。为防止"短路"，在同一列里的粗选加扫选的槽数又不宜过少，对无吸浆能力类型的浮选机也同样，一般不少于8个槽，对特大型浮选机也要考虑出现"短路"问题。(美)《选矿厂设计》主张非大型选矿厂可以考虑粗选采用大型浮选机，扫选为小型浮选机，可使大型浮选机所固有的经济效益得到利用。28~56 m³ 容积的特大型浮选机只适用于生产规模在 5.0×10^4 t/d 以上的特大型选矿厂的粗选作业，生产规模在 5.0×10^4 t/d 以下的选矿厂若采用此规格的浮选机，则需要的槽数太少，需要考虑防止"短路"和保证操作上的灵活性；14 m³ 容积的浮选机适用于生产规模在 $(2.5 \sim 5.0) \times 10^4$ t/d 的选矿厂；2.8 m³ 容积的浮选机将限于生产规模在 1.0×10^4 t/d 以下的选矿厂；小型浮选机只能用于精选作业。

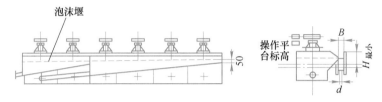

图 8-24　浮选机与泡沫槽安装关系图

表 8-7　XJ 型浮选机槽数与其同坡泡沫槽坡度关系表　　　　　　　　(%)

浮选机容积/m³	同一坡度泡沫槽所连接的浮选机槽数									吸浆管中心至槽底距离/mm	泡沫槽宽度 b/mm
	2	3	4	5	6	7	8	9	10		
0.13	22.1	15.8	12.3	10.1	8.5	7.3	6.5	5.8	5.3	175	100
0.23	22.1	15.8	12.3	10.0	8.5	7.3	6.5	5.8	5.2	230	100~150
0.35	21.6	15.4	12.0	9.8	8.3	7.3	6.3	5.6	5.1	243	150~200
0.62	21.5	15.4	11.9	9.8	8.3	7.3	6.3	5.6	5.1	265	200~250
1.10	21.2	15.2	11.8	9.0	8.1	7.3	6.2	5.6	5.0	365	250~300
2.8	13.7	9.8	7.6	6.2	5.2	4.5	4.0	3.6	3.2	400	300~350
5.8	11.9	8.5	6.6	5.4	4.5	4.0	3.7	3.1	2.8	425	350~400

表 8-8　浮选厂常用流槽和管道自流坡度一览表

输送物料条件	浓度/%	坡度/%
铜、锌、黄铁矿分级机溢流用管道输送至浮选机，粒度-0.3 mm	40	5~8
铜、锌、黄铁矿分级机溢流用管道输送至浮选机，粒度-0.2 mm	33	3~5
含大量硫化物混合精矿经粗磨后，用流槽输送至选别作业，不加水冲	40	15
含大量硫化物混合精矿经粗磨后，用流槽输送至选别作业，加水冲	25~30	10
含大量硫化物混合精矿经粗磨后，用管道输送至选别作业，不加水冲	40	10
含大量硫化物混合精矿经粗磨后，用管道输送至选别作业，加水冲	25~30	7
铜、铅、锌、黄铁矿精矿，用流槽输送至浓缩作业，加水冲	20~25	4

续表 8-8

输送物料条件	浓度/%	坡度/%
铜、铅、锌、黄铁矿精矿，用管道输送至浓缩作业，不加水冲	20~25	7
浓缩后精矿，用管道输送	50~70	7
浮选作业尾矿，用流槽输送	33	2~4
浮选作业尾矿，用管道输送	33	1.5~2

注：1. 表中为直线段坡度，拐弯或弯曲段坡度相应增加 20%~30%；

　　2. 浓度指固体质量分数。

（3）相互平行配置的各列浮选槽数或总长度应力求相等，总长度应包括所需的搅拌槽、泡沫泵等尺寸，利于配置整齐，操作行走方便，厂房面积得以充分利用。

（4）难以实现全自流时，应力争主矿流自流。如几个中间产物其返回点相同，应将这些中间产物汇集后用同一台砂泵扬送。当不能自吸矿浆的浮选机配置成一列时，其泡沫产物向其同列前作业浮选机给入，需采用泡沫泵提升，其尾矿流入同列后续作业，相毗邻作业的浮选机组呈阶梯配置，阶梯高差 300 mm 利于尾矿流向后续作业浮选槽中。目前也有采用具有吸浆能力的浮选机作吸入槽（如 SF 型浮选机）与 JJF 型浮选机联合使用，不设置泡沫泵，SF 型浮选机置于各作业无吸浆能力浮选机的头一个槽，作业之间成水平配置。

（5）浮选机配置必须便于操作、维护、管理，具有调整矿浆回路的可能性，若某系列、某作业设备停转，其他并行系列、作业设备能平均分摊任务，具有系列调换的可能性；并列配置的浮选机列，其泡沫槽应相向，泡沫槽外侧挡板应高出操作平台 300~800 mm，特大型浮选机操作平台在槽体上方的平台端沿应设置栏杆。浮选机操作应有良好的自然采光和足够的照明度，以利于观察泡沫现象。

（6）加药台位置应适宜。一般大型浮选厂多采用集中或局部集中给药方式。给药台通常布置在某个或某几个跨间的楼层上。药剂通过管道自流至添加地点，其管道坡度不应小于 3%，管道架设不得有碍浮选机的检修吊运，干式药剂添加通常采用分散就地添加。小型浮选厂常用分散给药台，其平台标高必须保证药剂自流。

8.4.2.2　浮选跨间设备配置举例

图 8-25 所示的浮选机呈横向配置，磨矿、分级机组呈纵向配置，浮选系列数和磨矿系列数 1 对 1；圆形磨矿仓与磨矿跨分开；并列的浮选机泡沫槽相向。因泡沫精矿量少，精选用的槽数少、型号小，为有效利用厂房面积，集中到一个精选系列处理，将其设置在单独的小跨间，跨度 4 m、长度 24 m。为了便于磨机给矿胶带运输机安装计量秤，磨矿仓距磨矿跨有一段距离。加药台采用集中方式，药剂制备搅拌槽设在浮选跨间中的 8.10 m 平台上，搅拌桶距给药台很近，便于管道架设和自流，给药台标高确保药剂自流到添加地点。电葫芦吊车梁固定在 8.10 m 标高上，轨道设置在浮选机重心正上方，检修场地靠厂房一侧与外界运输方便。

图 8-26 所示是两段磨矿、分级机组双列横向配置，浮选机列成纵向配置在毗邻的跨间里。由于药剂添加点多，浮选机列数多，为便于药剂添加和管理，专设一个 9 m 跨间置

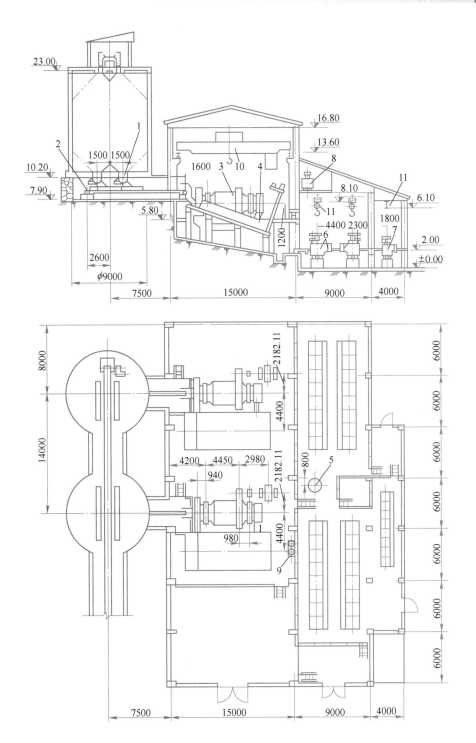

图 8-25　浮选机横向配置的浮选车间配置图

1—600 mm×600 mm 摆式给矿机；2—B500 带式运输机；3—φ2700 mm×3600 mm 格子型球磨机；4—φ2000 mm
高堰式双螺旋分级机；5—φ2500 mm×2500 mm 搅拌槽；6—XJK-2.8 浮选机；7—XJK-0.62 浮选机；
8—药剂搅拌槽；9—给药机；10—20/5 t 电动桥式起重机；11—1 t 手动链式起重机

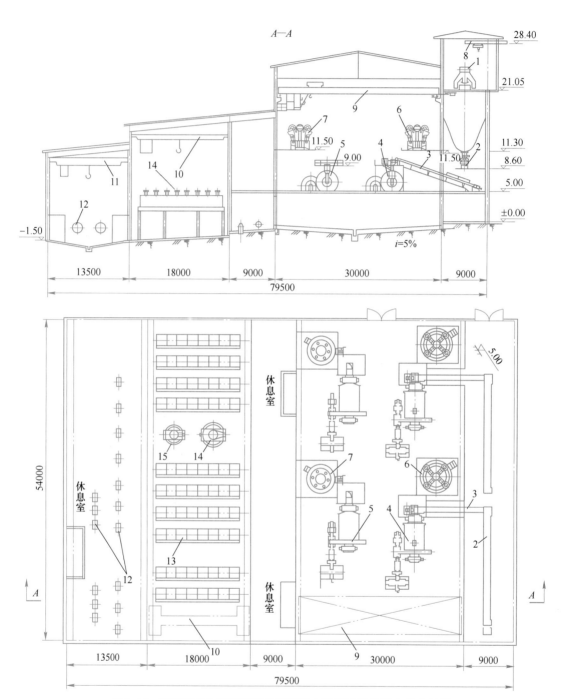

图 8-26   两段磨矿和旋流器组呈双列横向及浮选机呈纵向的配置图

1—三通漏矿车；2，3—带式运输机；4—φ3200 mm×4500 mm 湿式格子型球磨机；

5—φ3200 mm×4500 mm 湿式溢流型球磨机；6—旋流器组（一段分级）；7—旋流器组（二段分级）；

8~11—吊车；12—砂泵；13—6 m³ 浮选机；14，15—搅拌槽

于磨矿跨间和浮选跨间中间，上楼层放置给药和制备设备装置，确保药剂自流到添加地点，下层设置供矿泵和泵池。为便于设备吊装检修，各跨间均安装了使用方便的起重设备。

8.4.3 磁选跨间的设备配置

我国磁铁矿石选别采用湿法居多，基本上是开路，用水量较大，矿浆密度较大，一个系统中同一个磁选作业可能需要多台同规格设备配合。湿式磁选跨间的设备配置基本上可分为两类：一类是自流式，用于开路流程、较陡坡（坡度15%~23%）地形，设备按照选别作业顺序沿坡地线从高至低呈单层阶梯式布置；另一类是半自流式，矿浆输送靠自流和渣浆泵提升结合完成，设备配置呈多层式。由于磁选机、脱水槽、细筛等设备重量较轻、振动力小、机体小，按流程顺序布置在上层平台，渣浆泵与泵池机组放在下层地面上。对于含有一定量的弱磁性矿物的矿石，由于浸染粒度细、磨矿段数也多，其选别流程有磁-重、浮-磁等联合流程，在设备配置上应根据磁选、重选、浮选设备配置的要求和注意事项进行。

干式磁选跨间可以采用多层式设备配置，按流程作业顺序布置设备，给料与排料处应设置密封式漏斗，应有完善有效的收尘系统。

8.4.3.1 湿式磁选跨间设备配置应注意的问题

湿式磁选跨间设备配置应特别注意以下3个方面。

（1）尽量避免主矿流用泵提升，除非磨矿—分级溢流需要用泵提升到多层配置的磁选跨间，提升到工艺要求的最高点后的矿浆应最大限度地促其自流到各作业，防止重复提升。

（2）由于磨机能力大，同一选别作业需多台同型号设备来完成，应确保矿浆分配均匀，配置时应充分考虑矿浆分配器、自流坡度等所需要的高差损失。磁选厂常用的流槽、管道自流坡度见表8-9。

表 8-9 铁矿石磁选厂常用流槽和自流管的坡度一览表

名　称	矿石密度 /t·m^{-3}	矿石粒度 (-0.074 mm)/%	矿浆浓度/%	矿浆量/L·s^{-1}	自流坡度 /%
一次球磨机排矿[①]	3.4~3.6	24~35	65~75	20~45	12~15
一次分级机返砂[①]	3.4~3.6	8~10	75~85	8~28	33~36
一次分级机溢流	3.3~3.5	40~60	50~62	15~25	8~11
二次球磨机排矿[①]	3.7~3.8	40~60	40~50	22~45	10~14
二次分级机返砂[①]	3.7~3.8	25~40	70~75	10~15	32~35
二次分级机溢流	3.6~3.7	80~90	15~20	55~83	4~6
直线筛筛上返砂槽[①]	3.4~3.6	8~10	75~85	8~28	33~36
直线筛筛下管、槽	3.4~3.6	40~60	50~60	15~25	8~11
水力旋流器、沉砂槽	3.4~3.6	25~40	70~75	10~15	32~35

续表 8-9

名　称	矿石密度 /t·m⁻³	矿石粒度 (-0.074 mm)/%	矿浆浓度/%	矿浆量/L·s⁻¹	自流坡度 /%
脱水槽给矿	3.3~3.5	40~60	25~35	4~65	9~12
脱水槽给矿	3.6~3.7	80~90	15~20	11~17	6~8
脱水槽精矿	3.6~3.8	35~60	40~55	13~22	11~13
脱水槽精矿	4.0~4.2	75~85	35~40	4~5	8~10
磁选机精矿	4.3~4.4	60~75	35~45	15~20	12~14
磁选机尾矿	2.8~2.9	28~40	5~10	5~15	10~12
磁选机精矿	4.3~4.4	80~90	35~45	12~19	7~8
磁选机精矿	4.3~4.4	80~90	35~45	4~12	9
磁选机尾矿	2.8~2.9	35~50	2~7	11~45	3~5
脱水槽尾矿	2.7~2.8	70~90	2~9	15~90	2~3
细筛筛上流槽①	4.0~4.2	80~90	50~60	5~15	8~10
细筛筛下流槽	4.3~4.4	90~95	15~20	5~15	7~8

①生产中要加冲洗水,否则易堵塞。

（3）规模较大的磁选厂所用磁选设备台数多,矿浆管道和用水管道多,大管径的尾矿管及供水管也多,当设备呈多层配置时应将管道集中敷设在磁选跨间的单独楼层内,此楼层低于磁选设备楼层,高于泵与泵池地面,以利于操作、维护、检修和作业环境的保护。

8.4.3.2　磁选跨间设备配置举例

如图 8-27 所示,磨矿跨间为两段磨矿双列横向配置,磁选设备呈多层配置在磁选跨间中,砂泵和泵池置于地面最低处,便于一段磨矿产品自流进入泵池。第一段分级溢流由砂泵提升至第二段分级水力旋流器,旋流器沉砂自流至第二段磨机,溢流自流到磁选作业。应注意旋流器溢流去磁选机矿浆的均匀分配问题。

8.4.4　重选跨间的设备配置

重选流程分级作业较多,分出粒度级别也多,物料粒级不同,其适宜的选别设备也不同。由于单机处理能力小、所用设备台数多,在设备配置上变化也多,但归纳起来,基本上可划分为两类,一类是多层-单层阶梯式联合配置,另一类是单层阶梯式配置。

8.4.4.1　重选跨间设备配置应注意的问题

重选跨间设备配置需要注意以下 6 个方面。

（1）多层跨间里的设备配置应按流程作业顺序由上至下依次布置,将粗粒级物料筛分、选别设备布置在最上楼层利于物料自流,尽量避免物料多次提升;对占地面积大、振动力大的细粒选矿设备,如摇床和浓缩机应布置在下层,呈单层阶梯式沿坡地布置,以实现矿浆自流。

（2）应设置恒压水箱以保证供水压强稳定,使跳汰机、水力分级机等设备可有效工

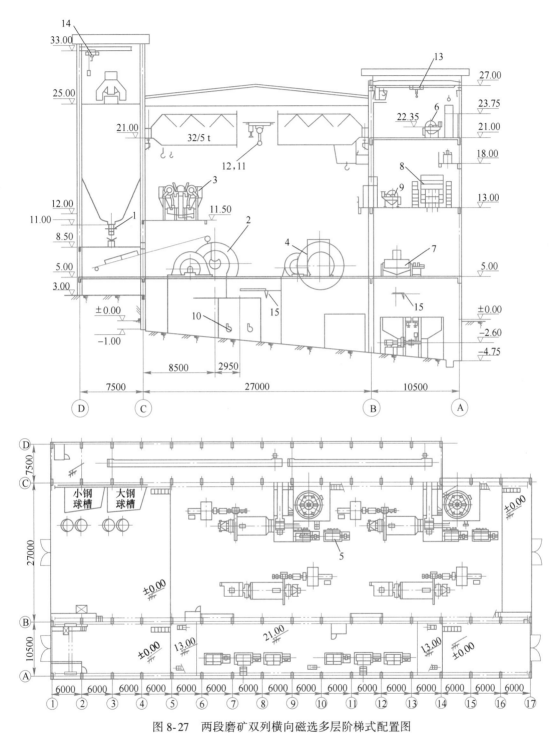

图 8-27　两段磨矿双列横向磁选多层阶梯式配置图

1—KM-100HA 电动给料器；2—ϕ3.6 m×6.0 m 湿式溢流型球磨机；3—ϕ500 mm×6 旋流器组；
4—ϕ3.2 m×6.4 m 湿式溢流型球磨机；5~7—ϕ1200 mm×3000 mm 永磁筒式磁选机；8—D4MVSK2418 振网筛；
9—ϕ1200 mm×3000 mm 永磁筒式磁选机；10—200ZJA-I-A60 渣浆泵；11—32/5 t 电磁桥式起重机；12—10 t
吊钩桥式起重机；13—5 t 电动单梁起重机；14—CD15-33D 电动葫芦；15—CD12-9D 电动葫芦

作，同时应严格多道隔渣，以防堵塞小管径管口。

（3）设备给、排料分流要确保工艺要求，流槽、管道坡度满足自流，交接料汇流处流槽或管道截面积足够，保证矿浆流动通畅；管道、流槽布置的走向、高度不得影响操作与维护。

（4）规模较大的重选厂设备多，在配置上宜采用大分散小集中的布置方案，即设备按照流程顺序，根据矿浆自流需要和作业上下连接方便及相同作业的设备，没有条件全集中布置在同一区域或同一标高平台上的，应分散；另外由于系统独立性不专一，只能根据实际可能将同一作业设备或上下联系较密切的作业设备局部集中在一个区域内，以利于管理和操作。考虑设备检修和产品搬运的需要应安装吊车。

（5）重选工艺用水量较大，生产中难免溅出水砂，应设计完善的回收与排污系统，流槽和地沟坡度、宽度要合理，地面和操作平台应有利于冲洗与清扫。

（6）厂房内要有足够的照明，以利于对摇床等设备的操作与观察。

8.4.4.2　重选跨间设备配置举例

图 8-28 所示为多层-单层阶梯式联合配置图。重量大的棒磨机、脱泥用的双螺旋分级

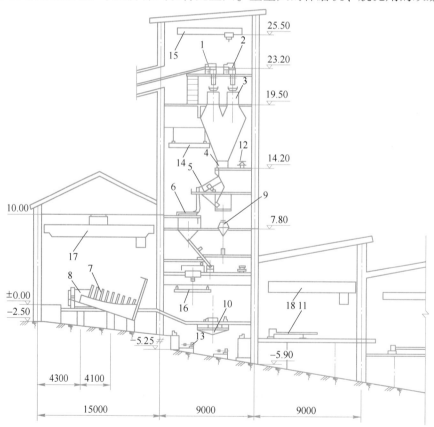

图 8-28　多层和单层阶梯联合配置的重选跨间

1，2—带式运输机；3—可逆式带式运输机；4—600 mm×600 mm 摆式给料机；5—1250 mm×2500 mm 双层振动筛；6—1000 mm×1000 mm 圆锥形跳汰机；7—1500 双螺旋分级机；8—1500 mm×3000 mm 棒磨机；9—KT-4 型四室水力分级机；10—5000 水力分离机；11—1800 mm×4500 mm 摇床；12—矿浆分配器；13—砂泵；14~18—吊车

机均设在地坪上；占地面积大、振动力大的摇床呈单层阶梯式布置，实现了矿浆自流；为减少厂房面积和实现最大限度的自流，第2跨为多层配置，从最上层到最下层设备按流程顺序依次布置，以实现物料自流；最低处为水力分级机供矿砂泵。重介质选矿车间通常采用多层式配置，力求促其产物和介质自流，基本上按选别顺序依次配置。将准备好的入选物料运至上楼层，自流给入重介质选矿机，高密度和低密度产物脱介筛配置在选矿机的下方，介质回收搅拌槽和重介质提升泵设在低处，扬送到介质再生系统，脱介后的物料由胶带运输机运至后续作业。

8.5 精矿脱水车间的设备配置

根据已确定的脱水段数、设备规格、台数及地形等条件作出不同配置方案。当浓缩机直径较小时（小于15 m）通常与过滤机一同放在主厂房里，两者各为独立跨间，与选别跨间毗邻阶梯布置。浓缩机与过滤机近距离配置，力求浓缩机底流自流到过滤机中，便于操作与管理，中小型选矿厂常采用这种配置。大型选矿厂所用的浓缩机规格大，多为露天放置，过滤机台数也多，多呈独立厂房，应力求做到过滤机溢流自流到浓缩机中。过滤机一般应布置在较高的平台（上楼层）上，下楼层（低地坪）宜分区布置真空泵、空压机、泵类等设备。磁选厂一般采用浓缩磁选机或磁力脱水槽代替精矿浓缩机，与过滤机配置在同一跨间里，置于高于过滤机的平台上，确保磁选机或脱水槽底流自流到过滤机中。磁选厂的精矿脱水一般不采用干燥作业，因用户较近，路途运输时间较短。

对于三段精矿脱水，一般将过滤与干燥设备配置在同一厂房里，过滤机一般宜配置在干燥机的上方平台上，滤饼自流到干燥机中；当过滤机台数多、干燥机台数少时，过滤机和干燥机宜各呈独立跨间毗邻，滤饼由集矿胶带运输机运至干燥机。

8.5.1 脱水设备配置应考虑的问题

脱水设备包括浓缩、过滤和干燥设备，它们的配置需要考虑以下6个方面。

（1）精矿仓应靠近过滤机，过滤机位置应高于精矿仓。筒型外滤式过滤机滤饼自流到精矿仓中；筒型内滤式过滤机滤饼通过自身胶带运输机卸入精矿仓中。如果精矿仓为高架式且与过滤机厂房分开，滤饼可通过集矿胶带运输机运至高架矿仓。

（2）尽量缩短浓缩机与过滤机的距离，促使浓缩机底流自流到过滤机中，过滤机溢流流至精矿沉淀池（其与搅拌槽、渣浆泵组成回收系统），再经渣浆泵提升至浓缩机或过滤机再处理；若浓缩机底流不具备自流条件，应由渣浆泵提升至过滤机。大规格浓缩机底部排矿口不少于两个，底流扬送渣浆泵应有两台以上，必须有备用，此种情况应保证过滤机溢流通过管道或流槽自流到浓缩机中。

（3）主厂房精矿出口标高应考虑精矿能自流到浓缩机中。

（4）过滤机给矿前应设有矿浆缓冲箱，过滤机台数多时，应设置矿浆分配器，滤液缸宜立式安装，应采用自动滤液排放装置，其滤液缸入口应低于过滤机滤液出口标高。

（5）真空泵、空压机应与过滤机、渣浆泵、滤液系统装置隔开，工作环境应保持清洁。

（6）干燥厂房用煤作燃料时，给煤系统和灰渣排出设施应完善，对有害挥发物的散发源应隔开或避开。

8.5.2　脱水设备配置举例

图 8-29 和图 8-30 所示分别是大型铁矿石选矿厂精矿脱水过滤厂房和中型铜矿石选矿厂精矿脱水过滤厂房的设备配置方案。铁精矿第一段脱水采用浓缩磁选机，铜精矿第一段

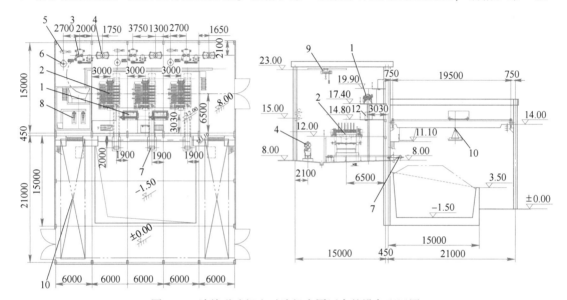

图 8-29　浓缩磁选机和过滤机在同厂房的设备配置图

1—1021 浓缩磁选机；2—72 m² 盘式真空过滤机；3—水环式真空泵；4—强制排液罐；5—鼓风机；6—储气罐；
7—B=650 mm 滤饼胶带运输机；8—滤液渣浆泵；9—3 t 电动葫芦；10—10 t 桥式抓斗起重机

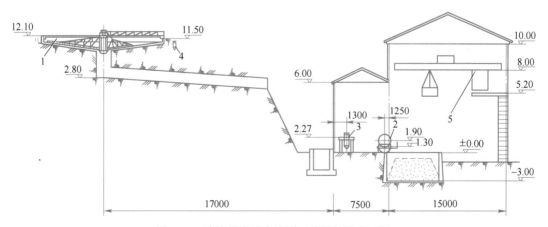

图 8-30　浓缩机底流自流到过滤机坡地布置图

1—φ15 m 浓缩机；2—20 m² 过滤机；3—滤液缸；4—气水分离器；5—5 t 电动抓斗起重机

脱水采用浓密机，两者的底流均自流到各自的过滤机，两者的过滤机均靠近精矿仓，其设置位置均高于精矿仓，滤饼卸入精矿仓中。铁精矿和铜精矿均采用抓斗起重机和汽车运输。

8.6 设备机组配置的基本做法和考虑的问题

前面述及了诸多厂房设备配置方案类型，实际上基本是设备机组之间的布置。所谓机组是由能完成一定工艺任务的几个不同机械设备在竖向和平面相距很近、靠自流或短距离运送物料的联合体，进料与出料已形成固定的落差和距离。进行设备配置时，设备沿着竖向高程和平面纵横移动，调整到适宜的位置，并考虑设备的支撑、架设、固着方式，设备、装置间的连接和非标准件设计等内容，其做法和考虑的问题可大致归纳为以下 5 个方面。

（1）根据工艺要求确定机组中设备的组合，组合中包括主要设备、辅助设备和非标装置。需要有能进行定位、安装的单体图。根据具体条件和需要初步确定非标装置几何形状和基本尺寸，在图面上表示出机组中各设备、给料、排料、储料装置的主要特征轮廓图形，彼此间交接料关系和固定方式，在平断面图上表示出机组各设备、装置定位尺寸，机组某设备中心线与厂房最近的定位轴线的纵、横向距离，距平台、地面高程以及倾斜角度等尺寸。

（2）机组中设备配置必须考虑设备和装置固着的合理性，支撑、架设、悬挂方式，部件更换、拆装、吊运、检修和操作、调整、维护的方便，确保物料在机组中流动通畅，强化湿黏性物料顺利通过漏斗、流槽和矿仓排放口等措施。

（3）机组与机组之间的距离力求缩短，机组总高度不应有过剩高差损失。机组位置的确定：首先处理物料的机组应先给以定位，之后再将此机组中的任一设备中心线与厂房中最近的定位轴线予以定位。后续作业机组位置的确定，应使前机组处理的物料合理地运至本机组，所用的运输设备应在允许的提升角度、扬程、自流坡度范围内工作，合理地利用地形，力求土石方工程量少，最后对后续机组位置进行定位。总之，机组之间定位过程是以各机组为整体进行提升、下降、左右位移、前后错动，综合比较到适宜为止。

（4）机组设备基础与柱子基础应留有一定距离，机体重量较大的设备基础应放在坚硬的岩石上，一般的设备视具体情况可放在楼板或工字钢、槽钢、钢筋混凝土过梁上。设备与基础固着用地脚螺栓连接，附属设备应设在主机附近。

（5）要广泛参考、吸收和引用已经生产并证明是合理、可靠的类似机组设备配置。

9 选矿生产过程的检测与控制

在选矿生产过程中需要经常、及时、准确地了解一些作业和产物的工艺参数（物理量），并将某些参数稳定在给定值的条件下工作；而在实际生产中由于存在随机干扰使需要保持某定值的物理量偏离给定值，导致生产过程离开适宜条件，生产指标下降，这时需要予以调节，克服干扰，恢复到规定的给定值。计量、检测、控制和预示某些过程中发生变化的仪表是掌握和调节稳定生产过程必不可少的手段，其调节可用人工控制，也可由一系列仪表、机械或计算机等装置在没有人直接参与下使某些参数达到给定值，进行自动调节。

9.1 在线检测和常用的检测仪表

对选矿过程的工艺参数进行在线检测，是实现生产过程控制和管理自动化的基础。

在选矿过程中，需要检测的工艺参数大致可分为数量、质量和操作条件3大类。主要的数量参数有处理的矿石量、矿浆量、精矿量、浮选药剂及电能的消耗量等；质量参数主要有碎矿和磨矿产品粒度、原矿和分选产物的品位、作业回收率及总回收率等；操作条件参数有矿浆浓度（密度）和pH值、碎矿和磨矿作业的循环矿量、矿石和矿浆的料位、矿浆的液位、设备的负荷率以及精矿水分等。

9.1.1 干矿量和矿浆的计量与检测

为了稳定生产条件，磨矿机的给矿量需要不停地检测，以获得实时矿量值，一般采用仪表自动计量。常用的设备是电子皮带秤，其突出特点是反应快、检测精度较高、信号能远距离传输、适应自动检测和控制的要求；入厂原矿和出厂精矿可用电子轨道衡和电子地磅计量。我国研制的YDC-4F和YDC-6F型多托辊双杠悬浮式电子皮带秤，基本上解决了粗碎后物料矿块较大和不均匀，以及滤饼精矿在胶带上残留量较多、累积误差较大等对计量精度影响的问题。

矿浆的计量检测主要是矿浆浓度（密度）和流量的检测。常用于分级溢流和浮选、浓缩的给矿及排矿物料的计量检测。采用的仪器主要有γ射线浓度计、压差式浓度（密度）计、电磁流量计和矿浆计量秤。

γ射线浓度计由发射源、射线强度探测器、测量线路和仪表组成，常用发射源为钴-60和铯-137。目前国内外生产的γ射线密度计的型号较多，如果与计算机配合可自动计算和控制。在使用γ射线浓度计时矿浆应充满管道，矿浆中无气泡、管壁无结垢。使用过程中需要注意安全防护。

压差式浓度（密度）计有隔膜差压式和双管差压式，前者用两个隔膜压力传感器在相距一定高差的管壁取压，其压力差值由差动变压器测出；后者为两支测压管插入矿浆中的不同深度，压缩空气连续将空气吹入测压管中，压力差由压力计或压差传感器测出。压差式浓度计构造简单、成本较低，易于实现在线检测和控制，测量误差一般为20%左右。

电磁流量计由变送器和转换器组成。利用流体的导电性和应用电磁感应原理测量流量。测量带磁性的矿浆应选用经过修正的LDZ-2、LDK型电磁流量计系列产品。

矿浆计量秤（或称矿浆计量取样机）是云锡公司中心试验所研制的缩分、取样、计量（流量浓度计量）和信号传递联合在一起的矿浆计量装置，利用差动变压器等转换元件可以实现信号远距离传输和控制，用于粒度小于5 mm、质量浓度小于50%的矿浆计量。

9.1.2　物料粒度和选矿产品成分的检测

美国生产的PSM-100型粒度检测仪适于检测固体密度为2500～3500 kg/m³、粒度为20%～80% -0.053 mm的矿浆；PSM-200型适于检测固体密度在5000 kg/m³以上、粒度在90%以上-0.030 mm、矿浆固体体积分数可达60%的矿浆，是应用最广泛的在线粒度分析仪，由空气消除器、传感器及电子装置组成。我国类似产品有CLY型粒度检测仪。

对原矿、中间产物、最终产品的块矿或矿浆中固体颗粒的成分实现快速在线检测，得到实时成分含量，需用辐射线"穿透"矿粒的仪器。目前用于选矿生产中的在线成分分析仪按激发源分为X射线管源和放射性同位素源两种。

X射线荧光分析仪利用高压X射线管产生的X射线照射矿浆试样，使试样中的元素辐射出特征X射线（即荧光），利用分光晶体区分不同波长的特征X射线，得知试样中的元素组成；用探测器测出某一特征X射线的强度，可知某一元素的含量。其优点是分析元素范围较广，分析含量极限值较低（一般为0.01%），分析精度比同位素高，能满足过程控制要求，但需要有一套矿浆取样、输送设备，一套高稳定度的高压电源（50 kV）及精密分光系统。这种分析仪的国内外生产厂家和型号均比较多。

放射性同位素射线源浸入式探头是同位素射线源能量色散谱仪的核心部件，探头可装在试样管道上或将其做成浸入式探头直接插入矿浆槽中。被测矿浆要具有代表性，放置探头的分析区矿浆要搅拌均匀、充分悬浮、无气泡。

9.1.3　料位的检测

选矿厂矿仓、浮选机、储水槽、储药槽均涉及料位和液位的控制问题，及时掌握和控制料位和液位（通称物位）是稳定生产、保证作业指标所必需的。选矿厂中使用的料位检测仪器主要有电阻式料位计、γ射线物位计、超声波物位计和浮筒式液位计。

基于物位的变化引起传感器电阻变化的原理，制成定点测料位的电阻式料位计。仓内的物料应具有一定的导电性，当上限或下限物料探极接触到物料时，可得到信号指示停料或进料。电阻式料位计的生产厂家较多，一点位、两点位、十点位的均有产品市售。

射线物位计分连续检测和点位检测两类，生产厂家和设备型号都较多。

　　超声波物位计（如回声式液位计、气介式超声物位计）在使用时要注意物料粒度、外貌对测量结果的影响，防止和减少因阻挡物、液面波动引起的误测。

　　浮筒式液位计适于生产中的液位连续测量、远距离传送指示和自动控制，装置简单，可用于水池、浮选槽和过滤机矿浆槽液面的测量。

　　所有检测仪表在安装使用方面均应仔细分析生产厂家产品说明书和有关专业资料，由专业人员负责，并加强对仪表的管理，防止误用。选矿生产过程常用的自动检测仪表列于表 9-1 中。

表 9-1　选矿生产过程自动检测仪表

检测类别	仪表名称	特　点	检测内容
料位检测	电阻式料位计	作定点信号器用	碎矿、磨矿矿仓料位
	γ 射线料位计	非接触式定点检测，需安全防护	粗矿仓料位
	超声波料位计	非接触式，可连续测量料位	碎矿、磨矿矿仓料位
	气泡管式液位计	接触式，可连续测量液位	泵池、浮选机矿浆液位
	浮子液位计	接触式	浮选机、过滤机矿浆槽液位
矿石计量	机械式皮带秤	瞬时量指示，累积量统计	碎矿、磨矿厂房中带式运输机运输量
	电子皮带秤	瞬时量指示，累积量统计	碎矿、磨矿厂房中带式运输机运输量
流量测量	孔板或文丘里流量计	只适于空气和净液测量	磨矿给水量、浮选机充气量、给药量
	电磁流量计	适于导电性混浊液和矿浆	磨矿选别矿浆、混水流量
	远传转子流量计	适于空气、均质溶液	浮选给药量
	可调式药剂泵	可远离给药，可连续自动调节	浮选给药量
浓度测量	差压式密度计	接触式，可连续测量	分级机溢流浓度
	γ 射线密度计	非接触式，用于管道连续测量	分级、浮选、浓缩矿浆浓度
品位分析	高压 X 射线管式仪	可分析多流道矿浆，精度较高，投资高	浮选作业原、精、尾矿品位
	同位素侵入式探头	分析单流道矿浆，不需取样系统	浮选作业原、精、尾矿品位
pH 测量	工业 pH 计	接触式，带温度补偿电极和机械式或超声波清洗电极装置，可连续测量，定时清洗	搅拌槽、浮选机的矿浆酸碱度
粒度测定	超声波粒度仪	可连续测量规定粒级含量	磨矿、分级物料粒度
	激光粒度仪	可测量几种粒级含量	磨矿、分级物料粒度
水分测量	红外线水分计	非接触式，可连续测量	带式运输机上的精矿水分
功率测量	电磁式功率表	单相或三相	选矿厂各种用电设备的功率
	霍尔功率变送器	单相或三相	螺旋分级机返砂量、各种用电设备的功率
金属探测	磁性矿石和非磁性矿石用金属探测器	非接触式，可连续测量金属件，通过时发出信号	中碎机、细碎机前的带式运输机上发现矿石中混入的金属件

9.2 选矿生产过程自动控制

9.2.1 选矿过程控制的目的和原则

选矿过程控制的主要目的在于保持适宜的作业条件，稳定选矿生产过程，优化作业条件，从而保持预定的并力求取得最好的技术经济指标。选矿过程控制和自动化的主要优点是可提高选矿技术指标，提高选矿设备的处理能力，节约原材料及电力消耗，提高劳动生产率和改善劳动条件。随着工业的迅速发展，对矿产的需求日益增多，对矿石有用成分的综合利用要求日益提高，加之新的选矿方法和联合流程的不断出现，大型、复杂的选矿设备越来越多，因此选矿过程的自动控制日趋重要。

选矿厂的自动化水平可分为定值控制、监督控制和最优控制 3 个层次。在进行选矿厂的自动化设计时，要结合我国具体情况和选矿厂具体条件来确定所设计选矿厂的自动化水平。

在进行选矿厂自动化设计时，必须要考虑选矿过程的特点，结合具体条件，设计控制方案，进行仪表选择。一般来说，选矿过程的控制必须充分考虑以下几个方面。

（1）选矿过程参数的测定往往是在含有粗糙的和磨蚀性的固体颗粒的矿浆中进行的，因此要求检测仪表不仅能检测出指定的参数，而且要具有抵抗长期磨耗的性能。

（2）选矿过程参数多，各个参数之间又互相影响，因此正确地决定被调参数和选择恰当的控制方案难度较大。如果被调参数选择不当，不管组成什么样的调节系统，不管配备多少仪表调节器，都很难达到预期的调节效果。

（3）选矿过程采用闭路工作情况的较多，闭路过程中的循环负荷由于其数量及性质经常变化，给整个过程的稳定调节带来很多问题，严重影响各控制环节的交联关系。

（4）滞后时间较长，为了使调节系统有较高的准确度，必须采用较复杂的调节系统。

（5）选矿过程处理的对象是矿石，矿石的性质是复杂多变的，因此需要多次反复试验，查明矿石性质的变化规律，确定适宜的控制方案和参数。

（6）由于选矿过程是一个复杂的工艺过程，其过程控制及自动化涉及许多领域，因此需要熟悉仪表和自动控制的人员与选矿专业技术人员之间的紧密配合、共同协作。

9.2.2 选矿厂自动化设计的基本内容和要求

选矿厂的自动化设计是整个选矿厂设计的组成部分，需由选矿专业技术和自动控制专业技术人员共同完成。选矿厂自动化设计工作的主要内容包括确定自动化水平，选择被调参数和调节参数，绘制控制系统图，选择检测仪表及其防护方案，设计控制室、仪表盘、信号联锁系统和能源系统。

9.2.2.1 选矿厂自动化水平的确定

设计选矿厂的自动化水平需要在深入分析拟定的选矿工艺流程基础上，结合企业实际情况和设计选矿厂的具体条件及要求确定。在具体工作中需要考虑的主要因素有：

（1）矿石性质。当矿床规模较大，矿石结构、成分较复杂，而且原矿波动较大且较频繁时，选矿厂自动化水平可高一些，以避免采用投资较高的配矿设施。

（2）选矿厂的地理位置。选矿厂如果位于遥远的、不发达的、交通不方便的地区，应适当地提高自动化水平以减少操作人员。

（3）工艺过程的特点。对磨矿作业和浮选作业的加药环节必须采取自动控制才能保证生产过程稳定，获得最优的生产技术指标。另外如破碎、还原焙烧等劳动条件较差的生产环节应采用较高的自动化水平，以改善劳动条件、减轻操作人员的体力劳动。对于大型设备或关键生产设备（当它们损坏时对生产过程有较大影响，如过滤机等），应采用自动检测和自动调整，以保证选矿厂的生产过程安全、顺利进行。

（4）自动化仪表的性能和特点。在确定调节方案和自动化水平时，还要考虑系统的可靠性。所选择的调节方案应该是经过实践检验，比较可靠的，若设计的调节系统不能正常运行，势必造成浪费和损失，甚至影响整个设计方案的实施。

9.2.2.2　被调参数和调节参数的选择

被调参数是指在生产过程中应维持在预定的变化幅度以内，否则应通过调节系统对其进行调节的参数。被调参数的正确选择，对稳定生产操作、提高产品质量、增加产品数量以及改善劳动条件具有决定意义。如果被调参数选择不当，不管组成什么样的调节系统，不管装配多少仪表，都很难达到预期的调节效果。

影响选矿厂生产的因素很多，但不能把所有因素都进行自动调节。应该选择对产品质量、数量以及生产安全能起决定作用而人工操作又难以满足要求的，或者人工操作可以满足要求但操作过程既紧张又频繁的操作参数作为被调参数。一般说来，选择被调参数应遵循以下 3 条原则。

（1）尽量选择质量指标作为被调参数，因为它对工艺生产的影响最直接、最有效，当不能用质量指标作为被调参数时，应选择一个与产品质量有单值对应关系的参数作为被调参数。例如，闭路磨矿中的分级溢流粒度应作为磨矿循环的主要被调参数，因为它反映磨矿循环的质量指标。当缺少粒度测定仪表时，可选用分级溢流浓度作为被调参数，因为分级溢流粒度与浓度在一定范围有单值对应关系。

（2）当被表征的质量指标变化时，被调参数必须有足够的灵敏度，这样才易于进行检测和及时调节。

（3）选择被调参数时，必须考虑工艺过程的合理性和仪器仪表生产的现状。

当被调参数确定之后，下一步工作就是选择调节系统，使被调参数保持在给定值。为此必须分析各种干扰，研究调节对象特性，正确选择调节参数。干扰是影响调节系统正常运行的破坏性因素，调节参数是克服干扰影响使调节系统重新平稳运行的因素。

被调参数和调节参数确定以后，组成什么样的调节系统，必须依据工艺过程及调节对象的特点、扰动的来源及大小、参数的允许偏差范围，结合有关生产实践及技术资料来确定。然后进行调节器及调节阀的选择，组成调节系统。

9.2.2.3　控制系统图的绘制

在确定选矿厂自动化水平和选定各种检测参数以后，需要绘制出工艺控制流程图，其内容主要包括：（1）选择被调参数和调节参数组成调节系统；（2）确定所有测量点及安装位置；（3）建立声、光信号系统；（4）建立联锁保护系统。

工艺控制流程图是自动化设计的核心，因此在绘制工艺控制流程图时必须特别注意，并应由选矿工作人员和自动控制设计人员共同完成。

工艺控制流程图的绘制必须按照规定的文字符号和图形符号进行。为了便于阅读和简化文字叙述，在自动化设计中制订出了一系列文字符号和图形符号。文字符号包括表示参数的文字符号（写在仪表图形符号的上半圆）（表9-2）和表示功能的文字符号（写在仪表图形符号的下半圆）（表9-3）；图形符号包括检测、控制、调节原则等系统图符号（表9-4）。

表9-2　表示参数的文字符号一览表

参数	文字符号	参数	文字符号	参数	文字符号
温度	T	转速	n	厚度	σ
温差	ΔT	线速度	v	频率	f
压强	p	时间	t	位移	s
压差	Δp	浓度	C	长度	l
体积流量	V	密度	ρ	热量	Q
料位（或液位）	H	分析	A	氢离子浓度	pH
质量	W	湿度	Φ		

注：机械量统用 M 表示。

表9-3　表示功能的文字符号一览表

功能	文字符号	功能	文字符号	功能	文字符号
检测点	D	积算	S	信号	X
指示	Z	调节	T	联锁	L
记录	J	变送	B	人工遥控	R

注：具有多种功能的仪表，应写出全部表示功能的符号（按表9-3顺序写出），但同时具有指示和记录功能的仪表，则只写出表示记录功能的文字符号"J"，而不写出指示功能的文字符号"Z"；"D"所代表的检测点为预留设施，供在必要时安置检测元件或检测仪表用。

表9-4　图形符号一览表

内　　容		符　号	内　　容		符　号
测点	热电偶		测点	取压器	
	热电阻			其余检测点图形符号用黑点表示	
	节流元件		变送器（具有显示功能者除外）		

内　容		符　号	内　容	符　号
安装方式	就地安装	○	阀	直通阀
	控制室安装	⊖		三通阀
	机组盘安装	⊖		蝶阀
运算方式	加	a+b		角阀
	乘	a×b	执行机构和阀组合	带阀门定位器气开式
	除	a/b		气动薄膜调节阀
流程中仪表管线		—		不带阀门定位器气闭式
执行机构	电磁薄膜执行机构 电磁执行机构 电动执行机构			气动薄膜调节阀
	气动活塞执行机构 液动活塞执行机构			

9.2.2.4　各种仪表的选择与防护

在选择仪表和调节器时，主要是决定选用指示式、记录式或累积式，并决定是就地安装还是装在仪表盘上。

仪表形式的选择取决于参数在工艺生产和操作上的重要性。对一些重要的参数采用记录式仪表，以便随时记录参数波动情况，用以检查调节系统工作情况及生产操作情况；一些关系到车间物料平衡、动力消耗、水量消耗、药剂消耗的参数要选用累积式仪表；其他参数可采用指示式仪表。

仪表就地安装还是集中安装，取决于自动化水平及车间特点。一般分为就地简单检测、机组集中控制和中央集中控制室控制等。近年来由于计算机的发展，采用了多级分散系统。至于采用哪种方式要根据生产过程的连续性、规模大小、操作水平、典型性等进行综合考虑。通常对于易燃、易爆、有毒、高温、粉尘等工艺过程，为了改善工人的劳动条件，最好采用远距离传送仪表。此外就地安装仪表过多会给操作带来不便。但是，所有仪表都集中安装，会增加敷设管道和电缆，不经济，且信号的传递和放大也会带来一系列问题。

选矿厂自动化设计中仪表的选择应遵循以下原则。

（1）要了解各种仪表的性能、原理、使用特点，选用质量可靠的仪表。

（2）根据工艺过程的特点选用合适的仪表，如粒度大小、磨剥性、腐蚀性、温度、压力、浓度、酸碱度、流量、黏性、粉尘、毒性、脉动情况等关系到仪表选用的合理性和仪表寿命，并直接影响调节系统能否成功运行。

（3）安装地点及安装方式的不同，对仪表的选择也有影响，如测量温度的热电偶、热电阻，其插入方式和允许的插入深度对测量精度就有很大影响。

（4）对仪表精度的要求要根据工艺的需要进行选择。仪表精度高，调节系统质量好，但价格高、投资费用增加。选用精度过高和仪表数量过多还会给操作带来复杂性，增加生产成本。一般说来，能选用指示型就不必选用记录型，能用简单直接作用调节器的地方就不采用复杂的调节器和调节系统。

（5）应考虑仪表的供应和使用情况，不要选用或尽量少用试制或质量不稳定的仪表。

此外，在选矿厂自动化设计中，为了维护仪表的正常使用、寿命及一定的灵敏度，必须考虑仪表的防护，特别是防爆、防腐蚀、防磨损、防粉尘、防热、防震等问题。

9.2.2.5 控制室的设计

控制室分为中央集中控制室和选矿厂各分区集中控制室，后者属于多级分散控制。

控制室的建立是仪表自动化水平提高的标志之一。利用控制室的集中控制便于对生产进行全面监督和管理，也便于仪表的安装、维修，同时可以减轻体力劳动和改善劳动条件。

在设计控制室时应考虑以下几个问题：

（1）控制室的位置应选择在工艺设备的中心地带，这样不仅易于与操作岗位取得联系，同时还可减少电线、管线的敷设长度。

（2）离开振动的机器应远一些，如破碎机、筛分机、球磨机、泵和空气压缩机等，以消除振动对仪表的影响；同时应尽量与配电室和大功率电气设备（如变压器、大容量电动机等）等分开，以免仪表受电磁干扰。在设有电子计算机的控制室更应考虑这些问题并采取相应的措施。

（3）可燃、有腐蚀性及有毒的介质不能用管线引入室内，所有引入室内的管线在入口端要加密封。在易燃、易爆厂房内采用管沟更为合理。

（4）室内应有良好的通风、照明、采暖设施。还要正确地选择方向，防止污染。

（5）控制室内墙壁、地板、门窗的设计，要考虑到仪表对温度、湿度和防尘的要求，以保证仪表的测量精度。

（6）仪表盘可采用弧形、Π形、Γ形及直线形。室内的布置以观察方便、紧凑美观为原则。仪表盘与墙壁间要留有适当的距离，以便于在盘后进行仪表安装与检修工作，其距离不应小于 1.5 m。

（7）应很好地解决仪表室及仪表盘的照明，照明必须清楚，灯光必须柔和、均匀。

（8）控制室内设有操作台，有些仪表盘本身带操作台。操作台一般用来安装切换开关、控制按钮，以及小型检测仪表，供操作人员台前操作。

9.2.2.6 仪表盘的设计

仪表盘用来安装仪表、附属设备及电气设备（信号灯、按钮等），并用来敷设管线和电线。通常仪表盘上安装的仪表可分为指示器和指示报警器、指示调节器和记录器、警报呼叫器、带指示灯的手动仪表及时间和吨位累加器等5类。

仪表盘按其安装地点分为就地仪表盘和集中控制仪表盘两种。就地仪表盘安装在被检测的机组及设备附近，其优点是距测量点近，可减少测量滞后，便于观察和管理设备；集中控制仪表盘安装在控制室，装有全部检测及调节系统用的主要仪表。

仪表盘按其结构分为柜式仪表盘、屏式仪表盘及带有框架结构的框架式仪表盘。屏式仪表盘多用于就地安装；控制室要用框架式仪表盘，因安装仪表较多，而且还要安装其他设备和组件，线路复杂；柜式仪表盘用于有粉尘、潮湿及腐蚀性气体的环境。

控制室中的仪表盘上应有表示出工艺过程和控制点的模拟流程图。模拟流程图有全模拟和半模拟两种。全模拟仪表盘是将模拟流程图画在仪表盘上，将仪表装在模拟图上的相应位置；半模拟是将模拟流程图画在仪表盘的上半部，仪表装在盘的下半部或者颠倒过来。常用者为半模拟仪表盘。模拟仪表盘画出带控制点的流程图是为了便于操作人员操作、维修人员参考以及参观学习。

9.2.2.7 信号联锁系统的设计

信号联锁系统的设计主要是根据生产的操作规律，设计信号报警系统和联锁保护系统的线路，以及根据生产的要求选择合适的电气设备，以组成一个切实可行的自动保护装置。设计的目的是生产过程中一旦工艺参数达到危险值或不允许值时（或出现特殊事故时）进行报警，并自动使生产处于某种安全状态。

信号报警系统有不闪光报警系统和闪光报警系统两类。前者包括一般事故不闪光报警、能区别瞬时故障的不闪光报警和能区别第1故障的不闪光报警；后者包括一般故障闪光报警、能区别瞬时故障的闪光报警和能区别第1故障的闪光报警，由于报警灯的灯光是闪动的，更易引起操作人员的注意。

在进行选矿厂自动化设计时，要根据具体情况来设计和选择信号报警系统。对于生产过程较复杂、工艺参数对生产影响较大、控制质量要求较高以及事故发生可能造成重大危害的越限，可设计闪光报警系统，否则设计不闪光报警系统即可。

联锁保护系统的作用包括两个方面：一是防止事故发生；二是在故障刚开始出现时，为了防止事故的进一步扩大，利用联锁保护系统使某些与事故有关的设备停车、某些阀门开启或关闭。联锁保护系统常与信号报警系统连用。

信号联锁系统与调节系统相比，主要是应用在不需要经常调节，但一旦出现某些情况会带来严重后果的场合。这种方法的优点是既节省投资，又能在万一发生危险时能有效地处理或引起操作人员注意。但是也不要在生产过程中设置过多的报警或联锁系统，因为这样做不仅经济上浪费，增加日常维修工作；而且还会出现频繁停车现象，反而影响生产。

此外，过多的联锁保护必须增加线路中的触头数，反而会使线路的可靠性降低。

9.2.2.8　能源系统的设计

自动控制仪表目前最常用的能源为气源及电源。

气源设计包括获得气源的装置（压缩空气干燥站）和将压缩空气引到气动仪表的管路传输系统（供气系统）两部分。在选矿厂设计中，前者属采暖通风设计，后者属自动化工程设计。对于自动化仪表用压缩空气，要满足气动仪表的压力要求和质量要求。目前常用国产气动仪表需要的供气压强为 0.14 MPa，同时供应的气体只允许含极少量的机械杂质、水分和油分，因为杂质会堵塞仪表内的空气通道，水分会引起仪表锈蚀和冬季冻结，油分会损坏仪表的膜片和元件。目前工程中常采用的空气压缩机的出口压强为 0.7~0.8 MPa，可以满足压缩空气传输到气动仪表时的压强不小于 0.20 MPa。由于空气中油分的清除比较困难，最好采用无油压缩机。机械杂质（如粉尘）在空气进入空气压缩机之前应由除尘器清除。空气中的水分常用硅胶去除。当温度在 15~20 ℃时，硅胶可以把空气干燥到相对湿度为 2%~3%，相应的露点为−40~−30 ℃。

自动化工程设计的供电，主要指仪表供电和信号联锁系统的供电。二者所需的电源种类、电压和功率是不同的。仪表和自动化的供电系统应安全可靠，为此应设计双电源供电系统，一个工作、一个备用。根据仪表和仪表盘安装位置的特点，可以采用集中、分散或集中和分散结合等 3 种供电方式。

9.2.3　选矿生产过程控制应用举例

图 9-1 和图 9-2 所示是中国一铜矿石选矿厂的磨矿、分级过程控制系统。

磨矿过程的控制方式为以新给矿量加返砂（干矿）量等于常数为基本点，通过调节加入球磨机的新给矿量来维持进入旋流器的矿量（干矿）恒定，以实现对球磨机的控制。磨机主环调节系统为质量流量调节系统 FIC-110，属于串级系统，旋流器进矿管上安装核辐射密度变送器 DT-108 和电磁流量变送器 FT-109，分别测得矿浆密度信号和流量信号，经质量流量

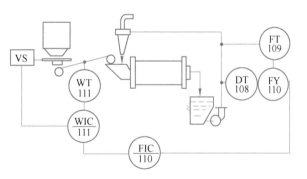

图 9-1　磨矿过程控制原则系统图

计算器 FY-110 算出质量流量后反馈到流量调节器 FIC-110，它的输出作为副环质量（给矿量）调节器 WIC-111 的设定值，与电子秤 WT-111 质量变送器测得的给矿量进行对比，对磨机新给矿量进行调节。为了保持磨矿浓度稳定，对磨机新给矿按比例补加水。

水力旋流器分级过程的控制主要是控制溢流粒度，采用的控制策略是通过调节泵池补加水量调节旋流器的给矿浓度。由于旋流器的溢流粒度、给矿浓度、泵池给水量和给入的矿浆量是关联量，如若采用单环调节，则波动太大，不能满足生产要求，所以采用了三环

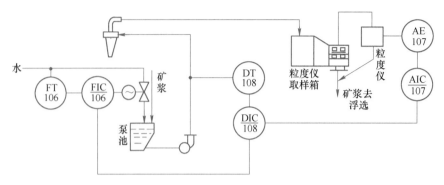

图 9-2 分级过程控制原则系统图

调节系统，其中 AIC-107 粒度调节为主环，DIC-108 给矿密度调节为第 1 副环，FIC-106 泵池给水调节为第 2 副环。旋流器溢流粒度由载流粒度仪 AE-107 测出信号送至粒度调节器 AIC-107，其输出作为密度调节设定值送至密度调节器 DIC-108，DT-108 测出密度信号作为反馈加到 DIC-108，其输出作为给水调节器 FIC-106 的设定值。

图 9-3 所示是上述选矿厂采用的旋流器泵池液位控制系统。因为泵池容积的储存矿浆时间只有 2 min 左右，必须对泵池液面进行控制，方能使矿浆既不外溢又不排空。进入泵池的水和矿浆量受磨矿、分级过程系统控制，无法调节，只能借改变泵的转速来调节泵池液面，然而这会导致旋流器给矿量的变化，溢流粒度也随之变化。欲保证良好的分级效果，必须使旋流器的给矿量保持稳定，图 9-3 所示的 "泵池液位-旋流器进浆流量均匀调节系统" 就是为达到这一目的设计的。图中的 LT 为液位变送器，LIC 为液位调节器，FT 为电磁流量变送器，FIC 为流量调节器。

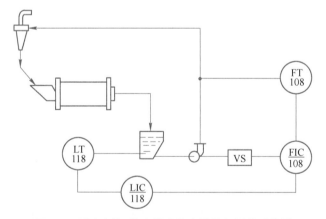

图 9-3 泵池液位-旋流器进浆流量均匀调节系统图

图 9-4 是混合浮选粗选单元的控制系统。控制的主要目的是在保证精矿品位合格的条件下尽量提高回收率，降低药剂消耗。由于浮选过程滞后时间较长，故将这一过程划分为几个单元，分别对这些单元作业进行控制。采用的过程控制策略是通过调节加药量和浮选槽闸门控制精矿品位。

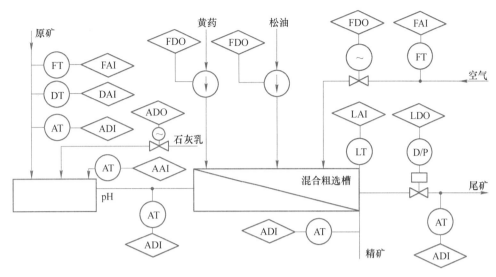

图 9-4 混合浮选粗选单元控制系统图

FT—流量变送器；DT—浓度变送器；AT—矿浆品位分析仪（取样点）；FAI—流量的模拟输入；

DAI—浓度的模拟输入；ADI—品位的数字量输入；FDO—流量的数字量输出；

ADO—调节的数字量输出；AAI—品位模拟量输入；LAI—液位的模拟量输入；

LDO—液位调节的数字量输出；LT—液位变送器；D/P—闸门高度数字转换器

　　起泡剂添加量的控制由矿浆流量计和浓度计测量进入该作业的矿浆流量和浓度，送到计算机，将流量和浓度信号换算成干矿量，并与预定的药剂用量比较，计算出所需的起泡剂添加量，以此作为起泡剂流量调节器的给定值。

　　适宜的捕收剂添加量既与作业给矿量有关，也与回收的金属量有关，为了对捕收剂的加入量进行优化控制，需要增加给矿的品位分析环节，以便按新给矿中的金属量控制加药量，由新给矿中金属量和给药量比率推算的给药量作为药剂流量调节器的给定值。同时，为了保证浮选效果，对尾矿进行品位分析，以此作为修正给药量的依据。

　　控制石灰乳的添加量是为了保证浮选作业在适宜的 pH 值条件下进行；控制浮选机闸门是为了将浮选槽液位保持在适宜的高度，以克服矿浆流量变化引起的负面影响；对精矿品位的控制是通过调节浮选机充气量来实现的，当精矿品位低于给定值时，应减少充气量使浮选槽液面下降，以提高精矿品位，反之，增大充气量以提高液面来增加泡沫产品的产率。

10 选矿厂尾矿设施和环境保护

基于保护生态环境的需要，选矿产生的尾矿必须妥善储存，尾矿水排放前必须进行处理。

10.1 尾矿设施

尾矿设施包括尾矿输送和堆置设施。采用何种方式输送和堆置尾矿，主要取决于尾矿的粒度组成。细粒含水多的尾矿可采用水力输送至尾矿库，粗粒干尾矿可采用运输机械运送到堆置场。

10.1.1 尾矿库址选择的基本原则

尾矿库址的选择必须遵循如下几条原则：

（1）不占或少占耕地，不拆迁或少拆迁居民住宅。

（2）选择有利地形、天然洼地、修筑较短的堤坝（指坝的轴线短）即可形成足够的库容（一般应满足储存设计年限内的尾矿量）。当一个库容不能满足要求时，应分选几个，每个库容年限不应低于5年。

（3）尾矿库地址应尽可能选择近于和低于选矿厂，尽量做到尾矿自流输送，尾矿堆置应位于厂区、居民区的主导风向的下风向。

（4）汇雨面积应当小，如若较大，在坝址附近或库岸应具有适宜开挖溢洪道的有利地形。

（5）坝址和库区应具有较好的工程地质条件，坝基处理简单，两岸山坡稳定，避开溶洞、泉眼、淤泥、活断层、滑坡等不良地质构造。

（6）库区附近需有足够的筑坝材料。

（7）库址、尾矿输送和储存方式、设施的确定，应进行方案比较。

10.1.2 细粒含水尾矿的输送和堆积

处理细粒含水尾矿的设施，一般由尾矿水力输送、尾矿库和排水（包括回水）3个系统组成。水力输送系统可根据选矿厂尾矿的排出点和尾矿库的地势高差确定采用自流或压力输送或两者联合输送，将尾矿用流槽、管道或砂泵-管道送至尾矿库，也可将尾矿先浓缩，再用有压管道送至尾矿库。

10.1.2.1 尾矿库

尾矿库是堆存尾矿的场所，多由堤坝和山谷围截而成。根据库址的地形不同，尾矿库可分为山谷型（在谷口一面筑坝）、山坡型（利用山坡两面或三面筑坝）、平地型（四周筑坝）3 种。同时在尾矿库内还应设有排出库中澄清水和雨水系统的构筑物。澄清水多由回收系统回收，一部分供给选矿生产重复使用，余者排放到下游河道，其排出的澄清水应符合废水排放标准，当含有害成分超标时应进行净化处理。

设计的尾矿库容积，通常按式（10-1）进行计算。

$$V = \frac{1000q_{\mathrm{w}}n}{\rho\mu} \tag{10-1}$$

式中，V 为选矿厂在服务年限内所需要的尾矿库总容积，m^3；q_{w} 为选矿厂排出的尾矿量，$\mathrm{t/a}$；n 为选矿厂的设计服务年限，a；ρ 为尾矿的松散密度，$\mathrm{kg/m}^3$；μ 为尾矿库充满系数，见表 10-1。

表 10-1 尾矿库充满系数 μ 的数值一览表

尾矿库形状	初　期	终　期
狭长曲折的山谷，坝上放矿	0.3	0.6~0.7
较宽阔的山谷，单面或两面放矿	0.4	0.7~0.8
平地或山坡型尾矿库，三面或四周放矿	0.5	0.8~0.9

10.1.2.2 尾矿坝

尾矿坝广泛采用初期坝和后期坝（也称尾矿堆积坝）两者组合。初期坝是尾矿坝的支撑棱体，采用当地的土和石料筑成，初期坝的设计尾矿量存储期一般为 0.5~1.0 年。后期坝为选矿厂投产后利用尾矿堆积而成，如图 10-1 所示。

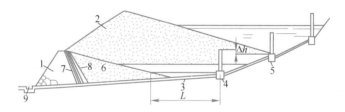

图 10-1 尾矿坝和井-管式排水系统示意图

1—初期坝；2—堆积坝；3—排水管；4—第 1 个排水井；5—后续排水井；6—尾矿沉积滩；

7—反滤层；8—保护层；9—消力池；Δh—相邻排水井重叠高度；

L—位置最低的排水井（第 1 排水井）澄清距离

初期坝较多采用透水性坝，其由堆石体、上游面铺设反滤层和保护层构成透水堆石坝，有利于尾矿堆积坝迅速排水，降低尾矿坝的浸润线，加快尾矿固结，有利于坝的稳定。反滤层系防止渗透水将尾矿带出，是在堆石坝的上游面铺设的，另外在堆石与非岩石地基之间，为了防止渗透水流的冲刷，也需设置反滤层。堆石坝的反滤层一般由砂、砾、卵石或碎石 3 层组成，3 层的用料粒径沿渗流流向由细到粗，并确保内层的颗粒不能穿过相邻的外层的孔隙，每层内的颗粒不应发生移动，反滤层的砂石料应以未经风化、不被溶蚀、抗冻、不被水溶解，反滤层厚度不小于 400 mm 为宜。为防止尾矿浆及雨水对内坡反滤层的冲刷，在反滤层表面需铺设保护层，其可用干砌块石、砂卵石、碎石、大卵石或采矿废石铺筑，以就地取材、施工简便为原则。坝顶和外坡可采用铺盖 0.1~0.15 m 的密实砾石或碎石层、铺种草皮或种植茅草、在坝肩与坡脚设置截水沟和排水沟等保护措施。

此外，也有初期坝为土坝的情况，常用于缺少砂石料地区，其造价低、施工方便，要求筑坝土料级配良好、压实性好，可得到较高的干容重、较小的渗透系数、较大的抗剪强度。因土料透水性较尾矿差，当尾矿堆积坝达到一定高度时，浸润线往往从堆积坝坡逸出，易造成管涌，导致可能发生垮坝事故。土坝必须采用综合排渗设施以降低尾矿坝的浸润线。初期坝是在基建期由施工单位负责修筑。我国早期采用较多的是不透水堆石坝，其应用于尾矿不能堆坝、尾矿水中含有毒物质对下游产生危害的场合。

后期坝由生产单位在整个生产过程中利用尾矿逐年堆积修筑加高。后期坝的构筑方法主要有上游筑坝法、下游筑坝法和中线筑坝法 3 种。一般多采用上游法（即向坝的内坡放矿）筑坝，其工程量较小，当不能满足坝的稳定时可用后两种筑坝法。地震较多地区可用下游法筑坝。

尾矿粒度是影响尾矿沉积的主要因素，粒径大于 37 μm 是形成冲积滩的主要部分，粒级小于 5 μm 的物料很不易沉积而形成水中悬浮物。应尽量利用尾矿冲积筑坝，如果尾矿库距采场较近，利用采矿废石筑坝并兼作废石堆场也是可行的。

尾矿冲积筑坝的方法有冲积法、池填法、渠槽法、水力旋流器分级上游法和分级下游法等。筑坝方法的选择主要根据尾矿排出量的大小、粒度组成、矿浆浓度、坝长、坝高及当地气候条件等因素确定。为使尾矿冲积坝有较高的抗剪强度，要求各放矿口冲积的矿浆中物料粒度一致，冲积滩无矿泥夹层。做到筑坝期间分散排放矿浆，其矿浆管沿坝顶轴线敷设，放矿浆支管沿坝坡敷设，随筑坝增高而加长。在库内应开设集中放矿口，以备不筑坝期、冰冻期和汛期向库内排放尾矿，以保护堆积坝的稳定。

无论是初期坝和堆积坝均要考虑尾矿坝的高度，以满足调洪、蓄水和安全生产的要求。尾矿堆积坝排渗的目的是降低浸润线、防止浸润线由坝坡逸出和流失尾矿，确保尾矿坝的稳定。常用的排渗设施有以下几种：

（1）底部排渗（需铺设反滤层）。用于尾矿坝置不透水地基上或初期坝为不透水坝。

（2）冲积坝体排渗。为改善尾矿冲积坝外坡排渗条件，其方法较多，有贴坡滤层排渗（当初期坝和地基均不透水，又未设底部排渗体，在尾矿堆积坝外坡铺设此层）及渗管或排渗盲沟（与坝轴线平行布置），渗井，立式排渗（国外下游筑坝采用较多）等。排渗设施与筑坝应同时施工。尾矿坝身主要几何尺寸参考值见表 10-2。表 10-2 中的数值应视所用材料、坝高、稳定计算及经验而定。对整体坝的设计，首先要确保坝的稳定和安全，即使在生产中向尾矿库排放尾矿也必须进行合理的控制和管理，绝不允许发生溃坝事故。

10.1.2.3　尾矿库排水（回水）系统

尾矿库排水系统常用的基本形式有排水管、隧洞、溢洪道和山坡截洪沟等。在设计工作中，需要根据排水量、地形条件、使用要求和施工条件等因素，经过技术经济比较后确定所需要的排水系统。对于小流量多采用排水管排水；中等流量可采用排水管或隧洞，大流量采用隧洞或溢洪道。排水系统的进水头部可采用排水井或斜槽。对于大中型工程如果工程地质条件允许，隧洞排洪常较排水管排洪经济可靠。

表 10-2　尾矿坝身几何尺寸参考表

坝　体	项　目	参　考　数　值		
初期坝	坝高/m	<10	10~20	>20
	坝顶宽/m	≥2.5	≥3.0	≥4.0
	坝坡	上游坡不陡于 1:1.5		
		下游坡岩石地基　1:1.3~1:1.5		
		非岩基　1:2.0		
	马道	每隔 10~15 m 高度设置宽为 1~2 m 马道		
堆积坝	马道	每隔 10~20 m 高度设置宽为 3~5 m 马道		

国内的尾矿库一般多将洪水和尾矿澄清水合用一个排水系统排放。有些尾矿库在使用后期，尾矿堆积高度接近周围山脊或鞍部地段时，利用鞍部地形开挖溢洪道是很有利的，可考虑采用图10-2所示的正堰式溢洪道作为尾矿库后期排水。

尾矿库排水系统应靠在尾矿库一侧山坡进行布置，选线力求短直，地基均一，无断层、滑坡、破碎带和弱地基。其进水头部的布置应满足在使用过程中任何时候均可以进入尾矿澄清水的要求。当进水设施为排水井时，应认真考虑其数量、高程、距离和位置，如第 1井（位置最低的）应既能满足初始期使用时澄清距离 L 的要求，又能满足尽

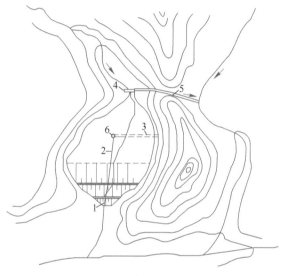

图 10-2　尾矿库排水系统布置图
1—尾矿坝；2—排水管；3—排水斜槽（进水头部）；
4—拦洪坝；5—溢洪道；6—接连井

早地排出澄清水供选矿厂使用的要求，其余各井位置逐步抬高，并使各井筒有一定高度的重叠（重叠高度 $\Delta h = 0.5 \sim 1.0$ m）（图 10-1）。设置澄清距离 L 的目的是确保排水井不跑浑水。当尾矿库受水面积很大时，由于在短时间内可能下来大量洪水，为能迅速排出大部或部分洪水，可靠尾矿库一侧山坡上在尾矿坝附近修筑一条溢洪道。

上述所有流经排水系统设施的排水井窗口、管道直径、沟槽断面、隧洞断面等的尺寸和泄流量需经计算后再结合实际经验给予确定。

由于选矿厂排出的尾矿浓度一般都较低，为节省新水消耗，对于磁选厂和重选厂的尾矿常在厂区内修建尾矿浓缩池或倾斜板浓缩池等回水设施，回收尾矿水供选矿厂生产循环使用。

10.1.3 粗粒干尾矿的输送和堆积

选矿厂产出的粗粒干尾矿常用的输送和堆置方案有以下几种：

（1）利用箕斗或矿车沿斜坡轨道提升运输尾矿，然后倒卸在锥形尾矿堆上，这是一种常用的方法。根据尾矿输送量的大小可采用单轨或双轨运输。地形平坦、尾矿场距选矿厂较近时，可采用此法输送。

（2）利用铁路自动翻车运输尾矿向尾矿场倾卸。此方案运输能力大，距选矿厂较远，尾矿场是低于路面的斜坡场地。

（3）利用架空索道运输尾矿，适于起伏交错的山区，特别是业已采用架空索道输送原矿时，可沿索道回线输送废石，尾矿场在索道下方。寒冷地区潮湿尾矿、箕斗容积小者，易冻结。

（4）利用移动胶带运输机输送尾矿，运至露天扇形底的尾矿堆场。适于气候暖和地区，距选矿厂较近。

10.2 选矿厂的通风除尘

在选矿厂的破碎筛分、矿石转运、矿仓给料和排料、干燥车间等部位，均会有粉尘散发出来，若不采取有效的通风除尘措施，任其自由扩散，将严重污染工作环境和大气，对人体产生极大的危害。

10.2.1 通风除尘的主要措施

选矿厂常用的除尘方法有加湿除尘和抽风除尘两种。

加湿除尘通常是采用喷嘴对高粉尘区域（如破碎机给矿口的上方、破碎机排矿口处、振动筛的筛上等部位）加湿，使固体微粒与微小水珠结合在一起而共同沉积，防止粉尘向其他区域扩散。

抽风除尘就是将产生粉尘的部位用密闭罩盖起来，将粉尘局限在一定的空间内，用通风机从密闭罩内抽出一定的空气，使罩内形成一定的负压，防止粉尘逸出罩外。采用这种除尘方案时，应保证除尘风管的倾角不小于 $60°$，垂直管及斜管内的风速以 $8 \sim 15 \ m/s$ 为宜，水平管风速应保持在 $18 \sim 25 \ m/s$。与此同时，还必须对抽出的含尘气体进行净化，使之符合排放标准后再排放到室外大气中。

常用的除尘净化设备有旋风除尘器、袋式除尘器、湿式净化设备等。旋风除尘器可用作第 1 段除尘设备，因为效率不太高（60%~80%）很少单独使用；脉冲袋式除尘器的收尘效率较高（95%~99%），可捕收 $4 \sim 10 \ \mu m$ 的固体微粒，其脉冲阀需用压缩空气驱动；湿式净化设备有喷淋除尘器、水膜除尘器、洗浴式除尘器、文丘里管除尘器等，其特点是净化效率较高、结构简单。

无论干式或湿式除尘器，其底流捕集的粉尘或泥浆都必须给予妥善处理或回收利用，方能确保除尘系统的正常运行。

10.2.2 除尘系统

除尘系统是由产尘设备抽风罩、抽风管道、除尘器、通风机、排气管道（包括烟囱）、管道附件、排尘设备以及维护检测设施等组成。将产尘设备散发出的粉尘通过抽风罩、管道进入除尘器内净化，粉尘经排尘设备排出，净化后的气体经排气管道（或烟囱）排至大气。含尘气体的这种运动是通风机的作用，其也称为机械除尘系统。除尘系统可分为就地式、分散式和集中式3种。

就地式除尘系统系将除尘器直接设置在产尘设备处，就地捕集和回收粉尘，但因受到操作场地的限制，应用面较窄。分散式除尘系统系将一个或数个产尘点的抽风合为一个系统，除尘器和通风机安装在产尘设备附近，其优点是管路短、布置简单、风量易平衡；但粉尘回收较麻烦。集中式除尘系统系将全车间厂房的产尘点的抽风全部集中为一个除尘系统，可以设置专门除尘室，由专人看管，其优点是粉尘回收容易实现机械化；但管网较复杂，阻力不易达到平衡，运行调节较难，管道易磨损和堵塞。

10.2.3 主厂房的通风设施

在磨矿及选别跨间一般是设置天窗，保证良好的通风条件，以排除球磨机电机余热和生产作业的异味；给药室常设在一个具有整体通风设施的单独作业间里，以控制药剂散发的有害气体；磨选厂房内的高压开关室、电器控制室、变压器和低压配电室、仪表室以及计算机室均应根据工艺要求进行设计，确保换气与通风次数。

10.3 选矿厂的环境保护

环境保护是我国现代化建设的一项基本国策，我国政府颁布了环境保护法，各部门也相应制订了有关环境保护条例和规定。我国环境保护实行的是"全面规划，合理布局，综合利用，化害为利，依靠群众，大家动手，保护环境，造福人民"的方针，坚持综合防治，以防为主，防治结合，以管促治，谁污染谁治理的原则。对基建项目要按当地的不同生态环境条件，在严格进行环境影响评价工作的基础上，认真执行"环境保护设计和主体工程同时设计，同时施工，同时投产"的规定。选矿厂环境保护的重点是防止生产中产生的污水、粉尘、尾矿以及噪声对环境的影响和危害。

在选矿厂设计和选矿试验中，对下述的有关环境保护方面必须给予足够的注意，并采取适当措施以符合冶金企业环保设计有关规定。

（1）厂址及总体布置尽可能减少对附近居民区、农业、大气、水系、水生资源、地下水、土壤、水土保持、动植物等的影响，符合环境保护要求，设置适当的防护地带，考虑绿化环境。

（2）选矿工艺在技术经济合理的同时，尽量选用无毒工艺。选矿厂废水应首先考虑尽量循环利用或一水多用，合理提高水的循环利用率；必须外排时，应根据当地情况经处理达到规定的排放标准。对含氰化物等有害物质的废水排放，事先应采用净化处理方法除去氰化物等有害物质。冲洗地坪和除尘的污水也不可任意排放，可送至工艺系统重复利用或送至尾矿库。

（3）选矿厂必须有完善的储存尾矿设施，尾矿库址应考虑对自然山林、地面、地下水系的保护，严禁尾矿排入江河湖海。有条件的地方可考虑尾矿综合利用或作矿坑充填物料。尾矿库堆满后应考虑覆土造田和植被，对能产生风沙的尾矿场应采用防止粉尘飞扬措施。

（4）对堆积含有毒物质或放射性物质的尾矿场，应考虑有防止扩散、流失和渗漏等措施。

（5）对厂内噪声超标的作业，应尽量采取有效消声和隔声措施。

（6）必须对建设项目产生的污染和对环境的影响作出评价及规定防治措施，其环境影响报告书应执行审批制度。

选矿厂环境保护设计应执行国家颁布的大气环境质量标准、地面水环境质量标准、海水水质标准、污水综合排放标准、地面水水质标准、废气排放标准、车间空气中有害物质的最高容许浓度、工业企业噪声卫生标准等。

11 选矿厂工程概算与技术经济

11.1 选矿厂工程概算

选矿厂设计总概算是确定选矿厂建设项目从筹建到竣工验收的全部基建投资的总文件。总概算是控制建设项目基建投资、提供投资效果评价、编制固定资产投资计划、筹措自检、施工招标和实行总承包的主要依据，也是控制施工图预算的主要基础。总概算批准后不得随意调整。总概算的编制要严格执行国家有关方针政策和规定，如实反映工程所在地的建设条件和施工条件，正确选用材料单价、概算指标、设备价格和各种费率。

11.1.1 工程概算的结构形式和组成

工程概算的结构形式如图 11-1 所示，包括单位工程概算、综合概算和总概算 3 部分。

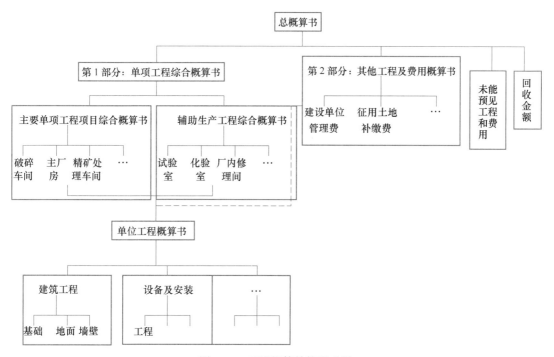

图 11-1 工程概算结构形式图

单位工程概算是单项工程概算的组成部分，是编制综合概算的原始资料。根据概算编制要求，单位工程概算由本专业设计人员单独编制，然后交由概算专业人员汇总。选矿专业人员只编写选矿专业的单位工程概算。

综合概算是单项工程中各专业单位工程概算的汇总，即选矿、土建、给排水、供配电等专业单位工程概算的汇总。它是编制总概算的基础。由于其项目编制齐全、费用开列详细，故便于投资决策者查阅和分析各项基建投资。独立设计的单项工程，必须由概算专业人员编制综合概算。

总概算是由单项工程综合概算、其他工程和费用及未能预见工程和费用汇总而成，它概括了从项目筹建到竣工验收的全部费用。由于总概算项目简明扼要、费用用途清楚，故便于投资决策者掌握基建工程投资去向。凡属独立设计的建设项目，如选矿厂、选煤厂，都必须由概算专业人员编制总概算。

11.1.2 选矿专业单位工程概算的编制

选矿专业单位工程概算是选矿专业设计人员在初步设计技术部分的最后一项工作，它包括破碎车间、筛分车间、主厂房、精矿脱水车间、化验室、实验室等单项工程中所包含的选矿专业单位工程。编制内容包括选矿工艺设备、工艺金属结构件和工艺管道 3 部分的概算价值。

11.1.2.1   工艺设备概算价值

设备概算价值包括设备原价、设备运杂费和设备安装间接费 3 部分，设备原价包括标准设备价值和非标准设备价值两类。标准设备价值是设备制造商的最新报价，非标准设备（凡未定型或需要单独设计和特殊订货的设备均属于非标准设备）的价值可以根据有关资料估算，即等于非标设备净重（t）乘以相应的估价指标，亦可由制作方报价。设备运杂费和设备安装间接费，可以在设备原价的基础上分别乘以运杂费率和安装间接费率（表 11-1 和表 11-2，如果有国家或行业规定的最新指标，则优先采用最新指标）。

表 11-1   设备运杂费率一览表

序　号	工程所在地区	设备运杂费率/%
1	北京、天津、上海、辽宁、吉林	4
2	黑龙江、江苏、浙江、河北	4.5
3	内蒙古自治区、山西、安徽、山东	5
4	湖北、江西、河南	5
5	湖南、福建、陕西	6
6	广东、宁夏回族自治区	6.5
7	甘肃、四川、广西壮族自治区	7
8	云南、贵州、青海	8
9	新疆维吾尔自治区、西藏自治区	10
10	海南	15

注：1. 对于地区偏僻，远离铁路运输线的矿山基建项目，可按上述费率增加 0.5%~1%；

2. 自制及库存设备运杂费率可取 0.5%。

表 11-2　设备安装间接费率一览表

工程类别	设备名称	费率/%	应用范围
破碎筛分厂	破碎、筛分、卸矿贮矿、起重运输等	2~2.5	独立破碎筛分厂、采矿场破碎筛分站
选矿厂	破碎、选矿及其他辅助设备	3	小型选矿厂
		2.8	中型选矿厂
		2.5	大型选矿厂
选矿实验室		4.4	
工艺金属结构件及工艺管道	支架、漏斗、矿浆管道	2.2	选矿厂及破碎厂

在新设计或技术改造的选矿厂，一般都采用公开招标的方式购置设备，相应的设备报价可以只报设备原价，也可以报设备总价（包括设备原价+设备运杂费+成套设备业务费）。这里的设备总价就是设备概算价值。对于进口设备的报价，则有离岸价和到岸价（=离岸价+运杂费+业务费）两种形式，设计人员在概算时要注意区分。

11.1.2.2　工艺金属结构件概算价值

金属结构件概算价值=金属结构件质量×单价×(1+安装及间接费率)，其中，金属结构件质量可以根据初步设计图纸计算，或参考表 11-3 中的扩大指标确定；金属结构件的单价可向制造商询价或参考表 11-4 确定；安装间接费率参考表 11-2 确定。

表 11-3　工艺金属结构件扩大指标一览表

项　目	选矿厂规模	
	大、中型	小型
金属结构件重量占标准设备重量百分比/%	5~8	7~9

表 11-4　金属结构件单价一览表

结构件名称	参考单价/元·t⁻¹	结构件名称	参考单价/元·t⁻¹
漏斗	1600	矿浆分配器	2500
螺旋流槽	2700	缓冲槽	2700
支架	1500	电动机滑座	1560
各种导轮、叶轮	1700	管座及伸缩接头	1600
固定筛	2500		

注：表中可供参考的是这些金属结构件的单价比例（因为加工难易程度不同，所耗工时和耗费的辅料等不同）；而参考价，设计者在做预算时必须根据最新钢材价格确定。

11.1.2.3　工艺管道概算价值

工艺管道概算价值=工艺管道长度(或质量)×单价×(1+安装及间接费)，其中，工艺管道的长度（或质量）可以根据初步设计图纸计算；单价根据管道的直径向制造商询价后确定；安装间接费率可查表 11-2。

11.2 选矿厂劳动定员

11.2.1 劳动定员

选矿厂的劳动定员包括生产工人、工程技术人员、管理人员和服务人员 4 部分，应依据国家有关部门制定的劳动人事政策和规定，结合具体生产特点和条件进行编制。编制过程中，应力求减少职工人数，压缩非生产人员，提高直接生产工人的比例，合理确定劳动组织。

生产工人是指在选矿厂内直接从事生产的岗位操作工以及从事厂外供水、供热、运输以及生产工段的勤杂人员，但不包括服务人员中的工人。该类人员按表 11-5 进行定编。

表 11-5 选矿厂生产工人劳动定员明细表

序号	工种	实际定员额定标准			合计人数	在册系数/%	在册人数	备　注
		一班	二班	三班				

注：1. 在册系数 = $\dfrac{\text{全年工作日总数}}{\text{每个职工全年实际出勤日数}}$;

　　2. 在册人数 = 出勤人数 × 在册系数。

在册系数根据采用的工作制度和职工的正常出勤率确定，与采用的工作班次无关。在工人出勤率为 92%~94% 的情况下，连续工作制的在册人员系数取 1.26~1.28，间断工作制取 1.06~1.08。在册人数均应按各个工段不同工种的定员人数分别计算。

工程技术人员指在选矿厂职能机构和生产工段中担负技术工作的人员，包括已取得技术职称的主管生产的厂长、车间主任，以及计划生产、工程管理、机动能源、安全技术、质量检查、运输、调度、科研、环境保护等单位工作的技术人员，数量约占生产工人总数（即表 11-5 第 6 栏）的 15%。

选矿厂的管理人员指在选矿厂职能机构和生产工段中从事行政福利、经营财务、劳动工资及人事教育等管理工作，亦包括从事党政工作的人员，其数量占生产工人总数的 10%~12%。

服务人员是从事选矿厂职工生活福利工作和间接服务于生产的人员。主要包括文教卫生、生活福利、消防、住宅管理与维修、通信、生活用水等部门的工作人员，占生产工人总数的 10%~13%。

11.2.2 劳动生产率

劳动生产率指劳动者在一定时间内创造出一定数量的合格产品的能力。即产品数量与所消耗的劳动时间的比例，通常称为效率。效率越高经济效益就越好，它能全面反映企业的生产技术水平和管理水平，是一个综合性指标。

选矿厂劳动生产率有实物劳动生产率和货币劳动生产率，其计算方法如下：

$$选矿厂全员实物劳动生产率 = \frac{年原矿（精矿）总产量}{选矿厂全部在册人数} \quad (t/(人 \cdot 年))$$

$$生产工人实物劳动生产率 = \frac{年原矿（精矿）总产量}{生产工人在册人数 \times 工作日数} \quad (t/(人 \cdot 日))$$

$$选矿厂全员货币劳动生产率 = \frac{年选矿厂产品总产值}{选矿厂全部在册人数} \quad (元/(人 \cdot 年))$$

$$生产工人货币劳动生产率 = \frac{年选矿厂产品总产值}{生产工人在册人数 \times 工作日数} \quad (元/(人 \cdot 日))$$

劳动生产率与选矿厂的规模、工艺流程、设备类型、机械化程度、装备水平、操作和管理水平等多种因素有关。一般说来，装备和自动化水平高的大型厂矿劳动生产率较高，而装备和自动化水平低的中小型厂矿则劳动生产率较低。因此，设计时应在资金允许的条件下尽量改善装备，提高自动化水平，以提高劳动生产率。

11.3 精矿成本

精矿成本是反映企业生产劳动消耗水平的一项综合性经济指标，是评价基本建设项目经济效果的基础数据。精矿设计成本是指选矿厂达到设计规模的正常生产成本。若条件（如矿石性质和矿量、可选性、工艺流程等）有显著差别时，应根据变化分别进行成本计算。

11.3.1 精矿成本分类及其构成

根据选矿生产特点及过程，将成本按图11-2进行分类。

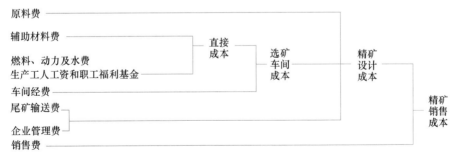

图 11-2　成本分类图

对于独立经营的选矿厂，应计算选矿车间成本（即加工费）、精矿设计成本和精矿销售成本。对于采选联合的企业，只编制选矿车间成本。大、中型选矿厂的尾矿输送费应单独计算。表 11-6 是精矿成本汇总表。

表 11-6　精矿成本汇总表

序号	成　本　项　目		单位	单位用量	单价/元	金额/元
1	原料费	矿石费	元/t			
		运费	元/t			
2	辅助材料费	破碎衬板	kg/t			
		磨矿衬板	kg/t			
		钢球	kg/t			
		钢棒	kg/t			
		钢材	kg/t			
		药剂	kg/t			
		润滑油脂	kg/t			
		滤布	m²/t			
		胶带	m²/t			
		其他（占以上费用 5%~10%）				
3	水费		元/t			
4	动力与燃料费		元/t			
5	生产工人工资和职工福利基金					
6	直接成本（即 2、3、4、5 项之和）					
7	车间经费	管理等人员工资和职工福利基金				
		折旧费	元/t			
		劳动保护费	元/t			
		其他车间经费	元/t			
8	车间成本（即 6、7 项之和），亦称为加工费					
9	尾矿输送费		元/t			
10	企业管理费		元/t			
11	精矿设计成本（即 1、8、9、10 项之和）		元/t（精矿）			
12	销售费		元/t（精矿）			
13	精矿销售成本（即 11、12 项之和）		元/t（精矿）			

11.3.2　各成本的计算

原料费就是购买矿石费和矿石运输费，单位为元/t。

辅助材料费指在生产过程中消耗的衬板、筛网、钢球、钢棒、浮选机叶轮盖板、胶带、各种药剂以及润滑油脂等材料费。其费用 = 材料单位消耗×材料单价。材料的单价应包含运杂费和运输损耗费，设计时可按辅助材料出厂单价加 10% 计算。其中的其他材料费可按辅助材料费总额的 5%~10% 估算。

水费包括生产用新鲜水和回水（亦称循环水）两种水费。水费 = 单位耗水量×单价，新鲜水和回水应分别计算，然后合计。

动力和燃料费指生产过程中使用的电、风、蒸汽、煤和燃料油等费用。外购动力和燃料时应考虑运输损耗。用电量包括生产用电量和生产照明用电量。电费单价根据电源确定，即企业自建发电站供电，按供电成本计算费用；由外部供电网供电时，采用相应部门规定的最新计价方法计算。

生产工人工资是指生产车间内直接从事生产的生产工人和辅助生产工人的基本工资和辅助工资，即包括标准工资、各种工资性津贴，以及允许计入成本的奖金（如原料节约、技术改进和合理化建议等）。超过标准工资的计件工资、浮动工资以及专业机修、维修人员的工资，按最新的工资发放政策计算。

职工福利基金，主要用于职工集体福利事业，如福利补助、医药卫生补助及医务经费，以及浴室、托儿所和幼儿园等工作人员的工资等各项支出。设计时，按选矿厂生产工人工资总额的11%进行估算。

车间经费包括管理人员工资和职工福利基金、折旧费、修理费、劳动保护费等。其中，管理人员工资和职工福利基金包括选矿厂的管理人员、工程技术人员和服务人员等的工资和福利基金，工资部分可参照类似选矿厂同类工资水平确定，职工福利基金则按以上人员工资总额的11%计算；选矿厂固定资产的折旧采用直线折旧费计算，即以固定资产原值乘上基本折旧率算得年折旧费，其中基本折旧率由主管财务部门统一规定；修理费是指为保持固定资产的正常运转和使用，充分发挥使用效能，对其进行必要修理所发生的费用，按修理的范围和修理时间间隔可分为大修理和中、小修理，选矿厂设计中修理费率一般按固定资产原值的3%~5%进行估算；劳动保护费指选矿厂职工所发生劳动保护费；其他车间经费是指除去上述4项费用外的其他车间经费，如办公费、差旅费等，一般按选矿车间成本的1%~2%确定。

尾矿输送费一般参考类似选矿厂的成本扩大指标进行估算。

企业管理费是指独立选矿厂的主管部门为管理和组织企业生产所必要的管理费用。企业管理费分为行政管理费、一般管理费和非生产性费用3种。可参考类似选矿厂的实际资料选取，或按单位精矿成本的企业管理费率（表11-7）提取。企业管理费=选矿厂处理原矿量（或年产精矿量）的成本×企业管理费率。

表 11-7 处理单位原矿或单位精矿的企业管理费率参考值一览表

企业规模	大型企业	中型企业	小型企业
处理单位原矿或单位精矿企业管理费率/%	1.7~2.5	2~4	3.5~5

销售费用是指企业在销售产品过程中发生的各项费用，包括包装费、运输费、装卸费、保险费、销售佣金、广告费、销售部门经费等。

11.4 经济评价和技术经济指标

建设项目经济评价（也称财务评价）是在完成市场需求预测、厂址选择、技术方案选择等工程技术研究的基础上，计算项目投入和产出效益，经多方案比较，对拟建项目的经济合理性进行分析论证，进而做出全面经济分析和评价。

11.4.1 经济评价方法

企业经济评价是对建设项目未来的经济效益在财务上进行评价，实际上就是对项目进行盈利性分析。评价方法分为静态评价法和动态评价法。

11.4.1.1 静态评价法

静态评价法不考虑时间因素，其最大特点是方法简便，可用于项目的初步可行性研究，或用于工程项目方案的初步阶段。我国常用的静态评价指标是投资利润率和静态投资回收期。

投资利润率（也称为投资效果系数、简单投资收益率）是指年净利润额与总投资额之比，它表示单位投资所创造的利润，是衡量投资利润水平的主要指标之一。该指标用于简单和生产变化不大的项目方案选择和最终评价。计算公式为：

$$P_R = P_r / J \tag{11-1}$$

式中，P_R 为投资利润率；P_r 为年净利润额，元；J 为投资总额，元。

对建设项目进行经济评价，经计算后，如果投资利润率大于或等于标准投资利润率，则该项目在经济上是可行的，否则在经济上是不可行的。

静态投资回收期是指项目投产后，以每年通过该项目取得的净收益将总投资全部回收所需的时间，也称为返本期，它在数值上是投资利润率的倒数，即

$$T = J / P_r \tag{11-2}$$

式中，T 为静态投资回收期，a。

式（11-2）适用于项目投产后年净收益相等，即 P_r 每年保持不变，也可用各年净利润额的平均值。冶金行业标准投资回收期为 6 年，在进行方案比较时，以投资回收期年限最短的方案为最佳。

11.4.1.2 动态评价法

动态评价法是静态评价法的发展，它引入了资金的时间价值原理，即考虑了时间因素对资金价值的影响，因此也称为计时评价。动态评价法的实质就是利用复利计算方法，将选矿厂各年获得的利润折算到评价时的现值，以此为基础评价选矿厂建设的经济价值和经济效益。它不仅为不同方案和不同项目的经济比较提供了同等的时间基础，而且能反映未来时期的发展变化情况。因此，动态评价法更加符合实际，是投资决策者的重要决策依据。常用的动态评价指标是净现值、内部收益率和动态投资回收期。

净现值（FNPV）是指工程方案在使用年限内的总收益，也可以说是使用期内逐年净收益现值之和。按式（11-3）进行计算

$$\text{FNPV} = \sum_{t=1}^{n} (C_i - C_o)_t (1 + i)^{-t} \tag{11-3}$$

式中，C_i、C_o 为各年的现金流入、流出量；$(C_i - C_o)_t$ 为第 t 年的净现金流量；$(1+i)^{-t}$ 为第

t 年的折现系数；n 为使用期，a；i 为折现率。

如果拟建选矿厂的净现值大于零，则该项目能取得大于基准收益率的良好经济效益，即有超额利润，证明该选矿厂建设项目在经济上是可行的。进行方案比较时应该选择净现值大的方案为最优方案。

内部收益率（FIRR）是累计净现值等于零时的收益率。计算 FIRR 的步骤是先选取几个折现率 i 进行试算，得出 FNPV 稍大于零的折现率 i_1 和 FNPV 稍小于零的折现率 i_2，然后用线性插值法近似求得内部收益率 FIRR，计算方法如式（11-4）所示。

$$\text{FIRR} = i_1 + \frac{\text{FNPV}(i_1)}{|\text{FNPV}(i_1)| + |\text{FNPV}(i_2)|}(i_2 - i_1) \tag{11-4}$$

式中，$\text{FNPV}(i_1)$、$\text{FNPV}(i_2)$ 为低值 i_1 的净现值和高值 i_2 的净现值。

只有当内部收益率大于基准收益率时，项目在经济上才是可行的。

动态投资回收期是指以项目的净收益抵偿全部投资所需的时间，一般以年为单位。动态投资回收期宜从项目建设开始年算起，若从项目投产年开始计算，则应予以注明。计算方法如式（11-5）所示。

$$\text{投资回收期 } P_t = \left(\begin{matrix}\text{累计净现金流量}\\\text{开始出现正值年份}\end{matrix}\right) - 1 + \frac{\text{上年累计净现金流量的绝对值}}{\left(\begin{matrix}\text{累计净现金流量出现正值}\\\text{年份当年的净现金流量}\end{matrix}\right)} \tag{11-5}$$

一般情况下，将动态投资回收期与内部收益率联合使用，以减少经济盈利能力分析的局限性，具体方法及技术经济分析的其他内容可参阅工业技术经济等论著。

11.4.2 技术经济指标

技术经济指标在选矿厂设计中多采用表格形式呈现，将项目的主要技术和经济指标综合后以数量、质量、实物量或货币的形式表示出来，见表 11-8。它既完整地概括了设计各有关专业的主要指标，又能简明扼要地描绘出项目的概貌和特点。

表 11-8　选矿厂设计主要技术经济指标一览表

序号	指标名称	单位	数量	备注	序号	指标名称	单位	数量	备注
1	选矿厂设计规模	10^4 t/a				主要设备及规格：			
2	选矿指标（年均）：				4	粗碎			系列数、台数
	入选原矿品位	%				中碎			
	精矿品位	%				细碎			
	尾矿品位	%				磨矿			
	选矿回收率	%				选矿			
	精矿产率	%				精矿脱水过滤			
	年产精矿量	10^4 t/a							
	选矿比				5	选矿主要设备效率			
3	尾矿输送量	10^4 t/a							

序号	指标名称	单位	数量	备注	序号	指标名称	单位	数量	备注
6	选矿辅助材料消耗量： 钢球 衬板 浮选药剂 滤布 胶带 其他	 t/a t/a t/a m^2/a m^2/a 			12	年工作天数	d		
7	供电： 设备容量 需要容量	 kW kW			13	选矿厂职工定员： 全员 直接生产工人	 人 人		
8	耗电量： 选矿耗电量 吨矿耗电量	 10^4 kW·h/a kW·h/t			14	劳动生产率： 全员 直接生产工人	 t/(人·a) t/(人·a)		
9	耗水指标： 新水量 吨矿耗水量	 10^4 m^3/a m^3/t			15	选矿厂精矿成本	元/t		
10	选矿厂占地面积： 工业占地面积 民用占地面积 选矿厂建筑面积	 m^2 m^2 m^2			16	选矿厂原矿加工费	元/t		
11	选矿厂基建三材消耗量： 钢材 木材 水泥	 t m^3 t			17	建设投资： 总投资 固定资产投资 流动资金 每吨原矿建设投资	 万元 万元 万元 元/t		
					18	经济效果指标： 基建投资内部收益率 基建投资回收期 基建投资利税率 基建投资利润率 借款偿还期 资产负债率	 % a % % a %		

在实际设计工作中，各专业都要配合技术经济专业编制选矿厂设计的技术经济指标，其目的在于将设计选矿厂的技术经济指标与设计的或生产中的类似选矿厂的技术经济指标进行比较，以考核该设计的先进性和合理性，同时帮助设计人员发现设计中存在的问题。

12 选矿工艺设计的计算机辅助设计

计算机辅助设计（Computer Aided Design，CAD）是指以计算机作为主要技术手段，运用各种数字信息与图形信息进行产品或工程设计。通俗地说，就是利用计算机进行方案设计、数据计算和工程绘图。计算机应用于选矿工艺设计的主要用途有工艺计算、计算机绘图、工程数据库等。

CAD 的应用有利于缩短设计周期、提高设计工作效率和设计产品质量。由于计算机具有高速、准确运算及自动绘图功能，一方面，能在较短的时间内完成产品设计和更新，使得设计工作效率显著提高，同时也提高了产品的市场竞争能力，加快了工程建设进度，从而可显著地增加经济效益；另一方面，计算机能方便快速地完成设计过程中间结果的计算、分析比较和优化处理等繁琐工作，使设计者能将精力放在设计的创造性工作中，无疑有利于提高设计质量。

12.1 CAD 系统硬件及软件组成

12.1.1 CAD 系统的硬件组成

普通型 CAD 系统由图 12-1 所示的基本部分组成。

主机是 CAD 系统的核心，它控制和指挥整个系统。大、中、小型或微型计算机均可采用，主要根据 CAD 系统要完成的任务确定。目前，微型计算机由于体积小、功耗低、价格便宜。因此，微型计算机 CAD 系统应用较广。

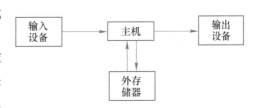

图 12-1　普通 CAD 系统硬件组成示意图

输入设备是向计算机输入数据、程序及图形信息的设备，主要包括键盘、鼠标器（Mouse）、数字化图形输入板、光笔及扫描仪等。

输出设备是将计算结果、工程图形形成"硬拷贝"输出的设备，主要包括绘图纸和打印机。

外存储器是存放大量数据、程序和图形的装置，主要指硬磁盘和软磁盘等。

12.1.2 CAD 系统的软件组成

一般 CAD 系统的软件组成主要包括通用商业化 CAD 系统软件、程序设计语言和应用程序。

通用商业化 CAD 系统软件具备了完善的图形处理、图形输入和输出、用户接口等功能，具有很强的通用性，可用作众多工程领域图形处理的开发环境，著名的软件有 AutoCAD 软件包、3ds Max 等。

程序设计语言主要包括各种高级语言（如 BASIC、FORTRAN、C 语言及数据库语言等）。利用程序设计语言，用户可完成各种工程计算和图形处理的应用程序定义；同时，可实现与商业化 CAD 软件包的接口。

应用程序指用户根据设计要求，利用高级语言开发的软件，或基于商业 CAD 软件包的实用程序，用户可利用它们直接进行工程设计。

12.2　CAD 在工艺计算中的应用

选矿工艺计算有破碎筛分流程、磨矿分级流程、选别流程及矿浆流程计算，此外还有主要工艺设备选择计算、辅助设备选择计算等。

12.2.1　CAD 在破碎筛分流程计算中的应用

12.2.1.1　破碎筛分单元流程

破碎流程可由破碎单元流程组合而成。表 12-1 中列举了几种常用的单元流程，在实际应用中还可以补充其他单元流程。为避免各单元流程之间的符号混淆，破碎筛分流程中的指标及编号均按表 12-1 中所注编号进行。

表 12-1　破碎筛分单元流程

编号	单元流程	计算公式	子程序清单	变量说明
1	$Q11$ ↓ ○ ↓ $Q12$	$Q12 = Q11$	1110　$Q12 = Q11$ 1115　$G12 = G11$ 1120　RETURN	Q_i——矿量，t/h； I——下标号； G_i——产率，%； A_i——筛孔，mm； E_i——筛分效率； $B21A2$——$Q21$ 中小于筛孔 $A2$ 级别的含量； $B33A3$——$Q33$ 中小于筛孔 $A3$ 级别的含量； $B41A4$——$Q41$ 中小于筛孔 $A4$ 级别的含量； $B44A4$——$Q44$ 中小于筛孔 $A4$ 级别的含量；
2	$Q21$ ↓ A2 E2 $Q22$ ── $Q23$ ○ ── $Q24$ ↓ $Q25$	$Q22 = Q21 \cdot B21A2 \cdot E2$ $Q23 = Q21 - Q22$ $Q24 = Q23$ $Q25 = Q21$	1210　$Q22 = Q21 * B21A2 * E2$ 1215　$Q23 = Q21 - Q22$ 1220　$Q24 = Q23$ 1225　$Q25 = Q21$ 1230　$G22 = Q22/Q21 * 100$ 1235　$G23 = G21 - G22$ 1240　$G24 = G23$ 1245　$G25 = G21$ 1250　RETURN	

续表 12-1

编号	单元流程	计算公式	子程序清单	变量说明
3	Q31 Q32 ○ C3 Q33 A3 E3 Q35　Q34	$C3=(1-B33A3\cdot E3)/$ $(B33A3\cdot E3)$ $Q34=Q31\cdot C3$ $Q32=Q31+Q34$ $Q33=Q32$ $Q35=Q31$	1310　$C3=(1-B33A3\cdot E3)/$ 　　　$(B33A3\cdot E3)$ 1315　$Q34=Q31\cdot C3$ 1320　$Q32=Q31+Q34$ 1325　$Q33=Q32$ 1330　$Q35=Q31$ 1335　$G32=Q32/Q31*100$ 1340　$G33=G32$ 1345　$G35=G31$ 1350　$G34=G33-G35$ 1360　RETURN	B51A5——Q51 中小于筛孔 A5 级别的含量; B55A5——Q55 中小于筛孔 A5 级别的含量
4	Q41 Q42　C4 A4　Q43 E4　○ Q45　Q44	$C4=(1-B41A4\cdot E4)/$ $(B44A4\cdot E4)$ $Q44=Q41\cdot C4$ $Q42=Q41+Q44$ $Q43=Q44$ $Q45=Q41$	1410　$C4=(1-B41A4\cdot E4)/$ 　　　$(B44A4\cdot E4)$ 1415　$Q44=Q41\cdot C4$ 1420　$Q42=Q41+Q44$ 1425　$Q45=Q41$ 1430　$Q43=Q42-Q45$ 1435　$G42=Q42/Q41*100$ 1440　$G45=G41$ 1445　$G43=G42-G45$ 1450　$G44=G43$ 1460　RETURN	
5	Q51 　　Q53 Q52 A51 ← E51 Q54 ○　C5 Q55 Q56 A52 Q57 E52 Q58	$C5=(1-B55A5\cdot E52)/$ $(B55A5\cdot E52)$ $Q58=Q51$ $Q52=Q51\cdot B51A5\cdot E51$ $Q53=Q51-Q52$ $Q54=Q53(1+C5)$ $Q55=Q54$ $Q57=Q53\cdot C5$ $Q56=Q53$	1510　$C5=(1-B55A5\cdot E52)/$ 　　　$(B55A5\cdot E52)$ 1515　$Q58=Q51$ 1520　$Q52=Q51\cdot B51A5\cdot E51$ 1525　$Q53=Q51-Q52$ 1530　$Q54=Q53(1+C5)$ 1535　$Q55=Q54$ 1540　$Q57=Q53\cdot C5$ 1545　$Q56=Q53$ 1550　$G52=Q51/Q51*100$ 1555　$G53=G51-G52$ 1560　$G54=Q54/Q53*100$ 1565　$G55=G54$ 1570　$G56=G53$ 1575　$G57=G55-G56$ 1580　$G58=G51$ 1590　RETURN	

12.2.1.2　主程序编制

主程序的组成分为 3 个部分（见图 12-2），第 1 部分是源程序的输入部分；第 2 部分是调用单元流程计算子程序，对流程中各产物指标进行计算；第 3 部分是将计算的结果显示在屏幕上（PRINT）或者打印出来（LPRINT）。

计算所需要的原始数据有原矿小时处理量 Q_i、原矿产率 G_i、各段筛孔 A_i 及筛分效率 E_i，各段筛分对应其筛孔的筛下累积含量 B_iA_i。原始数据的输入可采用赋值语句 LET，键盘输入语句 INPUT，或者读数语句 READ-DATA。

调用子程序对流程各产物指标进行计算的原则是，调用带有开路单元流程时，在主程序语句中记为 GOTOSUB 1110；调用带有预先筛分的单元流程时，在主程序语句中记为 GOTOSUB 1210；调用有检查筛分的单元流程时，在主程序语句中记为 GOTOSUB 1310；调用带有预先筛分和检查筛分合一的单元流程时，在主程序语句中记为 GOTOSUB 1410；调用预先筛分和检查筛分分开的单元流程时，在主程序语句中记为 GOTOSUB 1510。根据确定的破碎流程，即可决定调用单元流程子程序的顺序组合。

计算完成后，可在屏幕上看一下计算结果，即显示在屏幕上（PRINT），或者在打印机上打印出计算结果（LPRINT）。

12.2.1.3　破碎筛分流程计算举例

某硫化铜矿石选矿厂的设计处理量为 1200 t/d，矿石属于中等硬度，松散密度为 1650 kg/m³，含水率为 5%，原矿最大矿块粒度为 500 mm，设计破碎最终产品粒度为 -10 mm；破碎工段每日三班，每班工作 5 h。

根据上述条件得：　　　　　$Q11 = 1200/(3×5) = 80$ t/h

总破碎比 $i = 500/10 = 50$

根据总破碎比决定采用图 12-3 所示的三段一闭路破碎流程，单元流程定位 1、2、4。根据生产规模确定各破碎段的破碎比分别为：

$$50 = 3.45×3.82×3.80$$

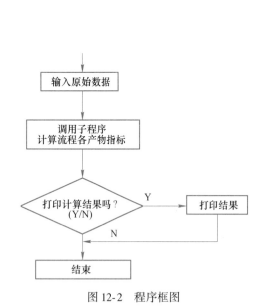

图 12-2　程序框图

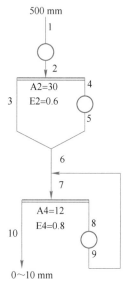

图 12-3　三段一闭路破碎流程

初步确定各破碎段的破碎设备及工作参数如表 12-2 所示。

参照类似选矿厂的生产情况，决定第 2 段预先筛分采用条筛，筛孔 A2 = 30 mm、筛分效率 E2 = 60.00%；第 3 段闭路筛分采用振动筛，筛孔取 A4 = 12 mm、筛分效率定为 E4 = 80.00%。

表 12-2　拟定的破碎设备及工作参数

破碎作业	设　　备	允许最大给矿块度/mm	排矿粒度/mm	各段破碎比	排矿口/mm
粗碎	600×800 颚式破碎机	500	145	3.45	145/1.6 = 91
中碎	标准型圆锥破碎机	14538	38	3.82	38/1.9 = 20
细碎	短头型圆锥破碎机		10	3.8	10×0.8 = 8

产品 2 中−30 mm 粒级的累积含量（B21A2），以相对粒度 30/91 = 0.33 查颚式破碎机产物粒度特性曲线（图 5-4）得 B21A2 = 33% = 0.33；产品 6 中−10 mm 粒级的累积含量（B41A4），以相对粒度 12/20 = 0.6 查标准型圆锥破碎机产物粒度特性曲线（图 5-3）得 B41A4 = 42% = 0.42；产品 9 中−10 mm 粒级的累积含量（B44A4），以相对粒度 12/8 = 1.5 查短头型圆锥破碎机产物粒度特性曲线（闭路）（图 5-5）得 B44A4 = 68% = 0.68。

将以上数据输入电算程序即可计算出各产物的指标并打印出结果。

为此应用举例程编制的程序清单为：

```
 10   REM  PSLC—破碎流程计算
 20   INPUT   "请输入程序总编号";N
 30   DIM   QQ(N),GG(N)
 35   REM  输入原始数据
 40   LET   Q11 = 80：G11 = 100
 50   LET   Q21 = Q11;G21 = G11;E2 = 0.6;B21A2 = 0.33
 60   LET   Q41 = Q11;G41 = G11;E4 = 0.8;B41A4 = 0.42;B44A4 = 0.68
 65   REM  调用子程序
 70   GOSUB   1110
 80   GOSUB   1210
 90   GOSUB   1410
 95   REM   计算结果赋值给数组
100   QQ(1) = Q11;QQ(2) = Q12;GG(1) = G11;GG(2) = G12
110   QQ(3) = Q22;QQ(4) = Q23;QQ(5) = Q24;QQ(6) = Q25
120   GG(3) = G22;GG(4) = G23;GG(5) = G24;GG(6) = G25
130   QQ(7) = Q42;QQ(8) = Q43;QQ(9) = Q44;QQ(10) = Q45
140   GG(7) = G42;GG(8) = G43;GG(9) = G44;GG(10) = G45
145   REM   显示或打印计算结果
150   PRINT   "编号  产率%  矿量 t/h"
160   FOR   I = 1  TO  N
170   PRINT  I;"  ";GG(I);"  ";QQ(I)
180   NEXT  I
182   PRINT
185   PRINT   "C4 = ";C4
```

190　INPUT　"　打印计算结果吗(Y/N):";A $

200　IF　A $ ="N"　OR　A $ ="n" THEN　999

210　LPRIHT "编号　产率%　矿量 t/h"

220　FOR　I=1　TO　N

230　LPRINT　I;"　　";GG(I);"　　";QQ(I)

240　NEXT　I

250　LPRINT

260　LPRINT　"C4 =";C4

999　END

1110　Q12 = Q11

1115　G12 = G11

1120　RETURN

1210　Q22 = Q21 * B21A2 * E2

1215　Q23 = Q21−Q22

1220　Q24 = Q23

1225　Q25 = Q21

1230　G22 = Q22/Q21 * 100

1235　G23 = G21−G22

1240　G24 = G23

1245　G25 = G21

1250　RETURN

1410　C4 = (1−B41A4 * E4)/(B44A4 * E4)

1415　Q44 = Q41　* C4

1420　Q42 = Q41+Q44

1425　Q45 = Q41

1430　Q43 = Q42−Q45

1435　G42 = Q42/Q41 * 100

1440　G45 = G41

1445　G43 = G42−G45

1450　G44 = G43

1460　RETURN

打印的计算结果:

编号	产率/%	矿量/t·h^{-1}
1	100	80
2	100	80
3	19.8	15.84
4	80.2	64.16
5	80.2	64.16
6	100	80
7	222.0588	177.6471
8	122.0588	97.64706
9	122.0588	97.64706
10	100	80

C4 = 1.220588

在程序段中，标号 10 语句是注释语句（REM），说明程序名及程序的功能便于阅读。20 语句是键盘输入语句（INPUT），输入程序的总编号数，本实例为 10。30 语句为数组说明，是存放计算出的各产物的矿量及产率值的。35 语句是注释语句，要求输入原始数据。40~60 语句是赋值语句（LET），以赋值的方式输入原始数据。70~90 语句是调子程序语句（GOSUB 行号），用以计算流程各产物的指标。100~140 语句是赋值语句，LET 在句中可以省略，是将计算结果赋值给数组，以便于输出。150~180 语句是显示语句（PRINT），将计算结果显示在屏幕上用以观察。185 句是显示循环负荷 C4 的值。182 语句是显示一空行，即在产物指标显示后空一行再显示 C4 的值，便于阅读。190~200 语句是打印判断语句（IF-THEN），键入 Y 打印，键入 N 则结束。210~250 语句是打印语句（LPRINT），是将计算出的各产物指标及编号从打印机上打印出来。260 语句是打印循环负荷 C4 的值。999 语句是主程序结束语句。1100~1460 语句是子程序语句。

建立程序可在行编辑（EDLIN）或文字处理（WPS、CCED、Word）等软件下进行，也可以直接进入 BASIC 系统下键入源程序。

运行程序时，可进入 BASIC 系统，按 F3 键（LOAD）再键入程序名 PSLC 回车。当出现 OK 提示符时，程序已经调入。按 F1 键（LIST）可查看程序或修改程序。按 F2 键（RUN）运行程序，几秒钟后就显示出计算结果，并提示"打印计算结果吗（Y/N）:?"，键入 Y 即打印出计算结果；键入 N 则不打印，程序运行结束。

前面的破碎流程计算程序是按照实例的需要编写的，程序简练，可读性好，但不能作为通用程序。如把赋值语句（LET）改用键盘输入语句（INPUT）并加上提示输入什么数据，在运行程序时，按照提示原始数据由键盘输入，每输入一套数据，即可计算出同类型的流程不同数据的指标。当破碎单元流程不能满足要求时，可依照表 12-1 中的示例自行编制加以补充。

12.2.2　CAD 在选别流程计算中的应用

这里只介绍用电算程序解决多金属矿石分选最终产品指标的计算方法及源程序。计算的指标是各金属精矿及尾矿的产率 $\gamma(\%)$、矿量 $Q(\mathrm{t \cdot h^{-1}})$、品位 $\beta(\%)$、回收率 $\varepsilon(\%)$。

12.2.2.1　多金属矿石分选流程技术指标的平衡方程式

单一金属矿石分选流程（图 12-4）的平衡方程式为：

$$\gamma_2 + \gamma_3 = \gamma_1 \tag{12-1}$$

$$\gamma_2 \beta_{21} + \gamma_3 \beta_{31} = \gamma_1 \beta_{11} \tag{12-2}$$

相应的矩阵式为：

$$\begin{bmatrix} 1 & 1 \\ \beta_{21} & \beta_{31} \end{bmatrix} \begin{bmatrix} \gamma_2 \\ \gamma_3 \end{bmatrix} = \begin{bmatrix} \gamma_1 \\ \gamma_1 & \beta_{11} \end{bmatrix} \tag{12-3}$$

式中，γ_1、γ_2、γ_3 为原矿、精矿和尾矿的产率，%；β_{11}、β_{21}、β_{31} 为原矿、精矿和尾矿的品位，%。

含两种金属的矿石分选流程（图 12-5）的平衡方程式为：

$$\gamma_2 + \gamma_3 + \gamma_4 = \gamma_1 \tag{12-4}$$

$$\gamma_2 \beta_{21} + \gamma_3 \beta_{31} + \gamma_4 \beta_{41} = \gamma_1 \beta_{11} \tag{12-5}$$

$$\gamma_2\beta_{22} + \gamma_3\beta_{32} + \gamma_4\beta_{42} = \gamma_1\beta_{12} \tag{12-6}$$

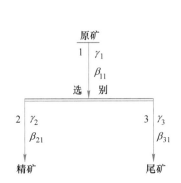

图 12-4　单一金属矿石的分选流程图

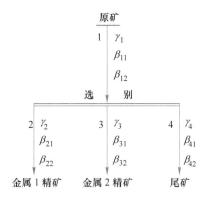

图 12-5　含两种金属的矿石的分选流程图

相应的矩阵式为：

$$
\begin{bmatrix}
1 & 1 & 1 \\
\beta_{21} & \beta_{31} & \beta_{41} \\
\beta_{22} & \beta_{32} & \beta_{42}
\end{bmatrix}
\begin{bmatrix}
\gamma_2 \\
\gamma_3 \\
\gamma_4
\end{bmatrix}
=
\begin{bmatrix}
\gamma_1 \\
\gamma_1 & \beta_{11} \\
\gamma_1 & \beta_{12}
\end{bmatrix}
\tag{12-7}
$$

式中，γ_1、γ_2、γ_3、γ_4 为原矿、金属 1 精矿、金属 2 精矿及尾矿的产率，%；β_{11}、β_{12} 为金属 1 及金属 2 的原矿品位，%；β_{21}、β_{22} 为金属 1 精矿中金属 1 和金属 2 的品位，%；β_{31}、β_{32} 为在金属 2 精矿中金属 1 和金属 2 的品位，%；β_{41}、β_{42} 为金属 1 和金属 2 在尾矿中的品位，%。

含 3 种金属的矿石的分选流程（图 12-6）的平衡方程式为：

$$\gamma_2+\gamma_3+\gamma_4+\gamma_5=\gamma_1 \tag{12-8}$$
$$\gamma_2\beta_{21}+\gamma_3\beta_{31}+\gamma_4\beta_{41}+\gamma_5\beta_{51}=\gamma_1\beta_{11} \tag{12-9}$$
$$\gamma_2\beta_{22}+\gamma_3\beta_{32}+\gamma_4\beta_{42}+\gamma_5\beta_{52}=\gamma_1\beta_{12} \tag{12-10}$$
$$\gamma_2\beta_{23}+\gamma_3\beta_{33}+\gamma_4\beta_{43}+\gamma_5\beta_{53}=\gamma_1\beta_{13} \tag{12-11}$$

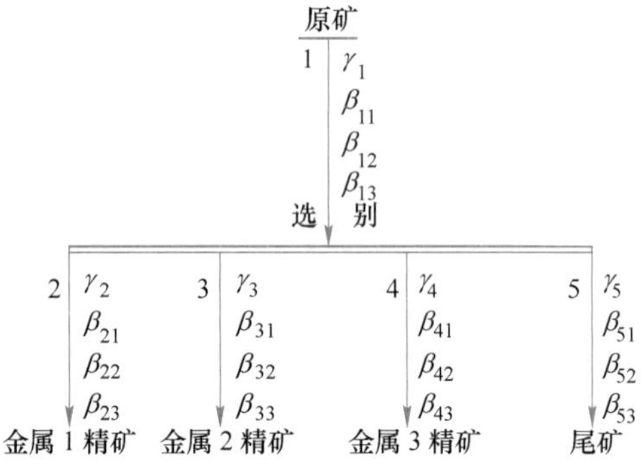

图 12-6　含两种金属的矿石的分选流程图

相应的矩阵式为：

$$
\begin{bmatrix}
1 & 1 & 1 & 1 \\
\beta_{21} & \beta_{31} & \beta_{41} & \beta_{51} \\
\beta_{22} & \beta_{32} & \beta_{42} & \beta_{52} \\
\beta_{23} & \beta_{33} & \beta_{43} & \beta_{53}
\end{bmatrix}
\begin{bmatrix}
\gamma_2 \\
\gamma_3 \\
\gamma_4 \\
\gamma_5
\end{bmatrix}
=
\begin{bmatrix}
\gamma_1 \\
\gamma_1 & \beta_{11} \\
\gamma_1 & \beta_{12} \\
\gamma_1 & \beta_{13}
\end{bmatrix}
\tag{12-12}
$$

式中，γ_1、γ_2、γ_3、γ_4、γ_5 为原矿、金属 1 精矿、金属 2 精矿、金属 3 精矿及尾矿的产率，%；β_{11}、β_{12}、β_{13} 为金属 1、金属 2 及金属 3 的原矿品位，%；β_{21}、β_{22}、β_{23} 为金属 1 精矿中金属 1、金属 2 和金属 3 的品位，%；β_{31}、β_{32}、β_{33} 为金属 2 精矿中金属 1、金属 2 和金属 3

的品位，%；β_{41}、β_{42}、β_{43} 为金属 3 精矿中金属 1、金属 2 和金属 3 的品位，%；β_{51}、β_{52}、β_{53} 为金属 1、金属 2 及金属 3 在尾矿中的品位，%。

对于含 3 种以上金属的矿石的流程平衡方程式可参照上述情况类推。

在平衡方程式中，原矿产率、原矿中各金属的回收率、精矿中各金属的品位及尾矿中各金属的品位均为已知数，将已知数代入方程组，进行求解，得出各精矿及尾矿的产率，继而求出各产品的矿量及精矿中各种金属的回收率。

12.2.2.2　多金属矿石分选精矿指标的计算源程序清单

为程序书写方便，一般规定变量为：N—方程组数；G1—原矿产率(%)；Q1—原矿处理量(t/d)；B1(1，N−1)—原矿中各金属品位(%)；E1(1，N−1)—原矿中各金属回收率(%)；B(N，N+1)—方程组品位系数矩阵；GG(N)—各金属精矿产率(%)；QQ(N)—各产物矿量(t/d)；EE(N，N−1)—各金属精矿中金属回收率(%)；A(N，N+1)—作为在计算中存贮中间结果的单元。

基于上述变量的定义编写的源程序清单如下：

```
10    REM       DJSPH—多金属精矿金属平衡计算
15    RESTORE    500
20    READ    N,Q1,G1
25    PRINT    N,Q1,G1
30    DIM    A(N,N+1),B1(1,N+1),E1(1,N−1),GG(N),QQ(N),EE(N,N−1)
35    FOR    I=1    TO    N−1
40    READ    B1(1,I),E1(1,I)
45    NEXT    I
50    FOR    I=1    TO    N
55    FOR    J=1    TO    N+1
60    READ    B(I,J):A(I,J):PRINT    B(I,J);
65    NEXT    J
70    PRINT
75    NEXT    I
80    GOSUB    100
85    GOSUB    200
90    GOSUB    300
92    INPUT    "打印计算结果吗？(Y/N)：";A$
94    IF    A$="N"    OR    A$="n"    THEN    99
96    GOSUB    400
99    END
100   FOR    I=1    TO    N
102   LET    P=I:Q=1:R=(A,1)
105   FOR    J=1    TO    N
108   FOR    K=1    TO    N
```

```
110    IF   ABS(A(J,M)) <=ABS(R)   GOTO   115
112    LET   R=A(J,K):P=J:Q=K
115    NEXT   K
118    NEXT   J
120    IF   ABS(R) > 1E-10   GOTO   128
122    PRINT "无解"
125    STOP
128    FOR   K=1   TO   N+1
130    LET   Z=A(I,K):A(I,K)= A(P,K):A(P,K)=Z
132    NEXT   K
135    FOR   J=1   TO   N
138    IF   J=1   OR   A(J,Q)=0   GOTO   150
140    LET   Y=A(J,Q)/A(I,Q)
142    FOR   K=1   TO   N+1
145    LET   A(J,K)=A(J,K)-A(I,K)*Y
148    NEXT   K
150    NEXT   J
152    QQ(I)=Q
155    NEXT   I
158    FOR   I=1   TO   N
160    LET Q=QQ(I)
162    LET   GG(Q)=A(I,N+1)/A(I,Q)*G1/100
165    NEXT   I
170    RETURN
200    FOR   I=1   TO   N
210    QQ(I)=GG(I)*Q1/G1
220    NEXT   I
230    FOR   J=1   TO   N
240    FOR   J=1   TO   N-1
250    EE(J,I)=GG(J)*B(I+1,J)/B1(1,I)*E1(1,J)/100
260    NEXT   I
270    NEXT   J
280    RETURN
300    PRINT "原矿指标:"
305    PRINT   N;Q1;G1
310    FOR   I=1   TO   N-1
315    PRINT   B1(1,I)
320    NEXT   I
325    FOR   J=1   TO   N-1
```

```
330    PRINT   E1(1,J)
335    NEXT   J
338    PRINT
340    PRINT "输出精矿品位指标"
345    FOR   I=1   TO   N
350    PRINT "GG(";I+1;")=";GG(I)
355    PRINT "QQ(";I+1;")=";QQ(I)
360    FOR   J=1   TO   N-1
365    PRINT "EE(";I+1;",";J;")=";EE(I,J)
370    NEXT   J
375    PRINT
380    NEXT   I
390    RETURN
400    LPRINT "原矿指标:"
405    LPRINT   N;Q1;G1
410    FOR   I=1   TO   N-1
415    LPRINT   B1(1,I)
420    NEXT   I
425    FOR   J=1   TO   N-1
430    LPRINT   E1(1,J)
435    NEXT   J
438    LPRINT
440    LPRINT "输出精矿产品指标:"
445    FOR   I=1   TO   N
450    LPRINT "GG(";I+1;")=";GG(I)
455    LPRINT "QQ(";I+1;")=";QQ(I)
460    FOR   J=1   TO   N-1
465    LPRINT "EE(";I+1;",";J;")=";EE(I,J)
470    NEXT   J
475    LPRINT
480    NEXT   I
490    RETURN
500    DATA   4,2000,100,1.6,100,8.85,100,4.95,100
510    DATA   1,1,1,1,100
520    DATA   67.7,0.54,0.57,0.11,160
530    DATA   6.05,56.15,1.75,0.35,885
540    DATA   4.20,3.60,36.50,2.35,495
```

在上述程序中，语句标号 10~99 语句为主程序段。10 语句为注释语句，注明程序名和程序功能；15 语句为数据指针语句，指向数据行号；20 语句是读数语句，即从数据指针所指的行号处开始读入方程组数、原矿处理量、原矿产率 3 个数据；30 语句为数组说明；35~45 语句是用循环读入原矿各金属品位和原矿各金属回收率数据；50~75 语句是读入品位矩阵的数据。至此全部数据读入完成，开始调子程序进行计算。

程序中的 80、85、90 语句为调用子程序语句；92、94 语句是打印判断语句，提示是否打印计算结果。96 语句为调用打印子程序语句。99 语句结束语句表示主程序段到此结束。

子程序 100~170 语句是用高斯消元法解线性方程组，求出各精矿产率 GG（N）的值。子程序 200~280 语句是计算矿量 QQ（N）和各金属回收率 EE（N，N-1）。子程序 300~390 语句是将计算结果显示在屏幕上，便于察看，认为满意时再打印。子程序 400~490 语句是将计算结果从打印机上打印出来。子程序 500~540 语句是计算实例用的数据语句。每个子程序的结尾均规定用 RETURN 语句结束。当执行子程序的 RETURN 语句时，就自动返回到主程序去执行调用语句的下一个语句。

DATA 语句是与 READ 语句配套的，当程序运行遇到 READ 语句时，程序自动到指针所指的行号 DATA 语句中按顺序去读入数据。这是一种自动查找数据的方式。而在破碎流程计算中，数据直接在主程序中赋值（LET）。这种赋值方式不灵活，每当改变数值时均需改动主程序的赋值语句。LET 语句适用于数值在程序中为常数的。而 READ-DATA 读数语句的读入方式比较灵活，适于读入数据量较大，可同时把几套计算数据均按要求顺序键入 DATA 语句中。在计算时，只要改变数据指针（RESTORE）语句后的行号，就相应地读入另一套数据进行计算。

12.2.2.3 多金属矿石分选流程计算举例

一处理量 Q1 = 2000 t/d 的铅锌硫化物矿石选矿厂，原矿产率 G1 = 100%，原矿中有价元素的品位和回收率指标分别为 $\alpha Pb = 1.6\%$，$\varepsilon Pb = 100\%$；$\alpha Zn = 8.85\%$，$\varepsilon Zn = 100\%$；$\alpha S = 4.95\%$，$\varepsilon S = 100\%$。精矿及尾矿中各有价元素的品位见流程图（图 12-7）。要求计算各种精矿及尾矿的产率、矿量及各有价元素的回收率。

由已知数据列矩阵得：

$$\begin{bmatrix} 1 & 1 & 1 & 1 \\ 67.7 & 0.54 & 0.57 & 0.11 \\ 6.05 & 56.15 & 1.75 & 0.35 \\ 4.20 & 3.60 & 36.50 & 2.35 \end{bmatrix} \begin{bmatrix} GG2 \\ GG3 \\ GG4 \\ GG5 \end{bmatrix} = \begin{bmatrix} 100 \\ 160 \\ 885 \\ 495 \end{bmatrix}$$

相应的数据输入语句为：

```
500   DATA   4,2000,100,1.6,100,8.85,100,4.95,100
510   DATA   1,1,1,1,100
520   DATA   67.7,0.54,0.57,0.11,160
530   DATA   6.05,56.15,1.75,0.35,885
540   DATA   4.2,3.6,36.5,2.35,495
```

打印出的计算结果如下：

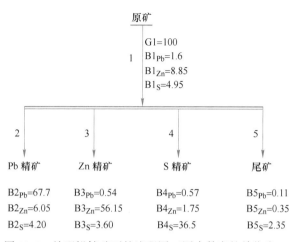

图 12-7　处理铅锌矿石的流程图（图中数字的单位为%）

GG(2) = 2.062653	Pb 精矿的产率,%
QQ(2) = 41.25306	Pb 精矿的矿量,t/d
EE(2,1) = 87.27599	Pb 精矿中 Pb 的回收率,%
EE(2,2) = 1.410062	Pb 精矿中 Zn 的回收率,%
EE(2,3) = 1.75013	Pb 精矿中 S 的回收率,%
GG(3) = 14.84769	Zn 精矿的产率,%
QQ(3) = 296.9539	Zn 精矿的矿量,t/d
EE(3,1) = 5.011097	Zn 精矿中 Pb 金属回收率,%
EE(3,2) = 94.20316	Zn 精矿中 Zn 的回收率,%
EE(3,3) = 10.79832	Zn 精矿中 S 的回收率,%
GG(4) = 6.958257	S 精矿的产率,%
QQ(4) = 139.1651	S 精矿的矿量,t/d
EE(4,1) = 2.478879	S 精矿中 Pb 的回收率,%
EE(4,2) = 1.375927	S 精矿中 Zn 的回收率,%
EE(4,3) = 51.30836	S 精矿中 S 的回收率,%
GG(5) = 76.1314	尾矿的产率,%
QQ(5) = 1522.628	尾矿的矿量,t/d
EE(5,1) = 5.234034	尾矿中 Pb 的回收率,%
EE(5,2) = 3.010846	尾矿中 Zn 的回收率,%
EE(5,3) = 36.14319	尾矿中 S 的回收率,%

　　需要说明的是，为了简化程序，没有把计算结果小数点后的位数进行取舍。在实际应用中，可取小数点后二位或三位进行四舍五入处理。

12.2.3　CAD 在工艺设备选择计算中的应用

12.2.3.1　采用 CAD 进行设备选择计算的步骤

设备的选择计算在工艺流程计算之后进行，根据工艺条件的要求选择适宜的设备。工艺设备种类较多，有破碎、筛分、磨矿、分级、选别、脱水及辅助等设备。不同设备的计算方法各异，大体上采用 CAD 进行计算的步骤如下：

（1）设备分类，首先确定计算某种设备。

（2）输入计算所需原始数据。

（3）设备选择计算：

1）设备选型，根据设计要求选择设备形式及规格范围；

2）设备能力计算，依照设备生产能力的数学模型，计算单台设备的处理能力；

3）选择台数，根据设计能力与设备能力之比，可求得需要的设备台数（达到同样的生产能力，会选出多种规格的设备及台数）；

4）计算设备总质量、总价格及总安装功率。

（4）方案优化，由于设备形式、规格的不同，出现了多个方案，对多种方案进行优化可得出投资少、耗电省的方案排序，找出最佳方案。

（5）打印计算结果。

12.2.3.2　计算主程序的编制方法

编程方法是先提出任务，自上而下，逐步细化。细化的目的，是从提出任务起，一步一步地具体化，最后写出正确的程序。

先用文字明确表示程序要实现的功能，对复杂的程序进行细化，分为若干个子任务，由各子任务完成某一具体任务。用框图将程序步骤一步一步地表示出来。

按照前面介绍的设备选择计算步骤，进行程序的编制。先拟定一框图，把前面的计算步骤用框图表示出来，见图 12-8。程序的编制就按框图所示逐段进行编写。程序段分为主程序及被调用的计算子程序，框图中虚线框内为计算子程序。

A　主程序的编制

首先编出程序的标题，"设备选择计算程序"，用星花框起来，使标题明显。然后顺序显示出设备分类的菜单供人工选择"请输入选择编号"，选择后即可通过转子程序语句"ON　K　GOSUB　行号，行号，……"转到指定的设备计算子程序中去，进行设备选择计算，计算完毕显示结果并提示打印或不打印计算结果，之后又自动转回到主程序段的转子程序语句的下一行，继续执行，这时会提示"还选择计算其他设备吗?"，给使用者提供下一个选择机会，使程序更灵活。当不选择时，键入 N 程序运行结束。主程序运行后，屏幕上显示的结果见图 12-9。

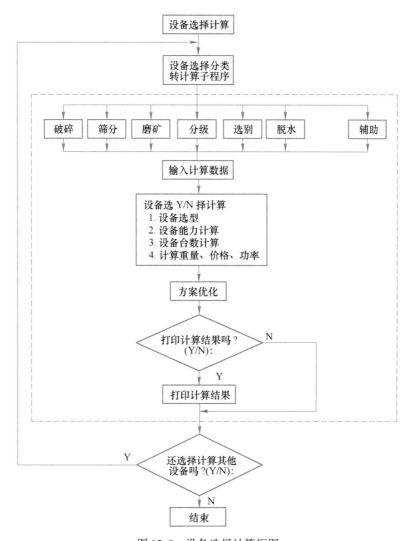

图 12-8　设备选择计算框图

****
* **设备选择计算程序** *
****

1.破碎设备
2.筛分设备
3.磨矿设备
4.分级设备
5.选别设备
6.脱水设备
7.退出

请输入选择编号：

图 12-9　屏幕菜单

B 主程序清单

编制出的主程序清单为：

10 REM SBXZ—设备选择计算程序

12 CLS：KEY OFF：LOCATE 1,17：PRINT STRING $ (40," * ")

14 PRINT TAB(17)；" * "；TAB(56)；" * "

16 PRINT TAB(17)；STRING $ (40," * ")

18 LOCATE 2,22：PRINT"设备选择计算程序"

20 LOCATE 4,24：PRINT"1. 破碎设备"

22 PRINT TAB(24)；"2. 筛分设备"

24 PRINT TAB(24)；"3. 磨矿设备"

26 PRINT TAB(24)；"4. 分级设备"

28 PRINT TAB(24)；"5. 选别设备"

30 PRINT TAB(24)；"6. 脱水设备"

32 PRINT TAB(24)；"7. 退出"

34 LOCATE 12,20：PRINT"请输入选择编号："

36 K $ =INKEY $ ：IF K $ =""GOTO 36

38 K=VAL(K $)：PRINT K

40 IF K<1 OR K>7 THEN 34

42 IF K=7 THEN END

44 CLS：ON K GOSUB 1000,2000,3000,4000,5000,6000

46 INPUT "还计算其他设备吗？（Y/N）："；A $

48 IF A $ ="Y"OR A $ ="y"THEN 12

99 END

1000 REM "破碎设备选择计算"子程序

…

1999 RETURN

2000 REM "筛分设备选择计算"子程序

…

2999 RETURN

3000 REM "磨矿设备选择计算"子程序

…

3999 RETURN

4000 REM "分级设备选择计算"子程序

…

4999 RETURN

…

主程序中的 10 语句为注释（REM）语句，用在程序的开头，说明程序的文件名以及计算内容。12 语句（CLS）为清屏语句，KEY OFF 关掉底部显示功能键的功能，LOCATE 1,17 定位语句，即在第 1 行 17 列开始显示，PRINT STRING $ （40," * "）

显示由 40 个"＊"组成的字符串。计算机屏幕显示字符为 25 行 80 列，程序可以指定字符在屏幕上的显示位置。14 语句是在下一行 17 列和 56 列处分别显示一个"＊"；16 语句在第 3 行 17 列处开始显示 40 个"＊"；18 语句在第 2 行 22 列处显示："设备选择计算程序"8 个汉字。12~16 语句是用"＊"作花边框把"设备选择计算程序"8 个字圈起来，看起来醒目。也可用其他符号来组花边，可由读者自己设计。

20~34 语句显示提示 1~7 项供选择；36 语句 INKEY $ 语句是从键盘上读取一个字符（不必按回车键自动向下执行），这句是用来读取 1~7 数字作为字符赋给 K $；38 语句将数字字符 K $ 转换为数值赋给 K 并显示。40 语句是条件判断语句，如果 K 小于 1 或者 K 大于 7 时，程序转到 34 语句，重新输入编号。42 语句判断如果 K=7 程序运行结束。

44 语句是转子程序语句，当 K=1 时，转子程序行号 1000 语句去执行，即破碎设备选择计算；当 K=2 时，转子程序行号 2000 语句去执行，即筛分设备选择计算；当 K=3 时，转子程序行号 3000 语句去执行，即磨矿设备选择计算；以下类推。

当子程序执行完毕后均返回到主程序转子程序语句的下一行语句继续执行，即本程序的 46 语句，提示"还计算其他设备吗？（Y/N）:"。48 语句又是条件判断语句。键入 Y 程序转回到 12 语句，重新显示屏幕菜单供选择，键入 N 则程序运行结束。

12.2.3.3　计算子程序的编制方法

由于设备计算子程序的内容太多，现仅介绍一些编程方法供参考。

在 BASIC 语言中，程序是按行标号顺序排列的，主程序的结束语句是 END。子程序是写在主程序之后，子程序的开头是以它的行号为标志，子程序的结束必须是 RETURN 语句。如主程序清单行号 1000~2999 语句为筛分设备选择计算子程序，行号为暂定的可由编程者自己规定。在主程序中调用子程序时用"GOSUB"转子程序语句来实现。

现按框图（图 12-8）为实现每个模块即子程序的功能介绍一些编程方法。

A　设备模块

在总的名称下还可以细分，如破碎设备可下设旋回破碎机、颚式破碎机、标准型圆锥破碎机、短头型圆锥破碎机等；磨矿设备可下设棒磨机、球磨机；脱水设备可下设浓密机、过滤机、压滤机等。可参考主程序的方法编制成菜单子程序和计算子程序。

B　输入计算数据模块

把计算设备所需的原始数据在本模块中输入。常用的输入方法有 3 种，其一是用赋值语句（LET）为变量赋值（参考破碎流程计算程序），该语句适用于在程序中为常数的值；第 2 种是键盘输入语句（INPUT），该语句可带提示说明，在输入数据时提示明确不易出错，每次运行程序时随机从键盘打入，适于原始数据量不大情况，但在调试程序时最好不用该语句，因为每运行一次程序，均要重复地输入数据；第 3 种是 READ-DATA 语句，READ 是读数语句，DATA 是置数语句，程序中的 READ 语句是从程序中的 DATA 语句中读取数据，DATA 语句可放在程序中的任何部位，一般放在程序的最后，DATA 语句中的数据间用逗号隔开（参考多金属矿石的分选精矿指标计算程序）。

C 设备选择计算模块

把标准设备的型号、规格、容积、面积、生产能力、安装功率、设备质量及设备单价等选择计算所需的全部参数存放在数据库、数据文件或 DATA 置数语句中，用循环语句（FOR-NEXT）将设备参数读入数组中，以备选择时使用。

确定设备的规格范围，由人工指定或由计算机选定。有的设备规格确定后单台能力就为已知数，而有的设备要确定一些参数后才能计算单台能力，如磨矿机、振动筛等。

参数的确定，最简单的方法是人工查表或查曲线图，确定值后代入程序即赋值给变量。或者由计算机自动计算，其方法是将线性函数关系写成公式；非线性关系可用回归方法求出数学模型；或用插值法求值。对已知一参数可确定几个参数的，可用对应关系确定。这些方法视具体情况灵活使用。

设备的单台处理能力确定后，即可计算出所需要的台数。根据台数可计算出设备总质量、总投资和总安装功率。对不同规格的设备，计算结果台数不同，总质量、总投资和总安装功率也不同，就产生了多种方案。

D 方案优化模块

方案优化是从多方案中优选出最佳方案。这种优化是指只对本专业选用的设备而言，不包含其他专业设施的全方案优化。优化的目标是投资少（即设备价格最低）、耗电省（即安装功率最小）的方案。对每个目标的度量都赋予一个加权值，这样就得到了每个方案的加权函数值，然后寻求其极小值，就可得到最佳方案。

E 打印结果模块

把计算出的各个方案按优化结果顺序打印出来，供设计者选择。打印结果用表格的形式打印出来。每种设备输出参数不同，表格形式各异。首先设计出打印表格样式，依据表格样式进行编程，表格是用计算机内的制表符来组成，经过调试达到所要求目的。

12.3 计算机绘图

计算机绘图技术始于 19 世纪 50 年代，随着计算机软硬件技术的不断进步及图形处理技术的出现，计算机绘图技术得到了迅速发展。各国使用的绘图系统基本上都属于交互式，这些系统开始是用在大中型计算机上，后来逐渐移植到微型计算机上。这种交互式绘图系统除在屏幕上生成各种图形外，还能对图形进行修改、删除、镜像、拷贝等编辑工作。

目前常用的计算机绘图软件有 AutoCAD、SolidWorks、UG、Pro/E、Cimatron、CAXA 等。

AutoCAD 是由美国 Autodesk 公司开发的通用计算机辅助设计软件，是目前世界上应用最广泛的 CAD 软件。随着时间的推移和软件的不断完善，AutoCAD 已由原先的侧重于二维绘图技术为主发展到二维、三维绘图技术兼备，并且具有网上设计的多功能 CAD 软件。AutoCAD 具有良好的用户界面，通过交互式菜单或命令行方式便可进行各种操作。AutoCAD 具有广泛的适应性，它可以在各种操作系统支持的微型计算机和工作站上运行，并支持分辨率由 320×200 到 2048×1024 的各种图形显示设备 40 多种，这为 AutoCAD 的普及创造了条件。

SolidWorks 是法国达索系统（Dassault Systemes）下的子公司负责研发的机械设计软件，由于功能强大、易学易用，当前已成为世界领先的三维 CAD 解决方案。SolidWorks 独有的拖拽功能可使用户在较短的时间内完成大型装配设计。在 SolidWorks 强大的设计功能和易学易用的操作（包括 Windows 风格的拖放、点击、剪切、粘贴）协同下，整个产品设计是百分之百可编辑的，零件设计、装配设计和工程图之间是全相关的。

UG 是 Unigraphics 的简称，是美国 UGS 公司开发的集 CAD/CAE/CAM 于一体的高效紧密集成软件，被广泛应用于航空航天、汽车、模具和精密机械等多个领域。UG 复合建模模块将基于约束的特征建模和传统的几何建模（实体、曲面和线框）整合到统一的建模环境中，使设计过程更加灵活、便捷。用 UG 复合建模模块建立的模型完全与构造的几何体相关，能够有效地使用保存的产品模型数据，在新的产品开发中，允许重访早期的设计决定，提升已存设计知识的价值，而无需再返工下游信息。

Pro/E 是 Pro/Engineer 的简称，是美国参数技术公司（Parametric Technology Corporation，简称 PTC）的重要产品，在三维造型软件领域中占有着重要地位。Pro/E 作为当今世界机械 CAD/CAE/CAM 领域的新标准而得到业界的认可和推广，是现今主流的模具和产品设计三维 CAD/CAM 软件之一。Pro/E 采用了模块方式，可以分别进行草图绘制、零件制作、装配设计、钣金设计、加工处理等，保证用户可以按照自己的需要进行选择使用。

Cimatron CAD/CAM 系统是以色列 Cimatron 公司的 CAD/CAM/PDM 产品，是较早在微机平台上实现三维 CAD/CAM 全功能的系统。Cimatron 的模块化软件套件可以使生产每一个阶段实现自动化，提高了产品生产的效率。Cimatron 支持几乎所有当前业界的标准数据信息格式，包括 IGES、VDA、DXF、STL、Step、RD-PTC、中性格式文件、UG/ParaSolid、SAT、CATIA 和 DWG 等。在世界范围内，从小的模具制造工厂到大公司的制造部门，Cimatron 的 CAD/CAM 解决方案已成为企业装备设计不可或缺的工具。

CAXA 是我国拥有独立自主知识产权的 CAD/CAPP/CAM/PDM 软件，由北京航空航天大学开发成功。CAXA 实体设计具有全功能一体化集成的三维设计环境，解决了概念设计/总体设计、零件设计/详细工程设计、虚拟装配与设计验证、产品的虚拟展示与评价、二维工程生成、设计借用/重用、标准件/参数化图库应用与扩展、跨平台数据文件的共享交换等应用需求，所有操作在同一个 Windows 风格的界面下完成。

12.3.1　AutoCAD 2020 的绘图环境

12.3.1.1　工作界面

启动 AutoCAD 2020 应用程序后，进入 AutoCAD 2020 的工作界面。AutoCAD 2020 提供了"二维草图与注释""三维建模""AutoCAD 经典"3 种工作界面，其中"AutoCAD 经典"工作界面窗口分布如图 12-10 所示，主要有标题栏、菜单栏、快速访问工具栏、文本窗口与命令行、绘图窗口和状态栏等几部分组成。

图 12-10   AutoCAD 2020 的经典工作界面

标题栏位于应用程序窗口的上方，用于显示当前正在运行的程序名及文件名等信息。如果是 AutoCAD 默认的图形文件，其名称为 DrawingN. dwg（N 是数字，N=1，2，3，…，表示第 N 个默认图形文件）。

菜单栏由【文件】、【编辑】、【视图】等菜单组成，几乎包括了 AutoCAD 中全部功能和命令。

快捷菜单又称为上下关联菜单。在绘图区域、工具栏、状态栏、模型与布局选项卡及一些对话框上右击时弹出一个快捷菜单。该菜单中的命令与 AutoCAD 当前状态相关联，使用它们可以在不必启用菜单栏的情况下，快速、高效地完成某些操作。

工具栏是应用程序调用命令的另一种形式，它包含许多由图标表示的命令按钮。在 AutoCAD 中，系统共提供了 40 多个已命名的工具栏。这些工具栏可根据需要定制，设定为固定或浮动状态。

绘图窗口是用户绘图的工作区域，所有的绘图结果都反映在这个窗口中。用户可根据需要关闭其周围和里面的各个工具栏，以增大绘图空间。在绘图窗口中除显示当前的绘图结果外，还显示了当前使用的坐标类型及坐标原点，X、Y、Z 轴的方向等。默认情况下，坐标系为世界坐标系（WCS）。

命令行通常位于绘图窗口的底部，用于接受用户输入的命令，并显示 AutoCAD 提示信息，可以被拖放为浮动窗口。文本窗口是记录 AutoCAD 命令的窗口，是放大的命令行窗口，它记录了用户一致性的命令，也可以用来输入新命令。

状态栏用来显示当前的状态，如当前的坐标、命令和功能按钮等。

12.3.1.2   文件操作

在 AutoCAD 2020 中，图形文件管理包括创建新的图形文件、打开已有的图形文件、关闭图形文件以及保存图形文件等操作。其常用命令及菜单文件如表 12-3 所示。

表 12-3 **AutoCAD** 的文件操作命令及菜单文件一览表

文件操作	执 行 方 式	提 示 内 容
创建文件	下拉菜单：【文件】｜【新建】 命令行：QNEW/NEW 工具栏：	执行上述操作后将打开【选择样板】对话框，用户可以在样板列表框中选中某一样板文件，单击【打开】按钮即可以选中的样板文件为样板创建新图形
打开文件	下拉菜单：【文件】｜【打开】 命令行：OPEN 工具栏：	执行上述命令后将打开【选择文件】对话框，可以从中打开已有的图形文件。默认情况下，打开的图形文件格式为".dwg"。在 AutoCAD 中，可以以【打开】【以只读方式打开】【局部打开】和【以只读方式局部打开】4 种方式打开图形文件
保存文件	下拉菜单：【文件】｜【保存】 命令行：QSAVE 工具栏： 或下拉菜单：【文件】 ｜【另存为】 命令行：SAVEAS	选择【保存】命令，以当前使用的文件名保存图形；选择【另存为】命令，将当前图形以新的名字保存。 　　在 AutoCAD 2020 中，在保存文件时可以使用密码保护功能，对文件进行加密保存。当选择【文件】｜【保存】或【文件】｜【另存为】命令时，将打开【图形另存为】对话框，在对话框中选择【工具】｜【安全选项】命令，将打开【安全选项】对话框，在【密码】选项卡中，可以在【用于打开此图形的密码或短语】文本框中输入密码，然后单击【确定】按钮打开【确认密码】对话框，并在【再次输入用于打开此图形的密码】文本框中输入确认密码
关闭图形文件	下拉菜单：【文件】｜【关闭】 命令行：QUIT	执行【文件】｜【关闭】命令时，可选择关闭当前图形或关闭所有图形；当选择【QUIT】命令时，将关闭所有图形

12.3.1.3 界面设置

第一次启动 AutoCAD 2020 进入的界面是系统默认的，也可以根据自己的使用习惯和个人喜好设置界面。

A 调整视窗

系统默认的绘图窗口颜色为浅灰色，命令行的字体为"Courier"，用户可根据自己的喜好对窗口颜色和命令行的字体进行重新设置，调整窗口颜色的操作步骤如下：

（1）单击【工具】｜【选项】菜单命令，打开【选项】对话框；

（2）在【显示】选项卡中，单击【颜色】按钮，打开【图形窗口颜色】对话框；

（3）在【上下文】区选择要改变颜色的背景选项，如"二维模型空间"；

（4）在【界面元素】区内选择要改变颜色的元素，如"统一背景"；

（5）在【颜色】下拉列表框内选择需要的颜色，如白色，则模型窗口的背景颜色为"白色"，具体效果在【预览】区内显示；

（6）单击【应用开关闭】按钮返回【选项】对话框；

(7) 单击【确定】按钮确认所设置的背景颜色。

B 设置绘图单位

UNITS 命令用于设置绘图单位。默认情况下，AutoCAD 使用十进制单位进行数据显示或数据输入，可以根据具体情况设置绘图的单位类型和数据精度，其执行方式为：

下拉菜单：【格式】│【单位】

命令行：UNITS

执行上述操作后，可打开【图形单位】对话框。在该对话框中，可以设置图形长度、角度及缩放、拖动内容的单位。当改变单位设置后，【输出样例】栏中将显示当前设置的单位样式样例。

C 设置绘图边界

设置绘图边界即是设置图形绘制完成后输出的图纸大小，常用的图纸规格有 A0~A4，一般称为 0~4 号图纸，其执行方式为：

下拉菜单：【格式】│【图形界限】

命令行：LIMITS

绘图界限的设置应与选定图纸的大小相对应。在模型空间中，绘图极限用来规定一个范围，使所建立的模型始终处于这一范围内，避免在绘图时出错。利用 LIMITS 命令可以定义绘图边界，相当于手工绘图时确定图纸的大小。绘图界限是代表绘图极限范围的两个二维点的 WCS 坐标，这两个二维点分别是绘图范围的左下角和右上角，他们确定的矩形就是当前定义的绘图范围，在 Z 方向上没有绘图极限限制。

12.3.2 图形绘制与编辑

12.3.2.1 图形绘制

图形绘制由基本的图形元素的点、线、圆、圆弧、椭圆及多边形等组成。图形绘制通常可采取单击菜单命令、单击工具按钮和在命令行中输入命令 3 种方式进行。表 12-4 列出了基本图素的画法、键入的命令及操作步骤等。

表 12-4 简单图形的绘制操作一览表

要素	执行方式	操作步骤	图例
点	下拉菜单：【绘图】│【点】│【单点】/【多点】 命令行：POINT（PO）/MUL-TIPLE POINT 工具栏：·	启动 POINT 命令，在绘图区域中视合适位置单击鼠标左键（或直接在命令行、动态输入区域内输入点坐标），按一下回车键还可继续画点。 *点的样式可通过下拉菜单（【格式】│【点样式】）或命令行（DDPTYPE）两种方式进行设置。执行上述命令后，打开【点样式】对话框，可在其中设置点的大小和样式	

要素	执 行 方 式	操 作 步 骤	图 例
等分点	下拉菜单:【绘图】|【点】|【定数等分】 命令行:DIVIDE(DIV)	DIVIDE 命令可在某一图形上以等分长度设置点或块。被等分的对象可以是直线、圆、圆弧、多段线等。执行 DIVIDE 命令后,单击鼠标左键选择要等分的对象,然后输入线段数目或块,按回车键确认	
等距点	下拉菜单:【绘图】|【点】|【定距等分】 命令行:MEASURE(ME)	MEASURE 命令用于在所选择的对象上用给定的距离设置点。DIVIDE 命令是以给定数目等分所选实体,而 MEASURE 命令则是以指定的距离在所选实体上插入点或块,直到余下部分不足一个间距位置。 　　执行 MEASURE 命令后,单击鼠标左键选择要定距等分的对象,然后指定线段长度或块的数目,按回车键确认。 　　*进行定距等分时,注意选择等分对象时鼠标左键应单击等分的起始位置,单击位置不同,结果可能不同,如右图所示	 (a)单击线段左端  (b)单击线段右端
直线段	下拉菜单:【绘图】|【直线】 命令行:LINE(L) 工具栏: 	执行命令后: 　(1)光标法:用鼠标拾取键在屏幕的合适位置单击,确定起点和终点后便画成一条直线(画垂直或水平线时按 F8,再按 F8 恢复自由方向)。 　(2)相对坐标法,先用光标定一点,然后从键盘上输入相对前一点的坐标即可	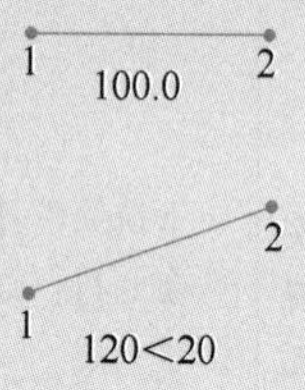 1　100.0　2 1　120<20　2
射线	下拉菜单:【绘图】|【射线】 命令行:RAY 工具栏:	执行 RAY 命令后,按照提示指定射线的起点,然后指定射线通过的某点,按回车键即可,按 ESC 键终止命令	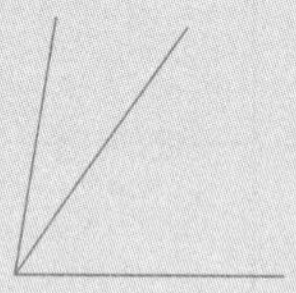
构造线	下拉菜单:【绘图】|【构造线】 命令行:XLINE(XL) 工具栏: 	执行 XLINE 命令后,按照系统提示指定直线通过的两点定义构造线的位置,或通过以下选项定义构造线的位置: 　【水平(H)】创建一条通过指定点的水平参照线; 　【垂直(V)】创建一条通过指定点的垂直参照线; 　【角度(A)】以指定的角度创建一条参照线; 　【二等分(B)】绘制角平分线; 　【偏移(O)】创建平行于另一个对象的构造线	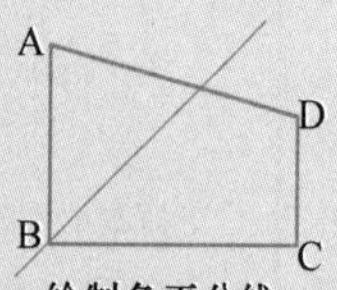 A　D B　C 绘制角平分线 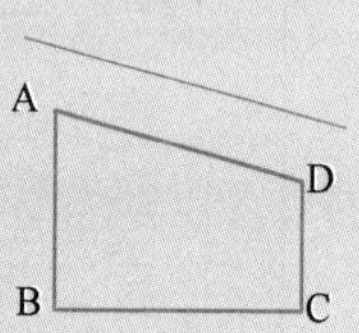 A　D B　C 绘制偏移构造线

续表 12-4

要素	执 行 方 式	操 作 步 骤	图 例
圆	下拉菜单：【绘图】|【圆】 命令行：CIRCLE（C） 工具栏：	执行 CIRCLE 命令后，可用以下三种方式绘制圆： 　（1）【指定圆的圆心】在屏幕上单击鼠标左键或输入圆心坐标值确定圆心位置，然后输入半径值，按回车键确认； 　（2）【三点（3P）】用光标确定圆周上三点来绘制圆； 　（3）【两点（2P）】用光标确定圆的直径的两个端点来绘制圆； 　（4）【切点、切点、半径】通过两条切线和半径绘制圆	
圆弧	下拉菜单：【绘图】|【圆弧】 命令行：ARC（A） 工具栏：	用 AutoCAD 绘制圆弧的方法很多，共有十一种，可根据具体需要进行选择。单击【绘图】|【圆弧】菜单命令，可按其子菜单中描述的绘制圆弧方法进行绘制	
椭圆与椭圆弧	下拉菜单：【绘图】|【椭圆】 命令行：ELLIPSE（EL） 工具栏：	执行 ELLIPSE 命令后，系统将提示：指定椭圆的轴端点或［圆弧（A）/中心点（C）］，按照提示完成椭圆或椭圆弧的绘制。各选项的意义如下： 【指定椭圆的轴端点】以椭圆轴端点绘制椭圆； 【圆弧（A）】画椭圆弧； 【中心点（C）】以椭圆圆心和两轴端点绘制椭圆	
矩形	下拉菜单：【绘图】|【矩形】 命令行：RECTANG（REC） 工具栏：	RECTANG 命令以指定两个对角点的方式绘制矩形，当两个角点形成的边相同时绘制正方形。执行 RECTANG 命令后，用鼠标左键点击屏幕任一位置指定第 1 个角点，然后指定另一个角点后回车即完成了矩形的绘制。在命令执行过程中，还可以参照以下选项［倒角（C）/标高（E）/圆角（F）/厚度（T）/宽度（W）］设置矩形的属性，各选项的含义如下： 【倒角（C）】设定矩形的倒角距离； 【标高（E）】设定矩形在三维空间中的基面高度； 【圆角（F）】设定矩形的圆角半径； 【厚度（T）】设定矩形的厚度，即三维空间中 Z 轴方向的高度； 【宽度（W）】设定矩形的线条粗细	

续表 12-4

要素	执 行 方 式	操 作 步 骤	图 例
正多边形	下拉菜单：【绘图】│【正多边形】 命令行：POLYGON（POL） 工具栏：	POLYGON 命令可以绘制由 3~1024 条边组成的正多边形。执行 POLYGON 命令后，可按以下两种方式完成正多边形绘制： （1）键入正多边形边数，然后键入边长画出正多边形； （2）键入正多边形边数，用光标定出正多边形中心点，然后指定 I（内接于圆）或 C（外切于圆）画出正多边形	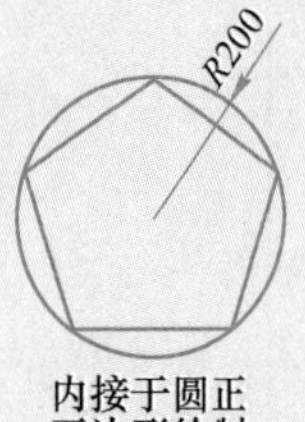 内接于圆正五边形绘制 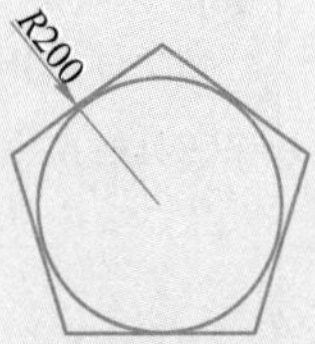 外切于圆正五边形绘制
多线	下拉菜单：【绘图】│【多线】 命令行：MLINE	执行 MLINE 命令，可画出由 1-16 条平行线组成的组合对象，从而提高绘图效率。执行 MLINE 命令后，可指定多线起点并对多线属性进行设置后画出多线图形	 直线封口及不填充
多段线	下拉菜单：【绘图】│【多段线】 命令行：PLINE 工具栏：	多段线是一种由直线段和圆弧组合而成的图形对象，可具有不同的线宽。以图示为例介绍该命令的操作步骤： 执行 PLINE 命令。 1. 用光标定点 1，键入 W 定线宽（起点宽度，2；终点宽度，2），用光标定点 2，画等宽线。 2. 改线宽 W，起点、终点均为 0，用光标定点 3； 3. 画不等宽线，改线宽 W，起点为 3，终点为 0，用光标定点 4； 4. 画不等宽圆弧，键入 A，定线宽 W，起点为 0，终点为 2，用光标定点 5； 5. 画短线，键入 L，定线宽 W，起点、终点均为 0，用光标定点 6； 6. 画不等宽圆弧，定线宽 W，起点为 2，终点为 0，用光标定点 7； 7. 画不等宽线，键入 L，定线宽 W，起点为 0，终点为 3，用光标定点 8； 8. 画细线，定线宽 W，起点、终点均为 0，用光标定点 9	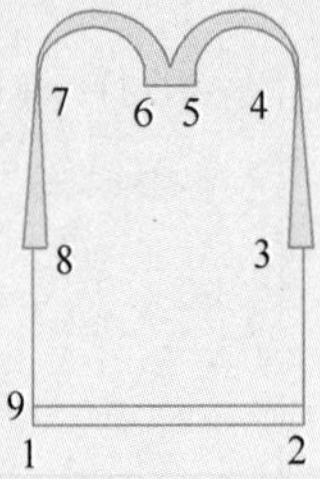 7 6 5 4 8 3 9 1 2

续表 12-4

要素	执 行 方 式	操 作 步 骤	图 例
螺旋	下拉菜单：【绘图】|【螺旋】 命令行：HELIX 工具栏：	执行 HELIX 命令后，单击鼠标左键指定螺旋底面中心点，然后输入螺旋底面和顶面圆的半径或直径来完成螺旋的绘制。指定顶面半径后，命令行显示以下提示信息：指定螺旋高度或［轴端点（A）/圈数（T）/圈高（H）/扭曲（W）］<1.000>： 各选项意义如下： 【轴端点（A）】指定螺旋轴的端点位置，从而定义螺旋轴的长度和方向； 【圈数（T）】指定螺旋的圈数，最高不超过 500，默认值为 3； 【圈高（H）】指定螺旋内一个完整圈的高度； 【扭曲（W）】指定以顺时针（CW）还是逆时针（CCW）方向绘制螺旋	
徒手画	命令行：SKETCH	在 AutoCAD 2020 中，可以徒手绘制对象。执行 SKETCH 命令后，选择【画笔】选项即可进行徒手绘画。在执行命令后，命令行显示以下提示信息：徒手画．画笔（P）/退出（X）/结束（Q）/记录（R）/删除（E）/连接（C），各选项意义如下： 【画笔（P）】提笔和落笔，在用定点设备选取菜单项前必须提笔； 【退出（X）】记录及报告临时徒手画线段数并结束命令； 【结束（Q）】放弃从开始调用 SKETCH 命令或上一次使用【记录】选项时所有临时的徒手画线段并结束命令； 【记录（R）】永久记录临时线段且不改变画笔的位置； 【删除（E）】删除临时线段的所有部分，如果画笔已落下则提起画笔； 【连接（C）】落笔，继续从上次所画的线的端点到画笔的当前位置画线，然后提笔； 【．（句点）】落笔，继续从上次所画的直线的端点到画笔的当前位置绘制一条直线，然后提笔	

要素	执 行 方 式	操 作 步 骤	图 例
修订云线	下拉菜单:【绘图】│【修订云线】 命令行: REVCLOUD 工具栏:	修订云线是由连续圆弧组成的多线段而构成的云线形对象,其主要是作为对象标记使用。执行 REVCLOUD 命令后,在绘图窗口任意拖动光标即可,当起点和终点重合后,即完成了封闭云线的绘制,同时结束 REVCLOUD 命令	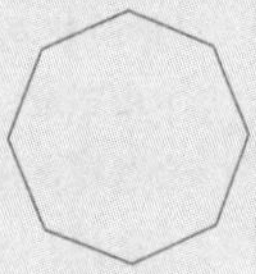 (a) 原始对象 (b) 圆弧方向向内 (c) 圆弧方向向外
文本	下拉菜单:【绘图】│【文字】 命令行: TEXT 工具栏: A	执行 TEXT 命令后,用光标确定文字的起始点,确定字高和转角后键入文字即可	 .1234 〈Start point〉 H=8 .12345678. 〈Align〉 .1234. 〈Fit〉 H=4
表格	下拉菜单:【绘图】│【表格】 命令行: TABLE 工具栏:	执行 TABLE 命令后,打开【插入表格】对话框,在对表格的样式、列和行属性、单元格样式进行设置后按确定键插入表格	

12.3.2.2　图形编辑

在 AutoCAD 中,单纯使用绘图命令或绘图工具只能创建出一些基本图形对象,而要绘制复杂的图形,多数情况下需要借助【修改】菜单中的图形编辑命令。图形编辑是绘图中的一项非常有用的命令,它可以对图像作平移、复制、打断、移动、镜像、圆角、剪切、延伸、文字修改及删除等编辑操作。常用的图形编辑操作及步骤见表 12-5。

选择对象(SELECT)在图形编辑中经常用到,选择对象的方法有很多,其常用的有3 种,一是单点选择,即用光标点在图素上一个一个地选择;二是 W 窗口选择,在执行SELECT 命令后键入 W,可通过指定一个矩形区域来选择对象,当指定了矩形区域的两个对角点时,所有部分均位于这个矩形窗口内的对象将被选中,不在该窗口内或只有部分在该窗口内的对象不被选中;三是 C 交叉窗口选择,在执行 SELECT 命令后键入 C 可选择多个图素,使用该方式时,全部位于窗口之内或者与窗口边界相交的对象即被选中。选中的图素变成虚线以示区别,键入空格键或回车键退出 SELECT。

表 12-5　常用的图形编辑操作一览表

命令	选择项提示	操作步骤	图例
复制	【修改】菜单下复制对象： 下拉菜单：【修改】｜【复制】 命令行：COPY 工具栏： 【编辑】菜单下复制对象： 下拉菜单：【编辑】｜【复制】 命令行：COPYCLIP 快捷键：Ctrl+C 带基点复制： 下拉菜单：【编辑】｜【带基点复制】 命令行：COPYBASE 快捷键：Ctrl+Shift+C 复制链接对象： 下拉菜单：【编辑】｜【复制链接】 命令行：COPYLINK	执行上述命令后，用光标对所需操作对象进行选择，或者采用 W 或 C 窗口对对象进行选择；然后用光标或键入坐标确定位置点，按回车完成图形复制。同一图形需要复制多次时，当选择完图素后键入 M，可连续拷贝多个，用光标点在那里就拷贝到那里。 也可采用快捷菜单对对象进行复制，在绘图区域单击鼠标右键，通过快捷菜单选择所需的复制命令	
镜像	下拉菜单：【修改】｜【镜像】 命令行：MIRROR 工具栏：	执行上述命令后，用户选择要镜像的对象，然后指定镜像线上两个端点，此时会提示是否删除原对象，选择后按回车键完成对图像的镜像操作。在 AutoCAD 中，使用系统变量 MIRRTEXT 可以控制文字对象的镜像方向。如果 MIRRTEXT 的值为 1，则文字对象完全镜像，镜像出来的文字变得不可读；如果 MIRRTEXT 的值为 0，则文字对象不镜像	
偏移	下拉菜单：【修改】｜【偏移】 命令行：OFFSET 工具栏：	可以用两种方式对对象进行偏移： （1）通过点方式 执行 OFFSET 命令后在命令行输入 T，此时大十字光标变成小方形，选择图素后用光标定图素通过的点，则完成对图像的偏移。 （2）输入偏移距离方式 执行 OFFSET 命令后在命令行输入要偏移的距离，此时大十字光标变成小方形，选择图素后用光标确定图素偏移的方向，按下鼠标左键即完成图像的偏移	

命令	选择项提示	操作步骤	图例
阵列	下拉菜单：【修改】|【阵列】 命令行：ARRAY 工具栏：⊞⊞	执行 ARRAY 命令后，打开【阵列】对话框，可在对话框中设置以矩形方式或者环形方式阵列复制对象。 （1）矩形阵列复制 选择图素后键入行数和列数，并设置行间距和列间距，按回车完成图形阵列。 （2）环形阵列复制 选择图素后用光标确定环形阵列中心点（也可以在【阵列】对话框中通过键盘输入确定中心点），并设置需要阵列的项目数和填充角度，按回车完成图形阵列	
移动	下拉菜单：【修改】|【移动】 命令行：MOVE 工具栏：✛	执行命令后，选择要移动的对象，通过鼠标单击或键盘输入的方式给出基点坐标和偏移量，按回车键完成图像的偏移。如果给出基点坐标后直接回车，那么给出的基点坐标值将被视作偏移量，也就是将该点作为原点，然后将图形相对于该点移动由基点设定的偏移量	
旋转	下拉菜单：【修改】|【旋转】 命令行：ROTATE 工具栏：↻	执行命令后，用光标选择要旋转的图素，然后用光标确定图素的旋转基点并输入旋转角度，图素将以基点按旋转角度进行旋转，逆时针方向时角度为正，顺时针方向时角度为负	
修剪	下拉菜单：【修改】|【修剪】 命令行：TRIM 工具栏：-/--	执行命令后，选择剪切边界 1，2 后回车，然后选择切除部分 3，4，5，6 即可	
延伸	下拉菜单：【修改】|【延伸】 命令行：EXTEND 工具栏：--/	该命令可以延长指定的对象与另一对象相交。执行命令后，用光标选择延伸目标图素 1，然后用光标选择延伸图素 2，则图素 2 与图素 1 相交	
打断	下拉菜单：【修改】|【打断】 命令行：BREAK 工具栏：◻	该命令可以部分删除对象或把对象分解成两部分。执行命令后，用光标选择需要打断的对象并将拾取点作为第 1 个断点，然后用光标确定第 2 个断点，则两个断点之间的部分被删除。对圆或多边形拾取点时，以逆时针方向删除。在确定第 2 个断点时，如果在命令行输入@，可以使第 1 和第 2 个断点重合，从而将对象一分为二	

续表 12-5

命令	选择项提示	操 作 步 骤	图 例
倒角	下拉菜单：【修改】|【倒角】 命令行：CHAMFER 工具栏：	执行命令后，用户需要选择进行倒角的两条直线（必须相邻），然后按照当前的倒角大小对这两条直线进行倒角	 修剪 不修剪
圆角	下拉菜单：【修改】|【圆角】 命令行：FILLET 工具栏：	执行命令后，首先键入 R 并输入圆角半径值，然后重新选择命令 FILLET，用光标选择圆角的两个图素后圆角作成。执行该命令时注意以下几点：（1）如果圆角的半径太大，则不能修圆角；（2）对于两条平行线修圆角时，自动将圆角的半径定为两条平行线间距离的一半；（3）如果指定半径为 0，则不产生圆角，只是将两个对象延长相交；（4）如果修圆角的两个对象具有相同的图层、线型和颜色，则圆角对象也与其相同，否则圆角采用当前图层、线型和颜色	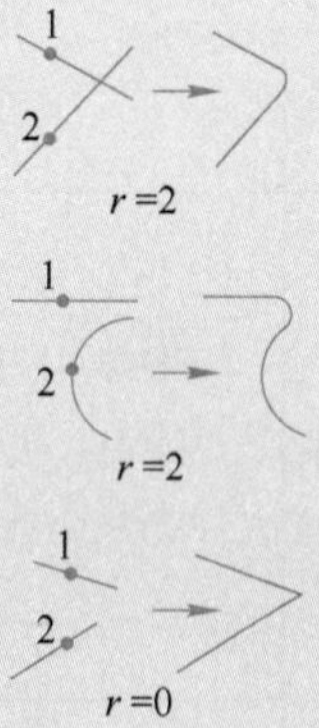 1 2 $r=2$ 1 2 $r=2$ 1 2 $r=0$
剪切	下拉菜单：【编辑】|【剪切】 命令行：CUTCLIP 快捷键：Ctrl+ X	执行上述命令后，按提示对需要操作的对象进行选择，然后按回车键即可；或单击鼠标右键，从打开的快捷菜单中选择【剪切】命令。如图所示，选择剪切边界 1，2 后回车，选择剪切对象 3，4，5，6	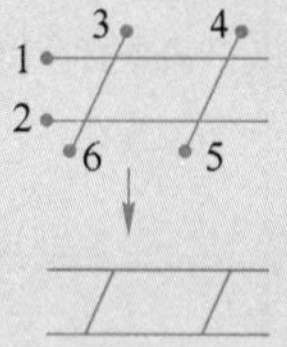 1 3 4 2 6 5
分解	下拉菜单：【修改】|【分解】 命令行：EXPLODE 工具栏：	对于多段线、块、图案填充或尺寸等对象，它们是由多个对象组成的组合对象，如果用户需要对单个成员进行编辑，就需要将它们分解。执行命令后，选择要分解的对象后按下回车键即可分解图形并结束该命令	
粘贴	下拉菜单：【编辑】|【粘贴】 命令行：PASTECLIP 快捷键：CTRL+V 选择性粘贴对象： 下拉菜单：【编辑】|【选择性粘贴】 命令行：PASTESPEC 粘贴为块： 下拉菜单：【编辑】|【粘贴为块】 命令行：PASTEBLOCK 快捷键：Ctrl+Shift+V	执行上述命令后，自动将复制到剪切板的对象粘贴到图形中指定的插入点。 可采用快捷菜单命令完成粘贴操作，在绘图区域内单击鼠标右键，选择粘贴命令并指定插入点后完成相关图素的粘贴	

续表 12-5

命令	选择项提示	操作步骤	图例
删除	下拉菜单：【修改】|【删除】 命令行：ERASE 工具栏：	当选择【删除】命令后，用户需要选择要删除的对象，然后按回车键或空格键结束对象选择，同时删除已选择的对象。如果用户在【选项】对话框中选中【选择集模式】选项组中的【先选择后执行】复选框，那么就可以先选择对象，然后单击【删除】命令将其删除	
缩放	下拉菜单：【修改】|【缩放】 命令行：SCALE 工具栏：	执行命令后先选择缩放对象，然后选择基点，对象将按照指定的比例因子相对于基点进行尺寸缩放。若直接指定缩放的比例因子，对象将根据该比例因子相对于基点缩放，当比例因子大于 0 而小于 1 时缩小对象，当比例因子大于 1 时放大对象。如果选择【参照（R）】选项，对象将按参照的方式进行缩放，需要一次输入参照长度的值和新的长度值，AutoCAD 将根据参照长度与新的长度值自动计算比例因子（比例因子＝新的长度值／参照长度值），然后进行缩放	
拉长	下拉菜单：【修改】|【拉长】 命令行：LENGTHEN 工具栏：	该命令可以修改线段或圆弧的长度。执行命令并选择对象后，系统会提示当前选中对象的长度，此时用户可通过输入圆弧或直线的增量、相对于原长度的百分比、新的总长以及动态改变等方式改变圆弧或直线的长度	
拉伸	下拉菜单：【修改】|【拉伸】 命令行：STRETCH 工具栏：	执行该命令可以移动或拉伸对象，具体操作方式根据图形对象在选择框中的位置决定。执行该命令时，可以使用交叉窗口或者交叉多边形方式选择对象，然后依次指定位移基点和位移矢量，AutoCAD 将移动位于选择框内的对象，而拉伸（或压缩）与选择框边界相交的对象	
图案填充	下拉菜单：【绘图】|【图案填充】 命令行：BHATCH 工具栏：	执行命令后，打开【图案填充和渐变色】对话框，用户可设置图案填充时的图案特性、填充边界、填充方式等，选择需要填充的图素后按确定键即可	

12.3.2.3　视图操作

在 AutoCAD 中，可对屏幕进行局部放大或全图缩小，以便于对图的某部分进行细微的观察或通观全局的情况。此操作不改变原图形的尺寸，常见视图操作见表 12-6。

表 12-6　常见视图操作及操作步骤

视图操作	操 作 命 令	操 作 步 骤
缩放视图	实时缩放 下拉菜单：【视图】|【缩放】|【实时】 命令行：ZOOM 工具栏：🔍 窗口缩放 下拉菜单：【视图】|【缩放】|【窗口】 命令行：ZOOM | W 工具栏：🔍 窗口 按比例缩放 下拉菜单：【视图】|【缩放】|【比例】 命令行：ZOOM | S 工具栏：🔍 范围 重设视图中心点 下拉菜单：【视图】|【缩放】|【中心】 命令行：ZOOM | C 工具栏：🔍 中心	实时缩放：执行命令后，按住鼠标左键，向上拖动鼠标就可放大图形，向下拖动鼠标则缩小图形。可按 ESC 键或回车键来结束实时缩放操作。 窗口缩放：窗口缩放指放大指定矩形窗口中的图形。执行命令后，用鼠标左键确定矩形窗口的两个角点位置，按回车后，AutoCAD 把两个角点确定的矩形窗口区域放大，充满显示屏幕。 按比例缩放：执行命令后，在命令行输入给定的缩放比例，按回车后实现图素的缩放。如果输入的比例值是一个具体的数值，图形将按照比例值实现绝对缩放，即相对于图形的实际尺寸缩放；如果在输入的比例值后加 X，图形相对于当前图形缩放，如输入 0.5X 使屏幕上的每个对象显示为原大小的二分之一；如果在比例值后加 XP，则图形相对于图纸空间单位缩放。 重设视图中心点：执行命令后，用鼠标在屏幕上拾取图形的中心点，按确定后在命令行输入缩放比例或高度数值，按回车键完成。如果在确定后命令行未输入缩放比例或高度，该命令只完成图形的移动；如果输入缩放比例或高度，除完成图形的移动外，还按照相应的比例缩放图形
平移视图	下拉菜单：【视图】|【平移】|【实时】 命令行：PAN 工具栏：🖐	执行命令后，按住鼠标左键并拖动鼠标，使图像位于屏幕适当位置后松开鼠标即可。按 ESC 或回车键结束命令
鸟瞰视图	下拉菜单：【视图】|【鸟瞰视图】 命令行：DSVIEWER	执行命令后会弹出【鸟瞰视图】窗口，它能够实现在一个独立的窗口中显示整个图形的视图，以便快速定位并移动到某个特定区域。在鸟瞰视图窗口中单击鼠标左键，则出现一个矩形平移框，拖动该平移框即可实现图形实时移动；当窗口中出现平移框后单击鼠标左键，平移框左边出现一个小箭头，此时为缩放模式，拖动鼠标即可完成图形的实时缩放，同时改变框的大小；在窗口中再次单击鼠标左键，又切换回平移模式
命名视图	下拉菜单：【视图】|【命名视图】 命令行：VIEW 工具栏：🖼	执行命令后打开【视图管理】对话框，在该对话框中可以完成视图信息查看、新建视图、更新图层、编辑边界等操作

12.3.2.4　其他绘图命令

在 AutoCAD 中，除上述绘图、编辑、视图操作命令外，如点的样式设置、多线样式设置、层的建立、图形块的制作及作图常用的捕捉功能的选取等在绘图过程中也经常用到，其命令及操作步骤见表 12-7。

表 12-7　其他命令

命令	选择项提示	操作步骤及说明
设置点样式	下拉菜单：【格式】│【点样式】 命令行：DDPTYPE	执行命令后，打开【点样式】对话框，在格式列表中选取所需的点样式，在点大小文本框中输入控制点的大小，设置完成后点击确定按钮关闭对话框
定义多线样式	下拉菜单：【格式】│【多线样式】 命令行：MLSTYLE	执行命令后，打开【多线样式】对话框，单击【加载】按钮，打开【加载多线样式】对话框，在其中选择多线样式文件。如果要新建多线样式，可单击【新建】按钮，在打开的【创建多线样式】对话框中【新样式名】文本框中输入多线样式名称，单击【继续】按钮，打开【新建多线样式】对话框并设置多线的颜色、线型、填充和封口特性等，设置完成后单击【保存】按钮将定义的多线样式保存为一个多线文件
文字样式	下拉菜单：【格式】│【文字样式】 命令行：STYLE 工具栏：A	执行命令后，系统自动弹出【文字样式】对话框，在该对话框中设置文字的字体、样式、倾倒、大小等属性，设置完成后单击【应用】按钮即可
创建表格样式	下拉菜单：【格式】│【表格样式】 命令行：TABLESTYLE 工具栏：▦	执行命令后，打开【表格样式】对话框，在【新样式名】文本框中输入样式名并点击【继续】按钮，打开【新建表格样式】对话框，在其中设置表格的基本属性，包括表格方向、单元格样式、文字属性、边框属性等
创建标注样式	下拉菜单：【格式】│【标注样式】或【标注】│【标注样式】 命令行：DIMSTYLE/DDIM 工具栏：⊬	执行命令后，弹出【标注样式管理器】对话框，单击【新建】按钮后，在弹出的【创建新标注样式】对话框【新样式名】文本框中输入样式名；单击【继续】按钮可对新样式进行详细设置，完成设置后单击【确定】按钮即可得到一个新的标注样式

命令	选择项提示		操作步骤及说明
设置图层特性	下拉菜单：【格式】|【图层】 命令行：LAYER 工具栏：▦	状态	显示图层和过滤器的状态，其中当前图层标识为√
		名称	图层的名字，默认状态下按 0、图层 1、图层 2…的编号递增，可根据需要为图层创建一个能够表达其用途的名称
		开关状态	单击【开】列对应的小灯泡图标，可以打开或关闭图层
		冻结/解冻	单击【冻结】列所对应的太阳或雪花图标可以冻结或解冻图层，如果图层被冻结，该层上的图形对象不能够被显示出来
		锁定/解锁	单击【锁定】系列所对应的关闭或打开小锁图标，可以锁定或解锁图形。锁定状态不影响该层上图形对象的显示，不能对锁定图层上的对象进行编辑，但可以应用对象捕捉、极轴追踪及对象捕捉追踪等功能，并可以执行不会修改对象的其他操作
		颜色	单击【颜色】列所对应的各小方形图标可以使用弹出的【选择颜色】对话框来选择图层颜色
		线型	单击【线型】列显示的线型名称，可以使用打开的【选择线型】对话框来选择所需要的线型
		线宽	单击【线宽】列显示的线宽名称，可以使用打开的【线宽】对话框来选择所需要的线宽
		设置当前层	单击【置为当前】按钮或双击某一图层，即将该图层设置为当前层
		建新层	选取 LAYER/NEW 命令一次可建立多个新层，层间用逗号隔开，设置后的层均为打开状态；选取 MAKE 命令只建立一个新层，并以该层为当前层
块	下拉菜单：【绘图】|【块】|【创建】 命令行：BLOCK 工具栏：▱ 	作块	执行 BLOCK 命令后，弹出【块定义】对话框，键入块名后可通过两种方式确定块对象：①用光标选择块的基点或直接在 X、Y、Z 三个文本框中输入点的坐标；②用窗口 W 选择作块图形，选中后呈虚线，回车后确定
		插入块	选择 INSERT 命令，键入公共块名后用光标确定块的插入点，然后输入水平及垂直方向的比例因子和块的旋转角度即可将块插入图形中
捕捉功能	下拉菜单：【工具】|【草图设置】 快捷菜单："对象捕捉"按钮 命令行：DDOSNAP/DSETTING		该功能是在作图时辅助光标准确地找到某点，它能准确地找到圆与圆弧的圆心，直线和弧的端点以及交叉线的交叉点，还可作某图素的垂线、圆与圆弧的切线等。按上述方式打开【草图设置】对话框，并打开其中的【对象捕捉】选项卡，勾选【启用对象捕捉】复选框。AutoCAD 提供了三种对象捕捉的方法，分别可以利用命令、工具栏和快捷菜单实现对象捕捉

12.3.2.5 尺寸标注

图形绘制完毕后就开始标注尺寸，以表示设备安装定位、厂房柱距、跨度以及厂房间距等。一个完整的尺寸标注由尺寸界线、尺寸线、尺寸箭头和尺寸文本4部分组成，如图12-11所示。

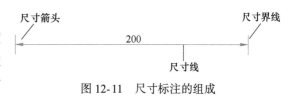

图 12-11　尺寸标注的组成

尺寸文本表明实际测量值，可以使用由 AutoCAD 自动计算出的测量值，并可附加公差、前缀和后缀，也可以自行指定文字或取消文字。

尺寸界线从被标注的对象延伸到尺寸线，为了标注清晰，通常用尺寸界线将尺寸引到实体之外有时也可用实体的轮廓线或中心线代替尺寸界线。

尺寸线表明标注的范围，通常使用箭头来指出尺寸线的起点和端点。

尺寸箭头用来标注尺寸线的两端，表明测量的开始和结束位置，AutoCAD 提供了多种符号可供选择，也可以创建自定义符号。

此外，还为圆和圆弧设置了圆心标记和中心线，中心线标注是圆心标记的延伸。

尺寸标注的类型有很多，AutoCAD 提供了线性标注、对齐标注、弧长标注、坐标标注、半径标注、折弯标注、直径标注、角度标注、快捷标注、基线标注、连续标注、多重引线标注、公差标注、圆心标注等。标注工具栏如图12-12所示；尺寸标注示例见表12-8。

图 12-12　AutoCAD 的标注工具栏

表 12-8　尺寸标注示例

标注类型	图　例	标注类型	图　例
长度标注 Linear	HORIZ HORIZ CONTINUE ALIGNED VERTICAL HORIZ BASELINE BASELINE	角度标注 Angular	45°
		直径标注 Diameter	15
		半径标注 Radius	R15

12.3.3 选矿设计图的绘制方法与技巧

选矿厂设计图也是由不同的图素点、线、圆、弧等所组成，利用 AutoCAD 或其他交互式绘图软件包的功能就能完成选矿设计图的绘制工作。

12.3.3.1 选矿厂设计图的绘制方法

常用的选矿厂设计图绘制方法有人机交互式绘图、积木式绘图和参数化程序绘图3种。

（1）人机交互式绘图方式是目前最常用的方法，选矿厂大部分图纸是用这种方式绘制的。具体操作时，首先确定绘图用 mm 作单位，选择十进制计数法，设置层的颜色和图幅等；然后按照实体的尺寸点菜单绘制；各视图绘制完毕，按照比例放大图框，将图放入图框，调整好各视图的位置，存图，用绘图机绘出图纸。

（2）积木式绘图是把常用的图形及符号绘制成图形模块，绘图时将图形模块调出摆在图面的适当位置，布置好后连接物料流向线即完成一张图。作好的选矿设备图形模块可长期使用。积木式绘图法适宜画选矿工艺设备的形象联系图。

（3）参数化程序绘图是用计算机的高级语言编写绘图程序。在图形程序的设计中，设置以变量参数，在调用程序时，赋予变量参数不同的值，便可生成不同大小的图形，以达到绘制不同尺寸图形的目的。参数化程序绘图适用于图形变化有一定的规律性或变化特性能用数学模型描述的。如带式运输机、不同宽带的卸料漏斗、浮选机泡沫槽等，均可采用程序绘图。程序绘图有效率高、质量好、易于掌握等优点，缺点是编程周期较长。

12.3.3.2 绘图技巧

采用 AutoCAD 绘制选矿厂设计图时，首先遇到的就是怎么找点或定点的问题，常用的解决方法有以下4种：

（1）用相对坐标系画一条临时线，即可发现当前点在哪，用 U 命令去掉临时线，再用相对坐标即可画图；

（2）用捕捉的方式定临时原点，用画线命令后捕捉某点，捕捉后回车，退出画线，捕捉到的点即是临时原点，可以这点开始画图；

（3）用 UCS 命令中的 Origin 定坐标的临时原点，该点坐标为 0.0，0.0；

（4）用 ID 命令查看某点的坐标，已知坐标值即可开始画图。

绘图时，可以采用拷贝、镜像拷贝、对层、对图形块、UCS 坐标系等方法，以提高工作效率。

1）拷贝方法就是对于同形状的图形只绘制一个，其他用拷贝的方法实现。如圆形或方形断面等。

2）镜像拷贝方法就是对于对称的图形，可仅画出 1/2 或 1/4，用镜像拷贝的方法实现全图形。

3）对层的运用就是对于选矿工艺流程图中的数质量流程图、矿浆流程图、取样检测点布置图等，所对应的流程结构是一样的，将其放在不同层上，利用层的开关功能，就可分别显示出不同的流程图绘制结果。另外，不同专业的图也放在不同层上，将土建厂房的图加上工艺设备，就变成工艺设备配置图，用这样的方法绘图可节省很多绘图工作量。

4）对图形块的应用就是先将一些小图形做成模块，在绘制选矿厂设计图时，通过模块调用提高工作效率。例如选矿工艺设备形象图、柱的不规则断面、柱高符号等的绘制。

5）UCS 坐标系的利用就是运用 UCS 用户坐标系，很方便地绘制出倾斜的带式运输机或其他带倾斜的图形。

12.4 选矿厂设计工程数据库管理

12.4.1 Visual FoxPro 9.0 简介

Visual FoxPro 9.0 是 Microsoft 公司推出的 Visual FoxPro 的最新版本。它在以往版本的基础上有了很大的改进，提供了可视化界面的设计方法，支持面向对象的程序设计技术，并且新增了许多 Internet 的功能。同时，作为具备自开发语言的数据库管理系统，Visual FoxPro 9.0 系统是进行中小型数据库应用系统开发的优秀工具。

12.4.1.1 Visual FoxPro 9.0 的数据类型

数据有型和值之分，型是数据的分类，值是数据的具体表示。数据类型一旦被定义，就确定了其存储方式和使用方式。Visual FoxPro 为了使用户建立和使用数据库更加方便，将数据划分为字符型（C 型）、数值型（N 型）、货币型（Y 型）、整型（I 型）、浮点型（F 型）、双精度型（B 型）、逻辑型（L 型）、日期型（D 型）、日期时间型（T 型）、备注型（M 型）和通用型（G 型）11 种类型。

（1）字符型（C 型）数据，是描述不具有计算功能的文字数据，由汉字和 ASCII 码字符集中可打印字符（英文字符、数字字符、空格及其他专用字符）组成，其中一个汉字占两个字节，其他字符为一个字节，其长度范围为 0~254 个字节。

（2）数值型（N 型）数据，是具有计算功能的数据，由数字 0~9、小数点和正负号组成，最大长度为 20 个字节（包括+、-和小数点）。

（3）货币性（Y 型）数据，是为存储货币而使用的一种数据，默认保留 4 位小数点，占据 8 个字节存储空间。

（4）整型（I 型）数据，是不包含小数点部分的数据，以二进制形式存储，占 4 个字节。

（5）浮点型（F 型），是数值型数据的一种，其存储格式为浮点型，以得到更高的计算精度。

（6）双精度型（B 型）数据，只用于表中的字段，并采用固定长度浮点格式存储，占 8 个字节。

（7）逻辑型（L 型）数据，描述客观事物的真假，只有真（T 或 t）和假（F 或 f）两种格式，长度固定为 1 个字节。

（8）日期型（D 型）数据，表示日期，默认格式是（mm/dd/yyyy），固定长度为 8 个字节。

（9）日期时间型（T 型）数据，表示日期和时间，默认格式为（mm/dd/yyyy hh：mm：ss）。

（10）备注型（M 型）数据，用于数据块的存储，只能用于表中字段的定义，长度固定为 4 个字节。

（11）通用型（G 型）数据，用来存储 OLE 对象，长度固定为 4 个字节。

12.4.1.2　Visual FoxPro 9.0 的常量与变量

Visual FoxPro 9.0 的常量是指在数据处理过程中其值不发生变化的量，包括字符型常量、数字型常量、逻辑型常量、日期型常量、日期时间型常量和货币型常量。

（1）字符型常量，是用一对双引号、单引号或方括号作为定界符括起来的、由任意 ASCII 码字符和汉字组成的字符型数据。

（2）数值型常量，又称常数，由数字 0~9、小数点和正负号构成，用来表示一个数量的大小。

（3）逻辑型常量，用来表示逻辑结果"真"或"假"的逻辑值。

（4）日期型常量，定界符为花括号，或括号内包括年、月、日 3 部分内容，各部分用斜杠（/）分隔符分隔。

（5）日期时间型常量，包括日期和时间两部分内容，表达形式为 ｛<日期><时间>｝；<日期>部分与日期型常量类似；<时间>部分的格式为 ［hh ［：mm ［：ss］］ ［a｜p］］，其中 hh、mm 和 ss 分别代表时、分、秒，a 和 p 分别代表上午和下午。

（6）货币型常量，用来表述货币值，其书写格式与数值型常量类似，但要加上一个前置的货币符号 $。

（7）Visual FoxPro 9.0 的变量，是指在数据处理过程中，其值允许随时改变的量，包括简单内存变量、数组变量、字段变量、系统变量、对象变量。

（8）简单内存变量，由字母、汉字、数字或下划线组成，不能以数字开头，长度不超过 128 个字符，用以标识该变量在内存中的存储位置。

（9）数组变量，是一组有顺序排列的带有下标的变量，用于程序中存储成批的参数单元。

（10）字段变量，是数据表中已定义的任意一个字段，其数据类型与该字段定义的类型一致。

（11）系统变量，是系统内部提供的特有变量，以下划线开头，用于控制外部设备、屏幕输出格式，或处理有关计算器、日历、剪切板等方面的信息。

（12）对象变量，是描述具有属性和方法的信息的集合，可通过设计器和 CREATE OBJECT（ ）实现。

12.4.1.3　Visual FoxPro 9.0 的标准函数

函数是针对一些常见问题预先编好的一系列子程序，每一个函数都有特定的数据运算和转换功能，它往往需要若干个参数（即运算对象），但只能有一个运算结果。表 12-9 所示为 Visual FoxPro 9.0 中常用的数值处理、字符处理、数据类型转换等常用的函数功能。

表 12-9　Visual FoxPro 9.0 中常用的函数及功能

函数类型		格　式	功　能
值处理函数	绝对值函数	ABS（<数值表达式>）	返回指定数值表达式的绝对值
	取整数函数	INT（<数值表达式>）	返回指定数值表达式的整数部分
	求平方根函数	SQRT（<数值表达式>）	返回指定数值表达式的平方根，数值表达式不能为负值
	四舍五入函数	ROUND（<数值表达式1>，<数值表达式2>）	返回指定数值表达式在指定位置四舍五入后的结果。<数值表达式2>指明四舍五入的位置，若<数值表达式2>大于等于0，它表示的是要保留的小数位置；若<数值表达式2>小于0，它表示的是整数部分的舍入位数
	求模函数	MOD（<数值表达式1>，<数值表达式2>）	返回两个数值表达式相除后的余数，<数值表达式1>为被除数，<数值表达式2>为除数，模的正负号与除数相同
	求最大值函数	MAX（<数值表达式1>，<数值表达式2>，…）	计算各表达式的值，并返回其中的最大值
	求最小值函数	MIN（<数值表达式1>，<数值表达式2>，…）	计算各表达式的值，并返回其中的最小值
	随机函数	RAND（）	括号内没有参数，返回0~1内的伪随机数
	数值类型函数	SIGN（<数值表达式>）	当数值表达式为正数时，返回值为1；表达式为负数时，返回值为-1；表达式为0时，返回值为0
符处理函数	求字符串长度	LEN（<字符表达式>）	返回指定<字符表达式>所含字符的个数
	大小写转换	LOWER（<字符表达式>） UPPER（<字符表达式>）	LOWER（）将指定表达式值中的大写字母转换成小写字母，其他字符不变；UPPER（）将指定表达式值中的小写字母转换成大写字母，其他字符不变
	空格字符串生成	SPACE（<数值表达式>）	返回由<数值表达式>指定数目的空格组成的字符串
	删除前后空格	TRIM（<字符表达式>） LTRIM（<字符表达式>） ALLTRIM（<字符表达式>）	TRIM（）返回指定<字符表达式>值去掉尾部空格后形成的字符串；LTRIM（）返回指定<字符表达式>值去掉前导空格后形成的字符串；ALLTRIM（）返回指定<字符表达式>值去掉前导和尾部空格后形成的字符串
	左右取字符串	LEFT（<字符表达式>，<长度>） RIGHT（<字符表达式>，<长度>）	LEFT（）从指定表达式值的左端取一个指定长度的字符串；RIGHT（）从指定表达式值的右端取一个指定长度的字符串
	指定位置取字符串	SUBSTR（<字符表达式>，<起始位置>［，<长度>］）	对<字符表达式>从指定的<起始位置>开始截取指定<长度>的字符串
	计算字串出现位置	AT（<字符表达式1>，<字符表达式2>［，<数值表达式>］）	AT（）的函数值为整值型。如果<字符表达式1>是<字符表达式2>的字串，则返回<字符表达式1>的首字母在<字符表达式2>中的位置；若不是字串，则返回0。<数值表达式>用于表明要在<字符表达式2>中搜索<字符表达式1>中第几次出现的位置

函数类型		格　式	功　能
符号处理函数	求子串出现次数	OCCURS（<字符表达式 1>，<字符表达式 2>）	返回第 1 个字符串在第 2 个字符串中出现的次数，函数值为整型；若第 1 个字符串不是第 2 个字符串的字串，函数值为 0
	字串替换	STUFF（<字符表达式 1>，<起始位置>，<长度>，<字符表达式 2>）	用<字符表达式 2>的值替换<字符表达式 1>中由<起始位置>和<长度>指定的一个字串
	字符串替换	CHRTRAN（<字符表达式 1>，<字符表达式 2>，<字符表达式 3>）	当第 1 个字符串中的一个或多个字符与第 2 个字符串中的某个字符相匹配时，就用第 3 个字符串中对应字符（相同位置）替换这些字符
据类型转换函数	数值转换成字符串函数	STR(<数值表达式>[，<长度>[，<小数位数>]])	将数值型数据转换成字符型数据，<长度>给出转换后的字符串长度；若省略<长度>和<小数位数>，将取固定长度 10 位，且只取整数部分作为返回结果；若省略<小数位数>，则只转换整数位，并对第 1 位小数位四舍五入；若指定<小数位数>，则对指定位的下一位四舍五入；若指定的<长度>小于<数值表达式>的整数位，则用一串＊号表示数据溢出
	字符串转化成数值函数	VAL（<字符表达式>）	将字符型数据转化成数值型数据，若<字符表达式>由数字字符和小数点组成，则转化成相应的数值，但只保留两位小数，其余四舍五入；若<字符表达式>由非数字字符开头，则转化成 0.00；若<字符表达式>由数字字符开头且混有非数字字符时，转化到第 1 个非数字字符之前
	字符串转化成日期函数	CTOD（<字符表达式>）	将符合 yy/mm/dd、mm/dd/yy 日期格式的字符串转换为相应日期
	日期转化成字符串函数	DTOC（<日期表达式>）[，1]	将<日期表达式>转化成相应的字符串，不选用 1 时，按 mm/dd/yy 格式转换；选用 1 时，按 yyyymmdd 格式转换
	字符转换成 ASCII 码值函数	ASC（<字符表达式>）	返回<字符表达式>值的首字符的 ASCII 码值
	ASCII 码值转换成字符函数	CHR（<数值表达式>）	返回<数值表达式>值对应的 ASCII 码字符

12.4.1.4　Visual FoxPro 9.0 的运算符和表达式

运算符是表示数据之间运算方式的符号，也称操作符。Visual FoxPro 的运算符有算术运算符、字符串运算符、关系运算符和逻辑运算符 4 种，其运算规则和说明见表 12-10。

表 12-10　Visual FoxPro 常用的运算符及其说明

算术运算符		关系运算符	
（）	用于构成一个表达式，改变操作顺序	<、>、=	小于、大于、等于
－	取负数运算	<>、#、! =	不等于
＊＊或＾	乘方运算	<=	小于等于
＊、／	乘、除运算	>=	大于等于

算术运算符		关系运算符	
%	求模运算（作用同 MOD（）函数）	= =	字符串精确比较
+、-	加、减运算	$	字符串包含测试
字符串运算符		日期时间运算符	
+	前后两个字符串首尾相接 形成一个新的字符串	+	指定日期若干时间后的日期
-	连接前后两个字符串，并将前字符串尾 部空格移到合并后的新字符串尾部	-	指定日期若干时间前的日期 或两个指定的时间差
逻辑运算符			
. NOT.（！）、. AND. 、. OR.		逻辑非、逻辑与、逻辑或	

在表 12-10 中，算术运算符的运算次序按照从上往下依次降低；逻辑运算符优先级顺序为 NOT、AND、OR；其余运算符在同类运算中优先级相同，运算时按照从左至右顺序执行。当表达式中多种运算符同时出现时，各种运算的优先顺序从高到低为算术运算符、字符串运算符、日期时间运算符、关系运算符和逻辑运算符。

表达式是由常量、变量和函数通过特定的运算符连接起来的式子。表达式的形式既包括单一的运算对象，如常量、变量或函数，又包括由运算符将运算对象连接起来形成的式子。无论简单的或复杂的合法表达式，按照规定的运算符经过运算后，最终均得到一个确定的结果，即表达式的值。根据类型，表达式可分为数值表达式、字符表达式、日期表达式和逻辑表达式 4 种，其示例见表 12-11。

表 12-11　常用表达式示例

表　达　式	示　　　例
数值表达式	（1/40-3/35）＊16.4+SQRT（58＊2+20＊＊3）
关系表达式	0.999<1，0.22>-1，＄120>＄100
字符表达式	"Good□"+"□Morning□"
日期时间表达式	{^2005-08-02}＋10，{^2005-08-02}－{^2005-07-10}
逻辑表达式	15>2＊6 AND（"jiao"<"jiang"）OR . T. <. F.

12.4.2　表和数据库

在关系数据库中，一个关系的逻辑结构就是一个二维表格，将一个二维表以文件形式存入计算机中就是一个表文件，简称表。表是组织数据、建立关系的基本元素，其扩展名为 . dbf。然而在现实生活中，大量的数据往往不是单凭一个二维表格就能描述清楚的，常常需要同时使用多个二维表格，这些二维表格之间不是互相独立的，而是存在这样那样的联系。Visual FoxPro 把这些有联系的表组织在一起构成一个数据库，其扩展名为 . dbc。该数据库文件并不在物理上包含任何数据库表或其他数据库对象，只是在其中存储了指向表的路径指针，表或其他数据库对象是独立存放在磁盘上的。在使用数据库时，可以在表一级进行功能扩展，也可以创建存储过程和表之间的永久关系。

12.4.2.1 表的创建与操作

在 Visual FoxPro 9.0 中，表分为"数据库表"和"自由表"两类。属于某一数据库的表称为"数据库表"；不属于任何数据库而存在的表称为"自由表"。两者的绝大多数操作相同且可互相转换。当一个自由表添加到某一数据库时，自由表就成为数据库表。相反，若将数据库表从一个数据库中移出，该数据库表就成为自由表。如果想让多个数据库共享一些信息，则应将这些信息放入自由表。

A 创建表

表是以记录和字段的形式存储数据的，其中的一行叫做一条记录，一列叫做一个字段，每列的标题叫做字段名。每个表可以包含若干条记录；每条记录有若干个字段，各记录的同一字段具有相同的字段名和数据类型；一个字段可以分别存储不同数据类型；记录中每个字段的顺序与存储的数据无关；每条记录在表中的顺序与存储的数据无关。

Visual FoxPro 中创建新表的方法有多种，常用的是利用表设计器创建表结构的方法。具体操作为：在菜单或工具栏中选择"文件"→"新建"命令，或在"常用"工具栏上单击"新建"按钮，将出现图 12-13 所示的"新建"对话框。选择"文件类型"选项区域中的"表"单选按钮，再单击右侧的"新建文件"按钮，弹出"创建"对话框，在"输入表名"下拉列表框中输入表的名称，单击"保存"按钮即可弹出图 12-14 所示的"表设计器"对话框。

图 12-13 "新建"对话框

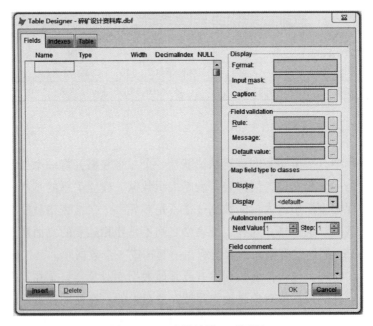

图 12-14 "表设计器"对话框

下面以创建"破碎资料数据表"为例介绍"表设计器"对话框的使用。在对话框上部有"字段""索引""表"3 个选项卡，选中"字段"选项卡，逐行定义各字段的相关参数，包括名称、数据类型、长度、小数位数等，见图 12-15。

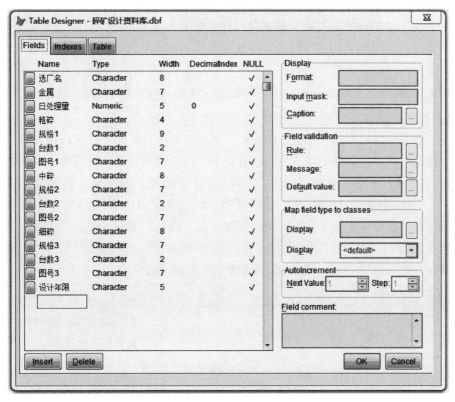

图 12-15 "碎矿资料数据表"中各字段的相关参数

"名称"列左边有一列按钮，其中仅当前字段的左侧按钮上有上下箭头时，按住鼠标左键向上或向下拖动，即可改变字段的次序。要删除一个字段，可选定该字段后单击"删除"按钮；要插入一个字段，可选定某个字段后再单击"插入"按钮，新字段将插入到当前字段之前。单击 NULL 列的按钮，显示"√"表示该字段可接受空值。定义好各个字段后单击"确定"按钮即完成了表结构的定义工作。

表被打开后，选择"显示"菜单下的"浏览"命令，打开表的浏览窗口。表的浏览窗口有"浏览"方式和"编辑"方式两种显示方式，浏览方式以行的形式显示表中信息，而编辑方式则以列的形式分别显示各字段的信息。不管哪种显示方式，均可通过选择"显示"→"追加方式"命令在表的尾部添加新记录。"碎矿资料数据表"中的信息显示见附录Ⅰ。

向表中输入数据时，应注意以下 5 点：

（1）在输入新记录时，当输入内容满一个字段的长度时，光标会自动跳到下一个字段，内容不满一个字段的长度时，可用 Tab 键或 Enter 键将光标移到下一个字段。

（2）对于定义为日期型的字段，输入数据时只需按月份、日期、年份各两位数字输入，其中的分隔符"/"不必输入；输入的年、月、日必须是有效数字，否则系统将提示日期无效。

（3）定义为数值型并具有小数位的字段，在输入数据时若能达到确定的整数位数，可不输入小数点。

（4）定义为逻辑型的字段输入数据时，只需输入 T 或 F 即可，且不分大小写。

（5）备注型字段和通用型字段内容的输入方法不同于其他类型数据的输入，不能在浏览窗口中输入；两种字段的实际内容保存在一个扩展名为 .ftp 的磁盘文件中，由于备注型字段的指针是由 .dbf 指向 .ftp 的，因此要确保 .dbf 和 .ftp 文件永远在一起。

B 数据表的修改及操作

已经创建完并在其中输入了记录的表格，仍可以修改其结构，并可以修改表中每个字段的值，甚至可以添加新的记录或删除已有记录。但是应该注意，在修改表结构之前，必须以独占的方式打开表。选择"文件"→"打开"命令，选定要打开的表，然后选择"显示"→"表设计器"命令打开"表设计器"对话框，并在该对话框中完成字段的插入、删除、属性修改等操作。表中记录的修改可在"浏览"窗口中进行。数据表常用的其他操作命令见表 12-12。

表 12-12　数据表的其他操作命令

命　令	格　式	功　能
复制表结构	COPY STRUCTURE TO <文件名> [FIELDS <字段名表>]	按照当前表的结构复制出一个仅有结构的空数据表
复制表	COPY TO <文件名>[FIELDS]<字段名表> [<范围>] [FOR<条件>] [WHILE<条件>]	按照当前表的结构，将指定范围内满足条件的记录复制成一个新的数据表
记录排序	SORT TO <文件名> ON <字段 1> [，<字段2>，…] [FIELDS <字段名表>] [<范围>] [FOR<条件>] [WHILE<条件>]	对当前表的记录按照指定的字段重新排序，并将排序的结果存入一个新表中
记录分类汇总	TOTAL ON <关键字> TO <文件名> [FIELEDS <数值型字段名表>] [<范围>] [FOR<条件>] [WHILE<条件>]	对当前表中记录按照指定的关键字段分组，并在各个组内计算出执行字段的和，汇总的结果存入一个新表中
统计记录个数	COUNT [<范围>] [FOR<条件>] [WHILE<条件>] [TO <内存变量>]	统计当前表中指定范围内满足条件的记录个数
字段求和	SUM [<表达式表>] [<范围>] [FOR<条件>] [WHILE<条件>] [TO <内存变量> ┃ ARRAY<数组>]	统计数值型字段的和
字段求平均值	AVERAGE [<表达式表>] [<范围>] [FOR<条件>] [WHILE<条件>] [TO <内存变量> ┃ ARRAY<数组>]	统计数值型字段的平均值

12.4.2.2 数据库的建立与操作

数据库是表的集合，它为用户提供了一种全新的操作环境，强化了数据管理功能，它可以将多个互相独立的数据表有机地组织在一起，形成一个数据整体，从而提高数据的一致性和有效性，降低数据的冗余程度。

A 数据库的建立及打开和关闭

要建立一个数据库，首先要确定数据库包含哪些表以及每个表的结构，然后确定表之间的联系。此后，选择"文件"→"新建"命令，或者单击"常用"工具栏上的"新建"按钮，将弹出图 12-13 所示的"新建"对话框；在此对话框中选择"数据库"单选按钮，再单击"新建文件"按钮，弹出"创建"对话框，输入数据库文件名和保存位置，单击"保存"按钮，系统将打开数据库设计器，如图 12-16 所示。新建的数据库文件除了默认扩展名为.dbc 的文件外，还自动产生一个与数据库同名的扩展名为.dct 的文件，用来存储相关数据库的备注信息。

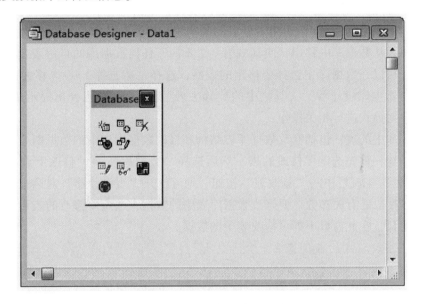

图 12-16 "数据库设计器"窗口

在数据库中建立表或使用数据库中的表时，都必须先打开数据库。选择"文件"→"打开"命令，或者单击"常用"工具栏上的"打开"按钮，弹出打开对话框，在该对话框中选择要打开的数据库文件名，单击"确定"按钮打开数据库。用户可以同时打开多个数据库，但 Visual FoxPro 系统同时只能制定一个数据库为当前数据库，对数据库的操作也只针对当前数据库。数据库文件操作完成后，选择"文件"→"退出"命令即可同时关闭当前已打开的所有数据库。

B 数据库的基本操作

对数据库的操作，就是对数据库中包含的表和视图的操作，主要包括添加、移出、浏览、修改数据库中的表和视图等。

将一个已经建好的自由表添加到某个数据库中，将会使该表自动添加一些新的属性，使其功能变得更强，对该表的一些操作也会变得更加方便、快捷。在操作过程中，打开要添加表的数据库并将其设定为当前数据库，选择"数据库"→"添加表"命令（或用鼠标右键单击"数据库设计器"窗口的空白区域，在弹出的窗口中选择"添加表"命令），在"选择表名"对话框中选定要添加的表，单击"确定"按钮即可将该表添加到当前数据库中。

若需要在数据库中创建新表，可使用"数据库"菜单或"数据库设计器"工具栏新建数据库表来完成，其操作步骤如下：

（1）选择"数据库"→"新建表"命令或用鼠标右击"数据库设计器"窗口的空白区域，在弹出的快捷菜单中选择"新建表"命令，或单击"数据库设计器"工具栏中的"新建表"按钮，可弹出"新建表"对话框；

（2）在"新建表"对话框中单击"新建表"按钮，打开"创建"对话框；

（3）在"创建"对话框中输入要新建表的名称，单击"保存"按钮即可打开新表的"表设计器"对话框，在此对话框中对新表的结构进行设计和操作。

若需要将表从数据库中移出，使其成为一个不属于任何数据库的自由表或将其从磁盘中彻底删除，可以在数据库中选择要移出的表后，选择"数据库"→"移去"命令（或用鼠标单击"数据库设计器"工具栏中的"移去表"命令），即可弹出提示信息对话框，按照提示信息对该表进行相关操作。

修改数据库中的表，包括修改数据库表结构和修改数据库表中的数据两个方面。要修改数据库表结构，首先选定要修改的表，然后选择"数据库"→"修改"命令或者单击"数据库设计器"工具栏中的"修改表"按钮，均可打开"表设计器"对话框，在其中编辑修改表中各字段的有关参数。要修改数据库表中的数据，选定要修改的表后，打开浏览窗口或编辑窗口，在此窗口下即可修改表中的数据。

12.4.2.3 数据库的查询语言

结构化查询语言（structured query language，SQL）是关系型数据库的标准化通用查询语言，几乎所有的关系数据库管理系统都支持它，或者提供 SQL 的接口。SQL 语言包括数据定义、数据操纵、数据查询和数据控制 4 个部分，是一种功能齐全的数据库语言。

数据定义语言的功能是定义数据库的结构，用于定义被存放数据的结构和组织，以及数据项之间的关系，其核心语句有 CREATE、ALTER 和 DROP，相应的格式及功能见表 12-13。

表 12-13　数据定义语言的格式及功能

格　　式	功　　能
CREATE TABLE | DBF<表名 1>	创建表的结构
ALTER TABLE<表名 1>	修改数据表的结构
DROP TABLE<表名>	删除指定的表

在数据库系统中，表的结构确定之后，数据控制语言用于对表进行添加记录、更新记

录和删除记录的操作，常见的命令格式及功能见表 12-14。

表 12-14　数据操纵命令的格式及功能

格　式	功　能
INSERT INTO <表名> [(<字段名 1> [, <字段名 2>, …])]	向指定的数据表末尾添加一条新纪录
UPDATE<表名>SET<字段名 1>=<表达式 1> [, <字段名 2>=<表达式 2>, …] [WHERE<条件表达式>]	对表中的记录进行修改，实现记录数据更新
DELETE FROM<表名> [WHERE<条件表达式>]	从指定的表中根据指定的条件删除记录

　　数据查询，是指从数据库存储的数据中，根据用户的需要提取数据。在 SQL 语言中，查询命令 SELECT 是其核心。SELECT 命令的基本结构是 SELECT…FROM…WHERE…，它包含输出字段、数据来源、查询条件等基本子句。在这种基本格式中，可以省略 WHERE 子句，但 SELECT 和 FROM 是必需的。Visual FoxPro 的 SQL 命令的语法格式是：select <列名1> from <表名> [where <筛选条件 1>] [group by <列名 2> [having <筛选条件 2>]] [order by <列名 3>] [into <存储目标> | to <显示目标>]。

　　这个命令子句很多，选项极其丰富，同时查询条件和嵌套使用也很复杂，各语句的执行顺序为 from 子句→where 子句→group by 子句→having 子句→order by 子句→select 子句→into/to 子句。在该命令中，<select 子句>指定查询结果中要显示的列；<from 子句>指定查询的数据来源；[<where 子句>] 指定查询的筛选条件；[<group by 子句>] 指定查询的分组统计依据；[<having 子句>] 指定分组统计后的筛选条件；[<order by 子句>] 指定查询结果的排序依据；[<into/in 子句>] 指定查询结果的输出位置（表、文件、打印机、VFP 屏幕……）。

12.4.3　结构化程序设计

　　前几节大体介绍了 Visual FoxPro 的交互式操作界面，虽然在界面上可以完成一些数据库管理任务，但在实际开发过程中并不能完全代替程序的功能。程序设计是为完成一个具体任务而编写程序的过程。程序设计的目的就是用灵活方便的数据处理及交互式用户界面替代需要大量时间的重复性人工操作，以降低成本、提高工作效率。

　　在程序的编写和执行过程中，需要用到一系列的命令，Visual FoxPro 中常用的命令见表 12-15。

表 12-15　Visual FoxPro 中常用的命令

命　令	格　式	作　用
清屏命令	CLEAR	清除屏幕上或窗口中显示的内容
注释命令	* | NOTE<注释内容>&&<注释内容>	以 * 或 NOTE 开头的代码行为注释行，一般用于下面一段命令代码的说明。以 && 开头的注释放置在命令行的尾部，可作为对所在行命令的说明。不管是哪一种注释，注释内容一般都不以分号结尾，否则下一行仍将作为注释行

命　令	格　式	作　用
字符串输入命令	ACCEPT［<提示信息>］TO <内存变量>	在屏幕上显示由<提示信息>所规定的提示信息，然后等待用户从键盘上输入数据，并将其赋予内存变量。ACCEPT 只接受字符型数据，输入的字符型数据不必用引号括起来。如果<提示信息>所规定的提示信息为字符型常量，则必须使用单引号、双引号或方括号括起来
表达式输入命令	INPUT［<提示信息>］TO <内存变量>	将从键盘输入的数据赋值给内存变量。INPUT 命令可接受任何类型的数据，同时内存变量的类型取决于输入数据的类型
单字符输入命令	WAIT［<提示信息>］TO<内存变量>［WINDOWS］	等待用户输入，只要用户按下键盘上的任意一个键或按鼠标键，立即执行下一条命令；若省略"提示信息"选项，则显示"按任意键继续…"；若给出 WINDOWS 选项，将在屏幕右上角出现一个系统信息窗口，在其中显示提示信息
输出命令	？│?? <表达式表>	计算表达式的值并将其显示在屏幕上；? 表示从屏幕下一行的第 1 列显示结果，?? 表示从当前行的当前列显示结果；<表达式表>若为多个表达式，需要用逗号隔开
返回命令 终止程序运行命令	RETURN	结束一个程序的执行，并使控制返回调用程序或交互状态
	CANCEL	终止命令文件的运行，并关闭所有打开的文件（清除内存变量），返回命令窗口
退出命令	QUIT	退出 Visual FoxPro，不会造成数据丢失，同时还可删除磁盘中的临时文件

12.4.3.1　程序文件的建立与修改和运行

在 Visual FoxPro 中将一系列的命令有机地结合在一起，以文件的形式存放在磁盘中，该文件被称为程序文件或命令文件，其扩展名为 .prg。Visual FoxPro 的应用程序是一个文本文件，他的建立和编辑可以使用 Visual FoxPro 系统提供的编辑器，也可以使用其他常用的文本编辑软件。Visual FoxPro 应用程序的建立、编辑、保存和运行都有菜单方式和命令方式两种形式。

A　程序文件的建立与修改

采用菜单方式建立程序文件的操作是：选择"文件"→"新建"命令或单击工具栏上的"新建"按钮，在弹出的"新建"对话框中选中"程序"文件类型，然后单击"新建文件"按钮即可打开程序编辑器窗口，在其中逐条输入命令并按 Enter 键换行。在程序编辑窗口内也可以编辑修改命令。

采用命令方式建立程序文件的操作是：在命令窗口中输入 MODIFY COMMAND［<文件名>］，可打开程序编辑窗口，从而完成命令文件的建立和修改。

B 程序文件的保存

当程序文件在编辑窗口输入、编辑完成后，应保存程序以备使用。保存程序可以选择"文件"→"保存"或者"另存为"命令，在弹出的"另存为"对话框中确定程序的保存目录、文件名和扩展名，然后单击"保存"按钮；也可以使用组合键 Ctrl+W，在弹出的"另存为"对话框中确定程序的保存目录、文件名和扩展名，然后单击"保存"按钮。

C 程序文件的运行

程序在执行之前，必须经过编译操作，未经编译的程序称为源程序，其运行可以选择"程序"→"运行"命令，在弹出的"运行"对话框内找到要执行的程序文件，单击"运行"按钮；或先打开源程序文件，然后单击工具栏上的"!"图标或按 Ctrl+E 组合键完成运行指令；也可以在命令窗口输入"DO<文件名>"来运行指定的程序文件。

12.4.3.2 常用的程序结构及其格式和功能

Visual FoxPro 具有结构化程序设计的基本逻辑结构，它由顺序结构、循环结构和分支结构组成，如图 12-17 所示。

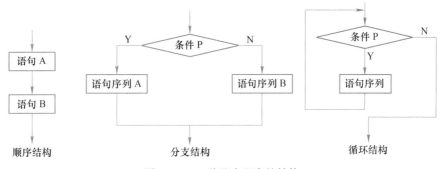

图 12-17 3 种基本程序的结构

顺序结构按指令的书写顺序依次执行；分支结构根据指定条件的当前值在两条或多条路径中选择一条执行；循环结构则由指定条件的当前值来控制循环体中的语句序列是否需要重复执行。常用的程序结构包括单分支结构、双分支结构、IF 语句嵌套、多分支结构、当型循环、步长型循环和数据表扫描型循环。

单分支结构程序的格式为：

IF<条件表达式>［THEN］

<命令序列>

ENDIF

其功能是先计算条件表达式的逻辑值，若为真值，则执行"命令序列"；若为假值，则执行 ENDIF 后面的语句。

双分支结构程序的格式为：

IF<条件表达式>［THEN］

<命令序列 1>

ELSE

<命令序列 2>

ENDIF

其功能是首先判断条件表达式的逻辑值，若为真值，则执行<命令序列 1>，否则执行<命令序列 2>，然后转到 ENDIF 后面的语句继续执行。

IF 语句嵌套程序的格式为：

IF<条件表达式 1>

<命令序列 1>

ELSE

IF<条件表达式 2>

<命令序列 2>

ELSE

IF<条件表达式 3>

<命令序列 3>

ENDIF

ENDIF

ENDIF

其功能是依次判断条件表达式的取值，若某个条件表达式的取值为真，则执行相应的命令序列，然后退出其嵌套程序。

多分支结构程序的格式为：

DO CASE

CASE<条件表达式 1>

<命令序列 1>

CASE<条件表达式 2>

<命令序列 2>

CASE<条件表达式 n>

<命令序列 n>

[OTHERWISE

<命令序列 n+1>]

ENDCASE

其功能是依次判断条件表达式的值是否为真，若某个表达式的值为真，则执行该 CASE 段的命令序列，然后执行 ENDCASE 后面的语句；在逻辑表达式的值均为假的情况下，若有 OTHERWISE 子句，就执行<命令序列 n+1>，然后结束多分支语句；否则，直接结束多分支语句。

当型循环程序的格式为：

DO WHILE <条件表达式>

<命令序列>

［LOOP］

［EXIT］

ENDDO

其功能是若 DO WHILE 子句的循环条件（条件表达式）为假，循环就此结束，然后执行 ENDDO 字句后面的语句；若循环条件为真，则执行循环体；当遇到 ENDDO 子句时，就自动返回到 DO WHILE 子句重新判断循环条件是否成立，以确定是否继续执行循环；EXIT 子句是退出循环语句，可出现在循环体中的任何位置；当执行 EXIT 子句时，跳出循环去执行 ENDO 后面的语句，EXIT 通常包含在分支语句中，当条件得到满足时便跳出循环；LOOP 子句的功能是转回到循环的开始处，重新对循环条件进行判断，它可出现在循环体的任意位置，多包含在分支语句中；在具有多重 DO WHILE …ENDO 嵌套的程序中，LOOP 只返回到其所在的同层循环的 DO WHILE 语句。

步长型循环程序的格式为：

FOR <循环变量>=<初值> TO <终值>［STEP <步长值>］

<命令序列>

［LOOP］

［EXIT］

ENDFOR

其功能是当循环变量的取值在初值和终值的范围内时，执行循环体内的各语句，每执行一次循环，循环控制变量的值自动加上步长值。当循环变量的值仍在规定范围内时，则继续执行循环体，否则结束循环，执行循环终止语句下面的语句；当步长值为 1 时，STEP 子句可以省略。

数据表扫描型循环程序的格式为：

SCAN［范围］［FOR<条件表达式>］

<命令序列>

［LOOP］

［EXIT］

ENDSCAN

其功能是在当前选定的表中移动记录指针，并对每一个满足条件的记录，执行一次循环体。

12.5 BIM 技术简介

12.5.1 BIM 的含义

BIM 是建筑信息模型（building information modeling）的简称。BIM 以三维数字技术为

基础，创建、管理建筑信息过程，通过一个或多个建筑信息数据库对整个建设项目进行模型化，是包含各种信息的、参数化的模型。它具有可视化、协调性、模拟性、优化性和可出图性等特点。

　　BIM 技术可以为建设单位、设计单位、施工单位等各方人员构建一个可视化的数字建筑模型，为项目的决策、设计、招投标、施工与竣工提供一个管理协作平台，使整个建设项目在各个阶段都能够实现有效管理。建筑信息模型是完全数字化的，在其使用过程的不同阶段中，可以随时修改添加模型的各种工程信息，以满足项目的各种需求。

12.5.2　BIM 技术的应用

12.5.2.1　碰撞检查

　　BIM 最直观的功能是三维可视化。在三维模型中进行碰撞检查，直观地解决空间关系冲突，优化工程设计，减少施工阶段可能出现的错误和返工，并优化厂房空间、设备及管道布置。

12.5.2.2　施工模拟

　　施工模拟是一种基于建筑信息模型（BIM）的虚拟工程实施技术。它可以在工程施工前对施工工序进行三维虚拟实施，模拟预计的施工顺序、资源的分配与使用，发生的潜在安全风险及其他相关信息，以及这些实施活动如何影响建筑物的几何结构与功能效能。该技术的最大优点在于可以通过模拟各个施工工序的运行情况，提升施工质量、降低施工成本、加快施工进度。

12.5.2.3　三维渲染

　　三维渲染动画的宣传和展示，可以通过虚拟现实给客户一种真实感和直接的视觉冲击力。所构建的 BIM 模型可以用作二次渲染开发的模型基础，从而大大提高了三维渲染效果的准确性和效率，为建设单位提供了更直观的宣传和介绍。

12.5.2.4　数据共享

　　因为建筑施工过程的数据对后面几十年的运营管理都是最有价值的，可以把模拟的模型及数据共享给运营、维护方。借助于 BIM 施工管理信息交流平台，可以使业主、管理公司、施工单位、施工班组等众多单位在同一个平台上实现数据共享，使沟通更为便捷，协作更为紧密，管理更为有效。

12.5.3　BIM 设计软件

　　BIM 设计的软件较多，在选矿厂设计中常用的是 OpenPlant 和 Navisworks。

　　OpenPlant 是 Bentley 平台的一款系列化的三维工厂设计软件，它可以精确、快捷地进行设备、暖通、电气、管道、结构等专业的建模设计及出图，能够为用户提供灵活的工厂设计解决方案。目前在冶金行业使用最广泛的 OpenPlant 软件有三种，在设计阶段，使用 OpenPlant Modeler 软件进行建模、碰撞检查及材料统计；出图阶段，使用 OpenPlant

Isometrics Manager 出管道制造图，OpenPlant Orthographics Manager 出管道及车间布置图。

Navisworks 是由 Autodesk 公司开发的一系列项目审核软件，主要用于与项目相关人员共同整合、共享和审核 3D 模型及多格式数据，在施工开始前先模拟与优化明细表、发现与协调冲突和干涉，与项目团队协同合作，并且了解潜在问题。Autodesk Navisworks 软件系列包括 Autodesk Navisworks Manage、Autodesk Navisworks Simulate 和 Autodesk Navisworks Freedom 三款产品。Autodesk Navisworks Manage 软件是设计和施工管理专业人员使用的一款全面审阅软件；Autodesk Navisworks Simulate 软件能够精确地再现设计意图，制定准确的四维施工进度表，超前实现施工项目的可视化；Autodesk Navisworks Freedom 软件是免费的 Autodesk Navisworks NWD 文件与三维 DWF 格式文件的浏览器。

附录 1　碎矿资料数据

选矿厂	金属	日处理量	粗碎	规格 1	台数 1	图号 1	中碎	规格 2	台数 2	图号 2	细碎	规格 3	台数 3	图号 3	设计年份
第 1 选厂	Ni，Cu	1200	颚式	600×900	1	2353-11	标准	PYB1200	1	2354-6	短头	PYD900	3	2354-8	1963
第 2 选厂	Mo	6600	颚式	1500×2100	1	2131-2	标准	PYB2200	1	2131-3	短头	PYD2200	3	2133-3	1966
第 3 选厂	Mo	15000	旋回	1200	1	2286-2	标准	PYB2200	3	2286-3	短头	PYD2200	6	2286-5	1972
第 4 选厂	Au	100	颚式	250×400	1	5302-1	—	—	—	—	细碎颚式	150×750	1	5302-2	1983
第 5 选厂	Au	300	颚式	400×600	1	7502-22	—	—	—	—	中型	PYZ900	1	7502-32	1987
第 6 选厂	Au	500	颚式	400×600	1	2802-3	—	—	—	—	中型	PYZ1200	1	2802-10	1975
第 7 选厂	Pb，Zn	250	颚式	400×600	1	2802-2	—	—	—	—	中型	PYZ900	1	2008-11	1966
第 8 选厂	Cu，S，Fe	3500	—	—	—	—	单缸液压	PYY1650	1	2042-7	单缸液压	PYY1650	2	2042-17	1978
第 9 选厂	Ni，Fe	2340	颚式	600×900	2	2101-6	标准	PYB1750	1	2012-5	短头	PYD1750	2	2102-6	1972
第 10 选厂	Cu，Ni，S	1500	颚式	600×900	1	2316-2	标准	PYB1200	2	2351-2	短头	PYD1650	1	2316-18	1974

附录Ⅱ 主要设备技术性能

附表Ⅱ-1 颚式破碎机技术参数

类型	型号和规格	进料口（长×宽）/mm×mm	最大给矿粒度/mm	处理量/t·h⁻¹	排矿口调节范围/mm	主轴转速/r·min⁻¹	传动电机 型号	传动电机 功率/kW	传动电机 电压/V	最重件质量/t	外形尺寸（长×宽×高）/mm×mm×mm	质量/t
复摆	PE150×250	250×150	125	1~3	10~40	300		5.5	380		865×745×935	1.10
	PE200×350	350×200	160	2~5	10~50	285		7.5	380		1080×1060×1090	1.60
	PE250×400	400×250	210	5~20	20~80	300		17	380	1.288	1100×1090×1409	2.50
	PE400×600	600×400	350	25~64	40~100	260		30	380	2.97	1700×1742×1530	6.30
	PE600×900	900×600	500	56~192	75~200	250		75	380	7.55	2575×3723×2375	16.08
	PE900×1200	1200×900	750	250~300	135±25	225		110	380	20.86	5000×4471×3280	44.13
复摆（细碎型）	PEX150×750	750×150	120	8~35	10~40	300	Y180L-6	15	380		1215×1521×1031	3.50
	PEX250×600	600×250	210	7~22	10~40		Y200L2-6	22	380		1350×1777×1533	5.23
	PEX250×750	750×250	210	13~35	15~50		Y225M-6	30	380		1400×1751×1565	6.01
	PEX250×1200	1200×250	210	40~85	20~50	300		60	380		2380×1920×1800	13.22
简摆	PJ900×1200	1200×900	750	180~270	100~180	180		110	380	27	4754×4768×3221	55.383
	PJ1200×1500	1500×1200	1000	420~550	150±40	160		160	6000	32	6273×4580×3745	110.380
	PJ1500×2100	2100×1500	1300	760~920	180±445	120		250	6000	45	7390×5790×4460	187.65

附表Ⅱ-2　旋回破碎机技术参数

类型	型号及规格	进料口宽度/mm	最大给矿粒度/mm	处理量/t·h⁻¹	动锥转数/r·min⁻¹	排矿口调节范围/mm	动锥直径/mm	传动电动机 型号	传动电动机 功率/kW	传动电动机 电压/V	动锥最大提升高度/mm	最重件质量/t	外形尺寸（长×宽×高）/mm×mm×mm	质量①/t
普通型	PX-500/75	500	400	170		75			130	380	140	6.85	3020×2030×3500	43.5
	PX-900/150	900	750	500		150			180	380	140	24.3	6500×3306×5500	143.6
液压重型	PXZ-500/60	500	420	140~170	160	60~75	1200		130	380	160	8.7		44.1
	PXZ-700/100	700	580	310~400	140	100~130	1400		155/145	380/3000	180	21	3400×3400×4315	91.9
	PXZ-900/90	900	750	380~510		90			210	380	200	34	4060×4060×5130	141
	PXZ-900/130	900	750	625~770	125	130~160	1650		210	380	200	34	4060×4060×5130	141
	PXZ-900/170	900	750	815~910	125	170~190	1650		210	380	200	34	4060×4060×5130	141
	PXZ-1200/160	1200	1000	1250~1480	110	160~190	2000		310	6000	220	70	4670×4670×6255	228.2
	PXZ-1200/210	1200	1000	1640~1800	110	210~230	2000		310	6000	220	70	4670×4670×6255	228.2
	PXZ-1400/170	1400	1200	1750~2060	105	170~200	2200		430/400	3000/6000	240	93	5360×5360×8710	314.5
	PXZ-1400/220	1400	1200	2160~2370	105	220~240	2200		430/400	3000/6000	240	93	5360×5360×8710	305
	PXZ-1600/180	1600	1350	2400~2800	100	180~210	2500		620/700	3000/6000	260	170	6200×6200×10000	481
	PXZ-1600/230	1600	1350	2800~2950	100	230~250	2500		620/700	3000/6000	260	170	6200×6200×10000	481
液压轻型	PXQ-700/100	700	580	200~240	160	100~120	1200		130	380	160	9.5	2740×2740×3685	45
	PXQ-900/130	900	750	350~400	140	130~150	1400		145/155	3000/380	180	20	4935×3510×4935	87
	PXQ-1200/150	1200	1000	600~680	125	150~170	1650		210	380	200	38	4530×4530×6000	145

注：型号及规格项中，P—破碎机；X—旋回；Z—重型；Q—轻型。

① 包括电动机。

附表Ⅱ-3　圆锥破碎机技术参数

类型		型号及规格	进料口宽度/mm	最大给矿粒度/mm	排矿口调节范围/mm	处理量/t·h⁻¹	传动电动机			动锥最大提升高度/mm	动锥直径/mm	最重件质量/t
							型号	功率/kW	电压/V			
单缸液压	标准	PYY900/135	135	115	15~40	40~100		55	380	60	900	2.2
		PYY1200/190	190	160	20~45	90~200	JS125-8	95	380	100	1200	5.08
		PYY1650/285	285	240	25~50	210~425	JS137-10	155	380	140	1650	9.25
		PYY2200/350	350	300	30~60	450~900	JSQ1510-12	280	6000	200	2200	21.85
	中型	PYY900/75	75	65	6~20	17~55		55	380	60	900	2.2
		PYY1200/150	150	130	9~25	45~120	JS125-8	95	380	100	1200	5.08
		PYY1650/230	230	195	13~30	120~280	JS137-10	155	380	140	1650	9.25
		PYY2200/290	290	230	15~35	250~580	JSQ1510-12	280	6000	200	2200	21.85
	短头	PYY900/60	60	50	4~12	15~50		55	380	60	900	2.2
		PYY1200/80	80	70	5~13	40~100	JS125-8	95	380	100	1200	5.08
		PYY1650/100	100	85	7~14	100~200	JS137-10	155	380	140	1650	9.25
		PYY2200/130	130	110	8~15	200~380	JSQ1510-12	280	6000	200	2200	21.85
弹簧	标准	PYB-600	75	65	12~35	40		30	380		600	1.06
		PYB-900	135	115	15~50	50~90		55	380		900	2.9
		PYB-1200	170	145	20~50	100~168	JS126-8	110	380		1200	5
		PYB-1750	250	215	25~60	280~430	JS128-8	155	380		1750	10.83
		PYB-2200	350	300	30~60	590~1000	JS1510-12/158-12	280/260	6000/3000		2200	18.512
	中型	PYZ-900	70	60	5~20	20~65		55	380		900	2.9
		PYZ-1200	115	100	8~25	42~135	JS126-8	110	380		1200	5
		PYZ-1750	215	185	10~30	115~320	JS128-8	155	380		1750	10.83
		PYZ-2200	275	230	10~30	200~580	JS1510-12/158-12	280/260	6000/3000		2200	18.512
	短头	PYD-600	40	36	3~13	12~23		30	380		600	1.06
		PYD-900	50	40	3~13	15~50		55	380		900	2.9
		PYD-1200	60	50	3~15	18~105	JS126-8	110	380		1200	5
		PYD-1750	100	85	5~15	75~230	JS126-8	155	380		1750	10.83
		PYD-2200	130	100	5~15	120~340	JSQ1510-12/158-12	280/260	6000/3000		2200	18.512

注：在型号及规格项中，P—破碎机；第1个Y—圆锥；第2个Y—液压；B—标准；Z—中型；D—短头。

附表 II-4 辊式破碎机技术参数

类型	型号及规格	最大给矿粒度/mm	排料粒度/mm	处理量/t·h⁻¹	辊子转数/r·min⁻¹	传动电动机			外形尺寸(长×宽×高)/mm×mm×mm	质量(不包括电动机)/t
						型号	功率/kW	电压/V		
双光辊	2PG-300φ300×300	20	0~6.5		60		2.2	380	900×1020×762	0.543
	2PG-400φ400×250	20~32	2~8	5~10	200		11	380	1430×1463×816	1.3
	2PG-600φ600×400	36~78	2~9	4~15	120		2×11	380	1785×2365×1414	2.55
	2PG-750φ750×500	40	2	3.4	50		30	380	3889×2865×1145	9.162
双齿辊	2PGC-450φ450×500	200	0~100	20~55	64		8/11	380	2260×2260×766	3.765
	2PGC-600φ600×750	600	0~125	60~125	50		20/22	380	2780×3165×1392	6.712
	2PGC-900φ900×900	800	0~125	125~180	37.5		30	380	4200×3205×1895	13.27
沟槽	2PG-1830φ1830×915	360	50	550	50	JS117-10	65	380	5310×2690×2855	84.645

注: P—破碎机; G—辊式; C—齿辊。

附表 II-5 锤式破碎机技术参数

类型	型号及规格	进料口(长×宽)/mm×mm	最大给矿粒度/mm	排料粒度/mm	处理量/t·h⁻¹	辊子转数/r·min⁻¹	锤头数量	最重件/t	传动电动机			外形尺寸(长×宽×高)/mm×mm	质量/t
									型号	功率/kW	电压/V		
可逆式	PC-41φ400×175	270×145	50	3~0	0.5(煤)	960	16			5.5	380	1027×763×1310	0.4
	PC-64φ600×400	450×295	50	13~0	8~10	1000	20			17	380	1055×1020×1122	1.21
	PC-86φ800×600	570×350	200	10~0	18~24	970	36			55	380	1495×1698×1020	2.5
	PC-108φ1000×800	580×850	200	13~0	30~90	975	48			115	380	3633×1840×1515	5.35
	PCK-1010φ1000×1000	1000×300	80	3~0	100~150(煤)	980	51	3.224	JS138-6/JS137-6	280/280	3000/380	3800×2500×1800	13
	PCK-1212φ1250×1250		80	3~0	150~200(煤)	740	6排	3.998	JS157-8/JS1410-8	320	6000	4600×2700×2100	18
	PCK-1413φ1430×1300		80	3~0	200(煤)	735	6排	6.384	JS158-8/JS147-8	370/380	3000/6000	2470×2450×1900	19.74

附表 II-6　反击式破碎机技术参数

类型	型号及规格	进料口（长×宽）/mm×mm	最大给矿粒度/mm	排料粒度/mm	处理量/t·h⁻¹	转子转数/r·min⁻¹	传动电动机 型号	功率/kW	电压/V	最重件/t	外形尺寸（长×宽×高）/mm×mm×mm	主机质量/t
单转子	PF-54φ500×400	430×300	100	20~0	4~10	960		7.5	380	0.792	1305×996×1010	1.35
	PF-107φ1000×700	670×400	250	30~0	15~30	680		37	380	1.526	2170×2650×1850	5.54
	PF-1210φ1250×1000	1020×530	250	50~0	40~80	475		95	380	3.794	3357×2255×2460	15.25
	PF-1416φ1400×1600	1660×1080				545		155	380	7.709	3660×5506.5×3450	35.473
	PF-1614φ1600×1400	1400×980				223/326/456		155	380	16.633	3885×5231.5×3020	35.631
双转子	2PF-1212φ1250×1250	1320×1000	850	20	80~150	565/765	JS127-8/JS126-6	130/155	380	8.429	5514×5290×5000	58
	2PF-1416φ1400×1600	1660×1020				545		2×155	380	10.683	6480×5506.5×5070	54.098
	2PF-1820φ2000×2000	2070×1040				438		2×280	380	5.867	8410×7350×5510	82.998

注：P—破碎机；F—反击式。

附表 II-7　筛分机技术参数

类型	型号及规格	工作面积/m²	筛网层数	最大给料粒度/mm	处理量/t·h⁻¹	筛孔尺寸/mm	双振幅/mm	振次/次·min⁻¹	筛面倾角/(°)	电动机 型号	功率/kW	外形尺寸（长×宽×高）/mm×mm×mm	质量/t
圆振动筛	YA1236	4	1	200	80~240	6~50	9.5	845	20	Y160M-4	11	3757×2386×2419	4.890
	2YA1236	4	2	200	80~240	6~50	9.5	845		Y160M-4	11	3757×2386×2419	5.184
	YA1530	4	1	200	80~240	6~50	9.5	845		Y160M-4	11	3184×2691×2419	4.480
	YA1536	5	1	200	100~350	6~50	9.5	845		Y160M-4	11	3757×2691×2419	5.092
	2YA1536	5.6	2	400	100~350	6~50	9.5	845		Y160L-4	15	3757×2670×2419	5.588
	YAH1536	5	1	400	160~650	30~150	9.5	755		Y160M-4	11	3757×2714×2437	5.461
	2YAH1536	5.6	2	400	160~650	30~200/6~50	11	755		Y160L-4	15	3757×2670×2437	5.919
	YAH1542	5.5	1	200	110~385	6~50	9.5	845		Y160M-4	11	4331×2691×2655	5.308
	2YAH1542	5.5	2	200	110~385	30~150	9.5	845		Y160L-4	15	4331×2691×2655	6.086
	YA1548	6	1	200	120~420	6~50	9.5	845		Y160L-4	15	4904×2713×2854	5.918

续附表 II-7

类型	型号及规格	工作面积/m²	筛网层数	最大给料粒度/mm	处理量/t·h⁻¹	筛孔尺寸/mm	双振幅/mm	振次次·min⁻¹	筛面倾角/(°)	电动机 型号	电动机 功率/kW	外形尺寸（长×宽×高）/mm×mm×mm	质量/t
圆振动筛	2YA1548	6	2	200	120~420	6~50	9.5	845		Y160L-4	15	4904×2713×2854	6.321
	YAH1548	6	1	400	200~780	30~150	11	755		Y160L-4	15	4904×2736×2922	6.650
	2YAH1548	6	2	400	200~780	30~150	11	755		Y160L-4	15	4904×2736×2922	7.317
	YA1836	7	1	200	140~220	3~50	9.5	845		Y160M-4	11	3757×2995×2419	5.205
	2YA1836	7	2	200	140~220	3~50	9.5	845		Y160L-4	15	3757×3018×2419	5.713
	YAH1836	7	1	400	220~910	30~150	11	755		Y160M-4	11	3757×3019×2437	5.700
	2YAH1836	7	2	400	220~900	30~200(上)/5~50(下)	11	755	20	Y160L-4	15	3750×3020×2437	6.198
	YA1842	7	1	200	140~490	6~150	9.5	845		Y160L-4	15	4331×2996×2655	5.829
	2YA1842	7	2	200	140~490	6~150	9.5	845		Y160L-4	15	4331×3018×2655	6.170
	YAH1842	7	1	400	450~800	30~150	11	755		Y160L-4	15	4331×3041×2685	6.215
	2YAH1842	7	2	400	450~800	30~150	11	755		Y160L-4	15	4331×3041×2685	7.037
	YA1848	7.5	1	200	150~525	6~50	9.5	845		Y160L-4	15	4904×3018×2828	6.227
	2YA1848	7.5	2	200	150~525	6~50	9.5	845		Y160L-4	15	4904×3018×2828	6.945
	YAH1848	7.5	1	0~150	250~1000	30~150	11	755			13	4702×2550×2880	6.014
	2YAH1848	7.5	2	400	250~1000	30~150	11	755		Y160L-4	15	4904×3051×2922	7.636
	YA2148	9	1	210	180~630	6~50	9.5	748		Y180M-4	18.5	4945×3444×3522	9.287
	2YA2148	9	2	210	180~630	6~50	9.5	748		Y180L-4	22	4945×3441×3522	10.532
	YAH2148	10.4	1	400	270~1200	13~200	11	708		Y180M-4	18.5	5025×3427×3501	10.430
	2YAH2148	9	2	400	270~1200	30~150	11	708		Y180L-4	22	4945×3485×3492	11.160
	YA2160	13	1	200	230~800	3~30	9.5	748		Y180M-4	18.5	6088×3427×3733	9.926
	2YA2160	11.5	2	200	230~800	6~50	9.5	748		Y180L-4	22	6166×3444×3670	11.218
	YAH2160	11.5	1	400	350~1500	30~150	11	708		Y200L-4	30	6166×3641×3839	12.230

续附表 Ⅱ-7

类型	型号及规格	工作面积/m²	筛网层数	最大给料粒度/mm	处理量/t·h⁻¹	筛孔尺寸/mm	双振幅/mm	振次次·min⁻¹	筛面倾角/(°)	电动机型号	电动机功率/kW	外形尺寸(长×宽×高)/mm×mm×mm	质量/t
圆振动筛	2YAH2160	11.5	2	400	350~1500	30~150	11	708	20	Y200L-4	30	6116×3641×3839	13.425
	YA2448	10	1	200	200~700	6~50	9.5	748		Y180M-4	18.5	4945×3811×3433	9.834
	YAH2448	10	1	400	310~1300	6~50	9.5	708		Y200L-4	30	4969×3946×3632	11.762
	2YAH2448	10	2	400	310~1300	30~150	9.5	708		Y200L-4	30	4969×3946×3632	12.833
	YA2460	14	1	200	260~780	6~50	9.5	748		Y200L-4	30	6091×3916×3839	12.240
	2YA2460	14	2	200	260~780	6~50	9.5	748		Y200L-4	30	6091×3916×3839	13.583
	YAH2460	14	1	400	400~1700	30~150	9.5	708		Y200L-4	30	6091×3916×3839	13.096
	2YAH2460	14	2	400	400~1700	30~150	9.5	708		Y200L-4	30	6091×3916×3839	14.420
自定中心振动筛	SZZ400×800	0.29	1	50	12	1~25	3	1500	10~20	Y90S-4	1.1	1275×780×1200	0.12
	SZZ₂400×800	0.29	2	50	12	1~16	3	1500	10~20		0.8	1275×780×1200	0.149
	SZZ800×1600	1.2	1	100	20~25	3~40	6	1430	10~25	Y100L1-4	2.2	2140×1328×475	0.498
	SZZ₂800×1600	1.2	2	100	20~25	3~40	6	1430	10~25	Y100L2-4	3	1880×1328×673	0.772
	SZZ900×1800	1.62	1	60	20~25	1~25	6	1000	15~25	Y100L1-4	2.2	2150×1418×575	0.44
	SZZ₂900×1800	1.62	2	60	20~25	1~25	6	1000	15~25	Y100L1-4	2.2	2200×1418×630	0.6
	SZZ1250×2500	3.13	1	100	150	6~40	1~3.5	850	15~20	Y132S-4	5.5	2762×1714×680	1.021
	SZZ₂1250×2500	3.13	2	150	150	6~50	2~6	1200	15	Y132M2-6	5.5	2635×1997×1450	1.62
	SZZ₂1250×4000	5	2	150	120	3~60	2~6	900	15	Y132M-4	7.5	4100×2076×2050	2.5
	SZZ1500×3000	4.5	1	100	245	6~16	8	800	20~25		7.5	3320×1638×787	2.234
	SZZ₂1500×3000	4.5	2	100	245	6~40	2.5~5	840	15~20	Y132M-4	7.5	3433×2089×1907	2.511
	SZZ1500×4000	6	1	75	250	1~13	8	810	20~25	Y160L-4	15	4350×1975×1000	2.582
	SZZ₂1500×4000	6	2	100	250	6~50	5~10	800	20		15	4080×2800×2768	3.412
	SZZ1800×3600	6.48	1	150	300	6~50	8	750	25		17	3750×3060×2541	4.626
	SZZ₂1800×3600	6.48	2	150	300	6~70	7	820	20		15	3750×3060×3570	3.6

续附表 Ⅱ-7

类型	型号及规格	工作面积/m²	筛网层数	最大给料粒度/mm	处理量/t·h⁻¹	筛孔尺寸/mm	双振幅/mm	振次/次·min⁻¹	筛面倾角/(°)	电动机型号	功率/kW	外形尺寸(长×宽×高)/mm×mm×mm	质量/t
惯性振动筛	SZ1250×2500	3.1	1	100	70	6~40	4	1450	15~25	YB132S-4	5.5	3325×1970×950	1.092
	SZ21250×2500	3.1	2	100	70~200	6~40	4.8	1300	15~25	YB132S-4	5.5	3395×1970×1115	1.387
	SZ1500×3000	4.5	1	100	70~150	6~40	4.8	1300	15~25	YB132S-4	5.5	3865×2220×950	1.388
	SZ21500×3000	4.5	2	100	100~300	6~40	6	1000	15~25	YB132S-4	5.5	3935×2220×1115	1.797
	ZKX936 900×3600	3.4	1	100	20~35	0.5~13	8.5~11	890		Y132M-4	7.5	3933×1637×1791	4.375
	2ZKX936 900×3600	3	2	300	20~35	3~80/0.5~13	8.5~11	890		Y132M-4	7.5	3933×1637×2455	5.494
	ZKX1236 1219×3658	4.4	1	100	30~50	0.5~13	8.5~11	890		Y132M-4	7.5	3933×1937×1930	4.51
	2ZKX1236 1219×3658	4	2	300	30~50	3~80/0.5~13	8.5~11	890		Y132M-4	7.5	3933×1937×2510	5.283
	ZKX1248 1226×4880	4.5	1	300	33~53	0.5~13	8.5~11	890		Y132M-4	7.5	5150×1937×2057	5.7
	2ZKX1248 1226×4880	4.5	2	300	33~53	3~80/0.5~13	8.5~11	890		Y160M-4	11	5150×1937×2638	7.285
	ZKX1536 1500×3600	5	1	300	35~55	0.5~13	8.5~11	890		Y132M-4	7.5	3933×2242×1917	5.091
	2ZKX1536 1500×3600	5	2	300	35~55	3~80/0.5~13	8.5~11	890		Y132M-4	7.5	3933×2242×2609	7.114
直线振动筛	2ZKX1542 1500×4200	5.5	2	300	40~55	3~80/0.5~13	8.5~14.5	890		Y160M-4	11	4540×2242×2609	7.435
	ZKX1548 1500×4800	6	1	300	42~70	0.5~13	8.5~11.1	890		Y160M-4	11	5153×2242×2650	7.443
	2ZKX1548 1500×4800	6	2	300	42~70	3~80/0.5~13	8.5~14.5	890		Y160M-4	11	5150×2242×2650	8.789
	ZKX1836 1800×3600	7	1	300	45~85	0.5~13	8.5~14.5	890		Y132M-4	7.5	3933×2547×1942	5.428
	2ZKX1836 1800×3600	7	2	300	45~85	3~80/0.5~13	8.5~14.5	890		Y160M-4	11	3933×2547×2634	7.78
	2ZKX1842 1800×4200	7.5	2	300	50~90	3~80/0.5~13	8.5~14.5	890		Y160M-4	11	4540×2547×2631	8.816
	ZKX1848 1800×4800	8.9	1	100	60~100	0.5~13	8.5~14.5	890		Y160M-4	11	5153×2547×2024	6.085
	2ZKX1848 1800×4800	8.9	2	150	60~100	13~80/0.15~13	10	890		Y132M-4	7.5	5153×2547×2582	7.545
	ZKX2148 2100×4800	10.4	1	100	70~110	0.15~13	8.5~11	890		Y160M-4	15	5150×2852×2174	9.2
	2ZKX2148 2100×4800	10	2	150	70~110	3~80/0.15~13	10	890		Y180L-4	22	5162×2852×3033	14.161
	ZKX2448 2400×4800	9	1	300	80~125	0.5~13	8.5~14.5	890		Y160L-4	15	5150×2856×2207	7.886
	2ZKX2448 2400×4800	9	2	300	80~125	3~80/0.15~13	8.5~14.5	890		Y180L-4	22	5156×3157×3033	11.143
	ZKX2460 2400×6000	14.9	1	100	95~170	0.3~13	8.5~11.1	890		Y180L-4	22	6309×3199×2386	13.33

续附表 Ⅱ-7

类型	型号及规格	工作面积/m²	筛网层数	最大给料粒度/mm	处理量/t·h⁻¹	筛孔尺寸/mm	双振幅/mm	振次/次·min⁻¹	筛面倾角/(°)	电动机 型号	电动机 功率/kW	外形尺寸(长×宽×高)/mm×mm×mm	质量/t
直线振动筛	2ZKX2460 2400×6000	14	2	300	95~170	3~18/0.15~13	8.9~14.5	890		Y180L-4	22	6372×3157×3033	16.17
	ZKX2160 2100×6000	13	1	300	90~150	0.15~13	8~11	890		YZ180L-4	22	6378×2852×2478	10.426
	2ZKX2160 2100×6000	13	2	300	90~150	13~80/0.15~13	8~11	890		YZZ200L-4	30	6388×2852×3222	13.991
重型振动筛	H-1735 1750×3500	6.1	1	300	300~600	25~100	8~10	750	20~25	Y160L-4	15	3390×3035×2377	3.994
	2H-1735 1750×3500	6.1	2	300	400×700	上 25~100 下 20~50	7~8	750	22~25	Y160L-4	15	3650×3067×3019	5.28
	2H-2460 2400×600	14.4	2	300		22~50	8~10	735	15~25	Y280S-4	37	6000×4700×3800	15.8
	YH-1836 1800×3600	6.48	1	300	900	150	6~8	970	20		10	3806.5×3520×2751.7	4.935
共振筛	SZG1000×2500	2.5	1	150			12~18	650~750			4	2950×1027×1512	2.23
	2SZG1200×3000	3.6	2	150		3~50	12~18	650~750			5.5	3790×2130×1375	3.44
	SZG1500×3000	4.5	1	200			12~20	650~750			7.5	3450×2650×1550	3.523
	2SZG1500×4000	6	2	150			12~18	550~800			7.5	4790×2440×1536	5.58
	SZG2000×4000	8	1	100		10~50	12~20	650~750			11	4450×3227×1760	7.14
	2SZG2000×4000	8	2	150			12~18	650~750			11	4800×3500×1670	6.5
直线振动筛(细筛)	ZKB1545 1500×4500	6	1	30	150	0.2~1.5	4.59	970	0~15		10×2	4500×3206×2370	5.362
	ZKB1856 1800×5600	10	2	30		0.5~1.5	11	970	0~15	Y160L-6	7.5	5700×2980×2233	5.306
	ZKB856A 1800×5600	10	1	30	120~200	0.5~1.5	11	970	0~15	Y180L-6	11×2	6200×3400×1800	6.466
	ZKB2163 2100×6300	13	2	30	120	13~50(上) 0.25~13(下)	11	970	0~15	Y180L-6	15	6450×4122.5×3150	10.830
单轴振动筛	ZD918	1.6	1	60	10~30	1~25	6	1000	15~25	Y100L-4	2.2	2150×1418×575	0.44
	2ZD918	1.6	2	60	10~30	1~25	6	1000	15~25	Y100L-4	2.2	2200×1418×565	0.702
	ZD1224	2.9	1	100	70~210	6~40	6~7	850	15~25	Y112M-4	4	2500×2150×1340	1.13
	2ZD1224	2.9	2	100	70~210	6~40	6~7	850	15~25	Y112M-4	4	2600×2200×1780	1.545

续附表 Ⅱ-7

类型	型号及规格	工作面积/m²	筛网层数	最大给料粒度/mm	处理量/t·h⁻¹	筛孔尺寸/mm	双振幅/mm	振次/次·min⁻¹	筛面倾角/(°)	电动机型号	电动机功率/kW	外形尺寸(长×宽×高)/mm×mm×mm	质量/t
单轴振动筛	ZD1224J	2.9	1	100		11×42; 13×42; 26×35	3.5	850	15~25		4	2500×2150×1340	1.086
	2ZD1224J	2.9	2	100	20~160	13×42; 26×35; 43×58	3.5	850	15~25		4	2600×2200×1780	1.637
	ZD1530	4.5	1	100	90~270	6~50	6~7	850	15~25	Y132S-4	5.5	3100×2690×1570	1.65
	2ZD1530	4.5	2	100	90~270	6~50	6~7	850	15~25	Y132S-4	5.5	3200×2690×2250	2.26
	ZD1530J	4.5	1	150		64×75	7	850	15~25		5.5	3100×2690×1570	1.875
	2ZD1530J	4.5	2	100		13×42; 26×35; 43×58	7	850	15~25		5.5	3200×2690×2250	2.653
	ZD1540	6	1	100	90~270	6~50	7	850	15~25	Y132M-4	7.5	4000×2505×2028	2.07
	2ZD1540	6	2	100	90~270	6~50	7	850	15~25	Y132M-4	7.5	4200×2600×2660	2.850
	ZD1836	6.5	1	150	100~300	6~50	7	850	15~25	Y160M-4	11	8670×2990×1807	1.96
	ZD2160	12	1	150		10~50	8	900	15~25	Y180L-4	22	6676×2420×1600	6.529
滚轴筛	SY8 (8轴)	1.8	2	200	80	25×25					7.5	2667×2348×1348	5.925
	SY10 (10轴)	3.63	1	200	175	25×60				Y180L-8	11	3040×3285×1920	10.944
	SP11(11轴)偏心圆盘 重型筛	2.25	1	200	200	50×50					7.5	2710×2110×2048	5.75
	SP13(13轴)偏心圆盘	2.69	1		200	50×50					7.5	2790×2105×1819	5.494
座式新基型	圆振动筛	6.8	2	400	140	25(上) 13(下)	6~8	970			10	5080×3210×3355	5.129
	重合振动筛	2.88	1	250		3~50	3~7	940			1.5	3220×1956×1570	1.164
	重型筛	6.5	1	400	900	90	6~8	970			10	3806×3520×2752	5.593
双轴振动筛	2DS1256(吊式)	6	2	300	40~55	13~50; 0.5~13	9~11	830			13	5750×1388×2100	4.446
	DS2055(吊式)	12	1	300	70~100	0.5~13	11	830			17	6650×2162×1800	5.775
双轴等厚筛	ZD1273(座式)	7.7	1			6~25	11	830			15	6896×2380×3240	5.822
	ZSD1894(座式)	15	1	150	120~450	6~13	11	830		Y130L-4	30	8910×3200×4037	12.326

附表Ⅱ-8 高压辊磨机技术参数

类型	外形尺寸		通过量/t·h⁻¹	最大入料粒度/mm	主电机功率/kW
	辊径/mm	辊宽/mm			
HPGR90	900	750	120~150	≤20	2×185
HPGR120	1200	500~800	200~400	≤30	(2×250)~(2×400)
HPGR140	1400	500~900	300~600	≤30	(2×355)~(2×560)
HPGR150	1500	600~1200	400~900	≤35	(2×450)~(2×900)
HPGR170	1700	700~1400	650~1300	≤40	(2×630)~(2×1250)
HPGR200	2000	800~1600	900~2300	≤50	(2×1000)~(2×2240)
HPGR240	2400	1000~1700	2000~4000	≤60	(2×1800)~(2×3150)
HPGR260	2600	1200~1800	2700~5000	≤65	(2×2500)~(2×4000)
HPGR300	3000	1400~2200	4300~7200	≤70	(2×3550)~(2×6300)

注：以上技术参数是以铁矿石（真密度 3.3 t/m^3，中等硬度）为例计算得出，仅供选型参考，具体选型参数须以实验数据为基础。

附表 II-9　磨机技术参数（球磨、棒磨、自磨）

类型	型号及规格/mm×mm	有效容积/m³	筒体转数/r·min⁻¹	最大装球（棒）量/t	传动电动机型号	传动电动机功率/kW	传动电动机电压/V	外形尺寸（长×宽×高）/mm×mm×mm	最重部件质量/t	质量/t
湿式格子型球磨机	MQG900×900	0.45	39.2	0.96		17	380	4080×2210×2020	1	4.62
	MQG900×1800	0.9	39.2	1.92		22	380	5080×2280×2020	2.04	5.7
	MQG1200×1200	1.1	31.33	2.4		30	380	5190×2800×2500	2.277	11.9
	MQG1200×2400	2.2	31.33	4.8		55	380	6500×2860×2500	4.238	14.1
	MQG1500×1500	2.2	29.2	5		60	380	6020×3200×2700	3.626	15
	MQG1500×3000	4.4	18.5	10		95	380	7800×3200×2700	6.918	18
	MQG1500×3000（低速）	4.4	18.5	10		95	380	7800×3300×2700	6.918	18
	MQG2100×2200	6.5	23.8	15		155	380	8000×4700×4400	10.23	43.15
	MQG2100×3000	9	23.8	20		210	380	8800×4700×4400	13.77	45.47
	MQG2700×2100	10.1	20.6	23		260/200	3000	9480×5687×4675	14.9	61
	MQG2700×2700	14	20.6	29		310/240	6000		18.7	64
	MQG2700×3600	18.5	20.6	39	TDMK400-32	400	3000	9765×5826.6×4674.5	24.7	69
	MQG3200×3000	21.8	18.5	46	TDMK500-36	500	6000		27	108
	MQG3200×3600	26.2	18.5	54	TDMK630-36	630	6000	11600×7200×5700	32	139.5
	MQG3200×4500	31	18.6	65	TDMK800-36	800	6000	13000×7300×5700	52.44	136
	MQG3600×3900	36	17.5	75	TM1000-36/240	1000	6000	15200×7700×6300	42.7	145
	MQG3600×4500	41	17.3	87	TM1250-40/3250	1250	6000	15200×7700×6300	49.3	152
	MQG3600×6000	57	17.8	120	TDMK1600-40	1600	6000	17000×8800×6800	63.5	189
湿式溢流型球磨机	MQY900×1800	0.9	39.2	1.66		22	380	5080×2380×2020	2.04	5.8
	MQY1200×2400	2.2	31.23	4.8		55	380	6570×2867×2540	4.238	12.24
	MQY1500×3000	3.4		8		95	380	7440×3340×2760	6.918	16.28
	MQY1500×3000（带泥勺）	5	29.2	9		95	380	7800×3200×2700	6.918	17.18
	MQY1500×3000	5	26	8		95	380	7445×3341×2766	6.6	16.25

续附表 Ⅱ-9

类型	型号及规格/mm×mm	有效容积/m³	筒体转数/(r·min⁻¹)	最大装球(棒)量/t	传动电动机 型号	功率/kW	电压/V	外形尺寸(长×宽×高)/(mm×mm×mm)	最重部件质量/t	质量/t
湿式溢流型球磨机	MQY2100×2000	6	23.8	18		210	380	8800×4700×4400	13.77	43
	MQY2100×3000	9	23.8	18		210	380	8800×4740×4420	20.96	43.78
	MQY2100×4500	13.5	23.8	18		210	380	10300×4830×3790	18.59	55.53
	MQY2700×2100	10.4	21.8	24		280	6000	9400×5600×4700	24.7	63.85
	MQY2700×3600	18.5	20.6	35	TDMK400-32	400	6000	9765×5827×4675	28.9	69
	MQY2700×4000	20.6	20.6		TDMK400-32	400	6000	12700×7267×5652	39.5	71.1
	MQY3200×4500	32.8	18.5	61	TDMK630-36	630	6000		47.3	115
	MQY3200×5400	39.3	18.5	77	TDMK800-36	800	6000	15010×7230×6323	49.3	119
	φ3600×4500	41	17.5	76	TM1000-36/2600	1000	6000		67.5	153
	φ3600×6000	55	17.3	102	TM1250-40/3250	1250	6000	17440×7755×6326		154
干式球磨机	φ900×900	0.9	39.2	0.96		17	380	3120×2210×2020	1.0	4.6
	φ900×1800	0.9	39.2	1.92		22	380	3620×2230×2020	2.04	5.7
	φ1200×1200	1.1	31.33	2.4		30	380	5150×2800×2500	2.27	10.5
	φ1200×2400	2.2	31.33	4.8		55	380	6488×2860×2500	4.24	13.2
	φ1500×1500	2.2	29.2	4		60	380	6020×3200×1700	3.6	13.48
	φ1500×3000	4.4	29.2	8		95	380	7800×3200×1700	6.9	18
	φ1500×3000(双仓)	7.4	29.2			95	380	7400×3300×1800	7.4	17.44
	φ2700×1450(周边排矿)		21.23	3		55	380	6255×3562×4519	14.24	22.56
	φ2200×4400(风扫磨)		22.63	18.5		215	380	10525×4921×3704	28.3	45.92
湿式球磨机	φ450×980		46			3	380	1695×751×1720		
	φ900×1800	0.9	35.4	2.5		22	380	5060×3380×2020	2.04	5.37
	φ900×2400	1.2	35.4	3.55		30	380	5670×3380×2020	2.55	5.88
	φ1500×3000	5	26	8		95	380	7635×3341×2766	6.92	18
	φ1500×3000(中间排矿)	4.4	26	13		95	380	7497×3341×2766	7.36	17.29
	φ2100×3000	9	20.9	25		210	380	8600×4700×4400	13.77	42.18
	φ2100×3000(中间排矿)	9	20.9	25		210	380	9100×4700×4420	17.5	57

续附表Ⅱ-9

类型	型号及规格/(mm×mm)	有效容积/m³	筒体转数/$(r \cdot min^{-1})$	最大装球(棒)量/t	传动电动机			外形尺寸(长×宽×高)/(mm×mm×mm)	最重部件质量/t	质量/t
					型号	功率/kW	电压/V			
湿式球磨机	φ2700×3600	18.5	18	46	TDMK400-32	400	6000	9735×5757×4675	24.7	68
	φ2700×4000	20.6	18	46	TDMK400-32	400	6000	12700×7232×5652	28.9	73.3
	φ3200×4500	32.8	16	82	TDMK630-36	630	6000		39.5	108
	φ3600×4500	43	14.7	110	TDMK1250-40	1250	6000	15200×8800×6800	46.84	159.9
	φ3600×5400	50	15.1	124	TM1000-36/2600	1000	6000	15910×8040×6726	60.7	150
湿式自磨机	φ4000×1400	16	17			245	380	9862×5222×4200	43.43	63.9
	φ5500×1800	41	15		TDMK800-36	800	6000	11600×7200×4630	110.88	159.5
	φ7500×2500	102	12		TM2500-16/2150	2500	6000	18130×13400×11090	258	456.82
	φ7500×2800	115	12		TM2500-16/2150	2500	6000	18132×13404×11090	265	463.82
湿式棒磨机	φ450×980		46.0			3.0	380	1695×751×1720		5.37
	φ900×1800	0.9	35.4	2.5		22	380	5060×3380×2020	2.04	5.37
	φ900×2400	1.2	35.4	3.55		30	380	5670×3380×2020	2.55	5.88
	φ1500×3000	5	26	8		95	380	7635×3341×2766	6.92	18
	φ1500×3000（中间排矿）	4.4	26	13		95	380	7497×3341×2766	7.36	17.29
	φ2100×3000	9	20.9	25		210	380	8600×4700×4400	13.77	42.18
	φ2100×3000（中间排矿）	9	20.9	25		210	380	9100×4700×4420	17.5	57
	φ2700×3600	18.5	18	46	TDMK400-32	400	6000	9735×5757×4675	24.7	68.00
	φ2700×4000	20.6	18	46	TDMK400-32	400	6000	12700×7232×5652	28.9	73.3
	φ3200×4500	32.8	16	82	TDMK630-36	630	6000		39.5	108
	φ3600×4500	43	14.7	110	TDMK1250-40	1250	6000	15200×8800×6800	46.84	159.9
	φ3600×5400	50	15.1	124	TM1000-36/2600	1000	6000	15910×8040×6726	60.7	150
干式棒磨机	φ2100×3000（周边排矿）	9	20.9	25		210	380	8100×4740×4200	13.77	43.78
干式自磨机	φ4000×1400	16.0	18			240	6000	8122×6002×5444.5	51.66	81.49

附表 II-10　立磨机技术参数

型号及规格	筒体容积/m³	螺旋转速/r·min⁻¹	最大装球量/t	传动电机		最重部件质量/t	产品总重/t
				功率/kW	电压/V		
150	10	30~50	24	150	380	8.2	30
200	10		28	200	380	8.2	32
250	14		37	250	380	10.0	41
300	22	27~33	45	300	10000	16.1	56
400	26		49	400	10000	18.5	72
500	32		68	500	10000	24.8	96
600	38		68	600	10000	27.3	101
750	43	20~30	90	750	10000	27.6	108
850	46		100	850	10000	24.0	115
1000	54		110	1000	10000	26.1	120
1120	72		135	1120	10000	36.0	152
1300	72		135	1300	10000	36.0	155
1500	72	10~25	145	1500	10000	36.0	160
1700	85		174	1700	10000	42.0	186
2250	106		280	2250	10000	41.0	280
2800	153		290	2800	10000	50.0	360
3360	177		347	3360	10000	61.0	408
5300	266		500	5300	10000	95.0	700

附表 Ⅱ-11　螺旋分级机技术参数

类型	型号及规格/mm	螺旋转速/(r·min^{-1})	处理量/(t·d^{-1})		槽体坡度/(°)	电动机		提升电机		溢流粒度/mm	外形尺寸(长×宽×高)/(mm×mm×mm)	螺旋质量/t	设备质量/t
			按返砂	按溢流		型号	功率/kW	型号	功率/kW				
高堰式单螺旋	FG-3φ300	8~30	44~73	13		Y90L-6	1.1				3840×490×1140		1.6
	FG-5φ500	8~12.5	135~210	32	14~18.5		1.1	手摇提升		0.15	5430×680×1480	0.556	2.829
	FG-7φ750	6~10	340~570	65	14~18.5		3	手摇提升		0.15	6720×1267×1584	1.135	3.99
	FG-10φ1000	5~8	675~1080	110	14~18	Y32M$_2$-6	5.5			0.15	7590×1240×2380	1.83	8.537
	FG-12φ1200	5~7	1170~1870	155	12		5.5		2.2	0.15	8180×1570×3130(右) 8230×1592×3100(左)	3.544	8.565
	FG-15φ1500	2.5~6	1830~2740	235	14~18.5	Y160M-6	7.5	Y100L-4	2.2	0.15	10410×1920×4070	4.163	11.167
	FG-20φ2000	3.6~5.5	3290~5940	400	14~18.5	Y160L-6/4	11/15	Y100L$_2$-4	3	0.15	10788×2524×4486	8.975	20.464
	FG-24φ2400	3.64	6800	580	14~18.5		13		3	0.15	11562×2910×4966	11.473	25.647
高堰式双螺旋	2FG-12φ1200	6	2340~3740	310			5.5×2		1.5×2		8290×2780×3080		15.841
	2FG-15φ1500	2.5~6	2280~5480	470	14~18.5		7.5×2		2.2×2	0.15	10410×3392×4070	4.6	22.11
	2FG-20φ2000	3.6~5.5	7780~11880	800	14~18.5		22/30		3×2	0.15	10995×4595×4490	4.67	35.341
	2FG-24φ2400	3.67	13600	1160	14~18.5		30		3	0.74	12710×5430×5690	13.06	45.874
	2FG-30φ3000	3.2	23300	1785	14~18.5		40		4	0.15	16020×6640×6350	17.94	73.027
沉没式单螺旋	FC-10φ1000	5~8	675~1080	85							9590×1290×2670		6
	FC-12φ1200	5~7	1170~1870	120	15		7.5		2.2	0.074	10371×1534×3912		11.022
	FC-15φ1500	2.5~6	1830~2740	185	14~18.5		7.5		2.2	0.074	12670×1810×4888		15.34
	FC-20φ2000	3.6~5.5	3210~5940	320	14~18.5		13/10		3	0.15	15398×2524×5343		29.056
	FC-25φ2400	3.64	6800	490	14~18.5		17		4	0.074	16700×2926×7190		38.41
沉没式双螺旋	2FC-12φ1200	6	2340~3740	240	14~18.5	Y200L-4	5.5×2	Y100L$_2$-4	1.5×2		10190×3154×3745		17.6
	2FC-15φ1500	2.5~6	2280~5480	370	14~18.5		7.5		2.2	0.074	12670×3368×4888		27.45
	2FC-20φ2000	3.6~5.5	7780~11880	640	14~18.5		22/30		3	0.074	15760×4595×5635		50
	2FC-25φ2400	3.67	13700	910	14~18.5		30		3	0.074	14701×5430×6885		67.86
	2FC-30φ3000	3.2	23300	1410	14~18.5		40		4	0.074	17091×6640×8680		84.87

附表 Ⅱ-12 水力旋流器技术参数

旋流器直径 /mm	给料口 /mm	溢流口 /mm	沉沙口 /mm	锥角 /(°)	锥体高度 /mm	圆筒高度 /mm	溢流管深度 /mm	溢流颗粒 /mm	沉沙浓度 /%	矿浆处理量 /m³·h⁻¹	入口计示压强 /kPa	质量 /kg
φ100	30×5 30×7 30×10	φ14、18、26	φ11	20	275	60		0.025~0.25	50~60	1.5~9	50~300	
φ125	25×10 40×8	φ50	φ15~30		255	110				2.4~15		55
φ150	40×10 40×12	φ20、30、40	φ15		326	100				4.8~54		92
φ150	40×10 40×20	φ40	φ12 (φ17)		221	200	130			4.8~54		92
φ250	50×20	φ125	φ35		595	170				6.5~61.2		162
φ300	φ75	φ125	φ50		800	200	200			24~60		134
φ350	80×35	φ40、50、60	φ25		865	180	155			24~90		282
φ500	140×20	φ110	φ67~68		1090	380	300			24~108		670

附表 Ⅱ-13 圆锥形分级机（分泥斗）技术参数

直径 /mm	沉降面积 /m²	容积 /m³	深度 /mm	给矿粒度 /mm	受矿管 /mm	排矿管 /mm	质量 /kg
φ1000	0.78	0.27	1000	2	φ150	φ25	270
φ1500	2	0.83	1385			φ38	
φ2000	3	2.27	2100			φ50	
φ2500	4.9	4				φ50~68	850
φ3000	7	6.65	2900			φ68	1000

附表 Ⅱ-14　圆锥水力分级机（YF 型）技术参数

| 叶　轮 | | 处理量/t·h⁻¹ | 传动电动机 | | | 外形尺寸（长×宽×高）/mm×mm×mm | 质量/kg |
直径/mm	转速/r·min⁻¹		型号	功率/kW	电压/V		
250	224、260、313、364、381、442	2~3		0.6	380	680×780×1600	500
300	191、224、255、288、310	5~7.5		1.1	380	903×900×1800	750
330	60~614	10~15		4	380	1298×1208×1830	1000
900	111~159	100~150		17	380	2720×2970×3484	5000
900	78~111	150~200		17	380	3220×3220×3114	4907

附表 Ⅱ-15　干涉沉降式分级机技术参数

名称及规格	沉降面积/m²	给矿粒度/mm	给矿浓度/%	处理量/t·h⁻¹	上升水计示压强/kPa	电动机功率/kW	质量/kg
四室水力分级机 300×200		−3	20~25	5~8	150~200		350
KP4C 水力分级机	3.58	−2	15~25	15~25	150~200	1.7	1955

附表 Ⅱ-16　湿式弱磁场永磁筒式磁选机技术参数

| 型号及规格/mm×mm | 箱体型式 | 筒面磁感应强度/mT | 圆筒转速/r·min⁻¹ | 给矿粒度/mm | 处理量/t·h⁻¹ | 传动电动机 | | 外形尺寸（长×宽×高）/mm×mm×mm | 质量/t |
						型号	功率/kW		
CTB-69φ600×900	半逆流	145	40	0~0.2	8~15	Y90L-4	1.5	1800×1340×1115	0.91
CTN-69φ600×900	逆流		40	0~0.6	8~15	Y90L-4	1.5	1723×1340×1115	0.78
CTS-69φ600×900	逆流		40	0~6	8~15	Y90L-4	1.5	1723×1356×1115	0.83
CTB-618φ600×1800	半逆流		40	0~0.2	15~30	JTC-561A	2	2950×1356×1115	1.39
CTN-618φ600×1800	逆流		40	0~0.6	15~30	JTC-561A	2	2950×1275×1250	1.33
CTS-618φ600×1800	逆流		40	0~6	15~30	JTC-561A	2	3000×1283×1250	1.34

续附表 Ⅱ-16

型号及规格/mm×mm	箱体型式	筒面磁感应强度/mT	圆筒转速/r·min⁻¹	给矿粒度/mm	处理量/t·h⁻¹	传动电动机 型号	功率/kW	外形尺寸（长×宽×高）/mm×mm×mm	质量/t
CTB-712φ750×1200	半逆流	155	35	0~0.2	12~30	JTC-562A	2.8	2280×1620×1390	1.51
CTN-712φ750×1200	逆流		35	0~0.6	12~30	JTC-562A	2.8	2280×1500×1340	1.35
CTS-712φ750×1200	逆流		35	0~6	12~30	JTC-562A	2.8	2280×1620×1390	1.46
CTB-718φ750×1800	半逆流		35	0~0.2	20~45	JTC-562A	2.8	2880×1965×1500	2.045
CTN-718φ750×1800	逆流		35	0~0.6	20~45	JTC-562A	2.8	2880×1895×1500	1.888
CTS-718φ750×1800	逆流		35	0~6	20~45	JTC-562A	2.8	2880×1965×1500	1.987
XCTB-1050×1000	半逆流	180~200	20	0~0.6	20~50		3	2680×2220×1830	2.8
XCTN-1050×1000	逆流		20	0~3	20~50		3	2680×2220×1830	2.8
YRJ-1050φ1050×1500	半逆流		22	0~0.6	40~100		5.5		5
XCTB-1050×1500	半逆流		20	0~0.6	40~80		4	3180×2220×1830	3.635
XCTN-1050×1500	逆流		20	0~3	40~80		4	3180×2220×1830	3.635
YRJ-1018φ1050×1500	半逆流		20		30~80		5.5		
YRJ-1021φ1050×2100	半逆流		20		40~100		5.5		
XCTB-1050×2100	半逆流		20	0~0.6	60~120		4	3710×2220×1830	4.554
XCTN-1050×2100	逆流		20	0~3	60~120		4	3710×2220×1830	4.554
YRJ-1024φ1050×2400	半逆流		20		40~100		5.5		5
XCTB-1050×2400	半逆流	165	20	0~0.6	70~130		5.5	3976×2220×1855	5.071
XCTN-1050×2400	逆流		20	0~3	70~130		5.5	3976×2220×1855	5.071
CTB-1024φ1050×2400	半逆流		20	0~0.2	52~100	Y132S-4	5.5	3740×1660×1740	4.524
CTN-1024φ1050×2400	逆流		20	0~0.6	52~100	Y132S-4	5.5	3740×2050×1750	5.132
CTS-1024φ1050×2400	顺流		20	0~6	52~100	Y132S-4	5.5	4000×2050×1740	4.628
CTB-1218φ1200×1800	半逆流		20		130~140		5.5	3120×2155×2025	5.14

附表Ⅱ-17　湿式中磁场和强磁场磁选机技术参数

类型	型号及规格/mm×mm	筒面磁感应强度/mT	圆筒转速/r·min⁻¹	给矿 粒度/mm	给矿 浓度/%	处理量/t·h⁻¹	冲洗水计示压强/kPa 中矿	冲洗水计示压强/kPa 精矿	激磁功率/kW	传动电机功率/kW	外形尺寸(长×宽×高)/mm×mm×mm	最重件质量/t	设备质量/t
环式强磁磁选机	SQC-2-700φ700	1700	5~6	0.8	15~20	0.5~0.8	200~300	200~300	8.05	2.2	1628×1450×2048	1.6	4.5
	SQC-2-1100φ1100	1700	4~5	0.8	15~20	2~3	200~300	200~300	4.6	3	φ2100×2235	3	7
	SQC-4-1800φ1800	1600	3~4	0.8	35	8~12			16	7.5	φ2800×2717	5	15
	SQC-6-2770φ2770	1600	2~3	0.8	35	25~35			36	11	φ4000×3435	11.2	35
中磁水磁筒式磁选机	YZJ-108φ1050×800	400	20			10~20				5.5			4
	YZJ-1050-1050φ1050×1580	400	20			20~60							4.5
	YZJ-1018φ1050×1800	400	20			30~80		400~800		7.5			5
	YZJ-1021φ1050×2100	400	20			40~100							5
	YZJ-1024φ1050×2400	400	20										5
高梯度磁选机	φ1050×2100	170	18; 24			10~16				5.5	3040×1740×1835		6.5
	CHG-10φ1000	1000	1; 1.5; 2			0.5				0.8	1720×1300×1755		2.4
	CHG-13φ1600	1000	1; 1.5; 2; 2.5			4				1.5	2571×1860×2404		8.7
湿式双盘式强磁磁选机	ShP-500φ500	1500	5			0.5~2	200~400		3		1558×1092×1957		3.6
	ShP-700φ700	1500	5			6~7			10		2800×1205×2950		12
	ShP-1000φ1000	1500	5		35~50	10~15			21		3140×1318×3800	4	20
	ShP-2000φ2000	1500	4			40~50			57		4900×2450×4330	11	52
	ShP-3200φ3200	1500	3.3			80~120			105		6670×3480×4653	18	104
	CPR-5φ580	1400	40	0~2		0.2~0.5				2×1.1	2400×1050×1340		2.2
	CP-8(单盘) φ885	1200~1400	34.5~42	5		0.8~1.6				2.2	2862×1740×1840		3.4

附表Ⅱ-18 永磁磁滚筒技术参数

型号及规格/mm×mm	滚筒		相应的皮带宽度/mm	滚筒表面磁感应强度/mT	入选粒度/mm	处理量/t·h⁻¹	允许最大扭矩/N·m	外形尺寸（长×宽×高）/mm×mm×mm	质量/kg
	直径/mm	长度/mm							
CT-66φ630×600	630	600	500	150	10~75	110	1630	1170×630×630	800
CT-67φ630×750	630	750	650	150	10~75	140	2960	1320×630×630	900
CT-89φ800×950	630	950	800	155	10~100	210	5590	1750×800×800	1600
CT-811φ800×1150	800	1150	1000	155	10~100	280	6960	1980×800×800	1850
CT-814φ800×1400	800	1400	1200	155	10~100	340	8370	2240×800×800	2150
CT-816φ800×1600	800	1600	1400	155	10~100	400	9460	2480×800×800	2500

附表Ⅱ-19 干式磁力滚筒技术参数

规格（直径×长度）/mm×mm	分选粒度/mm	皮带速度/m·s⁻¹	处理量/t·h⁻¹	磁感应强度/mT	电动机功率/kW	外形尺寸（长×宽×高）/mm×mm×mm
φ1400×1600	25~350	0.5~1.5	100~300	240	22	5055.5×3805×3300

附表Ⅱ-20 永磁磁力脱水槽技术参数

型号及规格/mm	沉淀面积/m²	槽体			溢流粒度/mm	处理量/t·h⁻¹	磁感应强度/mT	外形尺寸（长×宽×高）/mm×mm×mm	质量/t
		上口直径/mm	高度/mm	锥角/(°)					
CS-12φ1200		1200		48		25~40	>30		1.54
CS-16φ1600	2	1600	1390	48		30~45	>30	2130×2130×2240	1.98
CS-20φ2000	3	2000	1600	48		35~50	>30	2660×2340×2850	1.37
CS-20Sφ2000	3	2000	1650	46	0.15	35~50	>30	2500×2500×2520	2.3
CS-25φ2500	4.8	2500	1800	50	0.15	40~55	>30	3220×2900×3000	1.26
CS-30φ3000	7	3000	2000	56	0.15	45~60	>30	3720×3412×3480	2.02

附表 II-21　广东 I 型跳汰机技术参数

型号	规格（长×宽）/mm	跳汰室数目	筛网面积/m²（每室）	筛网面积/m²（每台）	冲程/mm（一室）	冲程/mm（二室）	冲程/mm（三室）	冲次/（次·min⁻¹）（一室）	冲次/（次·min⁻¹）（二室）	冲次/（次·min⁻¹）（三室）	处理量/t·(m²·h)⁻¹	补加水量/m³·(m²·h)⁻¹	电动机功率/kW	质量/t
甲型	3657×3186	6	1.862	11.172	8~12	9~11	7~10	140~176	160~208	200~240	2~3	5~11	7	9.747
乙型	2712×1606	6	0.706	4.236	8~10	7~9	6~7	202~250	235~286	240~300	1~2	5~15	4.2	4.062
丙型	2412×1809	9	0.47	4.23	4~5	3~4	2~3	270~308	273~346	250~380	1~1.8	4~13	4.2	4.195

附表 II-22　摇床技术参数

型号	床面面积/m²	给矿粒度/mm	给矿量/(t·d⁻¹)	给矿浓度/%	冲程/mm	冲次/(次·min⁻¹)	清洗水量/(t·d⁻¹)	横向坡度/(°)	床条断面形状	传动电动机型号	功率/kW	床面尺寸（长×宽）/(mm×mm)	外形尺寸（长×宽×高）/(mm×mm×mm)	质量/t
云锡摇床　粗砂	7.4	-2	30~60	25~30	16~22	270~290	80~150	2.5~4.5	矩形	Y100L-6	1.5	4395×1825	5446×1825×1242	1045
云锡摇床　细砂	7.4	-0.5	10~20	20~25	11~16	290~320	30~60	1.5~3.5	锯齿形	Y100L-6	1.5	4395×1825	5446×1825×1227	1030
云锡摇床　矿泥（刻槽）	7.4	-0.074	3~7	15~20	8~11	320~360	15~30	1~2	刻槽	Y100L-6	1.5	4395×1825	5446×1825×1203	1065
S-摇床　矿砂	7.6	-3	粗选15~30　精选15~22	20~30	18~24	250~300	17~24	2~3.66	矩形			4520×1832		1326
S-摇床　矿泥	7.6	-0.074	粗选7~15　精选5~10	15~25	8~16	300~340	10~17	1~2	三角形			4520×1832		1326
弹簧摇床　4500×1800（四层）	每层7				12~36	315		0~10			0.6	3500×(1600~1800)	5725×2020×2950	2700
悬挂摇床　9YC三层	17.8	-0.5	14~84		8~22	270~340		0~10			1.5	3500×(1800~2000)	5685×2020×3150	3200
悬挂摇床　8YC四层	23.8	-0.5	21~108											
云锡六层矿泥摇床		-0.074	9~15①	20~25	10~13	300~320	50~90	0~5			1.7	3000×1350		

① 当矿石粒度为 0.037~0.019 mm 时，给矿量为 9 t/台；当矿石粒度为 0.074~0.037 mm 时，给矿量为 15 t/台。

附表Ⅱ-23　螺旋选矿机技术参数

类型	材质	螺旋直径/mm	螺距/mm	螺旋圈数	螺旋高度/mm	螺旋纵向倾角/(°)	螺旋槽横断面形状	截取器数量/个	处理量/t·h⁻¹ 矿浆量	处理量/t·h⁻¹ 干矿量	有效分选粒度/mm	冲洗水/L·min⁻¹	给矿浓度/%	外形尺寸（直径×高）/mm×mm
XZLD	铸铁	600	360	5			单椭圆	13	0.5~1 砂矿 0.001~2		2~0.074	25~80	15~25	φ900×3000
粗选	旧轮胎	1100	520	4	2200	8.65	近似圆形	3	25	2~3	<6	1.2	8~12	
		1050			2200	9.05	近似圆形	3	22	1.8~2.6	<6	1.1		
		1000			2200	9.53	近似圆形	3	22	1.8~2.6	<6	1		
	陶瓷	950	480		2000	9.25	近似圆形	3	18	1.4~2.2	<6	0.9		
		850			2000	10.37	近似圆形	3	15	1.2~1.8	<6	0.8		
		1000			1500	6.58	椭圆	3	10~15	1.0~1.5	<6	0.9		
		800	360		1500	8.23	椭圆	3	8~12	0.8~1.2	<6	0.7	10	
		600			1500	11	椭圆	3	5~8	0.5~0.8	<6	0.6		
精选	旧轮胎	1200	708~784			外缘 10.57~12.16 内缘 14.33~16.33	复合椭圆	3~7	4~8	0.8~1.2	<6	粗砂 2.2 细砂 1.5	粗砂 15~20 细砂 20~25	
FLX-1 型		600	339	5			复合椭圆	15	3~6	1~2	2~0.04	1.5~3	10~35	880×2460
		600	360											880×2430

附表Ⅱ-24　螺旋溜槽技术参数

型号及规格/mm×mm	外径/mm	螺距/mm	距径比	横向下斜角/(°)	螺旋头数	每头圈数	给矿粒度/mm	给矿浓度/%	给矿体积/m³·h⁻¹	处理量/t·h⁻¹	外形尺寸（长×宽×高）/mm×mm×mm	质量/kg
LL-400×180	400	180	0.4	9	1	5	0.2~0.02	30~60	0.1~0.2	0.04~0.08	460×460×1200	20
LL-400×240	400	240	0.6	9	2	5			0.2~0.4	0.1~0.2	460×460×1500	30
LL-600×270	600	270	0.45	9	2	5			1~2	0.5~0.6	700×700×2000	80
LL-600×360	600	360	0.6	9	3、2	5			2~3	0.8~1.2	700×700×2600	100
LL-600×450	600	450	0.75	9（15、21）		5			3~4	1.0~1.4	700×700×3000	120

续附表Ⅱ-24

型号及规格/mm×mm	外径/mm	螺距/mm	距径比	横向下斜角/(°)	螺旋头数	每头圈数	给矿粒度/mm	给矿体积/m³·h⁻¹	给矿浓度/%	处理量/t·h⁻¹	外形尺寸(长×宽×高)/mm×mm×mm	质量/kg
LL-900×405	900	405	0.45	9	3,2	5		3~5		1.5~2.5	1060×1060×3300	350
LL-900×540	900	540	0.6	9	4,3	5		5~7		2~3	1060×1060×4000	400
LL-900×675	900	675	0.75	9		5		7~9		2.5~3.5	1060×1060×4650	450
LL-1200×540	1200	540	0.45	9	3,2	5	0.3~0.03	7~11	30~60	3~4	1360×1360×4330	600
LL-1200×720	1200	720	0.6	9	4,3	5		10~14		4~6	1360×1360×5230	650
LL-1200×900	1200	900	0.75	9		5		12~16		5~7	1360×1360×6130	700
φ1200mm(玻璃钢)	1200	900	0.6	9	4	5	0.3~0.04	10~14		4~8	1360×1360×5230	700

附表Ⅱ-25 搅拌槽技术参数

类型	型号/mm×mm	槽子			叶轮		传动电动机		总质量/t	
		直径/mm	深度/mm	容积/m³	直径/mm	转数/r·min⁻¹	功率/kW	电压/V	平底	锥底
	XB-500	500	750	0.124	240	1000	1.5	380	0.531	
	XB-1000	1000	1000	0.58	400	530	1	380	0.436	0.443
	XB-1500	1500	1500	2.2	550	320	3	380	1.083	1.108
	XB-2000	2000	2000	5.46	650	230	5.5	380	1.671	1.842
	XB-2500	2500	2500	11.2	700	280	17	380	3.454	
	XB-3000	3000	3000	19.1	850	210	18.5	380	4.613	
	XBM-3500	3500	3500	30		230	22	380		7.282
浮选用	BCF φ500×500	500	500	0.38	250	530	1.5	380	0.531	
	BCF φ1000×1000	1000	1000	0.65	380	320	1.5	380	1.6	
	BCF φ1500×1500	1500	1500	2.3	570		2.2	380	0.85	
	BCF φ2000×2000	2000	2000	5.5	650	216;235;258	4.5;5.5;7.5	380	2.5	
	BCF φ2500×2500	2500	2500	11.2	750	195;218;270	7.5;10;13	380	4	
	BCF φ3000×3000	3000	3000	19.1		210;230;250	13;17;21	380	5	
	BCF φ3500×3500	3500	3500	27.5	870	179;195;216	17;22;30	380	7	

续附表 II-25

类型	型号/mm×mm	槽子 直径/mm	槽子 深度/mm	槽子 容积/m³	叶轮 直径/mm	叶轮 转数/r·min⁻¹	传动电动机 功率/kW	传动电动机 电压/V	总质量/t 平底	总质量/t 催底
提升或加温	φ1000	1000	1500	1		502	4	380	0.947	
	φ1500	1500	1800	3		402	7.5	380	1.595	
	φ2000	2000	2300	7.5		353	17	380	3.4	
	φ2000	2000	2400	6		175	10	380	5.8	
药剂用	BC φ1000×1000	1000	1000	0.65	250	530	1.5	280	0.476	
	BC φ1500×1500	1500	1500	2.3	380	320	2.2	380	0.708	
	BC φ2000×2000	2000	2000	5.5	570	258	4	380	1.212	
	BC φ2500×2500	2500	2500	11.2	650	216	7.5	380	3.207	
	φ3000×3000	3000	3000	19.1	750	176; 190; 207	7.5; 10; 13	380	4.032	
	φ3500×3500	3500	3500	27.5	870	179; 195	17; 22	380	7.000	
玻璃钢	BJQ I 1000×1200	1000	1200		300	297.6	1.1	380	0.437	
	BJQ II 1400×1500	1400	1500		300	297.6	1.1	380	0.637	

附表 II-26　机械搅拌式浮选机技术参数

类型	型号	单槽有效容积/m³	叶轮 直径/mm	叶轮 转速/r·min⁻¹	泡沫刮板转速/r·min⁻¹	充(吸)气量/m³·(m²·min)⁻¹	处理矿浆量/m³·min⁻¹	电动机功率/kW 传动	电动机功率/kW 泡沫刮板	电动机功率/kW 电动闸门	外形尺寸/mm 长	外形尺寸/mm 宽	外形尺寸/mm 高
机械搅拌式浮选机	XJ-1	0.13	200	593			0.05~0.16	2.2	0.6		见参考文献[7]	1120	1140
	XJ-2	0.23	250	504			0.12~0.28	3	0.6			1260	1238
	XJ-3	0.36	300	483		0.6~0.8	0.18~0.4	2.2	0.6			1350	1327
	XJ-6	0.62	350	400			0.3~0.9	3	1.1			1740	1831
	XJ-11	1.1	500	330			0.6~1.6	5.5	1.1			1970	2040
	XJ-28	2.8	600	280			1.5~3.5	11	1.1			2450	2295
	XJ-58	5.8	750	240			3~7	22 30	1.5	0.6		3250	2485

续附表 Ⅱ-26

类型	型号	单槽有效容积/m³	叶轮 直径/mm	叶轮 转速/r·min⁻¹	泡沫刮板转速/r·min⁻¹	充(吸)气量/m³·(m²·min)⁻¹	处理矿浆量/m³·min⁻¹	电动机功率/kW 传动	电动机功率/kW 泡沫刮板	电动机功率/kW 电动闸门	外形尺寸/mm 长	外形尺寸/mm 宽	外形尺寸/mm 高
机械搅拌式浮选机	XJQ-20	2	330	350；380	16	0.1~1	1~2.5	7.5	1.1	0.6			
	XJQ-40	4	400	290；315			2~5	11	1.1	0.55	3224（单槽）	2628	2803
	XJQ-80	8	570	205；220			4~10	22	1.1	0.6			
	XJQ-160	16	700	170；180			8~20	30	1.1	0.6	2820（单槽）	4040	3670
	BK-1.1		280	454			0.5~1.5	5.5	1.5		1350	1450	815
	JJF-4	4	410	305		0.1~1	2~6	15	1.5		3228	2443	2626
	JJF-8	8	540	233			4~12	22	1.5		4440	3266	2920
	JJF-16	16	700	180			5~16	45	1.5		5748	4283	3336
	JJF-20	20	700	180			5~20	45	1.5				
	XJC-40	4	700	170	18	2.3~3.5①	3~6	10	1.1				
	XJC-80	8	900	170	18	4~8①	4~8	22	1.1	0.6	3418（双槽）	2349	2980
充气机械搅拌式浮选机	BS-X4	4	700	190	18	3~3.5①	0.8~4	10	1.5				
	BS-X8	8	900	170	18	6~7①	2~8	22	1.5	0.6	4432（双槽）	2608	
	CHF-X3.5	3.75	750	180	16	1.5~1.8	2~7	11	1.5		1700（双槽）	1700	1300
	CHF-X7	7	900	150	16	1.5~1.8		18.5	1.5		2000（双槽）	2000	1800
	CHF-X14	14.4	900	150	16	1.5~1.8	6~15	18.5	1.5		2000（双槽）	4000	1660
	KYF-16	16	740	160	16	2	4~16	30	1.5		2800	2800	2400
	KK₁-2.8	2.8	直流：660 吸入：600	直流：210 吸入：280	16.8		1.5~3.5	11	1.1		1750	1600	1100
	KK₂-2.8	2.8	直流：350 吸入：600	直流：360 吸入：280	16.8		1.5~3.5	11	1.1		1750	1600	1100

① 充气量单位为 m³/(min·台)。

附表 Ⅱ-27 棒型浮选机技术参数

型号	有效容积/m³	处理量/m³·min⁻¹	刮板	叶轮直径/mm		叶轮转速/r·min⁻¹	吸气量/m³·min⁻¹	传动电动机功率/kW		刮板电动机功率/kW		外形尺寸/mm	
				浮选槽	吸入槽	主轴		浮选槽	吸入槽	浮选槽	吸入槽	宽	高
XJB-10	1	1.5~1.7	17.22	410	400	410	1.0~1.2	4	5.5	0.8	1.5	1684	1906
XJB-10D	1	1.5~1.7	17.22	410	400	410	1.0~1.2	4	5.5	0.8	1.5	1684	1906
XJB-20	2	1.5~4.0	12.5	540	450	360	1.0~1.1	10	13	1.1	1.1	2173	2173
XJB-20D	2	1.5~4.0	12.5	540	450	360	1.0~1.1	10	13	1.1	1.1	2142	2142
XJB-40	4	2~4					0.95~1	17	17			2900	2360

注：D—单边刮泡；X—浮选机；J—机械搅拌；B—棒型。

附表 Ⅱ-28 环射式浮选机技术参数

机槽容积/m³	处理量/m³·min⁻¹	叶轮		泡沫刮板转速/r·min⁻¹	传动电动机			外形尺寸/mm×mm×mm
		直径/mm	转速/r·min⁻¹		型号	功率/kW	电压/V	
0.8	0.3~0.8	432	300	18	Y132M-6	4	380	1200×1200×620

附表 Ⅱ-29 浓密机技术参数

类型	型号	主要用途	浓缩池/m		沉淀面积/m²		提耙部分				传动电动机			处理量/t·h⁻¹	轨道圆直径/m	齿条圆直径/m	质量/t
			内径	深度	池底	倾斜板投影	方式	高度/m	每转时间/min·r⁻¹	电动机功率/kW	型号	功率/kW	电压/V				
中心传动	NZS-1	精尾脱水	1.8	1.8	2.54		手动	0.16	2		Y90L-6	1.1	380	0.05~0.23			1.235
	NZS-3	精尾脱水	3.6	1.8	10.2		手动	0.35	2.5		Y90L-6	1.1		0.2~0.9			3.013
	NZS-6	精尾脱水	6	3	28.3		手动	0.2	3.7		Y90S-4	1.1		2.58			8.575
	NZS-6	精尾脱水	6	3	28.3		手动	0.2	3.7		Y90S-4	1.1		2.58			3.646
	NZS-9	矿泥、化工	9	3	63.6		手动	0.25	4.34		Y132S-6	3		5.8			5.1
	NZ-9	矿泥、化工	9	3	63.6		自动	0.25	4.34	0.8	Y132S-6	3		5.8			5.134
	NZS-12	矿泥、化脱水	12	3.5	113		手动	0.25	5.2		Y132S-6	3		2.3~10.4			8.5

续附表 II-29

类型	型号	主要用途	浓缩池/m 内径	浓缩池/m 深度	沉淀面积/m² 池底	沉淀面积/m² 倾斜板投影	提耙部分 方式	提耙部分 高度/m	提耙部分 每转时间/min·r⁻¹	提耙部分 电动机功率/kW	传动电动机 型号	传动电动机 功率/kW	处理量/t·h⁻¹	轨道圆直径/m	齿条圆直径/m	质量/t
中心传动	NZS-12Q	矿、化脱水	12	3.5	113	244	手动	0.25	5.2	3	Y132S-6	3	15~20			12.75
	NZ-15Q	酸、腐料浆	15	4.4	176	800	自动	0.2	10.4	2.2	JTC752A-44	5.2	33			32.375
	NZ-20	精、尾脱水	20	4.4	314	1400	自动	0.4	10.4	2.2	JTC752A-44	5.2	20.8			24.504
	NZ-20Q	精尾脱水	20	4.4	314	1400	自动	0.4	10.4	2.2	JTC752A-44	5.2	60			43.2
	NZF-20	精尾脱水	20	4.4	314		自动	0.2	10.4	2.2						25.287
周边辊轮传动	NG-15	精尾脱水	15	3.5	177				8.4		Y132M$_2$-6	5.5	3.6~16.25	15.36	15.568	9.12
	NG-18	精尾脱水	18	3.5	255				10		Y132M$_2$-6	5.5	5.6~23.3	18.36	18.576	9.918
	NG-24	精尾脱水	24	3.7	452				12.7		Y160M-6	7.5	9.4~41.6	24.36	24.882	23.986
	NG-30	精尾脱水	30	3.6	707				16		Y160M-6	7.5	65.4	30.36	30.868	26.415
周边齿条传动	NT-15	精尾脱水	15	3.5	177				8.4		Y132M$_2$-6	5.5	46.25	15.36	15.568	10.935
	NT-18	精尾脱水	18	3.5	255				10		Y132M$_2$-6	5.5	23.3	18.36	18.576	12.117
	NT-24	精尾脱水	24	3.7	452				12.7		Y160M-6	7.5	9.4~41.6	24.36	24.882	28.273
	NT-30	精尾脱水	30	3.6	707				16		Y160M-6	7.5	65.4	30.36	30.868	31.215
	NT-38	精尾脱水	38	5.06	1134				24.3		Y160L-8	7.5	66.6	38.383	30.629	59.82
	NT-45	尾矿脱水	45	5.06	1590				19.3		Y160L-6	11	100	45.383	45.629	58
	NTJ-45	精矿脱水	45	5.06	1590				19.3		Y180L-6	15	179	45.383	45.629	71.7
	NT-50	尾矿脱水	50	4.524	1964				21.7			10		51.779	50.025	60.183
	NTJ-50	精矿脱水	50	4.503	1964				20			13×2		50.2	50.493	109
	NT-53	尾矿脱水	53	5.07	2202				23.2		Y160L-6	11	141.6	55.16	55.406	69
	NTJ-53	精矿脱水	53	5.07	2202				23.2		Y180L-6	15	260	55.16	55.406	80

附表Ⅱ-30 筒型内滤式真空过滤机技术参数

型号	过滤面积/m²	筒体尺寸/mm×mm	转速高速/r·min⁻¹	转速中速	转速低速	真空计示强力/kPa	抽气量/m³·min⁻¹·m⁻²	鼓风量示压强/kPa	鼓风量/m³·min⁻¹·m⁻²	处理量磁精/t·h⁻¹	处理量浮精	传动电动机功率/kW	电动滚筒皮带卸料型号	功率/kW	外形尺寸溜槽卸料/mm×mm×mm	外形尺寸皮带卸料	质量溜槽卸料/t	质量皮带卸料
GN-8	8	φ2956×1020	0.72, 1.00, 1.43	0.49, 0.69, 0.96	0.34, 0.47, 0.68	60~80	1~1.5	30	0.2~0.4	6~12	2.5~5	2.2	YD-15-100-5032	1.5	2490×3176×3367	3200×3176×3367	6.5	6.9
GN-12	12	φ2956×1370								9~18	3.5~7				2840×3176×3367	3200×3176×3367	7	7
GN-20	20	φ3668×1920	0.42, 0.56, 0.84, 1.04, 1.40, 2.18	0.42, 0.56, 0.84, 1.04, 1.40, 2.18	0.12, 0.17, 0.25, 0.31, 0.42, 0.66					15~30	6~12	3.5	YD-22-100-5040	2.2	3928×3900×4050	5120×3900×4050	12.7	13
GN-30	30	φ3668×2720								24~45	9~18	4			5015×3900×4050	6220×3900×4050	14	14
GN-40	40	φ3668×3720								30~60	12~24	5	YD-30-100-5050	3	6830×3900×4050	6830×3900×4050	17	17

附表Ⅱ-31 筒型外滤式真空过滤机技术参数

类型	型号	过滤面积/m²	筒体尺寸/mm×mm	转速Ⅰ组/r·min⁻¹	转速Ⅱ组	真空计示压强/kPa	抽气量/m³·min⁻¹·m⁻²	鼓风量示压强/kPa	鼓风量/m³·min⁻¹·m⁻²	筒体表面磁感应强度/mT	处理量/t·h⁻¹	电动机功率筒体/kW	搅拌器	外形尺寸/mm×mm×mm	质量/t
外滤式	GP-1	2	φ1000×7200	0.12, 0.26, 0.28		60~80	1	10~30	0.2~0.4					1000×1050×1312	1.2
	GW-3	3	φ1600×700	0.13~0.49							1.2	1.1		2450×2375×1900	3.43
	GW-5	5	φ1750×970	0.13~0.49							2			2975×2570×2092	5.5

续附表Ⅱ-31

类型	型号	过滤面积/m²	筒体尺寸/mm×mm	筒体转速/r·min⁻¹ I组	筒体转速/r·min⁻¹ II组	真空计示压强/kPa	捕气量/m³·min⁻¹·m⁻²	鼓风计示压强/kPa	鼓风量/m³·min⁻¹·m⁻²	筒体表面磁感应强度/mT	处理量/t·h⁻¹	电动机功率/kW 筒体	电动机功率/kW 搅拌器	外形尺寸(长×宽×高)/mm×mm×mm	质量/t
外滤式	GW-10	10	φ2000×1680	0.16、0.26、0.39								2.2	2.2		5.91
	G-5	5	φ1750×980	0.13~0.78	0.54								0.75	2540×2097×2310	6
	GW-20	20	φ2500×2650	0.27、0.38、0.34	0.14、0.19、0.27	60~80	1	10~30	0.2~0.4		8	2.5、4	2.2	4480×4085×2890	10.6
	GW-30	30	φ3350×3000	0.12、0.16、0.23、0.29、0.39、0.59	0.11、0.14、0.21、0.26、0.34、0.56						12	3.5	3	5200×4910×3743	17.2
	GW-40	40	φ3350×4000								16	4		6200×4910×3743	19.5
	GW-50	50	φ3350×5000								20	5	4	7200×4960×3743	21
水磁外滤式	GYW-8	8	φ2000×1400	0.5~2.0		60~80	0.5~2			80	20~40			2610×2910×2600	4.76
	GYW-12	12	φ2000×2000							85	33~65			3210×2910×2600	5.42

附表Ⅱ-32　折带式真空过滤机技术参数

型号	过滤面积/m²	筒体尺寸/mm×mm	筒体转速/r·min⁻¹	真空计示压强/kPa	抽气量/m³·min⁻¹·m⁻²	冲洗水计示压强/kPa	给矿浓度/%	处理量(浮选有色金属)/t·(m²·h)⁻¹	电动机功率/kW 筒体	电动机功率/kW 搅拌	外形尺寸(长×宽×高)/mm×mm×mm	质量/t
GD-1.7	1.7	914×650	0.133、0.17、0.227、0.335	60~80	0.8~1.2	>300	>60	0.2~0.4	2.5、3.4	2.5	1938×2158×1290	2.61
GD-5	5	1600×1120	0.1~2						1.5	2.8	2637×2940×2050	4.6
GD-12	12	2000×2000	0.1~2								3843×3510×2370	5.96

续附表 Ⅱ-32

型号	过滤面积/m²	筒体 尺寸/mm×mm	筒体 转速/r·min⁻¹	真空计示压强/kPa	抽气量/m³·min⁻¹·m⁻²	冲洗水计示压强/kPa	给矿浓度/%	处理量(浮选有色金属)/t·(m²·h)⁻¹	电动机功率/kW 筒体	电动机功率/kW 搅拌	外形尺寸(长×宽×高)/mm×mm×mm	质量/t
GD-20	20	2500×2700	0.075, 0.105, 0.149, 0.15, 0.209, 0.298	60~80	0.8~1.2	>300	>60	0.2~0.4	2.5, 4	2.2	4480×5025×3190	11.1
GD-30	30	3350×3015	0.1~0.6						3	3	4905×5545×3743	17.8
GD-40	40	3350×4015	0.11, 0.14, 0.213, 0.26, 0.34, 0.5						3.5, 4.5	3	6224×5606×3755	20.3

附表 Ⅱ-33 盘式真空过滤机技术参数

型号	规格	过滤机 直径/mm	过滤机 转速/r·min⁻¹	过滤机 盘数	电动机功率/kW 传动机	电动机功率/kW 搅拌器	外形尺寸/mm×mm×mm	质量/t
40	40	2800	0.2, 0.3, 0.4, 0.6	4	2.2, 3.5, 4.0, 5.5	3.5, 4.0	4400×3800×3200	14.0
60	60			6			5400×3800×3200	
80	80			8			6400×3800×3200	
100	100			10			7400×3800×3200	
120	120			12			8400×3800×3200	
GP-9	9	1800	0.08~1.89	2	1.1	1.1	2650×2410×2160	3.4
GP-18	18		0.135~0.607	4			3450×2410×2160	4.2
GP-27	27		0.08~1.89	6			4250×2410×2160	5.1
GP-39	39	2700	0.135~0.607	4	1.5	1.5	4250×2300×2160	6.0
GP-58	58		0.15~0.67	6	2.2, 4.0, 5.5	2.2	3930×3355×3275	8.0
GP-78	78		0.254~1.44	8			4730×3355×3275	9.0
GP-97	97		0.148~0.66	10	4	4	5530×3355×3275	10.0
GP-116	116		0.44~1.98	12			6330×3355×3275	12.0

注: G—过滤机; P—盘式。

附表 II-34　水平真空带式过滤机技术参数

型号及规格	过滤面积/m²	带速/m·min⁻¹	真空计示压强/kPa	气源计示压强/kPa	张紧气压计示压强/kPa	返回气缸计示压强/kPa	滤室真空耗气量/m³·min⁻¹	压缩空气消耗量/m³·min⁻¹	滤布再生耗水量/L·min⁻¹	传动电动机功率/kW	洗刷电动机功率/kW	外形尺寸/mm×mm×mm
GSD1-2.5 连续	2.5	0.5~5	<80	600	100~400	400	3~4	25~35	60~80	2.2	0.75	6700×2160×2000
GSD1-3.75 连续	3.75						4~6					8600×2160×2000
GSD1-5.0 连续	5						5~7.5					10500×2160×2000
GSD3-23 连续	23						35.2	95~110	70	4		13000×4800×2500
0.5	0.52									1.5		

附表 II-35　立式圆盘翻斗真空过滤机技术参数

规　格	过滤面积/m²	圆筒转数/r·min⁻¹	圆盘直径/mm	翻斗数	传动电动机 功率/kW	传动电动机 电压/V	外形尺寸/mm×mm×mm
1.5	1.5	0.19、0.34、0.60	2480	15	1.1	380	3130×2960×980

附表 II-36　绳索卸料真空过滤机技术参数

型号及规格	过滤面积/m²	圆盘直径/mm	圆盘长度/mm	圆筒转速/r·min⁻¹	搅拌器电动机功率/kW	传动电动机功率/kW	外形尺寸/mm×mm×mm
SG32-2.5	32	2500	4100	0.193~0.8	3	2.2	5584×3870×3290

附表 II-37　压滤机技术参数

类型	型　号	框内尺寸/mm×mm	框数	框厚/mm	滤板数量	总过滤面积/m²	滤瓶容积/L	形式	工作计示压强/MPa	压紧方式	电动机功率/kW	外形尺寸（长×宽×高）/mm×mm×mm	质量/t
自动式	XAZ80/1000-2D	1000×1000			40	80	1260	暗流	0.8（8）		5.15	5680×1600×2345	18.5
	XAZ100/1000-2D	1000×1000			50	100	1560	暗流	0.8（8）		5.15	6020×1600×2345	22.5
	XAZ120/1000-2D	1000×1000			60	120	1876	暗流	0.8（8）		5.15	6360×1600×2345	26.5
	XMZ150/1200-3C	1200×1200			52	150	2420	明流	0.8（8）		4.2	7280×3220×3730	33.78
	XMZ200/1200-3C	1200×1200			70	200	3230	明流	0.8（8）		4.2	8510×3220×3730	41.52

续附表Ⅱ-37

类型	型号	框内尺寸/mm×mm	滤板数量	框数	框厚/mm	总过滤面积/m²	滤瓶容积/L	型式	工作计示压强/MPa	压紧方式	电动机功率/kW	外形尺寸（长×宽×高）/mm×mm×mm	质量/t
自动式	XMZ250/1200-3C	1200×1200	88			250	4040	明流	0.8（8）		4.2	9710×3220×3730	49.26
	XMZ300/1200-3C	1200×1200	106			300	4850	明流	0.8（8）		4.2	10930×3220×3730	57.5
板框式	BAS₂/320-25	320×320		10	25	2		暗流	1.0（10）	手动螺旋		1495×650×600	0.475
	BAS₄/320-25			20		4						1945×650×600	0.65
	BAS₆/320-25			30		6						2395×650×600	0.825
	BAS₈/450-25	450×450		20	25	8		暗流	1.0（10）	手动螺旋		2520×1150×875	1.555
	BAS₁₂/450-25			30		12						2990×1150×875	1.955
	BAS₁₆/450-25			40		16						3460×1150×875	2.355
	BMS₈/450-25			20		8		明流				2702×948×875	1.58
	BMS₁₂/450-25			30		12						3172×948×875	1.98
	BMS₁₆/450-25			40		16						3642×948×875	2.38
	BAS₂₀/635-25	635×635		26	25	20		暗流	0.8（8）	手动螺旋		3500×1750×1160	3.88
	BAS₃₀/635-25			38		30						4020×1750×1160	5.03
	BAS₄₀/635-25			50		40						4540×1750×1160	6.29
	BMS₂₀/635-25			26		20		明流				3500×1900×1160	4.01
	BMS₃₀/635-25			38		30						4020×1900×1160	5.21
	BMS₄₀/635-25			50		40						4540×1900×1160	6.52
	BAJ₂₀/635-25			26		20		暗流		机械夹紧	2.2	3290×1250×1160	4.32
	BAJ₃₀/635-25			38		30						3970×1250×1160	5.47
	BAJ₄₀/635-25			50		40						4640×1250×1160	6.71
	BMJ₂₀/635-25			26		20		明流				3290×1900×1160	4.46
	BMJ₃₀/635-25			38		30						3970×1900×1160	5.66
	BMJ₄₀/635-25			50		40						4640×1900×1160	6.95

附表Ⅱ-38 转筒干燥机技术参数

类型	规格/m×m	筒体内径/mm	筒体长度/mm	筒体容积/m³	筒体转速/r·min⁻¹	筒体斜度/%	扬料板形式	最高进气温度/℃	传动电动机功率/kW	外形尺寸/mm×mm×mm
ZT型	φ1.0×5	1000	5000	3.9		5	升举叶式	700	4	5000×1958×1950
	φ1.0×10	1000	10000		31.16		升举叶式		7.5	12000×2200×3500
	φ1.2×6	1200	6000	6.8		5	升举叶式	700	5.5	6000×2280×2245
	φ1.2×8	1200	8000	9.1		5	升举叶式	700	5.5	8000×2280×2245
	φ1.5×12	1500	12000	21.2		5	升举叶式	700	13	12000×2724×2649
	φ1.5×14	1500	14000	24.7		5	升举叶式	700	13	14000×2724×2649
	φ1.8×12	1800	12000	30.5		5	升举叶式	700	17	12000×3054×2978
	φ1.8×14	1800	14000	35.7		5	升举叶式	700	17	14000×3054×2978
	φ2.2×12	2200	12000	45.6		5	升举叶式	700	22	12000×3620×3567
	φ2.2×14	2200	14000	53.2		5	升举叶式	700	22	14000×3620×3567
	φ2.4×18	2400	18000	81		5	升举叶式	700	30	18000×3853×3753
SZT型	φ1.5×14	1500	14000	19.14		3~5	升举式	800	17	15127×2649×2737
	φ1.8×21	1800	21000	37.66		3~5	升举式	800	22	22245×2938×2902
	φ2.2×23	2200	23000	63.61		3~5	升举式	800	30	24421×3564×3567

附表Ⅱ-39 螺旋干燥机技术参数

型号	规格/mm×mm	螺旋		转数/r·min⁻¹	蒸汽			处理量/t·d⁻¹	传动电动机		外形尺寸/mm×mm×mm
		直径/mm	螺距/mm		计示压强/kPa	温度/℃	用量/kg·h⁻¹		功率/kW	电压/V	
ZLG-3型	φ300×3000	300	160	6.5	400~600	142~158	60~80	300~400	3	220	4157×1100×3330

附表 Ⅱ-40 水喷射泵技术参数

型号	水气室直径/mm	外滤式圆筒过滤机L/m²	外滤式圆盘过滤机L/m²	水室压强/kPa	真空计示压强/kPa	用水量/m³·h⁻¹	抽吸气量/m³·min⁻¹	配用水泵型号	电动机型号	电动机功率/kW	质量/kg
	300	3		147	97	32	2.4	2B$_{31}$			208
	350	5		147	97	53	4.16	3B$_{33}$			256
	450	10		147	97	100	8.05	4B$_{33}$			426
	600	18.5; 20		147	97	178	14.9	8BA-12			702
	700	32; 40		147	97	366	29.1	10S$_n$-9A, 6E			980
PSH-300	300		3	147	80	25	2.0		Y132S$_1$-2	5.5	241

附表 Ⅱ-41 水环式真空泵技术参数

型号	真空计示压强/kPa — 抽气速率/m³·min⁻¹												最大真空计示压强/kPa	轴功率/kW	转速/r·min⁻¹	供水量/m³·h⁻¹	传动电动机型号	传动电动机功率/kW	口径吸入/mm	口径排出/mm	外形尺寸(长×宽×高)/mm×mm×mm	质量/kg
	0	13	27	40	47	53	60	67	73	80	87	93										
SK-12	12	11.9	11.7	11.5	11.4	11.2	11	10.6	9.8	8.3	5.2	0	92	16~17.5	970	4~6	Y200I$_2$-6	22	100	100	968×640×785	308
SK-20	22.9		22.4	22.4		21.37			14.5	14.5					960	2.5~4.5		40				
SK-27	28.1	28	28	27.9	27.9	27.8	27.7	26.8	20.2	20.2	8.8	0	87	29~39	490	8~10	Y280S-6	45	200	200	1467×980×897	1300
SK-42	42	42	40.3				39.3		29	29	19.7				490	11~12		55				1800
SK-60	60	59.2	58.4	57.5	57	56.3	55	52	4	4	0		87	75~88	420	12~13	JS116-6	95	250	250	1923×1300×1272	2680
SK-85	85	84.5	83	81.6	80.8	79.5	78	74.5	58.1	58.1	0		85	100.8~109.8	365	13~18	JS125-6	130	300	300	2300×1400×1455	4200
SK-120	121			119.7		116.8	113.2	108.3	85.5	85.5	0		84	95~179	250	13~12		185	300	300	2565×1700×1600	8000
SK-250	280	278	275	268	262	253	243	228	155	155	0		85	308~370	200	44~45		380	500	500	4004×2360×2210	17800
SZ-1	1.5			0.64		0.4			0.12	0.12		0				0.6		5.5	70	70	1069×493×679	260
SZ-2	3.4			1.65		0.95			0.25	0.25		0				1.8		10	70	70	1305×524×672	330
SZ-3	11.5			6.8		4			1.5	1.5		0.5				4.2		30	125	125		1220

参 考 文 献

[1]《冶金矿山选矿厂工艺设计规范》编辑委员会. 冶金矿山选矿厂工艺设计规范 [M]. 北京：中国计划出版社，2010.

[2] 魏德洲. 固体物料分选学 [M]. 3 版. 北京：冶金工业出版社，2015.

[3] 王运敏，等. 中国黑色金属矿选矿实践 [M]. 北京：科学出版社，2008.

[4] 王颖. 我国铁矿资源形势分析与其可持续供给的策略 [J]. 金属矿山，2008（1）：12-14.

[5] 冯守本. 选矿厂设计 [M]. 北京：冶金工业出版社，2004.

[6] 周龙廷. 选矿厂设计 [M]. 长沙：中南大学出版社，2006.

[7]《选矿设计手册》编委会. 选矿设计手册 [M]. 北京：冶金工业出版社，1988.

[8]《选矿手册》编委会. 选矿手册 [M]. 北京：冶金工业出版社，1992.

[9]《选矿设备选型及产品手册》编写组. 选矿设备选型及产品手册 [M]. 北京：冶金工业出版社，1991.

[10] 黄丹. 现代选矿技术手册 [M]. 北京：冶金工业出版社，2010.

[11] 中国冶金建设协会. 冶金矿山选矿厂工艺设计规范 [M]. 北京：冶金工业出版社，2010.

[12]《黑色金属矿石选矿试验》编写组. 黑色金属矿石选矿试验 [M]. 北京：冶金工业出版社，1978.

[13] 魏克武，叶学龙. 矿石可选性研究 [M]. 沈阳：东北大学出版社，1996.

[14] 魏德洲，高淑玲，刘文刚. 新编选矿概论 [M]. 2 版. 北京：冶金工业出版社，2019.

[15] 匡亚莉. 选矿厂设计 [M]. 徐州：中国矿业大学出版社，2006.

[16] 黄丹. 现代选矿设计手册之选矿厂设计 [M]. 北京：冶金工业出版社，2010.

[17] 庞学诗. 选矿厂辅助设备 [M]. 长沙：中南大学出版社，1989.

[18] 严峰，谢锡纯. 选煤厂运输提升设备 [M]. 北京：煤炭工业出版社，1992.

[19] 王毓华，王化军. 矿物加工工程设计 [M]. 长沙：中南大学出版社，2012.

[20] 杨松荣，蒋仲亚，刘文拯. 碎磨工艺及应用 [M]. 北京：冶金工业出版社，2013.

[21] 沈政昌，陈建华. 浮选机流场模拟及其应用 [M]. 北京：科学出版社，2012.

[22] 李世厚. 矿物加工过程检测与控制 [M]. 长沙：中南大学出版社，2011.

[23] 罗倩，等. 选矿测试技术 [M]. 北京：冶金工业出版社，1989.

[24] 陈炳辰. 磨矿原理 [M]. 北京：冶金工业出版社，1989.

[25] 穆拉尔 A L，等. 碎磨回路的设计和装备 [M]. 北京：冶金工业出版社，1990.

[26] 杨章伟，等. Visual Basic 从入门到精通 [M]. 北京：化学工业出版社，2009.

[27] 刘杉杉，安剑，孙秀梅. Visual Basic 范例完全自学手册 [M]. 北京：人民邮电出版社，2009.

[28] 于萍. AutoCAD 2010 中文版教程 [M]. 上海：上海科学普及出版社，2011.

[29] 曾令宜. AutoCAD 2010 工程绘图技能训练教程 [M]. 北京：高等教育出版社，2010.

[30] 戴银飞. Visual FoxPro 9.0 程序设计 [M]. 北京：清华大学出版社，2011.

[31] 王祥仲，庞艳霞. Visual FoxPro 9.0 实用培训教程 [M]. 北京：清华大学出版社，2005.

[32] 王泽红，等. 选矿数学模型 [M]. 北京：冶金工业出版社，2015.

[33] 中国铁矿石选矿生产实践编委会. 中国铁矿选矿生产实践 [M]. 北京：南京大学出版社，1992.

[34] Gupta A, Yan D S. Mineral Processing Design and Operation [M]. Elsevier Science Ltd., 2006.

[35] 孙传尧. 选矿工程师手册 [M]. 北京：冶金工业出版社，2015.

[36]《矿山资源工业要求手册》编委会. 矿产资源工业要求手册（2014 年修订本）［M］. 北京：地质出版社，2014.

[37] 余志伟. 虚拟设计技术在产品开发中的应用研究［J］. 机械研究与应用，2023，36（6）：117-119.

[38] 孙伟. Unigraphics NX 在工程制图教学中的应用［J］. 高教学刊，2016（8）：117-118.

[39] 袁芳革. Pro-e 机构仿真功能在产品研发中的应用［J］. 中国科技信息，2021（15）：55-57.

[40] 刁菊芬. 基于 Unigraphics 的标准件信息管理系统的设计与实现［D］. 南京：南京邮电大学，2012.

[41] 邢迪雄. 基于三种 CAD/CAM 软件数控加工的应用研究［D］. 保定：华北电力大学（河北），2010.

[42] 杨海龙. BIM 技术在选矿工程设计中的应用［J］. 矿业工程，2021，19（6）：60-63，70.